普通高等教育机电类"十三五"规划教材

机械工程控制基础
（第2版）

董明晓　李　娟　杨红娟　逄　波　编著

电子工业出版社
Publishing House of Electronics Industry
北京·BEIJING

内 容 简 介

本书主要介绍经典控制论及其应用，包括 10 章。第 1，2 章主要介绍经典控制论的数学基础；第 3～9 章是经典控制理论，包括系统的数学模型、系统的时域分析、根轨迹法、系统的频率特性、系统的稳定性、系统的性能校正、离散控制系统的分析和校正；第 10 章主要介绍基于 MATLAB 软件进行控制系统的计算机仿真与辅助设计。

本书可作为高等学校机械工程及自动化专业的教材，也可作为相关专业的教学参考书，同时还可供有关专业工程技术人员参考。

图书在版编目（CIP）数据

机械工程控制基础 / 董明晓等编著. —2 版. —北京：电子工业出版社，2020.1
ISBN 978-7-121-38034-1

Ⅰ．①机… Ⅱ．①董… Ⅲ．①机械工程－控制系统－高等学校－教材 Ⅳ．①TH-39

中国版本图书馆 CIP 数据核字（2019）第 269620 号

责任编辑：赵玉山
印　　刷：北京虎彩文化传播有限公司
装　　订：北京虎彩文化传播有限公司
出版发行：电子工业出版社
　　　　　北京市海淀区万寿路 173 信箱　邮编　100036
开　　本：787×1092　1/16　印张：20　字数：512 千字
版　　次：2010 年 3 月第 1 版
　　　　　2020 年 1 月第 2 版
印　　次：2024 年 7 月第 7 次印刷
定　　价：59.00 元

凡所购买电子工业出版社图书有缺损问题，请向购买书店调换。若书店售缺，请与本社发行部联系，联系及邮购电话：（010）88254888，88258888。

质量投诉请发邮件至 zlts@phei.com.cn，盗版侵权举报请发邮件至 dbqq@phei.com.cn。

本书咨询联系方式：（010）88254556，zhaoys@phei.com.cn。

前　　言

本书第 1 版自 2010 年 3 月初发行后，承蒙多所高校有关专业采用，这使我们受到了很大鼓舞。不少采用过这本教材的兄弟院校的教师和学生，就本书的编排结构、内容和习题等方面提出了许多宝贵意见，并且给予了很好的建议。在此，我们向有关老师和同学致以由衷的感谢！

根据近十年的教学实践和科研工作的进展情况，同时参考同类教材的经验，并吸收国内外有关本课程最新教学和科研成果，我们拟对本书的结构、内容和习题进行修改，主要修改情况如下：

（1）对于书中涉及的典型信号、极点等基本概念，在高等数学教材中称为函数和特征根，在本教材中从引入典型信号、极点等概念之后，尽量采用机械工程控制理论的专业术语，不采用函数和特征根等术语。

（2）对于书中涉及的基本概念，如瞬态性能、稳态性能、瞬态性能指标等，进行了更深入的分析和讨论，例如，增加了一阶系统瞬态性能指标图例说明。

（3）为了加深对基本概念和基本理论的理解，增加了基本概念和基本理论的问答题，删除了雷同的习题，增加了更具有代表性的具有工程实践意义的习题。

（4）对于第 1 版中出现的错误、表达不准确、论述不贴切等不当之处，进行了修改。

本书在第 1 版的基础上由山东建筑大学董明晓和青岛农业大学李娟进行修改。董明晓负责修改第 1、2、3、6、7、8 章和第 10 章的 10.1、10.2、10.3、10.5、10.6 节的内容；李娟负责修改第 5、9 和 10.4 节的内容；第 4 章的内容由李娟负责初步修改，董明晓又进行了进一步的修改和完善；杨红娟和逄波参与了本书的修改工作；董明晓对全书进行了统稿。

由于作者学识有限，书中错误和不妥之处在所难免，殷切期望广大读者和同行给予批评指正。

编著者

2019 年 7 月

主要符号说明

m	质量
c	黏性阻尼系数
k	弹簧刚度
R	电阻
C	电容
L	电感
ω_c	增益或放大系数
$f(t)$	外力
L[ ]	拉氏变换
F[ ]	傅里叶变换
Z[ ]	Z变换
$x_i(t)$	输入（激励）
$X_i(t)$	$L[x_i(t)]$
$X_i(j\omega)$	$F[x_i(t)]$
$x_o(t)$	输出（响应）
$X_o(s)$	$L[x_o(t)]$
$X_o(j\omega)$	$F[x_o(t)]$
$X(z)$	$Z[x(t)]$
$\delta(t)$	单位脉冲函数
$r(t)$	单位斜坡函数
$w(t)$	单位脉冲响应函数
$G(s)$	传递函数或前向通道传递函数
$G(j\omega)$	频率特性
$H(s)$	反馈回路传递函数
$B(s)$	反馈回路频率特性
$G_k(s)$	闭环系统反馈信号

$G_B(s)$	系统的闭环传递函数
$G_K(j\omega)$	系统的开环频率特性
$G_B(j\omega)$	系统的闭环频率特性
$n(t)$	干扰信号
$N(s)$	$L[n(t)]$
n	单独使用时一般表示转速
ω	角速度
T	时间常数或时间
τ	延迟时间或时间
ω_n	无阻尼固有频率
ω_d	有阻尼固有频率
ω_T	转角频率
ω_g	相位穿越频率
ω_c	增益穿越频率或剪切频率
ω_b	截止频率
ω_r	谐振频率
ξ	阻尼比
M_r	相对谐振峰值
M_p	超调量
K_g	增益裕度
γ	相位裕度
u	电压
i	电流
ϕ, θ	相位
j	正体时表示 $\sqrt{-1}$

目　录

第1章　绪论 ……………………………………………………………………………（1）

1.1　概述 …………………………………………………………………………………（1）

1.2　工程控制理论的研究对象和研究内容 ……………………………………………（2）

1.3　控制系统 ……………………………………………………………………………（2）

　　1.3.1　系统 …………………………………………………………………………（2）

　　1.3.2　反馈控制系统 ………………………………………………………………（3）

　　1.3.3　控制系统分类 ………………………………………………………………（5）

1.4　对控制系统的基本要求 ……………………………………………………………（9）

1.5　本课程的特点及学习方法 ……………………………………………………………（10）

1.6　本章小结 ……………………………………………………………………………（10）

1.7　习题 …………………………………………………………………………………（10）

第2章　机械工程控制论的数学基础 …………………………………………………（11）

2.1　复数和复变函数 ……………………………………………………………………（11）

　　2.1.1　复数 …………………………………………………………………………（11）

　　2.1.2　复数的运算规则 ……………………………………………………………（11）

　　2.1.3　复变函数的零点和极点 ……………………………………………………（12）

2.2　拉氏变换 ……………………………………………………………………………（12）

　　2.2.1　拉氏变换的定义 ……………………………………………………………（13）

　　2.2.2　典型时间函数的拉氏变换 …………………………………………………（13）

　　2.2.3　拉氏变换的主要运算定理 …………………………………………………（17）

2.3　拉氏逆变换 …………………………………………………………………………（21）

　　2.3.1　拉氏逆变换的定义 …………………………………………………………（21）

　　2.3.2　拉氏逆变换的数学方法 ……………………………………………………（21）

2.4　拉氏变换在控制工程中的应用 ……………………………………………………（24）

2.5　本章小结 ……………………………………………………………………………（26）

2.6　习题 …………………………………………………………………………………（27）

第3章　系统的数学模型 ………………………………………………………………（28）

3.1　系统的时域数学模型 ………………………………………………………………（28）

　　3.1.1　系统微分方程 ………………………………………………………………（28）

　　3.1.2　非线性微分方程线性化处理 ………………………………………………（29）

　　3.1.3　机械系统微分方程 …………………………………………………………（30）

3.2　系统的复域数学模型 ………………………………………………………………（36）

　　3.2.1　传递函数 ……………………………………………………………………（36）

　　3.2.2　传递函数的零点、极点和增益 ……………………………………………（38）

　　3.2.3　典型环节的传递函数 ………………………………………………………（38）

3.3　系统传递函数方框图 ………………………………………………………………（47）

　　　3.3.1　方框图 ··· （47）
　　　3.3.2　传递函数方框图的等效变换 ································· （48）
　　　3.3.3　传递函数方框图的简化 ·· （51）
　3.4　梅逊公式 ··· （56）
　3.5　系统的状态空间模型 ·· （56）
　　　3.5.1　状态变量与状态空间表达式 ································· （56）
　　　3.5.2　线性系统的状态方程 ··· （57）
　　　3.5.3　传递函数与状态空间表达式相互转化 ··················· （59）
　3.6　本章小结 ··· （60）
　3.7　习题 ··· （60）
第4章　系统的时域分析 ··· （63）
　4.1　系统的时间响应及其组成 ·· （63）
　　　4.1.1　系统的时间响应 ·· （63）
　　　4.1.2　非齐次二阶线性微分方程的解及其解的组成 ·········· （63）
　　　4.1.3　系统的时间响应组成 ··· （64）
　4.2　典型输入信号 ·· （66）
　4.3　一阶系统的时间响应 ·· （67）
　　　4.3.1　单位脉冲响应 ··· （68）
　　　4.3.2　单位阶跃响应 ··· （68）
　　　4.3.3　单位斜坡响应 ··· （69）
　4.4　二阶系统的时间响应 ·· （71）
　　　4.4.1　二阶系统的传递函数 ··· （72）
　　　4.4.2　二阶系统的极点 ·· （73）
　　　4.4.3　二阶系统的单位脉冲响应 ···································· （74）
　　　4.4.4　二阶系统的单位阶跃响应 ···································· （76）
　4.5　系统的时域性能指标 ·· （79）
　　　4.5.1　系统的时域性能指标定义 ···································· （79）
　　　4.5.2　一阶系统的时域性能指标 ···································· （80）
　　　4.5.3　二阶系统的时域性能指标 ···································· （81）
　4.6　高阶系统的时域分析 ·· （88）
　　　4.6.1　典型三阶系统的单位阶跃响应 ····························· （88）
　　　4.6.2　高阶系统的单位阶跃响应 ···································· （90）
　4.7　系统的误差分析与计算 ··· （91）
　　　4.7.1　系统的误差与偏差 ··· （92）
　　　4.7.2　稳态误差 ··· （93）
　　　4.7.3　系统类型 ··· （93）
　　　4.7.4　静态误差系数与稳态误差 ···································· （94）
　　　4.7.5　干扰作用下的稳态误差 ·· （97）
　4.8　本章小结 ··· （102）
　4.9　习题 ··· （102）

第5章 根轨迹法 ·· （105）

5.1 根轨迹法概述 ··· （105）

    5.1.1 根轨迹的基本概念 ·· （105）

    5.1.2 根轨迹与系统性能 ·· （107）

    5.1.3 闭环零、极点与开环零、极点之间的关系 ····························· （108）

    5.1.4 根轨迹方程 ··· （110）

5.2 根轨迹绘制的基本法则 ·· （111）

    5.2.1 绘制根轨迹的基本法则 ··· （111）

    5.2.2 闭环极点的确定 ··· （124）

5.3 广义根轨迹 ·· （125）

    5.3.1 参数根轨迹 ··· （125）

    5.3.2 添加开环零点的作用 ·· （128）

    5.3.3 零度根轨迹 ··· （129）

5.4 系统性能的分析和设计 ·· （134）

    5.4.1 闭环零、极点与时间响应的关系 ··· （134）

    5.4.2 系统性能的定性分析 ·· （137）

    5.4.3 控制系统的复域设计 ·· （138）

5.5 本章小结 ·· （143）

5.6 习题 ·· （144）

第6章 系统的频率特性 ·· （146）

6.1 频率特性 ·· （146）

    6.1.1 频率响应与频率特性 ·· （146）

    6.1.2 频率特性的求法 ··· （148）

    6.1.3 微分方程、频率特性、传递函数之间的关系 ····························· （149）

    6.1.4 频率特性的特点和作用 ··· （150）

6.2 频率特性的极坐标图 ·· （150）

    6.2.1 极坐标图 ··· （150）

    6.2.2 典型环节的 Nyquist 图 ·· （151）

    6.2.3 含有积分环节系统的 Nyquist 图 ·· （156）

    6.2.4 Nyquist 图的一般形状 ·· （157）

    6.2.5 机电系统的 Nyquist 图 ·· （159）

6.3 频率特性的对数坐标图 ·· （161）

    6.3.1 对数坐标图 ··· （161）

    6.3.2 典型环节的 Bode 图 ·· （162）

    6.3.3 典型环节 Bode 图的特点 ··· （170）

    6.3.4 绘制系统的 Bode 图的步骤 ··· （170）

    6.3.5 机电系统的 Bode 图 ··· （172）

6.4 闭环频率特性及频域性能指标 ··· （175）

    6.4.1 闭环频率特性 ··· （175）

    6.4.2 频域性能指标 ··· （175）

6.5 最小相位系统与非最小相位系统 ·· （176）

    6.5.1 最小相位系统与非最小相位系统的概念 ·························· （177）

    6.5.2 产生非最小相位系统的环节 ·· （178）

6.6 本章小结 ·· （179）

6.7 习题 ·· （179）

第 7 章 系统的稳定性 ·· （181）

7.1 系统稳定性的概念及判别准则 ·· （181）

    7.1.1 稳定性的概念 ·· （181）

    7.1.2 判别系统稳定性的基本准则 ·· （182）

7.2 Routh 稳定判据 ·· （184）

    7.2.1 系统稳定的必要条件 ·· （184）

    7.2.2 系统稳定的充要条件 ·· （185）

7.3 Nyquist 稳定判据 ·· （189）

    7.3.1 Nyquist 稳定判据简介 ··· （189）

    7.3.2 开环含有积分环节系统的稳定性分析 ······························ （192）

    7.3.3 具有延时环节的系统的稳定性分析 ·································· （196）

7.4 Bode 稳定判据 ·· （201）

    7.4.1 Nyquist 图与 Bode 图的对应关系 ··································· （201）

    7.4.2 正负穿越的概念 ·· （201）

    7.4.3 Bode 稳定判据 ··· （202）

7.5 系统的相对稳定性 ·· （204）

    7.5.1 相位裕度与幅值裕度 ·· （204）

    7.5.2 条件稳定系统 ·· （207）

7.6 本章小结 ·· （210）

7.7 习题 ·· （210）

第 8 章 系统的性能校正 ·· （212）

8.1 控制系统的性能指标及性能校正 ··· （212）

    8.1.1 控制系统的性能指标 ·· （212）

    8.1.2 性能校正的概念 ·· （213）

    8.1.3 性能校正的分类 ·· （213）

8.2 串联校正 ·· （214）

    8.2.1 增益调整校正 ·· （214）

    8.2.2 相位超前校正 ·· （214）

    8.2.3 相位滞后校正 ·· （219）

    8.2.4 相位滞后—超前校正 ·· （224）

8.3 PID 校正 ·· （229）

    8.3.1 PID 控制规律 ·· （229）

    8.3.2 PD 调节器 ··· （230）

    8.3.3 PI 调节器 ··· （232）

    8.3.4 PID 调节器 ·· （233）

8.4 反馈校正和顺馈校正 ·· （235）
　　8.4.1 反馈校正 ··· （235）
　　8.4.2 顺馈校正 ··· （237）
8.5 本章小结 ·· （237）
8.6 习题 ··· （238）

第9章 离散控制系统的分析和校正 ··· （240）
9.1 概述 ··· （240）
9.2 信号的采样与保持 ·· （241）
　　9.2.1 信号的采样 ··· （241）
　　9.2.2 采样定理 ··· （243）
　　9.2.3 保持器 ··· （245）
9.3 Z变换与Z逆变换 ··· （245）
　　9.3.1 Z变换的定义 ·· （245）
　　9.3.2 Z变换的性质 ·· （248）
　　9.3.3 Z逆变换 ··· （251）
9.4 离散控制系统的数学模型 ·· （254）
　　9.4.1 线性常系数差分方程 ·· （254）
　　9.4.2 差分方程的解 ·· （255）
　　9.4.3 脉冲传递函数 ·· （256）
9.5 离散控制系统的性能分析 ·· （265）
　　9.5.1 离散控制系统的稳定性分析 ·· （266）
　　9.5.2 离散控制系统的稳态误差分析 ·· （271）
　　9.5.3 离散控制系统的动态响应分析 ·· （272）
9.6 离散控制系统的校正与设计 ·· （274）
　　9.6.1 数字控制器$D(z)$的脉冲传递函数 ······································· （274）
　　9.6.2 最少拍系统的设计与校正 ··· （275）
9.7 本章小结 ·· （281）
9.8 习题 ··· （281）

第10章 机械工程控制系统的计算机仿真与辅助设计 ···························· （283）
10.1 MATLAB仿真软件简介 ·· （283）
　　10.1.1 MATLAB系统构成 ·· （283）
　　10.1.2 MATLAB桌面操作环境 ·· （284）
　　10.1.3 MATLAB程序设计 ·· （287）
10.2 机械工程控制系统时域特性仿真 ·· （289）
　　10.2.1 桥式起重机坐标系统 ··· （289）
　　10.2.2 桥式起重机线性化模型 ·· （290）
　　10.2.3 桥式起重机货物摆动传递函数 ··· （290）
　　10.2.4 桥式起重机货物摆动传递函数频率特性仿真 ···························· （290）
　　10.2.5 MATLAB源程序 ··· （292）
10.3 机械工程控制系统频率特性仿真 ·· （293）

　　　　10.3.1　桥式起重机机构运动传递函数 ··（293）

　　　　10.3.2　桥式起重机机构运动传递函数频率特性仿真 ····················（293）

　　　　10.3.3　MATLAB 源程序 ··（294）

　10.4　机械工程控制系统根轨迹仿真 ··（295）

　　　　10.4.1　绘制根轨迹的相关 MATLAB 函数 ·································（295）

　　　　10.4.2　电磁驱动水压伺服机构及其线性化模型 ·························（296）

　　　　10.4.3　电磁驱动水压伺服机构的根轨迹仿真 ·····························（297）

　　　　10.4.4　磁盘驱动读取系统的根轨迹仿真 ···································（297）

　　　　10.4.5　未来超音速喷气式客机的根轨迹仿真 ·····························（298）

　10.5　机械工程控制系统稳定性仿真 ··（300）

　　　　10.5.1　集中供热系统的数学模型 ···（300）

　　　　10.5.2　典型 PID 控制器 ··（301）

　　　　10.5.3　基于 Nyquist 稳定判据设计 PID 控制器 ······················（302）

　　　　10.5.4　集中供热系统的控制过程仿真 ··（303）

　　　　10.5.5　MATLAB 源程序 ··（304）

　10.6　机械工程控制系统性能校正仿真 ··（305）

　　　　10.6.1　热处理炉的数学模型 ··（305）

　　　　10.6.2　典型 PID 控制器 ··（306）

　　　　10.6.3　基于 Nyquist 稳定判据设计 PI 控制器 ·························（306）

　　　　10.6.4　热处理炉的控制过程仿真 ···（307）

　　　　10.6.5　MATLAB 源程序 ··（308）

参考文献 ···（310）

第1章 绪 论

本章主要介绍工程控制理论的基本概念、研究对象和研究内容，以及对控制系统的基本要求，最后对本门课程的特点以及学习方法做简要介绍。

1.1 概述

自动控制技术已广泛应用于工业、农业、交通、生命学科、国防装备、航空航天和科学实践的各个领域，极大地提高了整个社会的劳动生产率，改善了人们的劳动条件，推动和促进了现代社会的快速发展。除在宇宙飞船、导弹发射和飞机驾驶等领域中起着重要的作用之外，自动控制技术在现代制造业和工业生产过程中也是不可缺少的组成部分，在制造工业的数控机床、加工中心和工业机器人中，自动控制技术起到了关键作用。此外，在过程控制工业中，对于压力、温度和流量等的控制，自动控制技术也是不可缺少的。

自动控制技术的不断发展促使人们不断地探索自动控制技术的理论和方法。自动控制理论是自动控制技术的基础理论，是专门研究有关自动控制系统的基本概念、基本原理和基本方法的一门科学。根据自动控制技术的发展进程，自动控制理论可分为经典控制理论、现代控制理论和智能控制理论三大部分。

经典控制（Classical Control）理论是在复数域内以积分变换为数学工具研究单输入、单输出线性定常系统的动态历程，分析系统的稳定性、瞬态性能和稳态性能，以及系统性能校正的理论和方法。

现代控制（Modern Control）理论是在时间域内以状态方程为基础研究多输入、多输出系统的动态历程。这里的系统可以是线性的也可以是非线性的，可以是定常的也可以是时变的，可以是连续的也可以是离散的，可以是确定的也可以是随机的。

智能控制（Intelligent Control）理论是自动控制理论发展的高级阶段，是人工智能、控制理论、系统论、信息论、仿生学、神经生理学、进化计算和计算机等多种学科的高度综合与集成，是一门新兴的边缘交叉学科。它主要研究那些用传统方法难以解决的具有不确定性模型、高度非线性及各种功能要求的复杂系统的控制问题。

经典控制理论是自动化控制理论的基础，它在工业、化工、能源等领域得到了广泛的应用，不失为解决工程实际问题的基本理论和方法。

经典控制理论在机械系统和机械工业生产过程中得到广泛的应用，从而形成了一门新型科学——机械工程控制理论（Mechanical Engineering Control Theory）。机械工程控制理论是将经典控制理论应用于机械工程而形成的一门科学，是研究以机械工程技术为对象的经典控制理论问题，这是一门跨控制理论与机械工程领域的边缘科学。

1.2 工程控制理论的研究对象和研究内容

工程控制理论实质上是研究工程技术中广义系统的动力学问题。具体地说，它研究的是工程技术中的广义系统在一定的外界条件（即输入或激励，包括外加控制与外加干扰）作用下，从一定的初始状态出发，所经历的由其内部的固有特性（即系统的结构与参数所决定的特性）所决定的整个动态历程；同时研究这一系统（System）、输入（Input）和输出（Output）三者之间的动态关系，如图 1-1 所示。

图 1-1 工程控制理论研究对象

就系统、输入和输出三者之间的动态关系而言，工程控制理论的研究内容大致可归纳为如下 5 个方面：

（1）当系统已定、输入已知时，求系统的输出，通过输出研究系统本身固有特性问题，即系统分析（System Analysis）问题；

（2）当系统已定时，求系统的输入，并且所确定的输入应使输出尽可能符合给定的输出要求，即最优控制（Optimal Control）问题；

（3）当输入已知时，确定系统，并且所确定的系统应使输出尽可能符合给定的输出要求，即最优设计（Optimal Design）问题；

（4）当输出已知、系统已定时，识别输入或输入中有关的信息，即滤波（Filtering）与预测问题；

（5）当输入与输出均已知时，求系统的结构和参数，以建立系统的数学模型，即系统识别或系统辨识（System Identification）问题。

本书主要从经典控制理论的角度来研究问题。学习机械工程控制基础要解决两个问题：一是如何分析给定控制系统的工作原理、稳定性和瞬态性能；二是根据系统性能要求如何设计控制系统。前者是系统分析，后者是系统综合与设计问题。

1.3 控制系统

1.3.1 系统

系统是一个由相互联系、相互作用的若干部分构成的，并且有一定的目的或运动规律的整体。其实，在自然界、社会和工程中，存在着各种各样的系统，任何一个系统都处于同外界相互联系之中，也都处于运动之中。由于系统具有相应的机制，又同外界相互作用，所以会有相应的行为、响应或输出。外界对系统的作用和系统对外界的作用，分别称为输入和输出。

以实现一定的机械运动，承受一定的机械载荷为目的，由机械元件组成的系统，称为机械系统（Mechanical System）。这是一类广泛存在的系统，如各种工作机械、动力设备、交通工具以及某些工程结构等均是机械系统。数控机床工作台的驱动系统如图 1-2 所示，控制装置通过发出一定频率和数量的脉冲指令来驱动步进电机，以控制工作台的移动量。机械系统的输入与输出，往往又分别称为激励（Excitation）与响应（Response）。机械系统的激励一般是外界对系统的作用，如作用在系统上的力（即载荷）等，而响应则是系统的变形或位移等。

一个系统的激励，如果是人为地、有意识地加上去的，则往往又称为控制（Control）；而如果是偶然因素产生的且一般无法完全人为控制的，则称为扰动（Disturbance）。

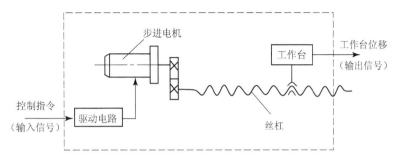

图 1-2　数控机床工作台的驱动系统

1.3.2　反馈控制系统

反馈（Feedback）是工程控制理论中一个最基本、最重要的概念。所谓反馈，就是将系统的输出信号通过一定的检测元件变送返回系统的输入端，并和系统的输入信号进行比较的过程。当反馈信号与输入信号同相，反馈信号加强输入信号的作用时，称为正反馈（Positive Feedback）；反之，当反馈信号与输入信号反相，反馈信号抵消输入信号的作用时，称为负反馈（Negative Feedback）。控制系统一般采用负反馈的工作方式，因为只有负反馈才能减小偏差量，使系统最终能稳定工作。系统及其输入、输出之所以有动态关系，就是因为系统本身有着信息的反馈。

人们早就知道利用反馈控制原理来设计和制造机器、仪表或其他工程系统。我国早在北宋时代就发明了具有反馈控制原理的自动调节系统——水运仪象台。通常把具有反馈的系统称为闭环控制系统（Closed-Loop Control System）。例如，在日常生活中经常使用的储水槽，其水面自动调节系统就是一个简单的反馈控制系统，如图 1-3（a）所示。浮子测出水面实际高度 h，根据与期望水面高度 h_0 之差，推动杠杆来控制进水阀门进水，一直到实际水面高度 h 与期望水面高度 h_0 相等时，进水阀门自动关闭。这一系统的信息相互作用和传递关系可用图 1-3（b）表示，其中反馈信息为实际水面高度 h，通过与期望水面高度 h_0 相比较形成一个反馈控制系统。

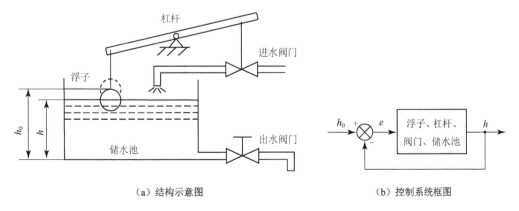

（a）结构示意图　　　　　　　　　　　　　　（b）控制系统框图

图 1-3　水面自动调节系统

图 1-2 所示的是数控机床工作台伺服驱动系统，从驱动电路到工作台整个传动链中任一环节的误差均会影响工作台的移动精度或定位精度，对工作台的实际移动量不进行检测和反馈，工作台的位移对系统的输入没有控制作用，因此，这种控制方式结构简单，成本低廉。为了提高工作台的定位精度，用检测装置测定工作台的实际位置，然后反馈到输入端，与控制指令进行比较，再根据工作台实际位置与期望位置之间的误差，决定控制动作，以达到消除误差的目的，这便是反馈控制系统，如图1-4所示。

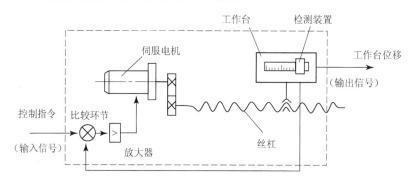

图 1-4　数控机床工作台伺服驱动系统

应当特别指出，人们往往把反馈控制系统局限于自动控制系统，或者仅从表面现象来判定系统是否为反馈控制系统，这就大大限制了控制理论的应用范围。人们往往利用反馈控制系统原理在机械系统或过程中加上一个"人为"的反馈，从而构成一个自动控制系统。例如，上述水面自动调节系统及其他的自动控制系统都是人为地外加了反馈环节。但是，在许多机械系统或过程中，往往存在着由于相互耦合作用而构成了非人为的"内在"的反馈，从而形成一个闭环控制系统。例如，机械系统中由作用力与反作用力的相互耦合形成的内在反馈。又如，在机械系统或过程（例如，切削加工过程）中，自激振动的产生是由于存在内在反馈，使能量在系统内部循环，从而促使了振动的产生和持续进行。这样的例子有很多，因而很多机械系统或过程从表面上看是开环系统，但经过分析可以发现它们实际上都是闭环系统。但是，必须注意从动力学的而不是静力学的观点，从系统的而不是孤立的观点分析问题，从而揭示系统或过程的本质。

1. 反馈控制系统的基本组成

图 1-5 是一个典型的闭环控制系统（Closed-Loop Control System）方框图。该系统的控制部分由以下几个环节组成。

（1）给定环节：该环节是给出输入信号的环节，用于确定被控制对象的"目标值"（或称为给定值），给定环节可以用各种形式（电量、非电量、数字量、模拟量等）发出信号。例如，在图1-3所示的水面自动调节系统中，期望水面高度 h_0 就是给定环节的给定值。

（2）测量环节：该环节用于测量被控制量，并把被控制量转换为便于传送的另外一个物理量。例如，用电位计将机械转角转换为电压信号，用测速电机将转速转换为电压信号，用光栅测量装置将直线位移转换为数字信号等。图1-4中的工作台位置检测装置，图1-3中的浮子均为测量环节。

（3）比较环节：在这一环节中，输入信号 x_i 与测量环节测量的被控制量 x_o 的反馈量 x_b 相比较，并得到一个小功率偏差信号 ε，$\varepsilon = x_i - x_b$。其中，比较包括幅值比较、相位比较和位移比较等。偏差信号是比较环节的输出。

（4）放大运算环节：为了实现控制，要对偏差信号进行必要的运算，然后进行功率的放大，以便推动执行环节。常用的放大类型有电流放大、电压放大等。

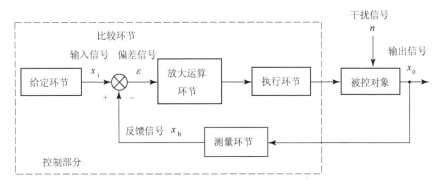

图 1-5　闭环控制系统的基本组成

（5）执行环节：该环节接收放大环节送来的控制信号，驱动被控制对象按照预期的规律运行。执行环节一般是一个有源的功率放大装置，工作中要进行能量转换。例如，把电能通过直流电机转化为机械能，驱动被控制对象进行机械运动。在图 1-3 中，杠杆就是执行机构。

给定环节、测量环节、比较环节、放大运算环节和执行环节一起组成了这一控制系统的控制部分，目的是对被控制对象实现控制。当然，有的装置可能兼有两个环节的作用。

2．反馈控制系统的信号

下面对反馈控制系统（Feedback Control System）中的信号进行定义。

（1）输入信号（Input Signal）（又称为激励）：它是控制输出信号变化规律的信号。

（2）输出信号（Output Signal）（又称为响应）：它的变化规律要加以控制，应保持与输入信号之间有一定的关系。

（3）反馈信号（Feedback Signal）：从系统输出端测量的信号，通过变换后加到系统的输入端。

（4）偏差信号（Error Signal）（或称为偏差）：它是输入信号与反馈信号之差。

（5）误差信号（或称为误差）：它是系统的输出信号的实际值与期望值之差。

（6）扰动信号（Disturbance Signal）（或称为干扰）：除输入信号之外，对系统的输出信号产生影响的因素都称为扰动信号。

1.3.3　控制系统分类

为便于研究和分析控制系统，可对有关控制系统从不同角度进行分类。

1．按反馈情况分类

1）开环控制系统

开环控制（Open-loop Control）是最简单的一种控制方式，如图 1-6 所示。它的特点是控制系统的控制量与被控量之间只有前向通道，即只有从输入端到输出端的单方向通道，而无反向通道。系统中只有输入信号对输出信号产生控制作用，输出信号不参与系统的控制，因而控制作用的传递路径不是闭合的。

图 1-6　开环控制系统

图 1-7 是电枢控制直流电动机的转速控制系统。被控对象为电动机，控制装置为电位器，功率放大器为电动机提供所需的电枢电压。当调节电位器滑臂的位置，即改变给定电压 U_g 时，就改变了功率放大器的输入电压，功率放大器的输出电压即电动机电枢电压 U_d 也随之改变，从而最终改变了电动机的转速。

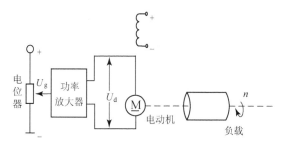

图 1-7　电动机转速控制系统

上面所述的电动机转速控制过程，可用图 1-8 电动机转速控制系统方框图表示。

图 1-8　电动机转速控制系统方框图

从图 1-8 中可以很清晰地看到图 1-7 所示的电动机转速控制系统的控制作用仅由系统的输入信号决定，控制信号从输入端沿着箭头方向传递到输出端，控制作用路径不是闭合的，因而该系统采用的是典型的开环控制方式。

图 1-2 所示的数控机床进给系统，其方框图如图 1-9 所示。在此系统中，输入装置、控制装置、驱动装置和工作台四个环节的输入的变化自然会影响工作台位置即系统的输出。但是，系统的输出并不能反过来影响任一环节的输入，因为这里没有任何反馈回路。

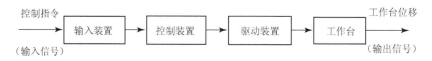

图 1-9　数控机床进给系统方框图

当系统工作在无任何内、外扰动的环境下时，系统既简单又能实现一一对应的控制目的，即对应一个已知的输入信号就有一个确定的输出信号。但当该转速控制系统在实际的工作环境中进行转速控制时，各种扰动对系统的影响是随时存在的。当控制系统的给定量维持恒定，系统由于受到电网电压的波动，或负载的变化等扰动量的影响时，就会引起输出信号的变化，而偏离原来的期望输出信号。由于该系统的单向控制性，偏差不能反馈回来影响控制量，所以系统的抗干扰能力差。当干扰信号引起的偏差过大时，系统不能满足控制精度的要求。另外，组成该开环转速控制（进给）系统的所有元件的性能好坏也都会直接影响系统的控制精度。

开环控制系统结构简单，调整方便，成本低廉，也不会产生振荡，系统总能稳定工作，但抗干扰能力差，在一些对控制精度要求不高、扰动作用不大的场合，仍有较广泛的应用。如日常生活中所使用的普通洗衣机、普通电烤箱、交通信号灯，以及工业上使用的简易数控机床。

2）闭环控制系统

图 1-5 是典型的闭环控制系统的方框图。闭环控制系统不仅有一条从输入端到输出端的前向通道，还有一条从输出端到输入端的反馈通道。参与系统控制的不只是系统的输入信号，还有输出信号，控制作用的传递路径是闭合的，因而称为闭环控制系统。

图 1-10 所示的是采用转速负反馈的直流电动机闭环调速系统。该系统在前面所述的开环调速系统的基础上增加了一个测速回路检测信号 n，并给出了与 n 成正比的负反馈电压 U_f，与给定电压信号进行比较，以比较后所得到的偏差信号 $e=U_g- U_f$ 控制转速 n，其方框图如图 1-11 所示。该闭环系统对应于一个电位器滑臂的给定位置，即一定的 U_g；一个确定的测速反馈回路，即对应一个输出转速 n 和偏差量 e。当系统受到干扰时，如负载增大，则 $I\uparrow\to$转速 $n\downarrow\to$测速反馈回路 $U_f\downarrow\to$偏差量 $e\uparrow\to$放大器输出 $U_d\uparrow\to n\uparrow$，从而使 n 恢复或接近原状态，偏差减小。对于该系统可能受到的多种扰动，如电网电压的波动、负载的变化以及除测量装置以外的系统其他部分的元件参数的变化等可预见的和不可预见的扰动，最终都将导致输出量的变化。通过闭环反馈作用，将根据偏差量的变化来对闭环系统进行调整控制，以使系统的输出量 n 基本维持恒定。

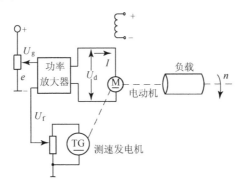

图 1-10 直流电动机闭环调速系统

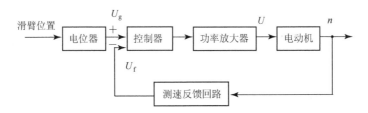

图 1-11 直流电动机闭环调速系统方框图

闭环控制系统对被控对象的控制作用不再只由输入信号来决定，而是由输入信号与反映实际输出信号进行比较形成的偏差量来决定的。反馈的作用是减小偏差、克服扰动。

从直流电动机闭环调速系统的调节过程中可以看出，闭环控制系统能同时抵御多种扰动的影响，且对系统本身的原件参数不敏感，因而有较高的控制精度和较强的抗干扰能力，从而在对控制精度有较高要求的场合下得到了广泛的应用。

图 1-4 所示的数控机床工作台伺服驱动系统，其方框图如图 1-12 所示，系统的输出信号由测量装置检测后反馈给控制装置。显然，系统的输出信号与控制装置的输入信号有交互作用，因而控制着驱动装置与工作台的输入。

就目前得到广泛应用的数控机床的控制来说，在各个进给轴和主轴的伺服控制中，就采用了多路反馈控制对位置信号、速度信号等被控量进行自动控制，以满足数控机床的加工精度要求。但闭环控制系统相对于开环控制系统元件多、成本高、功率大、调试工作量也较大。若闭环控制系统的设计调试不当，则易产生振荡甚至不能正常工作。

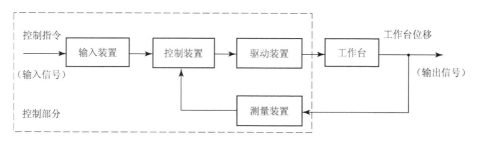

图 1-12　数控机床工作台伺服驱动系统方框图

2. 按输出变化规律分类

（1）自动调节系统：在外界干扰下，系统的输出仍能保持为常量的系统。如图 1-13 所示的恒温调节系统，室温为其输出。当恒温室受到某种干扰使室温偏离给定值时，热敏感元件测量出室温的变化，启动调温装置进行加热，直到室温回到给定值为止。显然，这类系统是闭环控制系统。

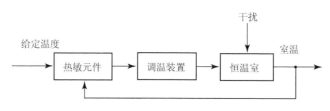

图 1-13　恒温调节系统方框图

（2）随动系统：在外界条件作用下，系统的输出能随着输入在广阔的范围内按照任意规律变化的系统。例如，炮瞄雷达系统就是随动系统。飞机的位置是输入，高射炮的指向是输出，高射炮的指向随着飞机位置的变动而变动。

（3）程序控制系统：在外界条件的作用下，系统的输出按预先的程序产生变化的系统。例如，图 1-12 所示的数控机床工作台伺服驱动系统就是程序控制系统。又如绣花机通过程序控制绣出美丽的图案，也是典型的程序控制系统。

由上可知，一个闭环的自动控制系统主要是由控制部分和被控部分组成。控制部分的功能是接受指令信号和被控部分的反馈信号，并对被控部分发出控制信号。被控部分的功能则是接受控制信号，并在控制信号的作用下实现被控运动。

闭环自动控制系统的特点是利用输入信号与反馈信号之间的偏差对系统的输出进行控制，使被控制对象按一定的规律运动。显然，反馈的作用是力图减小反馈信号与输入信号之间的偏差，以尽可能获得所希望的输出。只要偏差存在，系统的输出就要受到偏差的校正。偏差越大，校正作用越强；偏差越小，校正作用越弱，直至偏差趋向最小。这就是闭环自动控制系统中的反馈控制作用。

1.4 对控制系统的基本要求

由于不同的控制系统具有不同的要求，因此评价一个控制系统的指标是多种多样的。然而，控制技术是研究各种控制系统共同规律的一门技术，所以对控制系统要有一个基本要求，这一基本要求一般可归纳为：稳定性、快速性和准确性。

（1）稳定性（Stability）：稳定性是动态过程中的振荡倾向和系统能够恢复平衡状态的能力。一个稳定的系统在偏离平衡状态后，其输出信号应该随着时间而收敛，最后回到初始的平衡状态。稳定性是系统工作的首要条件。

当系统被施加一个新的给定值或受到扰动后，如果经过一段时间的动态过程，在反馈的作用下，通过系统内部的自动调节，被控量随时间收敛并最终达到一个新的平衡状态或恢复至原来的平衡状态，则该系统是稳定的，如图 1-14 所示。如果被控量随时间发散，从而失去平衡，则系统是不稳定的，如图 1-15 所示。

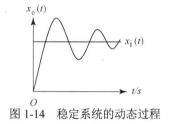

图 1-14 稳定系统的动态过程

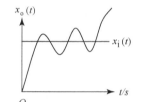

图 1-15 不稳定系统的动态过程

稳定是系统正常运行的前提，不稳定的系统将无法正常工作，甚至会毁坏设备，造成损失。对稳定的系统来说，因工作目的不同，对其在动态过程中振荡的大小即动态平衡性也有不同的要求。

（2）快速性（Fast Response）：这是在系统稳定的前提下提出来的。快速性是指当系统的输出信号与给定的输入信号之间产生偏差时，消除这种偏差的时间的长短。

（3）准确性（Accuracy）：准确性是指在调整过程结束后输出信号与给定的输入信号之间的偏差，或称为静态精度，这也是衡量系统工作性能的重要指标。例如，数控机床精度越高，加工的精度也越高。

由于被控制对象的具体情况不同，各种系统对稳、快、准的要求各有侧重。例如，随动系统对快速性要求较高，而自动调整系统对系统稳定性的要求较高。

同一个系统的稳、快、准是相互制约的。提高系统响应的快速性，可能会导致系统强烈的振荡；改善系统的稳定性，可能会降低系统响应的快速性和准确性。分析和解决这些矛盾，也是控制理论研究的重要内容。对于机械工程控制系统，系统稳定性问题是研究系统的前提条件，然后再研究如何提高系统响应的快速性和准确性。

1.5 本课程的特点及学习方法

"机械工程控制基础"是机械工程专业中一门比较抽象、理论性较强的专业基础理论课程。该课程侧重于介绍机械工程中的经典控制理论，是介于控制理论与机械工程理论之间的边缘学科，起到在控制理论的基础理论和机械工程专业课程之间搭设桥梁的作用。

本课程涉及机械工程专业的学生在本课程之前所学的全部数学知识，特别是微分方程、积分变换、复变函数；要用到有关力学知识，特别是理论力学、机械振动理论；同时涉及大学物理、电工学等理论课程。因此，在学习本课程之前，应有良好的数学、力学和电学等基础知识，有一定的机械设计和机械制造方面的专业知识，还要有一些其他学科领域的知识。应指出的是，在学习本课程时，不必过分追求数学论证上的严密性，但一定要充分注意到物理概念的明晰性与数学结论的准确性。

在学习本课程的过程中要结合机械工程专业的特色，将机械工程中的典型实例引入教学和学习过程中，将机械工程的机械结构、运动学、动力学、测试与运动控制技术等知识点渗透到教与学的过程中。在系统学习经典控制理论的基础上，要着重于经典控制理论在机械工程方面的应用，以机械工程中的实际问题为基础展开教学和学习过程，从而提高学生分析实际问题和解决问题的能力。

1.6 本章小结

（1）经典控制理论主要研究系统、输入、输出及三者之间的动态关系。

（2）对控制系统的基本要求是稳、快、准。工程中要从稳定性、快速性和准确性三个方面进行综合考虑。

（3）控制系统的基本控制方式有开环控制和闭环控制两种。开环控制系统结构简单，稳定性好，但抗干扰性能差，控制精度低。闭环控制系统具有反馈环节，抗干扰性能强，控制精度高，但闭环系统的稳定性差、成本高。

1.7 习题

思考以下问题：

（1）工程控制理论的研究对象什么？

（2）组成典型闭环控制系统的主要环节有哪些？它们各起什么作用？试举例说明。

（3）自动控制系统按照输出变化规律分为哪几类？按照反馈规律分为哪几类？试举例说明。

（4）什么是反馈控制？日常生活中有许多闭环系统和开环系统，试举例说明。

（5）分析比较开环控制系统与闭环控制系统的特点、优缺点和应用场合的不同之处，试举例说明。

（6）对控制系统的基本要求是什么？

（7）举例说明什么是稳定系统和不稳定系统？

第2章 机械工程控制论的数学基础

拉氏变换是分析研究线性动态系统的有力数学工具。通过拉氏变换将时域的微分方程变换为复数域的代数方程，使系统的分析大为简化，运算方便，而且在经典控制论范畴内可以直接在频域内研究系统的动态特性，对系统进行分析、综合和校正。本章在简要地复习复数和复变函数概念的基础上，主要介绍拉氏变换的概念、典型时间函数的拉氏变换，以及拉氏变换的性质，然后介绍拉氏逆变换的概念和方法，以及拉氏变换在控制工程中的应用。

2.1 复数和复变函数

2.1.1 复数

对于代数方程 $x^2 - 1 = 0$ ，方程的解为 $x = \pm 1$ 。但是，经常会遇到这种方程，$x^2 + 1 = 0$ ，满足该方程的解不是实数。

把方程写成如下形式，$x^2 = -1$ ，然后通过使用虚数 j 来表示方程的解，有 $j^2 = -1$ ，$j = \sqrt{-1}$ 。j 定义为虚数单位，虚数为虚数单位 j 和一个实数 ω 的乘积，可以表示为 $j\omega$ 的形式。

复数（Complex Number）是由实数和虚数相加而组成的，表示为 $s = \sigma + j\omega$ ，其中 σ 、ω 均为实数，σ 称为 s 的实部（Real Part），ω 称为 s 的虚部（Imaginary Part），记作 $\sigma = \mathrm{Re}(s)$ ，$\omega = \mathrm{Im}(s)$ 。

若一个复数为零，则它的实部和虚部均必须为零。如果复数为 $s = \sigma + j\omega$ ，则 $\sigma = 0$ ，$\omega = 0$ 。

当两个复数相等时，必须且只需它们的实部和虚部分别相等。例如，$s_1 = \sigma_1 + j\omega_1$ ，$s_2 = \sigma_2 + j\omega_2$ ，若 $s_1 = s_2$ ，则 $\sigma_1 = \sigma_2$ ，$\omega_1 = \omega_2$ 。

两个实部相同，虚部绝对值相等，符号相反的复数称为共轭复数。如 $s = \sigma + j\omega$ ，共轭复数记作 $\bar{s} = \sigma - j\omega$ 。

复数有多种表示形式，常用的复数的表达形式如下：

（1）复数 s 的代数形式为 $s = \sigma + j\omega$ 。

（2）复数 s 的三角形式为 $s = |s|\cos\phi + j|s|\sin\phi$ ，式中，$|s| = \sqrt{\sigma^2 + \omega^2}$ ，$\phi = \arctan\dfrac{\omega}{\sigma}$ 。

（3）复数 s 的指数形式为 $s = |s|e^{j\phi}$ 。

（4）复数 s 的极坐标形式为 $s = |s|\angle\phi$ 。

2.1.2 复数的运算规则

对于 $s_1 = \sigma_1 + j\omega_1$ ，$s_2 = \sigma_2 + j\omega_2$ ，运算规则如下。

（1）两个复数相加或相减：

两个复数相加或相减，则

$$s_1 \pm s_2 = (\sigma_1 + j\omega_1) \pm (\sigma_2 + j\omega_2) = (\sigma_1 \pm \sigma_2) + j(\omega_1 \pm \omega_2)$$

（2）两个复数相乘或相除：

若两个复数相乘，则

$$s_1 \times s_2 = (\sigma_1 + j\omega_1) \times (\sigma_2 + j\omega_2) = (\sigma_1\sigma_2 - \omega_1\omega_2) + j(\sigma_2\omega_1 + \sigma_1\omega_2)$$

若两个复数相除，则

$$\frac{s_1}{s_2} = \frac{s_1\overline{s_2}}{s_2\overline{s_2}} = \frac{(\sigma_1\sigma_2 + \omega_1\omega_2) + j(\sigma_2\omega_1 - \sigma_1\omega_2)}{\sigma_2^2 + \omega_2^2}$$

如果将复数用极坐标表示，则 $s_1 = (r_1 \angle \theta_1)$，$s_2 = (r_2 \angle \theta_2)$。两个复数相乘或相除等于它们的模相乘或者相除，辐角相加或者相减。即

$$s_1 s_2 = (r_1 \angle \theta_1)(r_2 \angle \theta_2) = r_1 r_2 \angle (\theta_1 + \theta_2)$$

$$\frac{s_1}{s_2} = \frac{r_1 \angle \theta_1}{r_2 \angle \theta_2} = \frac{r_1}{r_2} \angle (\theta_1 - \theta_2)$$

一般来说，线性控制系统中复数的加减运算用复数的代数形式表示更方便，而乘除运算则用复数的极坐标形式表示更方便。

2.1.3 复变函数的零点和极点

有复数 $s = \sigma + j\omega$，以 s 为自变量，按某一确定法则构成的函数 $G(s)$ 称为复变函数。$G(s)$ 可写为

$$G(s) = u + jv$$

其中，u、v 分别为复变函数的实部和虚部。

【例题 2-1】 ██ 复变函数实部与虚部的求解 ██

复变函数 $G(s) = s^2 + 1$，当 $s = 6 + j\omega$ 时，求其实部 u 和虚部 v。

解：

$$G(s) = s^2 + 1 = (\sigma + j\omega)^2 + 1$$
$$= (\sigma^2 - \omega^2 + 1) + j2\sigma\omega$$

则实部 u 和虚部 v 分别为 $\qquad u = \sigma^2 - \omega^2 + 1$，$v = 2\sigma\omega$

在线性控制系统中，遇到的复变函数 $G(s)$ 是 s 的单调函数。对于任一给定的 s 值，$G(s)$ 就被唯一地确定下来。

若有复变函数 $G(s)$

$$G(s) = \frac{K(s - z_1)(s - z_2)}{s(s - p_1)(s - p_2)}$$

当 s 等于 z_1 或 z_2 时，$G(s) = 0$，则称 z_1 和 z_2 为 $G(s)$ 的零点（Zero）；当 s 等于 0、p_1 或 p_2 时，$G(s) \to \infty$，则称 0、p_1 和 p_2 为 $G(s)$ 的极点（Pole）。

2.2 拉氏变换

拉普拉斯变换（Laplace Transform）简称拉氏变换，实际上是一种函数变换。函数变换在

初等数学中学过，用对数的方法可以把乘、除运算变成加、减运算，乘方、开方运算变成乘、除运算，从而大大简化了运算，而拉氏变换与此类似。

2.2.1　拉氏变换的定义

对于时域函数 $f(t)$，若满足

（1）当 $t<0$ 时，$f(t)=0$；当 $t \geqslant 0$ 时，$f(t)$ 是分段连续函数，如图 2-1 所示，在区间[a, b]上有有限个间断点；

（2）当 $t \to \infty$ 时，$f(t)$ 不超过某一指数函数，即满足 $|f(t)| \leqslant Me^{at}$，其中，M、a 为实常数。

$f(t)$ 的拉氏变换记作 $\mathrm{L}[f(t)]$ 或 $F(s)$，定义为

$$\mathrm{L}[f(t)] = F(s) = \int_0^\infty f(t) \cdot e^{-st} \mathrm{d}t \tag{2-1}$$

式中，$s = \sigma + \mathrm{j}\omega$。

$$\left| f(t)e^{-st} \right| = |f(t)| \cdot \left| e^{-st} \right| = \left| f(t)e^{-\sigma t} \right|$$

则

$$\left| f(t)e^{-st} \right| \leqslant Me^{at} \cdot e^{-\sigma t} = Me^{-(\sigma - a)t}$$

拉氏变换的被积函数 $f(t)e^{-st}$ 绝对收敛。只要是在复平面上对于 $\mathrm{Re}(s)>a$ 的所有复数 s，都使式（2-1）的积分绝对收敛，则 $\mathrm{Re}(s)>a$ 为拉氏变换的定义域，如图 2-2 所示。$F(s)$ 称为 $f(t)$ 的拉氏变换或者 $f(t)$ 的象函数（Image Function），因此 $f(t)$ 又称为 $F(s)$ 的原函数（Primary Function）。

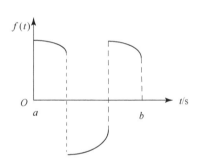 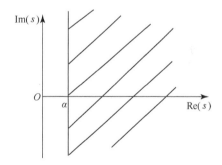

图 2-1　$f(t)$ 是分段连续函数　　　　图 2-2　拉氏变换的定义域

描述机电工程控制系统的时间函数一般都能满足拉氏变换的两个条件。因为系统的瞬态响应过程通常是由加入某一扰动后开始的，可令这个时刻为时间坐标的零点，即 $t=0$。在零点以前一切变量的稳态值均不予考虑，即 $t<0$ 时各时间函数均可设为零（若实际不为零，则可以在求出的结果上加上稳态值）。另外，系统中各变量的上述积分也是有限值，满足收敛条件，故可以运用拉氏变换求解。

2.2.2　典型时间函数的拉氏变换

下面通过一些常用的典型函数拉氏变换的例子，说明拉氏变换的具体计算方法和一些基本规律。

1. 阶跃函数（Step Function）

在机电控制系统中经常遇到阶跃函数的情况。在如图 2-3 所示的电路中，当 $t<0$ 时，电路未加电压，即 $u=0$；当 $t=0$ 时，合上开关，此后 $u=E$。符合拉氏变换的条件，它的拉氏变换为

$$U(s) = \int_0^\infty u \cdot \mathrm{e}^{-st} \mathrm{d}t = -\frac{E}{s} \mathrm{e}^{-st} \bigg|_0^\infty = \frac{E}{s} \tag{2-2}$$

当 $E=1$ 时，u 为单位阶跃函数（Unit-Step Function），如图 2-4 所示，即

$$1(t) = \begin{cases} 0 & t<0 \\ 1 & t \geqslant 0 \end{cases}$$

$$\mathrm{L}[1(t)] = \int_0^\infty 1(t) \cdot \mathrm{e}^{-st} \mathrm{d}t = -\frac{\mathrm{e}^{-st}}{s} \bigg|_0^\infty = \frac{1}{s} \tag{2-3}$$

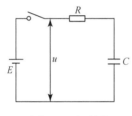

图 2-3　电路图

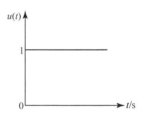

图 2-4　单位阶跃函数

2. 单位脉冲函数（Unit Impulse Function）

单位脉冲函数如图 2-5 所示，表达式如下：

$$\delta(t) = \begin{cases} \infty & t=0 \\ 0 & t \neq 0 \end{cases} \tag{2-4}$$

式中，$\int_{-\infty}^{\infty} \delta(t) \mathrm{d}t = 1$，且有 $\int_{-\infty}^{\infty} \delta(t) \cdot f(t) \mathrm{d}t = f(0)$，$f(0)$ 为 $t=0$ 时刻的 $f(t)$ 的函数值。

由式（2-1）求 $\delta(t)$ 的拉氏变换，则

$$\mathrm{L}[\delta(t)] = \int_0^\infty \delta(t) \mathrm{e}^{-st} \mathrm{d}t = \mathrm{e}^{-st} \big|_{t=0} = 1 \tag{2-5}$$

3. 单位斜坡函数（Unit Ramp Function）

单位斜坡函数如图 2-6 所示，表达式如下：

$$\gamma(t) = \begin{cases} 0 & t<0 \\ t & t \geqslant 0 \end{cases} \tag{2-6}$$

$$\mathrm{L}[\gamma(t)] = \int_0^\infty t \cdot \mathrm{e}^{-st} \mathrm{d}t$$

$$= -t \frac{e^{-st}}{s} \bigg|_0^\infty - \int_0^\infty \left(-\frac{e^{-st}}{s} \right) dt$$

$$= \int_0^\infty \frac{e^{-st}}{s} dt = -\frac{1}{s^2} e^{-st} \bigg|_0^\infty = \frac{1}{s^2} \tag{2-7}$$

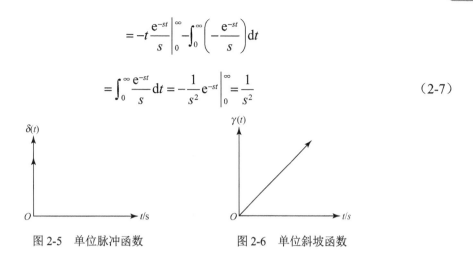

图 2-5　单位脉冲函数　　　　图 2-6　单位斜坡函数

4. 指数函数 e^{at}

指数函数如图 2-7 所示。在电容器的充电过程中其电压的变化即为指数函数。若指数函数为 e^{at}，则其拉氏变换为

$$L[e^{at}] = \int_0^\infty e^{at} e^{-st} dt = \int_0^\infty e^{-(s-a)t} dt$$

$$= -\frac{e^{-(s-a)t}}{s-a} \bigg|_0^\infty = \frac{1}{s-a} \tag{2-8}$$

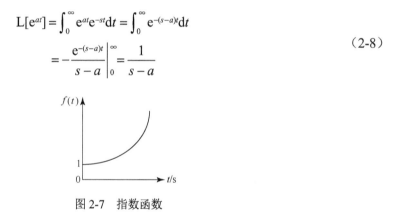

图 2-7　指数函数

5. 正弦函数 $\sin \omega t$ 和余弦函数 $\cos \omega t$

由欧拉公式，将正弦函数转化为指数函数的形式，即

$$L[\sin \omega t] = \int_0^\infty \sin \omega t \cdot e^{-st} dt$$

$$= \int_0^\infty \frac{1}{2j} (e^{j\omega t} - e^{-j\omega t}) e^{-st} dt \tag{2-9}$$

$$= \frac{\omega}{s^2 + \omega^2}$$

同理，可得

$$L[\cos \omega t] = \int_0^\infty \cos \omega t \cdot e^{-st} dt$$

$$= \frac{1}{2} \int_0^\infty (e^{j\omega t} + e^{-j\omega t}) \cdot e^{-st} dt \qquad （2\text{-}10）$$

$$= \frac{s}{s^2 + \omega^2}$$

6. 幂函数 t^n

$$L[t^n] = \int_0^\infty t^n e^{-st} dt$$

令 $u = st$，$t = \dfrac{u}{s}$，$dt = \dfrac{1}{s} du$，则

$$L[t^n] = \int_0^\infty \frac{u^n}{s^n} e^{-u} \cdot \frac{1}{s} du = \frac{1}{s^{n+1}} \int_0^\infty u^n e^{-u} du$$

式中，$\displaystyle\int_0^\infty u^n e^{-u} du = \Gamma(n+1)$ 为 Γ 函数，而 $\Gamma(n+1) = n!$，则

$$L[t^n] = \frac{\Gamma(n+1)}{s^{n+1}} = \frac{n!}{s^{n+1}} \qquad （2\text{-}11）$$

上面是几个简单函数的拉氏变换，用类似的方法可以求出其他时间函数的拉氏变换。常用函数的拉氏变换列于表 2-1 中，一般可直接查表求得函数的拉氏变换。

表 2-1　拉氏变换对照表

	$f(t)$	$F(s)$
1	$\delta(t)$	1
2	$1(t)$	$\dfrac{1}{s}$
3	t	$\dfrac{1}{s^2}$
4	e^{-at}	$\dfrac{1}{s+a}$
5	te^{-at}	$\dfrac{1}{(s+a)^2}$
6	$\sin \omega t$	$\dfrac{\omega}{s^2 + \omega^2}$
7	$\cos \omega t$	$\dfrac{s}{s^2 + \omega^2}$
8	$t^n (n = 1, 2, 3, \cdots)$	$\dfrac{n!}{s^{n+1}}$
9	$t^n e^{-at} (n = 1, 2, 3, \cdots)$	$\dfrac{n!}{(s+a)^{n+1}}$
10	$\dfrac{1}{ab}[1 + \dfrac{1}{a-b}(be^{-at} - ae^{-bt})]$	$\dfrac{1}{s(s+a)(s+b)}$
11	$\dfrac{1}{b-a}(be^{-bt} - ae^{-at})$	$\dfrac{s}{(s+a)(s+b)}$
12	$\dfrac{1}{b-a}(e^{-bt} - e^{-at})$	$\dfrac{1}{(s+a)(s+b)}$
13	$e^{-at} \sin \omega t$	$\dfrac{\omega}{(s+a)^2 + \omega^2}$

	$f(t)$	$F(s)$
14	$\mathrm{e}^{-at}\cos\omega t$	$\dfrac{s+a}{(s+a)^2+\omega^2}$
15	$\dfrac{1}{a^2}(at-1+\mathrm{e}^{-at})$	$\dfrac{1}{s^2(s+a)}$
16	$\dfrac{\omega}{\sqrt{1-\xi^2}}\mathrm{e}^{-\xi\omega t}\sin(\omega\sqrt{1-\xi^2}t)$	$\dfrac{\omega^2}{s^2+2\xi\omega s+\omega^2}$
17	$\dfrac{-1}{\sqrt{1-\xi^2}}\mathrm{e}^{-\xi\omega t}\sin(\omega\sqrt{1-\xi^2}t-\phi)$ $\phi=\arctan\dfrac{\sqrt{1-\xi^2}}{\xi}$	$\dfrac{s}{s^2+2\xi\omega s+\omega^2}$
18	$1-\dfrac{1}{\sqrt{1-\xi^2}}\mathrm{e}^{-\xi\omega t}\sin(\omega\sqrt{1-\xi^2}t-\phi)$ $\phi=\arctan\dfrac{\sqrt{1-\xi^2}}{\xi}$	$\dfrac{\omega^2}{s(s^2+2\xi\omega s+\omega^2)}$

2.2.3　拉氏变换的主要运算定理

1. 线性定理（Superposition Theorem of Laplace Transform）

拉氏变换是一个线性变换，设 $\mathrm{L}[f_2(t)]=F_2(s)$，$k_1$、$k_2$ 为常数，则

$$\mathrm{L}[k_1f_1(t)+k_2f_2(t)]=k_1\mathrm{L}[f_1(t)]+k_2\mathrm{L}[f_2(t)]=k_1F_1(s)+k_2F_2(s) \tag{2-12}$$

线性定理说明某一时间内，函数为几个时间函数的代数和，其拉氏变换等于每个时间函数拉氏变换的代数和。

2. 相似定理（Similarity Theorem of Laplace Transform）

设 $\mathrm{L}[f(t)]=F(s)$，对任一常数 a，则

$$\mathrm{L}[f(at)]=\frac{1}{a}F\left(\frac{s}{a}\right) \tag{2-13}$$

证明：设 $at=\tau$，则

$$\mathrm{L}[f(at)]=\int_0^\infty f(t)\mathrm{e}^{-st}\mathrm{d}t=\int_0^\infty f(\tau)\mathrm{e}^{-(\frac{s}{a})\tau}\frac{1}{a}\mathrm{d}\tau=\frac{1}{a}\int_0^\infty f(\tau)\mathrm{e}^{-(\frac{s}{a})\tau}\mathrm{d}\tau=\frac{1}{a}F(\frac{s}{a})$$

3. 时域位移定理（Delay Theorem of Laplace Transform）

设 $\mathrm{L}[f(t)]=F(s)$，对任一正实数 a，则

$$\mathrm{L}[f(t-a)]=\mathrm{e}^{-as}F(s) \tag{2-14}$$

式中，$f(t-a)$ 为函数 $f(t)$ 的延时函数，延时时间为 a，如图 2-8 所示。

证明：设 $t-a=\tau$，则

$$\mathrm{L}[f(t-a)]=\int_0^\infty f(t-a)\mathrm{e}^{-st}\mathrm{d}t=\int_{-a}^\infty f(\tau)\mathrm{e}^{-s(\tau+a)}\mathrm{d}\tau$$

$$=\mathrm{e}^{-as}F(s)$$

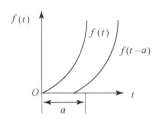

图 2-8　延时函数

┌─【例题 2-2】　**时域位移定理的应用**

　　求 $f(t) = (t - \tau)$ 的拉氏变换。

解：────────────────────────────

　　　$f(t)$ 相当于 t 在时间上延迟了一个 τ 值，应用时域中的位移定理，则

$$F(s) = L[(t - \tau)] = \frac{1}{s^2} \cdot e^{-s\tau}$$

---

4. 复域位移定理（Displacement Theorem of Laplace Transform）

设 $L[f(t)] = F(s)$，对任一正实数 a，则

$$L[e^{-at} f(t)] = F(s + a) \tag{2-15}$$

证明：

$$L[e^{-at} f(t)] = \int_0^\infty e^{-at} f(t) e^{-st} \mathrm{d}t = \int_0^\infty f(t) e^{-(s+a)t} \mathrm{d}t = F(s + a)$$

┌─【例题 2-3】　**复数域位移定理的应用**

　　求 $e^{-at} \sin \omega t$ 的拉氏变换。

解：────────────────────────────

　　可直接运用复数域的位移定理及正弦函数的拉氏变换求得，即

$$L[e^{-at} \sin \omega t] = \frac{\omega}{(s + a)^2 + \omega^2}$$

同理，可求得

$$L[e^{-at} \cos \omega t] = \frac{s + a}{(s + a)^2 + \omega^2}$$

$$L[e^{-at} t^n] = \frac{n!}{(s + a)^{n+1}}$$

5. 微分定理（Differential Theorem of Laplace Transform）

设 $L[f(t)] = F(s)$，$f^{(n)}(t)$ 表示 $f(t)$ 的 n 阶导数，则

$$L[f^{(1)}(t)] = sF(s) - f(0^+) \tag{2-16}$$

式中，$f(0^+)$ 为当 $t \to 0^+$ 时 $f(t)$ 的值。

证明：根据分部积分法，$\int u \mathrm{d}v = uv - \int v \mathrm{d}u$，令 $\mathrm{e}^{-st} = u$，$f(t) = v$，$\mathrm{d}v = f^{(1)}(t)\mathrm{d}t$，则

$$\mathrm{L}[f^{(1)}(t)] = \int_0^\infty f^{(1)}(t)\mathrm{e}^{-st}\mathrm{d}t = \mathrm{e}^{-st} f(t)\Big|_0^\infty - \int_0^\infty f(t)(-s\mathrm{e}^{-st})\mathrm{d}t$$

$$= s\int_0^\infty f(t)\mathrm{e}^{-st}\mathrm{d}t - f(0^+) = sF(s) - f(0^+)$$

【应用推广 2-1】　各阶导数的拉氏变换

可进一步推出 $f(t)$ 的各阶导数的拉氏变换。据此，可以将微分方程变换为代数方程。

$$\mathrm{L}[f^{(2)}(t)] = s^2 F(s) - sf(0^+) - f^{(1)}(0^+)$$

$$\vdots$$

$$\mathrm{L}[f^{(n)}(t)] = s^n F(s) - s^{n-1} f(0^+) - s^{n-2} f^{(1)}(0^+) - \cdots - s^{(n-i-1)} f^{(i)}(0^+) - \cdots - sf^{(n-2)}(0^+) - f^{(n-1)}(0^+)$$

式中，$f^{(i)}(0^+)(0 < i < n)$ 为 $f(t)$ 的第 i 阶导数当 $t \to 0^+$ 时的取值。

当所有这些初始值均为零时，$\mathrm{L}[f^{(n)}(t)] = s^n F(s)$。

6．积分定理（Integral Theorem of Laplace Transform）

设 $\mathrm{L}[f(t)] = F(s)$，则

$$\mathrm{L}\left[\int f(t)\mathrm{d}t\right] = \frac{1}{s}F(s) + \frac{1}{s}f^{(-1)}(0^+) \tag{2-17}$$

式中，$f^{(-1)}(0^+)$ 为当 $t \to 0^+$ 时 $\int f(t)\mathrm{d}t$ 的值。

证明：根据分部积分法，令 $u = \int f(t)\mathrm{d}t$，$\mathrm{d}v = \mathrm{e}^{-st}\mathrm{d}t$，则

$$\mathrm{L}\left[\int f(t)\mathrm{d}t\right] = \int_0^\infty \left[\int f(t)\mathrm{d}t\right]\mathrm{e}^{-st}\mathrm{d}t = -\frac{1}{s}\mathrm{e}^{-st}\int f(t)\mathrm{d}t\Big|_0^\infty + \frac{1}{s}\int_0^\infty f(t)\mathrm{e}^{-st}\mathrm{d}t$$

$$= \frac{1}{s}F(s) + \frac{1}{s}f^{(-1)}(0^+)$$

【应用推广 2-2】　多重积分的拉氏变换

可进一步推导出 $f(t)$ 的多重积分的拉氏变换。

$$\mathrm{L}\left[\iint f(t)(\mathrm{d}t)^2\right] = \frac{1}{s^2}F(s) + \frac{1}{s^2}f^{(-1)}(0^+) + \frac{1}{s}f^{(-2)}(0^+)$$

$$\vdots$$

$$\mathrm{L}\left[\int \cdots \int f(t)(\mathrm{d}t)^n\right] = \frac{1}{s^n}F(s) + \frac{1}{s^n}f^{(-1)}(0^+) + \frac{1}{s^{n-1}}f^{(-2)}(0^+) + \cdots + \frac{1}{s}f^{(-n)}(0^+)，\ (0 < i < n)$$

式中，$f^{(-i)}(0^+)$ 为 $f(t)$ 的各重积分当 $t \to 0^+$ 时的取值。

当所有这些初始值均为零时，$\mathrm{L}\left[\int \cdots \int f(t)(\mathrm{d}t)^n\right] = \frac{1}{s^n}F(s)$。

7．初值定理（Initial-Value Theorem of Laplace Transform）

设 $f(t)$ 及其一阶导数均为可拉氏变换的，则 $f(t)$ 的初值为

$$f(0^+) = \lim_{t \to 0^+} f(t) = \lim_{s \to \infty} sF(s) \tag{2-18}$$

证明：由微分定理得知

$$\int_0^\infty f^{(1)}(t)\mathrm{e}^{-st}\mathrm{d}t = sF(s) - f(0^+)$$

令 $s \to \infty$，对上式两边取极限，得

$$\lim_{s\to\infty}\left[\int_0^\infty f^{(1)}(t)\mathrm{e}^{-st}\mathrm{d}t\right] = \lim_{s\to\infty}[sF(s) - f(0^+)]$$

当 $s \to \infty$，$\mathrm{e}^{-st} \to 0$ 时，则

$$\lim_{s\to\infty}[sF(s) - f(0^+)] = 0$$

即

$$\lim_{s\to\infty}sF(s) = f(0^+) = \lim_{t\to 0^+}f(t)$$

应用初值定理可以确定系统或元件的初始状态。

8. 终值定理（Final-Value Theorem of Laplace Transform）

设 $f(t)$ 及其一阶导数均为可拉氏变换的，则 $f(t)$ 的终值为

$$f(\infty) = \lim_{t\to\infty}f(t) = \lim_{s\to 0}sF(s) \tag{2-19}$$

证明：由微分定理得知

$$\int_0^\infty f^{(1)}(t)\mathrm{e}^{-st}\mathrm{d}t = sF(s) - f(0^+)$$

令 $s \to 0$，对上式两边取极限，得

$$\lim_{s\to 0}\left[\int_0^\infty f^{(1)}(t)\mathrm{e}^{-st}\mathrm{d}t\right] = \lim_{s\to 0}[sF(s) - f(0^+)]$$

当 $s \to 0$，$\mathrm{e}^{-st} \to 1$ 时，则

$$\lim_{s\to 0}\left[\int_0^\infty f^{(1)}(t)\mathrm{e}^{-st}\mathrm{d}t\right] = f(t)\Big|_0^\infty = f(\infty) - f(0)$$

即

$$\lim_{s\to 0}[sF(s) - f(0^+)] = f(\infty) - f(0^+)$$

所以

$$f(\infty) = \lim_{t\to\infty}f(t) = \lim_{s\to 0}sF(s)$$

应用终值定理可以在复数域中得到系统或元件在时间域的稳态值，常利用该性质求系统的稳态误差。注意，运用终值定理的前提条件是函数有终值存在，若 $\lim_{t\to\infty}f(t)$ 不存在，则不能应用终值定理。例如，正弦函数等周期函数，它们的极限不存在，因此就不能使用终值定理。

9. 卷积定理（Convolution Theorem of Laplace Transform）

设 $L[f_1(t)] = F_1(s)$，$L[f_2(t)] = F_2(s)$，则函数的卷积为

$$L[f_1(t) * f_2(t)] = L\left[\int_0^\infty f_1(t-\tau)f_2(\tau)\mathrm{d}\tau\right] = F_1(s)F_2(s) \tag{2-20}$$

证明：由定义得

$$L\left[\int_0^\infty f_1(t-\tau)f_2(\tau)\mathrm{d}\tau\right] = \int_0^\infty\left\{\int_0^\infty f_1(t-\tau)f_2(\tau)\mathrm{d}\tau\right\}\mathrm{e}^{-st}\mathrm{d}t$$

$$= \int_0^\infty f_2(\tau)\left\{\int_0^\infty f_1(t-\tau)\mathrm{e}^{s(t-\tau)}\mathrm{d}t\right\}\mathrm{e}^{-s\tau}\mathrm{d}\tau = \int_0^\infty F_1(s)f_2(t)\mathrm{e}^{-s\tau}\mathrm{d}\tau$$

$$= F_1(s)\int_0^\infty f_2(\tau)\mathrm{e}^{-s\tau}\mathrm{d}\tau = F_1(s)F_2(s)$$

利用拉氏变换的性质及典型时间函数的拉氏变换，经常可以推导出其他函数的拉氏变换，从而简化运算。

2.3　拉氏逆变换

2.3.1　拉氏逆变换的定义

当已知 $f(t)$ 的拉氏变换 $F(s)$，欲求原函数 $f(t)$ 时，称其过程为拉氏逆变换（Inverse Laplace Transform），记作 $L^{-1}[F(s)]$，并定义如下：

$$f(t) = L^{-1}[F(s)] = \frac{1}{2\pi j}\int_{\sigma-j\omega}^{\sigma+j\omega} F(s)e^{st}ds \tag{2-21}$$

式中，σ 为大于 $F(s)$ 的所有奇异点实部的实常数（奇异点就是 $F(s)$ 在该点不解析，即在该点及其领域不处处可导）。

2.3.2　拉氏逆变换的数学方法

已知象函数 $F(s)$，求原函数 $f(t)$ 的方法有：

（1）有理函数法，根据拉氏逆变换公式（2-21）求解。由于被积函数为复变函数，需要用复变函数的留数定理求解，本文不做介绍。

（2）查表法，即直接利用表 2-1 查出相应的原函数，这适用于象函数比较简单的情况。

（3）部分分式法，通过代数运算将一个复杂的象函数转化为数个简单的部分分式之和，然后分别求出各个分式的原函数，进而求得总的原函数。

在控制理论中，常遇到象函数 $F(s)$ 是复数 s 的有理代数式，即

$$F(s) = \frac{B(s)}{A(s)} = \frac{b_m s^m + b_{m-1}s^{m-1} + \cdots + b_0}{a_n s^n + a_{n-1}s^{n-1} + \cdots + a_0} = \frac{K(s-z_1)(s-z_2)\cdots(s-z_m)}{(s-p_1)(s-p_2)\cdots(s-p_n)} \tag{2-22}$$

式中，p_1，p_2，$\cdots$，p_n 和 z_1，z_2，$\cdots$，z_m 分别为 $F(s)$ 的极点和零点，且 $n > m$。

如果 $n \leq m$，则分子 $B(s)$ 必须用分母 $A(s)$ 去除，以得到一个 s 的多项式和一个余式之和，在余式中分母阶次高于分子阶次。当式（2-22）转化为部分分式之和时，极点有可能是实数，也有可能是复数，下面分别讨论。

1. $F(s)$ 只包含不相同极点的情况

在这种情况下，$F(s)$ 总是能展开为下面简单的部分分式之和：

$$\frac{B(s)}{A(s)} = \frac{K_1}{s-p_1} + \frac{K_2}{s-p_2} + \cdots + \frac{K_n}{s-p_n} \tag{2-23}$$

式中，$K_1, K_2, \cdots, K_n$ 为待定系数。

用 $(s-p_1)$ 同时乘以式（2-23）两边，并以 $s = p_1$ 代入，则有

$$K_1 = \frac{B(s)}{A(s)}(s-p_1)|_{s=p_1}$$

同样，用 $(s-p_2)$ 同时乘以式（2-23）两边，并以 $s = p_2$ 代入，得

$$K_1 = \frac{B(s)}{A(s)}(s - p_2)|_{s=p_2}$$

依次类推，得

$$K_i = \frac{B(s)}{A(s)}(s - p_i)\Big|_{s=p_i} = \frac{B(p_i)}{A'(p_i)} \qquad (i = 1, 2, \cdots, n) \tag{2-24}$$

式中，p_i 为 $A(s) = 0$ 的根，$A'(p_i) = \dfrac{\mathrm{d}A(s)}{\mathrm{d}s}\Big|_{s=p_i}$。

求得各系数后，$F(s)$ 可用部分分式表示为

$$F(s) = \sum_{i=1}^{n} \frac{B(p_i)}{A'(p_i)} \cdot \frac{1}{s - p_i} \tag{2-25}$$

因 $L^{-1}[\dfrac{1}{s - p_i}] = e^{p_i t}$，从而可求得 $F(s)$ 的原函数为

$$f(t) = L^{-1}[F(s)] = \sum_{i=1}^{n} \frac{B(p_i)}{A'(p_i)} \cdot e^{p_i t} \tag{2-26}$$

【例题 2-4】 ▌ **$F(s)$只包含不相同极点的拉氏逆变换**

求下面函数的拉氏逆变换

$$F(s) = \frac{B(s)}{A(s)} = \frac{20(s+1)(s+3)}{(s+1+j)(s+1-j)(s+2)(s+4)}$$

解：

$$K_1 = \left[\frac{B(s)}{A(s)}(s+1+j)\right]\Big|_{s=-1-j}$$

$$= \frac{20(-j)(2-j)}{(-2j)(1-j)(3-j)} = 4 + 3j$$

$$K_2 = \left[\frac{B(s)}{A(s)}(s+1-j)\right]_{s=-1+j}$$

$$= \frac{20j(2+j)}{2j(1+j)(3+j)} = 4 - 3j$$

$$K_3 = \left[\frac{B(s)}{A(s)}(s+2)\right]\Big|_{s=-2} = \frac{20 \times (-1) \times 1}{(-1+j)(-1-j) \times 2} = -5$$

$$K_4 = \left[\frac{B(s)}{A(s)}(s+4)\right]\Big|_{s=-4} = \frac{20 \times (-3) \times (-1)}{(-3+j)(-3-j) \times (-2)} = -3$$

$$F(s) = \frac{4+3j}{s+1+j} + \frac{4-3j}{s+1-j} - \frac{5}{s+2} - \frac{3}{s+4}$$

$$f(t) = L^{-1}[F(s)]$$

$$= (4+3j)e^{-(1-j)t} + (4-3j)e^{-(1+j)t} - 5e^{-2t} - 3e^{-4t}$$

$$= e^{t}[4(e^{(-jt)} + e^{jt}) + 3j(e^{jt} - e^{-jt})] - 5e^{-2t} - 3e^{-4t}$$

$$= e^{t}[4(\cos t - j\sin t + \cos t + j\sin t) + 3j(\cos t + j\sin t - \cos t + j\sin t)] - 5e^{-2t} - 3e^{-4t}$$

$$= e^{t}(8\cos t - 6\sin t) - 5e^{-2t} - 3e^{-4t}$$

当 $F(s)$ 的某极点等于零或为共轭复数时，同样可以用上述方法。注意，由于 $f(t)$ 是一个实函数，若 p_1 和 p_2 是一对共轭复数极点，那么相应的系数 K_1 和 K_2 也是共轭复数，只要求出 K_1 或 K_2 中的一个值，另一值即可求得。

2. $F(s)$ 包含多重极点的情况

假设 $F(s)$ 有 r 个重极点 p_1，其余极点均不相同，则

$$F(s) = \frac{B(s)}{A(s)} = \frac{B(s)}{a_n(s-p_1)^r(s-p_{r+1})\cdots(s-p_n)}$$

$$= \frac{K_{11}}{(s-p_1)^r} + \frac{K_{12}}{(s-p_1)^{r-1}} + \cdots + \frac{K_{1r}}{s-p_1} + \frac{K_{r+1}}{s-p_{r+1}} + \frac{K_{r+2}}{s-p_{r+2}} + \cdots + \frac{K_n}{s-p_n} \quad (2\text{-}27)$$

式中，K_{11}，K_{12}，$\cdots$，K_{1r} 的求法如下：

$$\begin{cases} K_{11} = F(s)(s-p_1)^r \big|_{s=p_1} \\[2mm] K_{12} = \dfrac{\mathrm{d}}{\mathrm{d}s}[F(s)(s-p_1)^r] \big|_{s=p_1} \\[2mm] K_{13} = \dfrac{1}{2!}\dfrac{\mathrm{d}^2}{\mathrm{d}s^2}[F(s)(s-p_1)^r] \big|_{s=p_1} \\[1mm] \quad\quad\quad\vdots \\[1mm] K_{1r} = \dfrac{1}{(r-1)!}\dfrac{\mathrm{d}^{r-1}}{\mathrm{d}s^{r-1}}[F(s)(s-p_1)^r]_{s=p_1} \end{cases} \quad (2\text{-}28)$$

其余系数 K_{r+1}，K_{r+2}，$\cdots$，K_n 的求法与第一种情况所述的方法相同，即

$$K_j = [F(s)(s-p_j)] \Big|_{s=p_j} = \frac{B(p_j)}{A'(p_j)} \quad (j=r+1, r+2, \cdots, n) \quad (2\text{-}29)$$

求得所有的待定系数后，$F(s)$ 的逆变换为

$$f(t) = \mathrm{L}^{-1}[F(s)]$$

$$= [\frac{K_{11}}{(r-1)!}t^{r-1} + \frac{K_{12}}{(r-2)!}t^{r-2} + \cdots + K_{1r}]\mathrm{e}^{p_1 t} + K_{r+1}\mathrm{e}^{p_{r+1}t} + K_{r+2}\mathrm{e}^{p_{r+2}t} + \cdots + K_n\mathrm{e}^{p_n t} \quad (2\text{-}30)$$

【例题 2-5】 $\quad$ $F(s)$ 包含多重极点的拉氏逆变换

求 $F(s) = \dfrac{1}{s(s+2)^3(s+3)}$ 的拉氏逆变换。

解：

$$F(s) = \frac{K_{11}}{(s+2)^3} + \frac{K_{12}}{(s+2)^2} + \frac{K_{13}}{s+2} + \frac{K_4}{s} + \frac{K_5}{s+3}$$

$$K_{11} = F(s)(s+2)^3 \Big|_{s=-2} = \frac{1}{s(s+3)} \Big|_{s=-2} = -\frac{1}{2}$$

$$K_{12} = \frac{\mathrm{d}}{\mathrm{d}s}[F(s)(s+2)^3] \Big|_{s=-2} = \frac{-(2s+3)}{s^2(s+3)^2} \Big|_{s=-2} = \frac{1}{4}$$

$$K_{13} = \frac{1}{2!}\frac{\mathrm{d}^2}{\mathrm{d}s^2}[F(s)(s+2)^3] \Big|_{s=-2} = \frac{1}{2!}\frac{\mathrm{d}^2}{\mathrm{d}s^2}[\frac{1}{s(s+3)}] \Big|_{s=-2} = -\frac{3}{8}$$

$$K_4 = F(s) \cdot s \bigg|_{s=0} = \frac{1}{(s+2)^3(s+3)} \bigg|_{s=0} = \frac{1}{24}$$

$$K_5 = F(s)(s+3) \big|_{s=-3} = \frac{1}{s(s+2)^3} \bigg|_{s=-3} = \frac{1}{3}$$

$$F(s) = \frac{-1}{2(s+2)^3} + \frac{1}{4(s+2)^2} - \frac{3}{8(s+2)} + \frac{1}{24s} + \frac{1}{3(s+3)}$$

$$f(t) = L^{-1}[F(s)]$$

$$= \frac{1}{2} \times \frac{t^2}{2} e^{-2t} + \frac{1}{4} t e^{-2t} - \frac{3}{8} e^{-2t} + \frac{1}{24} + \frac{1}{3} e^{-3t}$$

$$= \frac{1}{4}(t - t^2 - \frac{3}{2}) e^{-2t} + \frac{1}{3} e^{-3t} + \frac{1}{24}$$

2.4 拉氏变换在控制工程中的应用

在系统瞬态响应分析时，常常要对微分方程求解，若借助拉氏变换进行求解，会很方便。用拉氏变换求解常系数微分方程的步骤如下：

（1）通过拉氏变换将常系数微分方程转化为象函数的代数方程；

（2）解出象函数；

（3）通过拉氏逆变换求得常系数微分方程的解。

【工程实例2-1】 **组合机床动力滑台运动情况分析**

图2-9（a）为一个组合机床动力滑台，现在先分析其在铣平面时的运动情况。对该组合机床动力滑台进行质量、黏性阻尼及刚度折算后，可简化为图2-9（b）所示的质量—弹簧—阻尼系统。在随时间变换的切削力 $f(t)$ 的作用下，滑台往复运动，位移为 $y(t)$。

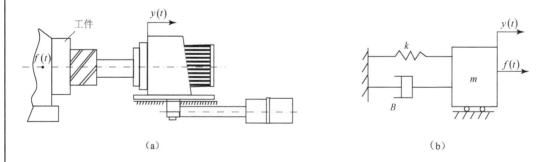

（a）　　　　　　　　　　　　　　　　　　　　（b）

图2-9　组合机床动力滑台及其力学模型

解：

在这个机械系统中，输入量为 $f(t)$，输出量为 $y(t)$。

根据牛顿第二定律，有

$$m\frac{d^2y}{d^2t} = f - c\frac{dy}{dt} - ky$$

$$\tag{2-31}$$

式中，k 为弹簧刚度，c 为等效黏性阻尼系数。

整理式（2-31），得

$$m\frac{\mathrm{d}^2 y}{\mathrm{d}^2 t} + c\frac{\mathrm{d} y}{\mathrm{d} t} + ky = f \tag{2-32}$$

式（2-32）为该系统在外力 $f(t)$ 作用下的运动方程。

设线性微分方程系数：$m = 1\,\mathrm{kg}$，$c = 5\,\mathrm{N/ms^{-1}}$，$k = 6\,\mathrm{N/m}$，$f = 6\,\mathrm{N}$，初始条件为 $y(0) = 2\,\mathrm{m}$，$\dot{y}(0) = 2\,\mathrm{m/s}$，则式（2-32）进一步转化为

$$\frac{\mathrm{d}^2 y}{\mathrm{d} t^2} + 5\frac{\mathrm{d} y}{\mathrm{d} t} + 6y = 6$$

对微分方程两边进行拉氏变换，得代数方程为

$$s^2 Y(s) - sy(0) - \dot{y}(0) + 5sY(s) - 5y(0) + 6Y(s) = \frac{6}{s}$$

代入初始条件，求解 $Y(s)$，

$$Y(s) = \frac{2s^2 + 12s + 6}{s(s^2 + 5s + 6)} = \frac{2s^2 + 12s + 6}{s(s+3)(s+2)} = \frac{1}{s} - \frac{4}{s+3} + \frac{5}{s+2}$$

进行拉氏逆变换得

$$y(t) = 1 - 4\mathrm{e}^{-3t} + 5\mathrm{e}^{-2t} \qquad (t > 0)$$

该解由两部分组成：稳态分量（Stable Component），即终值 $y(\infty) = 1$ 和瞬态分量（Transient Component） $-4\mathrm{e}^{-3t} + 5\mathrm{e}^{-2t}$。利用终值定理可以验证稳态分量解，即

$$\lim_{t \to \infty} y(t) = \lim_{s \to 0} sY(s) = \lim_{s \to 0} \frac{2s^2 + 12s + 6}{(s+3)(s+2)} = 1$$

【应用推广 2-3】 n 阶微分方程的求解

对于一般的 n 阶微分方程

$$a_n\frac{\mathrm{d}^n y}{\mathrm{d} t^n} + a_{n-1}\frac{\mathrm{d}^{n-1} y}{\mathrm{d} t^{n-1}} + \cdots + a_0 y = b_m\frac{\mathrm{d}^m x}{\mathrm{d} t^m} + b_{m-1}\frac{\mathrm{d}^{m-1} x}{\mathrm{d} t^{m-1}} + \cdots + b_0 x \tag{2-33}$$

初始条件：当 $t = 0^+$ 时，有 $y(0^+)$，$y'(0^+)$，$\cdots$，$y^{(n-1)}(0^+)$，$x(0^+)$，$x'(0^+)$，$\cdots$，$x^{(m-1)}(0^+)$。

对式（2-33）逐项进行拉氏变换，根据微分定理有

$$\mathrm{L}[a_n\frac{\mathrm{d}^n y}{\mathrm{d} t^n}] = a_n[s^n Y(s) - s^{n-1} y(0^+) - s^{n-2} y'(0^+) - \cdots y^{(n-1)}(0^+)]$$

$$= a_n[s^n Y(s) - A_{01}(s)]$$

$$\mathrm{L}[a_{n-1}\frac{\mathrm{d}^{(n-1)} y}{\mathrm{d} t^{(n-1)}}] = a_{n-1}[s^{n-1} Y(s) - A_{02}(s)]$$

$$\mathrm{L}[a_{n-21}\frac{\mathrm{d}^{(n-2)} y}{\mathrm{d} t^{(n-2)}}] = a_{n-2}[s^{n-2} Y(s) - A_{03}(s)]$$

$$\vdots$$

$$\mathrm{L}[a_0 y] = a_0 Y(s)$$

式中，$A_{01}(s)$，$A_{02}(s)$，$A_{03}(s)$，$\cdots$均为与初始条件有关的项。合并后，式（2-33）左边的拉

氏变换为

$$(a_n s^n + a_{n-1} s^{n-1} + a_{n-2} s^{n-2} + \cdots + a_0)Y(s) - A_0(s) = A(s)Y(s) - A_0(s) \tag{2-34}$$

式中，$A_0(s)$ 为与初始条件有关的项，$A(s) = a_n s^n + a_{n-1} s^{n-1} + a_{n-2} s^{n-2} + \cdots + a_0$。

同理，式（2-33）右边的拉氏变换为

$$(b_m s^m + b_{m-1} s^{m-1} + b_{m-2} s^{m-2} + \cdots + b_0)X(s) - B_0(s) = B(s)X(s) - B_0(s) \tag{2-35}$$

式中，$B_0(s)$ 为初始条件有关的项，$B(s) = b_m s^m + b_{m-1} s^{m-1} + b_{m-2} s^{m-2} + \cdots + b_0$。

式（2-33）的拉氏变换为

$$A(s)Y(s) - A_0(s) = B(s)X(s) - B_0(s) \tag{2-36}$$

$$Y(s) = \frac{A_0(s) - B_0(s)}{A(s)} + \frac{B(s)}{A(s)} \cdot X(s) \tag{2-37}$$

对式（2-37）进行拉氏逆变换，得

$$y(t) = L^{-1}[Y(s)] = L^{-1}\left[\frac{A_0(s) - B_0(s)}{A(s)}\right] + L^{-1}\left[\frac{B(s)}{A(s)}X(s)\right] = y_c(t) + y_i(t) \tag{2-38}$$

式中，$y_c(t)$ 表示微分方程的通解，$y_i(t)$ 表示微分方程的特解。

令 $N_0(s) = A_0(s) - B_0(s)$，设 $A(s) = 0$ 无重根，可求得

$$y_c(t) = L^{-1}\left[\frac{N_0(s)}{A(s)}\right] = L^{-1}\left[\sum_{i=1}^{n} \frac{N_0(p_i)}{A'(p_i)} \cdot \frac{1}{s - p_i}\right] = \sum_{i=1}^{n} \frac{N_0(p_i)}{A'(p_i)} e^{p_i t} \tag{2-39}$$

式中，p_i 为方程的特征根。

除了利用拉氏变换求解微分方程，更重要的是通过拉氏变换引出控制理论的一个非常重要的概念——传递函数，有关这方面的内容将在第 3 章叙述。

2.5　本章小结

拉氏变换是分析研究线性动态系统的有力数学工具。本章介绍了拉氏变换的概念、典型时间函数的拉氏变换、拉氏变换运算定理、拉氏逆变换的概念和计算方法，以及拉氏变换在机电控制工程中的应用。主要内容包括：

（1）拉氏变换是将微分方程代数化的数学工具，通过拉氏变换将复杂的微积分运算变换为简单的代数运算，是分析机电控制系统的基本数学方法之一。

（2）典型时间函数的拉氏变换和拉氏变换的主要运算定理是建立和分析复杂系统传递函数的数学基础。

（3）拉氏逆变换是拉氏变换的逆变换。

（4）拉氏变换和拉氏逆变换是分析研究线性定常系统的有力数学工具。通过拉氏变换可将时域的微分方程变换为复数域的代数方程进行求解，然后通过拉氏逆变换获得系统的时域解。

2.6　习题

2-1　思考以下问题：

（1）拉氏变换的定义是什么？

（2）写出 $\delta(t)$、$1(t)$、t、$\sin\omega t$、$\cos\omega t$、e^{at} 和 t^n 的拉氏变换。

（3）试写出拉氏变换的线性性质、微分定理、积分定理、时域位移定理、复数域位移定理、初值定理、终值定理和卷积定理。

2-2　求下列函数的拉氏变换，假设当 $t<0$ 时，$f(t)=0$。

（1）$f(t)=e^{-0.5t}\cos 10t$

（2）$f(t)=\sin(5t+\dfrac{\pi}{3})$

（3）$f(t)=(4t+5)\cdot\delta(t)+(t+2)\cdot 1(t)$

（4）$f(t)=2t+3t^3+2e^{-3t}$

（5）$f(t)=t^3e^{-3t}+e^{-t}\cos 2t+e^{-3t}\sin 4t$

（6）$f(t)=5\cdot 1(t-2)+(t-1)^2e^{2t}$

（7）$f(t)=\begin{cases}\sin t,&0\leqslant t\leqslant\pi\\0,&t<0,t>\pi\end{cases}$

2-3　已知 $F(s)=\dfrac{s+1}{(s+2)(s+3)}$。

（1）利用终值定理，求 $t\to\infty$ 时的 $f(t)$ 值。

（2）通过取 $F(s)$ 的拉氏逆变换，求 $t\to\infty$ 时的 $f(t)$ 值。

2-4　已知 $F(s)=\dfrac{s(s-1)}{(s+1)^2(s+2)}$。

（1）利用初值定理求 $f(0^+)$ 和 $f'(0^+)$ 的值。

（2）通过取 $F(s)$ 的拉氏逆变换求 $f(t)$，再求 $f'(t)$，然后求 $f(0^+)$ 和 $f'(0^+)$。

2-5　求下列函数的拉氏逆变换。

（1）$F(s)=\dfrac{1}{s^2+16}$

（2）$F(s)=\dfrac{e^{-s}}{s-1}$

（3）$F(s)=\dfrac{s}{s^2-2s+5}+\dfrac{s+1}{s^2+9}$

（4）$F(s)=\dfrac{s+1}{(s+2)(s+3)}$

（5）$F(s)=\dfrac{4(s+3)}{(s+2)^2(s+1)}$

（6）$F(s)=\dfrac{s^2+5s+2}{(s+2)(s^2+2s+2)}$

（7）$F(s)=\dfrac{(s^2-a^2)}{(s^2+a^2)^2}$

2-6　用拉氏变换的方法求解下列微分方程。

（1）$\ddot{x}(t)+2\dot{x}(t)+2x(t)=\delta(t)$, $x(0)=0$, $\dot{x}(0)=1$

（2）$\ddot{x}(t)+6\dot{x}(t)+8x(t)=1(t)$, $x(0)=1$, $\dot{x}(0)=0$

（3）$\dot{x}(t)+10x(t)=2$, $x(0)=0$

第3章 系统的数学模型

系统的数学模型（Mathematical Model）是描述系统的输入变量、输出变量及内部各变量之间关系的数学表达式，可以定量地描述系统的动态特性，研究系统的结构、参数与系统动态特性之间的关系，是定量分析研究系统的理论基础。

建立系统的数学模型一般是根据系统实际的结构和参数，以及要求的计算精度，忽略一些次要因素建立起的数学表达式，既能较精确地反映系统的动态特性，又能简化分析计算的过程。建立系统数学模型的方法包括分析法和实验法。分析法是根据系统和元件所遵循的有关的定理、定律推导数学表达式，从而建立起系统的数学模型。实验法则是根据系统对某些典型输入信号的响应或其他实验数据来建立数学模型，这种用实验数据建立数学模型的方法也称为系统辨识。本章仅讨论用分析法建立系统的数学模型。首先介绍系统微分方程的建立方法，然后重点阐述传递函数的基本概念、典型环节的传递函数、传递函数方框图及其简化方法，最后介绍系统的状态空间模型。

3.1 系统的时域数学模型

微分方程（Differential Equation）是根据系统内在运动规律建立的，它描述了系统的动态特性，是时域中描述系统（或元件）动态特性的数学模型。例如，机械系统的牛顿定律、能量守恒定律，电学系统中的基尔霍夫定律，液压系统中的流体力学定律及其他一些基本物理学定律。通过对系统微分方程的求解，可以得到系统的输出随时间变化的响应曲线。它具有明显的物理意义，可以直观地对系统性能进行评价。因此，微分方程是物理系统最基本的数学模型。

3.1.1 系统微分方程

图 3-1 所示是一级 RC 网络，下面讨论系统的输入电压 u_i 与电容上的电压 u_o 之间的关系。

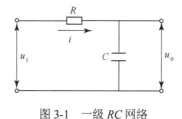

图 3-1 一级 RC 网络

根据基尔霍夫定律，有

$$u_i = Ri + \frac{1}{C}\int i \mathrm{d}t \tag{3-1}$$

$$u_\text{o} = \frac{1}{C} \int i \mathrm{d}t \qquad\qquad (3\text{-}2)$$

式中，i 为流经电阻 R 和电容 C 的电流，联立式（3-1）和式（3-2），从两式中消去中间变量 i，得

$$RC \frac{\mathrm{d}u_\text{o}}{\mathrm{d}t} + u_\text{o} = u_\text{i}$$

从上面的例子可以看出，通过建立系统的微分方程数学模型可以确定系统的输出量与输入量之间的函数关系。

建立系统微分方程的基本步骤如下：

（1）首先将系统或元件划分为若干环节，然后按照系统信号传递的情况来确定每一环节的输入量和输出量。也就是说，在确定每一环节的输入量和输出量时，应使前一环节的输出量是后一环节的输入量。

（2）按照信号的传递顺序，从系统的输入端开始，根据各变量所遵循的运动规律（如电路中的基尔霍夫定律、力学中的牛顿定律、能量守恒定律等），列出在运动过程中各个环节的动态微分方程。在建立微分方程时要根据工作条件，忽略一些次要因素，并考虑相邻元件间是否存在负载效应，负载效应实质上就是一种内在反馈，并且对非线性项应进行线性化处理。

（3）消除所建立的各微分方程的中间变量，得到描述系统输入量和输出量之间关系的微分方程。

（4）一般将与输出量有关的各项放在方程的左侧，与输入量有关的各项放在方程的右侧，各阶导数项按降幂排列，整理系统或元件的微分方程。

3.1.2　非线性微分方程线性化处理

严格地讲，系统或元件都有不同程度的非线性，因此，往往在一定条件下将非线性系统的非线性微分方程进行线性化（Linearization）处理。系统通常都有一个预定工作点，即系统处于某一平衡位置，系统各变量偏离预定工作点的偏差一般很小，因此，只要作为非线性函数的各变量在预定工作点处有导数或偏导数存在，那么就可在预定工作点处将系统的这一非线性函数以其自变量的偏差形式展开成泰勒级数。如果此偏差很小，则级数中此偏差的高次项可以忽略，只剩下一次项，最后获得以此偏差为变量的线性函数。这为非线性微分方程的线性化提供了理论基础。

如果变量 y 依赖于若干个激励变量 $x_1, x_2, \cdots, x_n$，则

$$y = f(x_1, x_2, \cdots, x_n)$$

在工作点 $x_{10}, x_{20}, \cdots, x_{n0}$ 附近进行泰勒级数展开，在忽略高阶项后，线性近似为

$$y = f(x_{10}, x_{20}, \cdots, x_{n0}) + \frac{\partial f}{\partial x_1}\bigg|_{x=x_0}(x_1 - x_{10}) + \frac{\partial f}{\partial x_2}\bigg|_{x=x_0}(x_2 - x_{20}) + \cdots + \frac{\partial f}{\partial x_n}\bigg|_{x=x_0}(x_n - x_{n0})$$

一个质量为 M 的球体通过长度为 l 的绳子悬挂于球铰上从而形成了一个摆，如图 3-2（a）所示。作用于球体 M 上的力矩为

$$T = Mgl \sin \theta$$

式中，g 为重力加速度，θ 为球体 M 的摆角。

球体 M 的平衡位置为 $\theta_0 = 0$，力矩 T 和 θ 之间的非线性关系如图 3-2（b）所示。在平衡点 $\theta_0 = 0$ 处的一阶导数值提供了线性近似，即

$$T - T_0 \approx Mgl \frac{\mathrm{d}\sin\theta}{\mathrm{d}\theta}\Big|_{\theta_0 = 0} (\theta - \theta_0)$$

因为 $T_0 = 0$，所以

$$T = Mgl(\cos 0)(\theta) = Mgl\theta$$

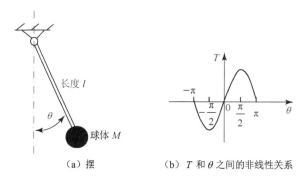

（a）摆　　　　　　　　（b）T 和 θ 之间的非线性关系

图 3-2　摆

3.1.3　机械系统微分方程

1. 机械系统的微分方程

机械系统可用牛顿第二定律列写微分方程，进而建立系统的数学模型。

【例题 3-1】 ▌质量—弹簧—阻尼系统的微分方程▐

在图 3-3（a）所示机械系统中，m_1、m_2 为质量，k 为弹簧刚度，c_1、c_2 为黏性阻尼系数，列写外力 f 与 m_2 的位移 y 之间的运动微分方程。

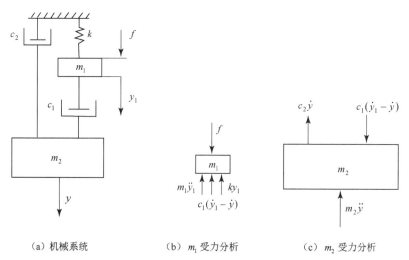

（a）机械系统　　　　　（b）m_1 受力分析　　　　　（c）m_2 受力分析

图 3-3　机械系统及受力分析

解：

设 m_1 位移为 y_1，且假设 $y_1 > y$，取分离体并进行受力分析，如图 3-2（b）、图 3-2（c）所示，列写力平衡方程：

$$m_1\ddot{y}_1 + c_1(\dot{y}_1 - \dot{y}) + ky_1 = f \tag{3-3}$$

$$m_2\ddot{y} + c_2\dot{y} = c_1(\dot{y}_1 - \dot{y}) \tag{3-4}$$

由式（3-3）、式（3-4）可看出 y_1 与 y 之间相互影响，即在外力 f 作用下，使 m_1 发生位移 y_1，进而使 m_2 发生位移 y，这时 m_2 的位移 y 又反过来影响 m_1 的位移。由式（3-3）和式（3-4）消去中间变量 y_1，可求得 f 和 y 之间的运动微分方程。

【工程实例 3-1】 数控机床的机械传动系统的动态特性

分析图 3-4 所示的数控机床的机械传动系统的动态特性。

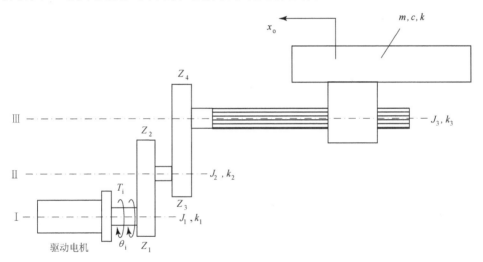

图 3-4　数控机床的机械传动系统

解：

从输入轴到工作台经过 3 根轴，而每根轴均具有不同的转动惯量和扭转刚度。在图 3-4 中，Ⅰ轴、Ⅱ轴、Ⅲ轴的转动惯量和扭转刚度分别为 J_1、J_2、J_3 和 k_1、k_2、k_3，m 为工作台的质量，k 为丝杠螺母副及螺母底座部分的轴向刚度，c 为工作台黏性阻尼系数，Z_1、Z_2、Z_3、Z_4 分别是Ⅰ、Ⅱ、Ⅲ轴上齿轮的齿数，T_i 为输入转矩，θ_i 为输入转角，x_0 为工作台位移。

为了建立微分方程，将各转动惯量、质量和阻尼系数归算到Ⅰ轴。根据机械原理有关知识，进行如下归算：

（1）每个轴的转动惯量及工作台质量的归算。

Ⅱ轴的转动惯量 J_2 归算到Ⅰ轴为 J_2'，即

$$J_2' = J_2\left(\frac{Z_1}{Z_2}\right)^2$$

III轴的转动惯量 J_3 归算到 I 轴为 J_3'，即

$$J_3' = J_3 \left(\frac{Z_1}{Z_2} \cdot \frac{Z_3}{Z_4} \right)^2$$

工作台的质量 m 归算到III轴的转动惯量为 J_m，设丝杠的导程为 l，则有

$$J_m = m \left(\frac{l}{2\pi} \right)^2$$

工作台的质量 m 归算到 I 轴的转动惯量为 J_m'，即

$$J_m' = m \left(\frac{l}{2\pi} \right)^2 \left(\frac{Z_1}{Z_2} \cdot \frac{Z_3}{Z_4} \right)^2$$

转动惯量归算到 I 轴后，I 轴的总转动惯量为

$$J = J_1 + J_2' + J_3' + J_m' = J_1 + J_2 \left(\frac{Z_1}{Z_2} \right)^2 + J_3 \left(\frac{Z_1}{Z_2} \cdot \frac{Z_3}{Z_4} \right)^2 + m \left(\frac{l}{2\pi} \right)^2 \left(\frac{Z_1}{Z_2} \cdot \frac{Z_3}{Z_4} \right)^2$$

（2）传动刚度的归算。

传动系统的传动刚度可由扭转刚度和轴向刚度两部分组成，下面分别进行归算。

扭转刚度的归算，II轴扭转刚度 k_2 归算到 I 轴为 k_2'，即

$$k_2' = k_2 \left(\frac{Z_1}{Z_2} \right)^2$$

轴向刚度的归算，工作台的轴向刚度 k 归算到III轴为 k'，即

$$k' = k \left(\frac{l}{2\pi} \right)^2$$

III轴上总的等效扭转刚度 k_{III} 为

$$k_{\text{III}} = \frac{1}{\dfrac{1}{k_3} + \dfrac{1}{k'}} = \frac{1}{\dfrac{1}{k_3} + \dfrac{1}{k \left(\dfrac{l}{2\pi} \right)^2}}$$

III轴上总的等效扭转刚度 k_{III} 归算到 I 轴为 k_3'，即

$$k_3' = \frac{1}{\dfrac{1}{k_3} + \dfrac{1}{k'}} \left(\frac{Z_1}{Z_2} \cdot \frac{Z_3}{Z_4} \right)^2 = \frac{1}{\dfrac{1}{k_3} + \dfrac{1}{k \left(\dfrac{l}{2\pi} \right)^2}} \left(\frac{Z_1}{Z_2} \cdot \frac{Z_3}{Z_4} \right)^2$$

传动系统的传动刚度归算到 I 轴后，I 轴总的等效刚度为 k^*，即

$$k^* = \frac{1}{\dfrac{1}{k_1} + \dfrac{1}{k_2'} + \dfrac{1}{k_3'}} = \frac{1}{\dfrac{1}{k_1} + \dfrac{1}{k_2 \left(\dfrac{Z_1}{Z_2} \right)^2} + \dfrac{1}{\dfrac{1}{k_3} + \dfrac{1}{k \left(\dfrac{l}{2\pi} \right)^2} \left(\dfrac{Z_1}{Z_2} \cdot \dfrac{Z_3}{Z_4} \right)^2}}$$

（3）黏性阻尼系数的归算。

这里只考虑工作台导轨的阻尼系数 c 的归算，工作台导轨的阻尼系数 c 归算到III轴，其等效阻尼系数 c' 为

$$c' = c \left(\frac{l}{2\pi} \right)^2$$

再归算到 I 轴，等效阻尼系数为

$$c^* = c(\frac{l}{2\pi})^2(\frac{Z_1}{Z_2} \cdot \frac{Z_3}{Z_4})^2$$

系统以电机轴转角 θ_i 为输入量，工作台位移 x_o 为输出量，x_o 归算到 I 轴上，θ_o 为

$$\theta_o = (\frac{l}{2\pi})(\frac{Z_1}{Z_2} \cdot \frac{Z_3}{Z_4})x_o \tag{3-5}$$

经过上面的归算，图 3-4 所示的机械传动系统可简化为图 3-5 所示的等效机械旋转系统。

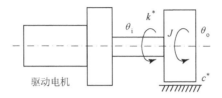

图 3-5　等效的机械旋转系统

由牛顿第二定律可列出这个等效机械旋转系统的微分方程为

$$k^*(\theta_i - \theta_o) - c^*\frac{d\theta_o}{dt} = J\frac{d^2\theta_o}{dt^2}$$

标准形式为

$$J\frac{d^2\theta_o}{dt^2} + c^*\frac{d\theta_o}{dt} + k^*\theta_o = k^*\theta_i \tag{3-6}$$

将式（3-5）代入式（3-6），得

$$J(\frac{l}{2\pi})(\frac{Z_1}{Z_2} \cdot \frac{Z_3}{Z_4})\frac{d^2x_o}{dt^2} + c^*(\frac{l}{2\pi})(\frac{Z_1}{Z_2} \cdot \frac{Z_3}{Z_4})\frac{dx_o}{dt} + k^*(\frac{l}{2\pi})(\frac{Z_1}{Z_2} \cdot \frac{Z_3}{Z_4})x_o = k^*\theta_i$$

式（3-6）即为图 3-4 所示的机械传动系统以电机轴转角 θ_i 为输入量、工作台位移 x_o 为输出量的微分方程。

【应用点评 3-1】　机械系统微分方程的建立

　　把机械传动系统各部分的质量、弹簧刚度和阻尼系数等效到一根轴上，将系统简化为一个轴的传动系统的模型，根据牛顿第二定律建立系统的微分方程，是工程上常用的建立机械系统微分方程的一种方法。

2．电气系统的微分方程

　　电气系统的微分方程主要根据欧姆定律、基尔霍夫定律和电磁感应定律列写微分方程，进而建立系统的数学模型。

【例题 3-2】　两级串联 *RC* 电路微分方程的数学模型

　　图 3-6 所示是两级串联 *RC* 电路组成的滤波网络，给定输入电压为系统的输入量 u_i，电容 C_2 上的电压为系统的输出量 u_o，列写输入电压 u_i 和输出电压 u_o 的微分方程。

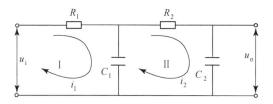

图 3-6　两级串联的 RC 电路

解：

对回路 I，可列写微分方程

$$u_i = R_1 i_1 + \frac{1}{C_1} \int (i_1 - i_2) dt \qquad (3\text{-}7)$$

对回路 II，可列写微分方程

$$\frac{1}{C_1} \int (i_1 - i_2) dt = R_2 i_2 + \frac{1}{C_2} \int i_2 dt \qquad (3\text{-}8)$$

C_2 两端的电压为 $\qquad u_o = \frac{1}{C_2} \int i_2 dt \qquad (3\text{-}9)$

由式（3-7）、式（3-8）和式（3-9）消去中间变量 i_1 和 i_2，可求得 u_i 和 u_o 关系的微分方程为

$$R_1 C_1 R_2 C_2 \frac{d^2 u_o}{dt^2} + (R_1 C_1 + R_2 C_2 + R_1 C_2) \frac{d u_o}{dt} + u_o = u_i$$

该滤波网络的动态数学模型为一个二阶定常线性微分方程。在该系统中，第二级电路（$R_2 C_2$）将对第一级电路（$R_1 C_1$）产生负载效应，即后一元件的存在，将影响前一元件的输出。如果只是独立地分别写出两个串联元件的微分方程，经过消去中间变量而得出微分方程，则将是一个错误的结果。因此，在列写串联元件构成的系统微分方程时，应该考虑其负载效应的问题。

【工程实例 3-2】　电枢控制式直流电动机的数学模型

图 3-7 所示是电枢控制式直流电动机，其中，u_a 为电动机电枢输入电压，θ 为电动机输出转角，R 为电枢绕组的电阻，L 为电枢绕组的电感，i_a 为流过电枢绕组的电流，e_d 为电动机感应电动势，J 为电动机及负载折合到电动机轴上的转动惯量，c 为电动机及负载折合到电动机轴上的黏性阻尼系数，M 为电动机的电磁转矩，当励磁不变时，在电枢控制的情况下，列写电动机电枢输入电压 u_a 与电动机输出转角 θ 关系的微分方程。

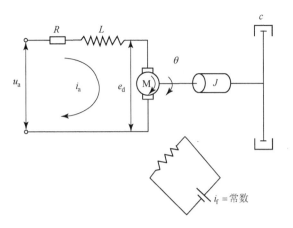

图 3-7　电枢控制式直流电动机

解：

根据基尔霍夫定律，电动机电枢回路方程为

$$u_a = L\frac{\mathrm{d}i_a}{\mathrm{d}t} + i_a R + e_d \tag{3-10}$$

根据磁场对载流线圈的作用定律，当磁通固定不变时，电动机电磁转矩 M 与电枢电流 i_a 成正比，即

$$M = K_m i_a \tag{3-11}$$

式中，K_m 为电动机电磁转矩常数。

根据电磁感应定律，当磁通固定不变时，电动机感应电动势 e_d 与电动机转速成正比，即

$$e_d = K_d \frac{\mathrm{d}\theta}{\mathrm{d}t} \tag{3-12}$$

式中，K_d 为电动机反电动势常数。

根据牛顿第二定律，电动机转子的运动方程为

$$J\frac{\mathrm{d}^2\theta}{\mathrm{d}t^2} = K_m i_a - M_L \tag{3-13}$$

电动机的负载转矩 M_L 为

$$M_L = c\frac{\mathrm{d}\theta}{\mathrm{d}t} \tag{3-14}$$

将式（3-14）代入式（3-13），得

$$i_a = \frac{J}{K_m}\frac{\mathrm{d}^2\theta}{\mathrm{d}t^2} + \frac{c}{K_m}\frac{\mathrm{d}\theta}{\mathrm{d}t} \tag{3-15}$$

将式（3-12）、式（3-15）代入式（3-10），得

$$LJ\frac{\mathrm{d}^3\theta}{\mathrm{d}t^3} + (Lc + RJ)\frac{\mathrm{d}^2\theta}{\mathrm{d}t^2} + (Rc + K_m K_d)\frac{\mathrm{d}\theta}{\mathrm{d}t} = K_m u_a$$

电枢电感 L 通常较小，若忽略不计，系统的微分方程可简化为

$$RJ\frac{\mathrm{d}^2\theta}{\mathrm{d}t^2} + (Rc + K_m K_d)\frac{\mathrm{d}\theta}{\mathrm{d}t} = K_m u_a$$

当电枢电感 L、电阻 R 均较小，都可以忽略不计时，系统的微分方程进一步简化为

$$K_d\frac{\mathrm{d}\theta}{\mathrm{d}t} = u_a$$

3.2 系统的复域数学模型

直接求解描述系统的微分方程，可以获得确定初始条件和外力作用下系统输出的时间响应，反映系统的动态过程。但是当系统的某个参数发生变化时，就需要重新列写微分方程，并求解之。微分方程的阶次越高，这种计算就越复杂。因此，经典控制理论通常是通过拉氏变换将线性微分方程转换为复数域（复域）的数学模型——传递函数（Transform Function），通过传递函数之间的运算和拉氏逆变换得到时域解，从而间接地分析系统的结构和参数对时间响应的影响规律，简化了计算过程。

3.2.1 传递函数

针对 3.1.1 节中的 RC 网络建立输入电压 $u_i(t)$ 与电容上的电压 $u_o(t)$ 之间的微分方程为

$$RC\frac{\mathrm{d}u_o}{\mathrm{d}t} + u_o = u_i$$

设初值 $u_o(0) = 0$，对微分方程进行拉氏变换，得

$$RCsU_o(s) + U_o(s) = U_i(s)$$
$$(RCs + 1)U_o(s) = U_i(s)$$

则输出的拉氏变换为

$$U_o(s) = \frac{1}{RCs + 1}U_i(s) \tag{3-16}$$

这是一个以 s 为变量的代数方程，右端是两部分的乘积：一部分是 $U_i(s)$，是输入量 $u_i(t)$ 的拉氏变换，它随 $u_i(t)$ 的不同而不同；另一部分是 $\frac{1}{RCs+1}$，完全由网络的结构及参数确定。将式（3-16）换写成如下的形式：

$$\frac{U_o(s)}{U_i(s)} = \frac{1}{RCs + 1}$$

令 $G(s) = \frac{1}{RCs+1}$，则输出的拉氏变换为

$$U_o(s) = G(s)U_i(s)$$

对于具体的系统，将 $G(s)$ 写入方框中，则输入 $U_i(s)$、输出 $U_o(s)$ 与 $G(s)$ 之间的关系可用图 3-8 表示。可见，输入 $U_i(s)$ 经方框 $G(s)$ 传递到输出 $U_o(s)$。

图 3-8 输入、输出与 $G(s)$ 的关系

如果 $U_i(s)$ 不变，则输出 $U_o(s)$ 的特性完全由 $G(s)$ 的结构和参数决定，可见 $G(s)$ 反映了系统自身的动态性质。因为 $G(s)$ 是由微分方程经拉氏变换得到的，而拉氏变换是一种线性变换，只是将变量从实数 t 域映射到复数 s 域，所得结果不改变原方程所反映的事物的本质。

根据以上分析，线性定常系统的传递函数可定义为：当系统的初始条件为零时，系统输出量的拉氏变换与输入量的拉氏变换之比。

在时域内对线性定常系统通常用线性常微分方程描述输入 $x_i(t)$ 与输出 $x_o(t)$ 之间的动态关系，即

$$a_n \frac{d^n x_o(t)}{dt^n} + a_{n-1} \frac{d^{n-1} x_o(t)}{dt^{n-1}} + \cdots + a_0 x_o(t) = b_m \frac{d^m x_i(t)}{dt^m} + b_{m-1} \frac{d^{m-1} x_i(t)}{dt^{m-1}} + \cdots + b_0 x_i(t) \quad (3\text{-}17)$$

式中，$n \geq m$。

设系统在外界输入 $x_i(t)$ 作用前，初始条件为 $x_i(0)$，$\dot{x}_i(0)$，$\cdots$，$x_i^{n-1}(0)$。$x_o(0)$，$\dot{x}_o(0)$，$\cdots$，$x_o^{(n-1)}(0)$ 均为零，对式(3-17)两边同时进行拉氏变换，可得

$$(a_n s^n + a_{n-1} s^{n-1} + \cdots + a_0) X_o(s) = (b_m s^m + b_{m-1} s^{m-1} + \cdots + b_0) X_i(s)$$

令

$$G(s) = \frac{X_o(s)}{X_i(s)} = \frac{b_m s^m + b_{m-1} s^{m-1} + \cdots + b_0}{a_n s^n + a_{n-1} s^{n-1} + \cdots + a_0} \quad (3\text{-}18)$$

称 $G(s)$ 为系统的传递函数。

在机电系统控制工程中，传递函数是分析系统动态特性非常重要的概念，它有如下特点：

（1）传递函数是线性定常系统的微分方程经拉氏变换得到的，而拉氏变换是一种线性积分运算，因此传递函数只能用于描述线性定常系统。

（2）传递函数是在零初始条件下定义的，即在零时刻之前系统对所给定的平衡工作点是处于相对静止状态的，故它不能反映在非零初始条件下系统的运动情况。

（3）传递函数是通过输入和输出之间的函数关系来描述系统本身固有特性的，传递函数中各项系数完全取决于系统的结构和参数，且与微分方程中各项系数对应相等，而系统本身特性与输入量无关，故传递函数可以描述系统的动态特性，与输入量的大小和形式无关。

（4）传递函数不说明所描述系统的物理结构，不同的物理系统，只要它们的动态特性相同，就可以用同一传递函数来表示。也就是说，两个完全不同的系统（如一个是机械系统，另一个是电子系统），只要它们的动态特性一样，就可以有完全相同的传递函数。这是实验室进行模拟实验的理论基础。

（5）传递函数只描述系统或环节的外部输入、输出特性，而不能反映其内部所有的信息。同一个物理系统，取不同的变量作为输入和输出时，得到的传递函数可能不同。一个传递函数只能描述一个输入对一个输出的关系，至于信号传递过程中的中间量，用一个传递函数无

法全面描述。

（6）传递函数分母中 s 的阶数 n 必不小于分子中 s 的阶数 m，即 $n \geqslant m$，因为实际系统或元件总具有惯性。例如，对单自由度二阶机械振动系统而言，输入力后先要克服惯性，产生加速度，再产生速度，然后才可能有位移输出，而与输入有关的项的阶次是不可能高于二阶的。

（7）传递函数可以有量纲，也可以无量纲。如在机械系统中，若输出是位移，单位为 m，输入为力，单位为 N，则传递函数 $G(s)$ 的量纲为 m/N；若输出为位移，单位为 m，输入也为位移，单位为 m，则 $G(s)$ 为无量纲。

3.2.2　传递函数的零点、极点和增益

系统的传递函数 $G(s)$ 是以复数 s 作为自变量的函数。将传递函数中分子与分母多项式分解因式，写成如下形式：

$$G(s) = \frac{X_o(s)}{X_i(s)} = \frac{K(s-z_1)(s-z_2)\cdots(s-z_m)}{(s-p_1)(s-p_2)\cdots(s-p_n)}$$

上式也称为传递函数的零、极点增益模型。

当 $s = z_j$（$j = 1, 2, \cdots, m$）时，$G(s) = 0$，故称 $z_1, z_2, \cdots, z_m$ 为 $G(s)$ 的零点。

当 $s = p_i$（$i = 1, 2, \cdots, n$）时，均能使 $G(s)$ 的分母为 0，使 $G(s)$ 取得极值，$\lim_{s \to p_i} G(s) = \infty$，故称 $p_1, p_2, \cdots, p_n$ 为 $G(s)$ 的极点。系统传递函数的极点也就是系统微分方程的特征根。

零点和极点的数值完全取决于系统结构参数决定的定常数 a_n, b_m（$n, m = 0, 1, 2, \cdots$）。一般情况下，z_j、p_i 可以为实数，也可以为复数，若为复数，则必为共轭复数，成对出现。若将零、极点标在复平面上，则得到传递函数的零、极点分布图。

$G(0)$ 是系统的增益，也就是系统的放大系数，它由系统微分方程的参数决定。传递函数的零点、极点及放大系数决定着系统的瞬态性能和稳态性能。所以，对系统的研究可转化为对系统传递函数零点、极点和放大系数的研究。

3.2.3　典型环节的传递函数

工程中常见到各式各样的系统，虽然物理结构及工作原理不同，但从传递函数的结构来看，都是由一些典型的传递函数构成的，如比例环节、惯性环节、微分环节、积分环节、振荡环节和延时环节。掌握这些典型环节的传递函数，有助于分析与研究复杂系统。下面将介绍这些典型环节的传递函数。

1．比例环节（放大环节）

输出量 $x_o(t)$ 与输入量 $x_i(t)$ 成比例关系且不失真的环节称为比例环节，其微分方程为

$$x_o(t) = Kx_i(t)$$

其传递函数为

$$G(s) = \frac{X_o(s)}{X_i(s)} = K \qquad (3\text{-}19)$$

K 为比例环节的放大系数或增益。

图 3-9 所示是齿轮传动副，x_i、x_o 分别为主动轴、从动轴的转速，z_1、z_2 分别为主动齿轮和从动齿轮的齿数。

如果忽略传动副的传动间隙，且刚性无穷大，那么一旦有了输入 x_i，就会产生输出 x_o，且此方程经拉氏变换后得其传递函数为

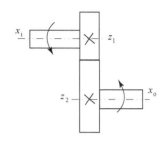

$$G(s) = \frac{X_o(s)}{X_i(s)} = \frac{z_1}{z_2} = K$$

图 3-9　齿轮传动副

式中，K 为齿轮传动比，也就是齿轮传动副的放大系数或增益。

【例题 3-3】　运算放大器的传递函数

图 3-10 所示的是运算放大器，分析输出电压 $u_o(t)$ 与输入电压 $u_i(t)$ 之间的关系。

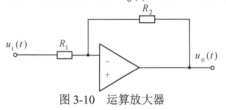

图 3-10　运算放大器

解：

输出电压 $u_o(t)$ 与输入电压 $u_i(t)$ 之间有如下关系：

$$u_o(t) = \frac{-R_2}{R_1} u_i(t)$$

式中，R_1、R_2 为电阻。

经拉氏变换后得其传递函数为

$$G(s) = \frac{U_o(s)}{U_i(s)} = -\frac{R_2}{R_1} = K$$

需要注意的是，在实践中只有在忽略了一些因素的前提下，才能把某些部件看成比例环节。

2. 惯性环节

凡动力学方程可用一阶微分方程描述的环节就称为惯性环节。微分方程为

$$T \frac{\mathrm{d}x_o(t)}{\mathrm{d}t} + x_o(t) = K x_i(t)$$

其传递函数为

$$G(s) = \frac{K}{Ts + 1} \qquad (3\text{-}20)$$

式中，T 为惯性环节的时间常数，K 为惯性环节的比例系数。惯性环节的方框图如图 3-11 所示。

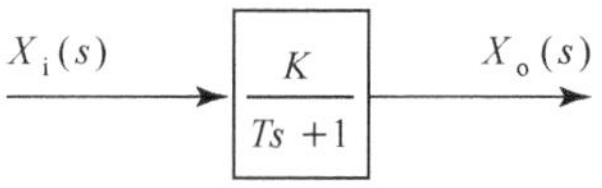

$$X_i(s) \longrightarrow \boxed{\dfrac{K}{Ts+1}} \longrightarrow X_o(s)$$

图 3-11 惯性环节方框图

【例题 3-4】 LC 无源滤波电路的传递函数

对于 3.1.1 节中的 LC 无源滤波电路，u_i 为输入电压，u_o 为输出电压，i 为电流，R 为电阻，C 为电容，求其电路的传递函数。

解：

该电路的微分方程为

$$RC\frac{du_o}{dt} + u_o = u_i$$

经拉氏变换，得

$$RCsU_o(s) + U_o(s) = U_i(s)$$

RC 无源滤波电路的传递函数为

$$G(s) = \frac{U_o(s)}{U_i(s)} = \frac{1}{RCs+1}$$

令 $T = RC$ ，则有

$$G(s) = \frac{U_o(s)}{U_i(s)} = \frac{1}{Ts+1}$$

式中，T 为惯性环节的时间常数，电容 C 为储能元件，电阻 R 为耗能元件。

【例题 3-5】 弹簧－阻尼系统的传递函数

在图 3-12 所示的弹簧－阻尼系统中，$x_i(t)$ 为输入位移，$x_o(t)$ 为输出位移，k 为弹簧刚度，求其传递函数。

解：

根据牛顿定律，有

$$c\frac{dx_o(t)}{dt} = k[x_i(t) - x_o(t)]$$

经拉氏变换后，得

$$csX_o(s) + kX_o(s) = kX_i(s)$$

$$G(s) = \frac{X_o(s)}{X_i(s)} = \frac{1}{\dfrac{c}{k}s+1}$$

式中，$T=c/k$ 为惯性环节的时间常数。

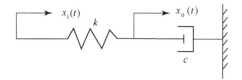

图 3-12　弹簧—阻尼系统

从上面的例子可以看出，惯性环节含有一个储能元件，输出量延缓反映输入的变化。惯性环节主要由时间常数 T 和比例系数 K 来表示，时间常数 T 决定了惯性环节的性质。

3. 微分环节

凡输出变量正比于输入变量的微分的环节就称为微分环节。微分方程为

$$x_o(t) = T\dot{x}_i(t)$$

其传递函数为

$$G(s) = \frac{X_o(s)}{X_i(s)} = Ts \tag{3-21}$$

式中，T 为微分环节的时间常数。微分环节的方框图如图 3-13 所示。

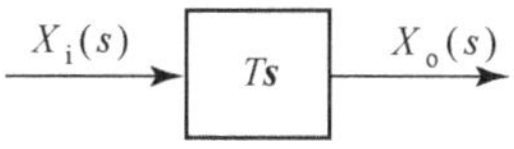

$$\xrightarrow{X_i(s)} \boxed{Ts} \xrightarrow{X_o(s)}$$

图 3-13　微分环节的方框图

测速发电机在满足一定的条件下，当以转角 $\theta(t)$ 为输入，以电枢电压 $u(t)$ 为输出时，可以将其看作理想微分环节，其微分方程为

$$u(t) \approx K\frac{\mathrm{d}\theta(t)}{\mathrm{d}t}$$

【例题 3-6】　　**RC 网络的传递函数**

对于 3.1.1 节中的 RC 网络，若输出电压为电阻两端的电压 $u_R(t)$，求其传递函数。

解：

输入电压 $u_i(t)$ 与电阻两端的电压 $u_R(t)$ 间的微分方程为

$$u_i = \frac{1}{C}\int i\mathrm{d}t + Ri$$

$$u_R = Ri$$

传递函数为

$$G(s) = \frac{U_R(s)}{U_i(s)} = \frac{RCs}{RCs+1}$$

实际上，微分环节常带有惯性，要满足理想条件是不可能的。因此，实际中的微分环节大多数都是近似微分环节，其传递函数为

$$G(s) = \frac{KTs}{Ts+1}$$

可以看出，当时间常数 $T \to 0$，且 KT 保持有限时，方程变为理想微分环节。T 越小，纯微分作用越强。微分环节主要用来作为校正装置，以改善系统的动态特性，减小振荡，增加系统的稳定性。

微分环节的输出为输入的导数，它反映了输入的变化趋势，因此，可以对输入的变化趋势进行预测。由于微分环节使输出提前预测了输入的情况，因此可以利用微分环节来对系统提前施加校正作用，以提高系统的灵敏度。

4．积分环节

凡输出量正比于输入量对时间的积分，即具有 $x_o(t) = \frac{1}{T} \int x_i(t) \mathrm{d}t$ 的环节就称为积分环节，其传递函数为

$$G(s) = \frac{X_o(s)}{X_i(s)} = \frac{1}{Ts} \tag{3-22}$$

式中，T 为积分环节的时间常数。积分环节的方框图如图 3-14 所示。

积分环节的特点是输出量为输入量对时间的累积，输出幅值呈线性增长，如图 3-15 所示。经过时间的累积后，当输入变为零时，输出量不再增加，保持该值不变，具有记忆功能。在系统中凡具有存储或积累特点的元件，都具有积分环节的特性。

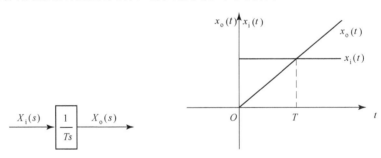

图 3-14　积分环节方框图　　　　图 3-15　积分环节输入输出的关系

如图 3-16 所示的水箱，以流量 $Q(t) = Q_1(t) - Q_2(t)$ 为输入，液面高度变化量 $h(t)$ 为输出，A 为水箱截面积，γ 为水的密度。

根据质量守恒定律，则

$$\gamma \int Q(t)\mathrm{d}t = Ah(t)\gamma$$

经拉氏变换得

$$Q(s) = AsH(s)$$

故其传递函数为

$$G(s) = \frac{H(s)}{Q(s)} = \frac{1}{As}$$

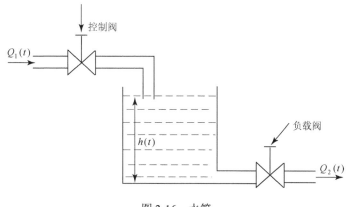

图 3-16　水箱

【例题 3-7】 有源积分网络的传递函数

图 3-17 所示为一有源积分网络，$u_i(t)$ 为输入电压，$u_o(t)$ 为输出电压，R 为电阻，C 为电容，求其传递函数。

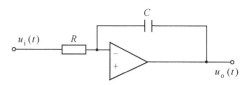

图 3-17　有源积分网络

解：

由图 3-17 可得

$$\frac{u_i(t)}{R} = -C\frac{\mathrm{d}u_o(t)}{\mathrm{d}t}$$

故其传递函数为

$$G(s) = \frac{U_o(s)}{U_i(s)} = \frac{k}{s}$$

式中，$k = -1/(RC)$。

5. 振荡环节

振荡环节是二阶环节，其传递函数为

$$G(s) = \frac{\omega_n^2}{s^2 + 2\xi\omega_n s + \omega_n^2} \tag{3-23}$$

或写成

$$G(s) = \frac{1}{T^2 s^2 + 2\xi T s + 1} \tag{3-24}$$

式中，ω_n 为无阻尼固有频率，T 为振荡环节的时间常数，$T = 1/\omega_n$，ξ 为阻尼比，$0 \leqslant \xi < 1$。式（3-23）表示的振荡环节的方框图如图 3-18 所示。

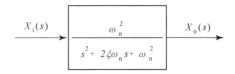

图 3-18　振荡环节的方框图

当二阶环节输入阶跃信号时，输出有两种情况。

（1）当 $0 \leqslant \xi < 1$ 时，输出为一振荡过程，此时二阶环节即为振荡环节。

（2）当 $\xi > 1$ 时，输出为一指数上升曲线而不振荡，最后达到常值输出。此时，这个二阶环节不是振荡环节，而是两个一阶惯性环节的组合。由此可见，振荡环节是二阶环节，但二阶环节不一定是振荡环节。

当 T 很小，ξ 较大时，由式（3-24）可知，$T^2 s^2$ 可忽略不计，故分母变为一阶，二阶环节近似为惯性环节。

振荡环节一般含有两个储能元件和一个耗能元件，由于两个储能元件之间有能量交换，使系统输出发生振荡。从数学模型来看，当传递函数式（3-24）的极点为一对复数极点时，系统输出就会发生振荡，而且，阻尼比 ξ 越小，振荡越激烈，由于存在耗能元件，所以振荡是逐渐衰弱的。

【例题 3-8】　惯量－弹簧－阻尼系统的传递函数

图 3-19 所示为一作旋转运动的惯量－弹簧－阻尼系统，惯量为 J，弹簧扭转刚度为 k，黏性阻尼系数为 c，扭矩 T 作为输入，以转子角度 θ 作为输出，求系统的传递函数。

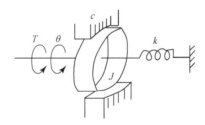

图 3-19　惯量－弹簧－阻尼系统的结构示意图

解：

系统的动力学方程为

$$J\ddot{\theta} + c\dot{\theta} + k\theta = T$$

传递函数为

$$G(s) = \frac{\theta(s)}{T(s)} = \frac{1}{Js^2 + cs + k}$$

或写成

$$G(s) = \frac{K}{s^2 + 2\xi\omega_n s + \omega_n^2}$$

式中，$\omega_n = \sqrt{\dfrac{k}{J}}$，$\xi = \dfrac{c}{2\sqrt{Jk}}$，$K = \dfrac{1}{J}$。

当 $0 \leqslant \xi < 1$ 时，惯量－弹簧－阻尼系统为二阶振荡环节。

【例题 3-9】 **LRC 电路的传递函数**

图 3-20 所示是电感 L、电阻 R 与电容 C 的串、并联电路，u_i 为输入电压，u_o 为输出电压，求系统的传递函数。

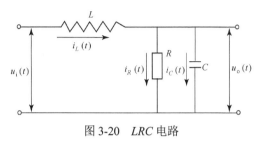

图 3-20　*LRC* 电路

解：

根据基尔霍夫定律，有

$$u_i = L\frac{\mathrm{d}i_L}{\mathrm{d}t} + u_o$$

$$u_o = Ri_R = \frac{1}{C}\int i_C \mathrm{d}t$$

故其微分方程为

$$LC\ddot{u}_o + \frac{L}{R}\dot{u}_o = u_i$$

传递函数为

$$G(s) = \frac{U_o(s)}{U_i(s)} = \frac{1}{LCs^2 + \dfrac{L}{R}s + 1}$$

$\omega_n = \sqrt{\dfrac{1}{LC}}$，$\xi = \dfrac{1}{2R}\sqrt{\dfrac{L}{C}}$。由电学可知，$\omega_n$ 为电路的固有振荡频率，ξ 为电路的阻尼比。

可见，*LRC* 电路与惯量－阻尼－弹簧系统具有相同形式的传递函数。

6. 延时环节

延时环节是输出滞后输入时间 τ，但不失真地反映输入的环节。具有延时环节的系统称为延时系统。

延时环节的输入 $x_i(t)$ 与输出 $x_o(t)$ 之间有如下关系：

$$x_o(t) = x_i(t - \tau) \tag{3-25}$$

式中，τ 为延迟时间。

延迟环节也是线性环节，它符合叠加原理。根据式（3-25）可得延时环节的传递函数为 $G(s) = \mathrm{e}^{-\tau s}$，其方框图如图 3-21 所示。

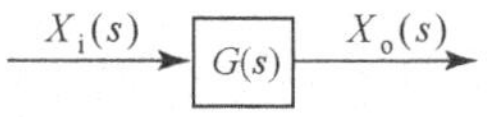

$$\xrightarrow{\quad X_i(s)\quad}\boxed{G(s)}\xrightarrow{\quad X_o(s)\quad}$$

图 3-21　延时环节的方框图

　　图 3-22 所示是水箱进水管，l 为进水管长，v 为进水流速，Q_i、Q_o 为进水管输入流量、输出流量，则有

$$Q_o(t) = Q_i(t - \tau)$$

式中，$\tau = l/v$。传递函数为

$$G(s) = \frac{Q_o(s)}{Q_i(s)} = e^{-\tau s}$$

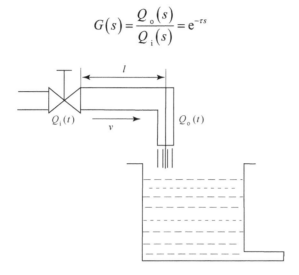

图 3-22　水箱进水管示意图

　　延时环节与惯性环节不同，惯性环节的输出需要延迟一段时间才接近所要求的输出量，但它从输入开始时刻起就有了输出。延时环节在输入开始之初的时间 τ 内无输出，在 τ 之后，输出就完全等于开始的输入，且不再有其他滞后过程。简而言之，输出等于输入，只是在时间上延时一段时间 τ。

【应用点评3-2】　传递函数、传递函数环节和元件之间的关系

　　（1）传递函数的环节是根据运动微分方程划分的。一个环节并不代表一个物理的元件（物理的环节或子系统），一个物理的元件（物理的环节或子系统）也不一定就是一个传递函数环节。换言之，也许几个物理元件的特性才组成一个传递函数环节，也许一个物理元件的特性分散在几个传递函数之中。

　　（2）由于物理元件（物理的环节或子系统）之间可能有负载效应，同一个物理结构在不同的系统中可能具有不同的传递函数，所以不能简单地将物理结构中每一个物理元件（环节、子系统）本身的传递函数代入物理结构中，作为传递函数环节进行数学分析。

　　（3）同一个物理元件（物理的环节或子系统）当在不同系统中作用不同时，其传递函数也可不同。

　　（4）不同物理元件（物理的环节或子系统）可能具有相同的传递函数，这是因为不同的物理元件（物理的环节或子系统）在不同的系统中可能起到相同的作用。

3.3　系统传递函数方框图

传递函数是由微分方程组通过消去系统中间变量得到的。如果系统结构复杂，则方程组的数目较多，消去中间变量就比较麻烦，并且中间变量的传递过程在系统的输入与输出关系中得不到反映。人们采用方框图形象而具体地表示系统内部各环节的数学模型、各变量之间的相互关系及信号流向。事实上它是系统数学模型的一种图解表示方法，提供了系统动态特性的有关信息，并且可以揭示和评价每个组成环节对系统的影响规律。同时，根据系统传递函数方框图通过一定的运算可求得系统的传递函数。

3.3.1　方框图

1. 传递函数方框图的结构要素

一个系统由若干个环节按一定的关系组成，将这些环节用方框形式表示，方框间用相应的变量及信号流向联系起来，就构成了系统传递函数方框图（Block Diagram），如图 3-21 所示。

函数方框 $G(s)$ 表示传递函数，指向方框的箭头表示输入 $X_i(s)$，从函数方框出来的箭头表示输出 $X_o(s)$，箭头上标明了相应的信号。函数方框的输出就是方框中的传递函数乘以输入，输出信号的量纲等于输入信号的量纲与传递函数量纲的乘积，即

$$X_o(s) = G(s)X_i(s)$$

相加点（Summing Point）又称为比较点，如图 3-23 所示。用相加点代表两个或两个以上的输入信号进行相加或相减的元件，也称为比较器。相加点箭头处的"+"或"—"表示信号相加还是相减。输出信号等于各输入信号的代数和，在相加点处的加减信号必须是同种变量，运算时的量纲也要相同。

分支点（Branch Point），又称为引出点，如图 3-24 所示。分支点表示信号引出和测量的位置，说明同一信号向不同方向的传递。在同一分支点处引出的信号不仅量纲相同，而且数值也相等。

图 3-23　相加点示意图　　　图 3-24　分支点示意图

2. 系统方框图的建立

建立系统方框图的步骤如下：

（1）建立系统（或元件）的原始微分方程。

（2）对原始微分方程进行拉氏变换，并根据拉氏变换式中的因果关系，绘出相应的方框图。

（3）按照信号在系统中的流向，依次将各传递函数方框图连接起来（同一信号的通道连接在一起），系统输入量置于左端，输出量置于右端，便得到系统的传递函数方框图。

【工程实例 3-3】　电枢控制式直流电动机的传递函数

绘制图 3-7 所示电枢控制式直流电动机的传递函数方框图。

解：

式（3-10）所示是电枢控制式直流电动机的运动微分方程，在零初始条件下分别对运动微分方程进行拉氏变换，得

$$U_a(s) = (Ls + R)I_a(s) + E_d(s)$$

$$E_d(s) = K_d s\theta(s)$$

$$M_L(s) = cs\theta(s)$$

$$M(s) = K_m I_a(s)$$

$$Js^2\theta(s) = M(s) - M_L(s)$$

根据变量之间的因果关系，对上述各式分别绘出相应的传递函数方框图，如图 3-25 所示。

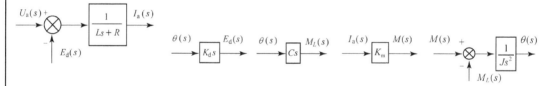

图 3-25　各个环节传递函数方框图

最后，将图 3-25 所示的各传递函数方框图按信号的传递、变换过程连接起来，便得到图 3-7 所示的电枢控制式直流电动机的传递函数方框图。

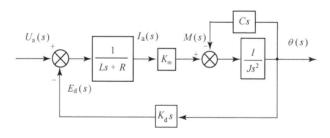

图 3-26　电枢控制式直流电动机传递函数方框图

3.3.2　传递函数方框图的等效变换

系统各环节之间一般有三种基本连接方式：串联、并联和反馈连接，下面分别讨论各种连接方式及其等效传递函数的方法。

1. 串联环节的等效变换规则

前一环节的输出为后一环节的输入的连接方式称为环节的串联，如图 3-27 所示。当各环节之间不存在或可忽略负载效应时，串联后的传递函数为

$$G(s) = \frac{X_o(s)}{X_i(s)} = \frac{X_1(s)}{X_i(s)} \cdot \frac{X_o(s)}{X_1(s)} = G_1(s)G_2(s)$$

故环节串联时等效传递函数等于各串联环节的传递函数之积。

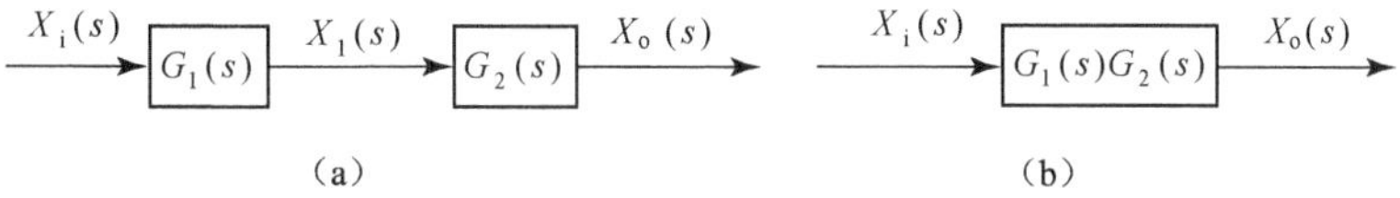

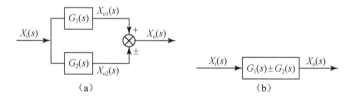

图 3-27　串联环节等效传递函数

这说明由串联环节所构成的系统当无负载效应时，它的总传递函数等于各个环节传递函数的乘积。当系统是由 n 个环节串联而成时，则总传递函数为

$$G(s) = \prod_{i-1}^{n} G_i(s) \tag{3-26}$$

式中，$G_i(s)(i = 1, 2, \cdots, n)$ 表示第 i 个串联环节的传递函数。

2. 并联环节的等效变换规则

各环节的输入相同，输出相加或相减的连接方式称为环节的并联，如图 3-28 所示，则有

$$X_o(s) = X_{o1}(s) \pm X_{o2}(s)$$

$$G(s) = \frac{X_o(s)}{X_i(s)} = \frac{X_{o1}(s) \pm X_{o2}(s)}{X_i(s)} = G_1(s) \pm G_2(s) \tag{3-27}$$

图 3-28　并联环节等效传递函数

这说明并联环节所构成的总传递函数等于各并联环节传递函数之和（或差）。推广到 n 个环节并联，其总的传递函数等于各并联环节传递函数的代数和，即

$$G(s) = \sum_{i=1}^{n} G_i(s) \tag{3-28}$$

式中，$G_i(s)(i = 1, 2, \cdots, n)$ 表示第 i 个并联环节的传递函数。

3. 反馈环节等效变换规则

将系统或某一环节的输出量全部或部分地通过反馈回路反馈到输入端，进而又重新输入

到系统中去的连接方式称为反馈（Feed Back），如图 3-29 所示。它是闭环系统传递函数方框图的最基本形式。反馈与输入相加称为正反馈，反馈与输入相减称为负反馈。

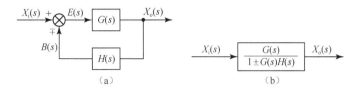

图 3-29　反馈环节

在图 3-29 中，前向通道传递函数 $G(s)$ 为

$$G(s) = \frac{X_o(s)}{E(s)}$$

反馈回路传递函数 $H(s)$ 为

$$H(s) = \frac{B(s)}{X_o(s)}$$

偏差信号 $E(s)$ 为
$$E(s) = X_i(s) \mp B(s)$$

联立上式消去中间变量 $E(s)$ 和 $B(s)$，则反馈环节的传递函数为

$$\frac{X_o(s)}{X_i(s)} = \frac{G(s)}{1 \pm G(s)H(s)} \tag{3-29}$$

系统的输出量与输入量之间的传递函数，称为闭环传递函数（Closed-Loop Transfer Function）。系统的闭环传递函数等于前向通道传递函数除以 1，加或减前向通道传递函数与反馈回路传递函数的乘积。

在图 3-29 中，若相加点的 $B(s)$ 处为负号，则 $E(s) = X_i(s) - B(s)$，此时，式（3-39）中 $G(s)H(s)$ 前为正号；若相加点的 $B(s)$ 处是正号，则 $E(s) = X_i(s) + B(s)$，此时，式（3-29）中 $G(s)H(s)$ 前为负号。

相加点的 $B(s)$ 处的符号由物理现象及 $H(s)$ 本身决定。如果人为地改变 $H(s)$ 的符号，则相加点的符号也要相应改变，其结果是由式（3-29）所得的传递函数不变。闭环系统的反馈是正反馈还是负反馈，与反馈信号在相加点处取正号还是负号是两码事。正反馈是反馈信号加强输入信号，使偏差信号 $E(s)$ 增大的反馈；而负反馈是反馈信号减弱输入信号，使偏差信号 $E(s)$ 减小的反馈。当然，在可能的情况下，应尽可能地使相加点的 $B(s)$ 处的正负号与反馈的正负号一致。

如果把反馈通道断开，系统便工作在开环状态，如图 3-30 所示。

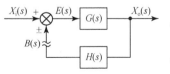

反馈信号 $B(s)$ 与偏差信号 $E(s)$ 之比称为开环传递函数（Open-loop Transfer Function），即

图 3-30　闭环系统的开环状态

$$G(s)H(s) = \frac{B(s)}{E(s)} \tag{3-30}$$

可见，开环传递函数等于前向通道传递函数和反馈通道传递函数的乘积。当反馈传递函数 $H(s) = 1$ 时，开环传递函数等于前向通道传递函数。系统的闭环传递函数等于前向通道传递函数除以 1，加或减开环传递函数。

3.3.3　传递函数方框图的简化

对于实际系统，通常用多回路的方框图表示，若大环回路套小环回路，则其方框图甚为复杂。为了便于计算和分析，需要利用等效变换的原则对方框图加以简化，从而求出传递函数来分析各输入信号对系统性能的影响。在对方框图进行简化时，有两条基本原则：

（1）在变换前与变换后，前向通道中传递函数的乘积保持不变。

（2）在变换前与变换后，各回路中传递函数的乘积保持不变。

下面讨论传递函数方框图简化中的变换规则。

1．分支点移动规则

（1）分支点前移：分支点由方框之后移到该方框之前。为了保持移动后分支信号 X_3 不变，应在分支路上串入具有相同传递函数的方框，如图 3-31（a）所示。

（2）分支点后移：分支点由方框之前移到该方框之后，为了保持分支信号 X_3 不变，应在分支路上串入相同传递函数的倒数的方框，如图 3-31（b）所示。

2．相加点移动规则

（1）相加点后移：相加点由方框之前移到方框之后。为了保持总的输出信号 X_3 不变，应在移动的支路上串联具有相同的传递函数的方框，如图 3-31（c）所示。

（2）相加点前移：相加点由方框之后移到该方框之前。应在移动支路上串联具有相同传递函数的倒数的方框，如图 3-31（d）所示。前移是逆着信号输出方向移动，后移是顺着信号输出方向移动。

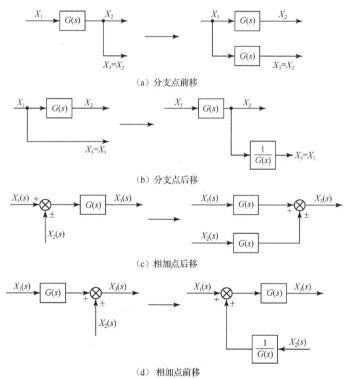

（a）分支点前移

（b）分支点后移

（c）相加点后移

（d）相加点前移

图 3-31　分支点、相加点移动规则

3. 分支点之间、相加点之间相互移动规则

分支点之间、相加点之间相互移动，均不改变原有的数学关系，因此可以移动，如图 3-32（a）、图 3-32（b）所示。但分支点、相加点之间不能相互移动，因为它们并不等效。

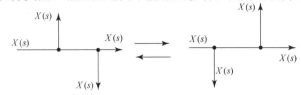

（a）分支点之间前后移动

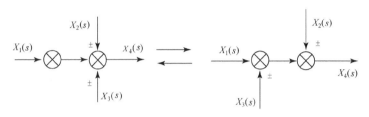

（b）相加点之间前后移动

图 3-32　分支点之间、相加点之间移动规则

方框图简化的方法主要是通过移动分支点或相加点，消除交叉连接，使其成为独立的小回路，以便使用串联、并联和反馈连接的基本形式进一步简化，一般情况下，先解内回路，再逐步解外回路，一环环地简化，最后求得系统的闭环传递函数。

【例题 3-10】 ▌系统传递函数方框图的简化

应用传递函数方框图简化规则对图 3-33（a）所示的系统进行简化，并求系统的传递函数。

解：

简化分析：如果将第一个反馈回路中的 $H_2(s)$ 比较点前移，将小环回路转化为单一向前传递函数，再消去第二个闭环回路，使之成为单位反馈的单环回路，最后消去单位反馈回路，得到单一向前传递函数，即系统的闭环传递函数。

简化步骤：

（1）$H_2(s)$ 比较点前移，如图 3-33（b）所示；

（2）消去第一个闭环回路，如图 3-33（c）所示；

（3）消去第二个闭环回路，如图 3-33（d）所示；

（4）消去单位反馈回路，如图 3-33（e）所示；

（5）求得传递函数。

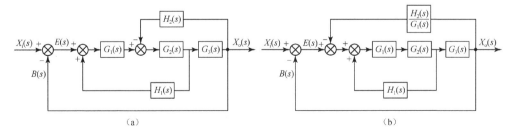

图 3-33　传递函数方框图的简化

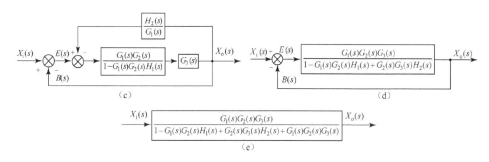

图 3-33　传递函数方框图的简化（续）

若没有 $H_2(s)$ 比较点前移，就不能进行小环回路的转化，因为在图 3-33（a）中 $G_1(s)$ 与 $G_2(s)$ 间还有其他环节的作用。

根据上面的分析，如果已知控制系统各组成部分的传递函数，通过方框图的运算可以求得系统的传递函数。

【例题 3-11】　**系统传递函数方框图的简化**

图 3-34 所示是一个具有参考输入 $R(s)$ 和干扰输入 $N(s)$ 共同作用的闭环系统，求系统的输出 $C(s)$。

当参考输入和干扰输入同时作用于线性系统时，可以分别求出参考输入和干扰输入单独作用的输出，然后再应用叠加原理得到闭环系统总的输出。

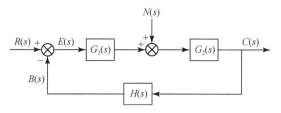

图 3-34　具有参考输入和干扰输入的闭环系统

解：

（1）求在参考输入 $R(s)$ 作用下系统的闭环传递函数。

令干扰输入 $N(s)=0$，将图 3-34 化为图 3-35（a）的形式，闭环传递函数为

$$\frac{C_R(s)}{R(s)} = \frac{G_1(s)G_2(s)}{1+G_1(s)G_2(s)H(s)} \tag{3-31}$$

当系统满足 $\left|G_1(s)G_2(s)H(s)\right| \geqslant 1$ 时，系统在 $R(s)$ 作用下的闭环传递函数为

$$\frac{C_R(s)}{R(s)} \approx \frac{1}{H(s)}$$

表明系统闭环传递函数只与 $H(s)$ 有关，而与 $G_1(s)$、$G_2(s)$ 无关。

（2）求在干扰输入 $N(s)$ 作用下系统的闭环传递函数。

令参考输入 $R(s)=0$，将图 3-34 化为图 3-35（b）的形式。根据反馈环节等效规则，在干扰输入 $N(s)$ 作用下系统的闭环传递函数为

$$\frac{C_N(s)}{N(s)} = \frac{G_2(s)}{1+G_1(s)G_2(s)H(s)} \tag{3-32}$$

由式（3-32）可以看出，当系统满足 $\left|G_1(s)G_2(s)H(s)\right|\gg 1$ 和 $\left|G_1(s)H(s)\right|\gg 1$ 时，在 $N(s)$ 作用下的闭环传递函数 $C_N(s)/N(s)\to 0$，即扰动的影响将被抑制掉。

比较式（3-31）和式（3-32），可以看出：系统在参考输入和干扰输入作用下闭环传递函数的分母相同，即具有相同的特征方程。

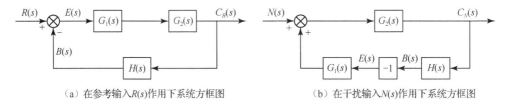

（a）在参考输入 $R(s)$ 作用下系统方框图 （b）在干扰输入 $N(s)$ 作用下系统方框图

图 3-35　闭环系统方框图

（3）根据线性叠加原理，系统在参考输入 $R(s)$ 和干扰输入 $N(s)$ 共同作用下的输出响应为

$$C(s)=C_R(s)+C_N(s)=\frac{G_1(s)G_2(s)}{1+G_1(s)G_2(s)H(s)}R(s)+\frac{G_2(s)}{1+G_1(s)G_2(s)H(s)}N(s)$$

$$=\frac{G_2(s)}{1+G_1(s)G_2(s)H(s)}[G_1(s)R(s)+N(s)]$$

【例题 3-12】 ■■■ 系统传递函数方框图的简化 ■■■

在图 3-34 所示的闭环系统中，在参考输入 $R(s)$ 和干扰输入 $N(s)$ 共同作用下，以偏差信号 $E(s)$ 为输出的闭环传递函数称为偏差传递函数（Error Transfer Function），求图 3-34 所示的闭环系统总的偏差信号 $E(s)$。

解：

（1）求在参考输入 $R(s)$ 作用下系统的偏差传递函数。

令干扰输入 $N(s)=0$，将图 3-34 化成图 3-36（a）所示的形式，根据反馈环节等效规则，偏差传递函数为

$$\frac{E_R(s)}{R(s)}=\frac{1}{1+G_1(s)G_2(s)H(s)}$$

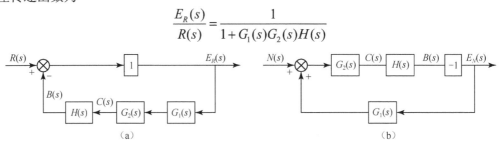

图 3-36　以偏差作为输出的系统方框图

（2）在干扰输入 $N(s)$ 作用下系统的偏差传递函数。

令参考输入 $R(s)=0$，只考虑干扰输入 $N(s)$ 的影响，并将图 3-34 化为图 3-36（b）的形式，偏差传递函数为

$$\frac{E_N(s)}{N(s)} = -\frac{G_2(s)H(s)}{1+G_1(s)G_2(s)H(s)}$$

（3）在参考输入 $R(s)$ 和干扰输入 $N(s)$ 同时作用下系统总的偏差

根据叠加原理，系统总的偏差等于

$$E(s)=E_R(s)+E_N(s)=\frac{1}{1+G_1(s)G_2(s)H(s)}R(s)-\frac{G_2(s)H(s)}{1+G_1(s)G_2(s)H(s)}N(s)$$

以上各式，当 $H(s)=1$ 时，得到单位反馈控制系统的各种传递函数表达式，偏差传递函数也是误差传递函数。

【工程实例3-4】　汽车悬挂系统的数学模型

图 3-37（a）是一辆行驶在马路上的汽车，汽车的质心平移运动和围绕质心的旋转运动合成了汽车的运动。为了减小因路面不平而引起的汽车振动，提高汽车的乘坐舒适度，设计了汽车悬挂系统。汽车悬挂系统通常是由弹簧板和阻尼器构成，整个汽车的重量通过这样几套悬挂系统作用于路面上，从而构成了质量—弹簧—阻尼系统，如图 3-37（b）所示。在图 3-37（c）中，将这一悬挂系统进一步进行简化。

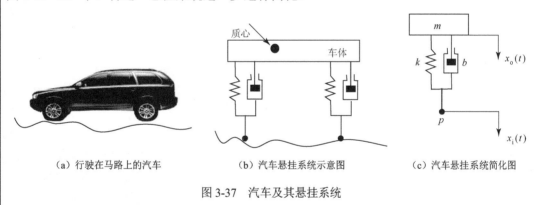

（a）行驶在马路上的汽车　　　（b）汽车悬挂系统示意图　　　（c）汽车悬挂系统简化图

图 3-37　汽车及其悬挂系统

解：

p 点处的运动位移 $x_i(t)$ 是表示路面的不平度，即系统的输入；$x_o(t)$ 表示车体在垂直方向上相对于平衡位置的运动，即系统的输出。下面分析汽车悬挂系统由于路面不平而引起的垂直运动的数学模型。

根据图 3-37（c），基于垂直方向上受力平衡，建立汽车悬挂系统的运动微分方程，即

$$m\ddot{x}_o(t)+b\dot{x}_o(t)+kx_o(t)=b\dot{x}_i(t)+kx_i(t) \tag{3-33}$$

对上述方程进行拉氏变换，并且假设汽车系统初始条件为零，得到

$$(ms^2+bs+c)X_o(s)=(bs+k)X_i(s) \tag{3-34}$$

计算从输入 $x_i(t)$ 到输出 $x_o(t)$ 之间的传递函数 $X_o(s)/X_i(s)$，即

$$\frac{X_o(s)}{X_i(s)}=\frac{bs+k}{ms^2+bs+k} \tag{3-35}$$

进一步将式（3-35）化为

$$\frac{X_o(s)}{X_i(s)} = \frac{2\xi\omega_n s + \omega_n^2}{\omega_n^2} \cdot \frac{\omega_n^2}{s^2 + 2\xi\omega_n s + \omega_n^2} \qquad (3\text{-}36)$$

式中，ω_n 为系统无阻尼固有频率，即汽车悬挂系统的振动频率，$\omega_n = \sqrt{\dfrac{k}{m}}$；$\xi$ 为系统阻尼比，$\xi = \dfrac{b}{2\sqrt{mk}}$。

汽车悬挂系统由一个比例环节、一个一阶微分环节和一个二阶环节组成。

3.4　梅逊公式

传递函数方框图的简化途径不是唯一的，含有多个局部反馈回路的闭环传递函数也可以直接用梅逊公式计算，即

$$G_B(s) = \frac{X_o(s)}{X_i(s)} = \frac{\text{前向通道的传递函数之积}}{1 + \sum[\text{每一反馈回路开环传递函数}]} \qquad (3\text{-}37)$$

梅逊公式应用的条件：
（1）整个方框图只有一个前向通道；
（2）各局部反馈回路间存在公共的传递函数方框。

【例题 3-13】　应用梅逊公式计算系统的传递函数

用梅逊公式计算图 3-33（a）所示系统的闭环系统传递函数。

解：

图 3-32（a）所示闭环系统的传递函数方框图符合梅逊公式的应用条件，因此，系统传递函数为

$$\frac{G_1(s)G_2(s)G_3(s)}{1 - G_1(s)G_2(s)H_1(s) + G_2(s)G_3(s)H_2(s) + G_1(s)G_2(s)G_3(s)} \qquad (3\text{-}38)$$

3.5　系统的状态空间模型

系统的状态空间描述（State Space Description）以时域分析为主，着眼于系统的状态及其内部关系，是描述系统动力学特性的另外一种数学模型。它不仅可以描述系统的输入、输出之间的关系，还可以在任意初始条件下揭示系统的动态行为。以状态空间描述为基础的现代控制理论的数学模型不仅适用于单输入、单输出系统，也适用于多输入、多输出的时变系统。状态空间方法用向量微分方程来描述系统，可以使系统的数学表达式简洁明了，易于计算机求解。

3.5.1　状态变量与状态空间表达式

1）状态变量
能完全确定系统状态最小数目的一组变量中的每一个变量称为系统的状态变量。例如，

$x_1(t), x_2(t), \cdots, x_n(t)$ 满足下列两个条件：

（1）在任何时刻 $t = t_0$，这组状态变量的值 $x_1(t_0), x_2(t_0), \cdots, x_n(t_0)$ 都能完全表征系统在该时刻的状态。

（2）当系统在 $t \geq t_0$ 的输入和上述初始状态确定时，状态变量应能完全表征系统将来的行为。

例如，质量为 m 的物体在外力的作用下做直线运动，要想说明某一时刻的状态，只知道物体在该时刻的位置 $x(t_0)$ 还不够，还必须知道物体在该时刻的速度。因为位置相同，速度不同，代表的运动状况也不一样。

2）状态向量

设描述一个系统有 n 个状态变量 $x_1(t), x_2(t), \cdots, x_n(t)$，用这 n 个状态变量作为分量，则所构成的向量 $X(t)$ 称为该系统的状态向量。

3）状态空间

以各状态变量 $x_1(t), x_2(t), \cdots, x_n(t)$ 为坐标轴所组成的 n 维空间称为状态空间。系统在任一时刻的状态都可以用状态空间中的一点来表示。

4）状态方程

描述系统的状态变量与系统输入之间关系的一阶微分方程组称为状态方程。

5）输出方程

在指定系统输出的情况下，输出量与状态变量之间的函数关系式称为系统的输出方程。状态方程与输出方程一起，构成对系统动态的完整描述，称为系统的状态空间表达式或系统的动态方程。

3.5.2　线性系统的状态方程

写状态方程的一般步骤：

（1）根据实际系统各变量所遵循的运动规律，写出它的运动微分方程；

（2）选择适当的状态变量，把运动微分方程转化为关于状态变量的一阶微分方程组。

现在考虑一个单变量的线性定常系统，它的运动方程是一个 n 阶的常系数线性微分方程，即

$$y^{(n)} + a_1 y^{(n-1)} + \cdots + a_{n-1}\dot{y} + a_n y = b_0 u^{(m)} + b_1 u^{(m-1)} + \cdots + b_{m-1}\dot{u} + b_m u \tag{3-39}$$

式中，u 代表输入函数，且 $n \geq m$。

若输入函数不含导数项，则系统的运动方程为

$$y^{(n)} + a_1 y^{(n-1)} + \cdots + a_{n-1}\dot{y} + a_n y = u \tag{3-40}$$

根据微分方程理论，若 $y(0), \dot{y}(0), \cdots, y^{(n-1)}(0)$ 及 $t \geq 0$ 时的输入 $u(t)$ 为已知，则系统的运动状态完全确定。取 $y(t), \dot{y}(t), \cdots, y^{(n-1)}(t)$，这 n 个变量作为系统的一组状态变量，将这些状态变量相应地记为

$$\begin{cases} x_1 = y \\ x_2 = \dot{y} \\ \quad\vdots \\ x_n = y^{(n-1)} \end{cases} \tag{3-41}$$

由此可见，这些状态变量依次是变量的各阶导数，满足此条件的变量常称为相变量。采

用相变量作为状态变量，式（3-40）可写为

$$\begin{cases} \dot{x}_1 = x_2 \\ \dot{x}_2 = x_3 \\ \quad\vdots \\ \dot{x}_{n-1} = x_n \\ \dot{x}_n = -a_n x_1 - a_{n-1} x_2 - \cdots - a_1 x_n + u \end{cases}$$

将上式改写成矩阵形式，即

$$\underbrace{\begin{bmatrix} \dot{x}_1 \\ \dot{x}_2 \\ \vdots \\ \dot{x}_{n-1} \\ \dot{x}_n \end{bmatrix}}_{\dot{X}} = \underbrace{\begin{bmatrix} 0 & 1 & 0 & \cdots & 0 \\ 0 & 0 & 1 & \cdots & 0 \\ \vdots & \vdots & \vdots & \cdots & \vdots \\ 0 & 0 & 0 & \cdots & 1 \\ -a_n & -a_{n-1} & -a_{n-2} & \cdots & -a_1 \end{bmatrix}}_{A} \underbrace{\begin{bmatrix} x_1 \\ x_2 \\ \vdots \\ x_{n-1} \\ x_n \end{bmatrix}}_{B} + \underbrace{\begin{bmatrix} 0 \\ 0 \\ \vdots \\ 0 \\ 1 \end{bmatrix}}_{u} u \qquad （3\text{-}42）$$

$$\dot{X} = AX + Bu$$

式（3-42）是 n 阶线性定常单输入系统的状态方程。若指定 Y 作为输出量，则系统输出方程的矩阵形式为

$$Y = \underbrace{\begin{bmatrix} 1 & 0 & \cdots & 0 \end{bmatrix}}_{c^{\mathrm{T}}} \underbrace{\begin{bmatrix} x_1 \\ x_2 \\ \vdots \\ x_n \end{bmatrix}}_{X} \qquad （3\text{-}43）$$

$$Y = C^{\mathrm{T}} X$$

【例题 3-14】 　复变函数实部与虚部的求解

设有如图 3-38 所示的质量－弹簧－阻尼组成的机械动力学系统，其输入量为作用力 $f(t)$，输出量为质量块的位移 $y(t)$。试写出该系统的状态空间表达式。

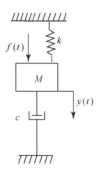

图 3-38 　质量—弹簧—阻尼系统

解：

系统的微分方程为

$$m\ddot{y} + c\dot{y} + ky = f(t) \qquad （3\text{-}44）$$

选取位移 y 和速度 $\dot{y}$ 分别为状态变量 x_1 和 x_2，作用力 $f(t)$ 为输入 u，即

$$x_1 = y \qquad x_2 = \dot{y} \qquad u = f$$

则由式（3-44）可得系统状态方程为

$$\begin{cases} \dot{x}_1 = x_2 \\ \dot{x}_2 = -\dfrac{k}{m}x_1 - \dfrac{c}{m}x_2 + \dfrac{1}{m}u \end{cases} \tag{3-45}$$

将式（3-45）写成矩阵形式，有

$$\begin{bmatrix} \dot{x}_1 \\ \dot{x}_2 \end{bmatrix} = \begin{bmatrix} 0 & 1 \\ -\dfrac{k}{m} & -\dfrac{c}{m} \end{bmatrix} \begin{bmatrix} x_1 \\ x_2 \end{bmatrix} + \begin{bmatrix} 0 \\ \dfrac{1}{m} \end{bmatrix} u \tag{3-46}$$

指定位移为系统的输出变量，则系统的输出方程为

$$y = x_1$$

写成矩阵形式，有

$$y = \begin{bmatrix} 1 & 0 \end{bmatrix} \begin{bmatrix} x_1 \\ x_2 \end{bmatrix} \tag{3-47}$$

将状态方程式（3-46）和输出方程式（3-47）结合起来，构成了该系统的状态空间表达式。

3.5.3 传递函数与状态空间表达式相互转化

在有些情况下，传递函数矩阵需要由状态空间形式的状态方程和输出方程计算得出。下面以单输入、单输出系统为例，分析系统的传递函数与状态空间表达式之间的关系。

系统的状态空间表达式为

$$\dot{X} = AX + Bu$$

$$Y = CX + Du$$

式中，X 是 n 维状态向量，u 为输入量，Y 为输出量，A 为 $n \times n$ 的系统矩阵，B 为 $n \times 1$ 的控制矩阵，C 为 $1 \times n$ 的输出矩阵，D 为 1×1 的传递矩阵。当满足零初始条件时，拉氏变换为

$$(sI - A)X(s) = BU(s) \tag{3-48}$$

$$Y(s) = C^{\mathrm{T}}X(s) + DU(s) \tag{3-49}$$

式中，I 为单位矩阵。用 $(sI - A)^{-1}$ 左乘式(3-48)，得

$$X(s) = (sI - A)^{-1}BU(s) \tag{3-50}$$

将式（3-50）代入式（3-49），得

$$Y(s) = \left[C^{\mathrm{T}}(sI - A)^{-1}B + D \right] U(s) \tag{3-51}$$

由式（3-51）可以看出

$$G(s) = \frac{Y(s)}{U(s)} = C^{\mathrm{T}}(sI - A)B + D \qquad (3\text{-}52)$$

这就是以 A、B、C、D 的形式表示的传递函数。

3.6　本章小结

　　系统的数学模型是描述系统的输入变量、输出变量及变量之间关系的数学表达式。它既可以定量地描述系统的动态特性，又有利于定性地分析与研究系统。本章介绍了系统的微分方程的建立、传递函数的基本概念、典型环节的传递函数、系统方框图及状态空间的描述。

　　（1）系统微分方程是控制工程中描述系统动态特性的数学模型，通过解析法根据实际系统各环节的工作原理建立微分方程，以机械、电气实例说明微分方程的建立。

　　（2）传递函数是经典控制理论中更重要的数学模型，任何系统都是由若干典型环节组成的，掌握每个典型环节的传递函数的特点有助于分析和研究复杂系统。

　　（3）方框图是传递函数的图解法，能够直观形象地表示出系统各组成部分的结构及信号的传递交换特性。

　　（4）梅逊公式可直接求得系统输入、输出之间的传递函数，但要注意梅逊公式的应用条件。

　　（5）系统的状态空间描述着眼于系统的状态及其内部的联系。它不仅可以描述系统的输入、输出之间的关系，还可以在任意初始条件下揭示系统的动态行为。

3.7　习题

　　3-1　思考以下问题：

　　（1）传递函数的定义是什么？传递函数的零点、极点和增益的定义是什么？与系统参数有什么关系？

　　（2）典型环节有哪些？它们的时域和复数域数学模型表达式是什么？

　　（3）串联、并联及反馈传递函数方框图如何简化？

　　（4）梅逊公式的应用条件是什么？

　　（5）状态空间的基本概念是什么？

　　3-2　在图 3-39 所示的各种机械系统，$x_i(t)$ 为输入位移，$x_o(t)$ 为输出位移，列出系统的微分方程，并求出系统的传递函数。

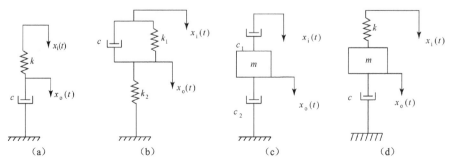

图 3-39　题 3-2 图

3-3 在图 3-40 所示电气网络中 u_i 为输入电压，u_o 为输出电压，求输入电压 u_i 和输出电压 u_o 之间关系的微分方程，并且求系统的传递函数。

3-4 将组合机床动力滑台连同铣刀抽象成如图 3-41 所示的质量－弹簧－阻尼系统，其中，m 为受控质量，k_1 和 k_2 分别为铣刀系和工件的弹性刚度，c 为阻尼系数，当切削力 $f_i(t)$ 变化时，滑台可能产生振动位移 $x_o(t)$，求滑台系统以切削力 $f_i(t)$ 为输入，振动位移 $x_o(t)$ 为输出的传递函数。

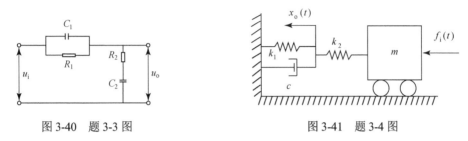

图 3-40 题 3-3 图   图 3-41 题 3-4 图

3-5 图 3-42 为汽车在凹凸不平路面上行驶时承载系统的简化力学模型，路面的高低变化形成激励源，由此造成汽车的振动和轮胎的受力。试求以路面不平高度 $x_i(t)$ 为输入，分别以汽车质量垂直位移 $x_o(t)$ 和轮胎垂直受力 $f_2(t)$ 作为输出的传递函数。

3-6 已知某系统的传递函数方框图如图 3-43 所示，其中 $X_i(s)$ 为输入，$X_o(s)$ 为输出，$N(s)$ 为干扰输入，试设计 $G(s)$ 使系统可以消除干扰输入的影响。

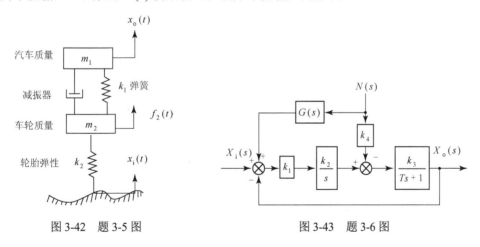

图 3-42 题 3-5 图   图 3-43 题 3-6 图

3-7 运用方框图简化法则，求图 3-44 所示系统的传递函数。

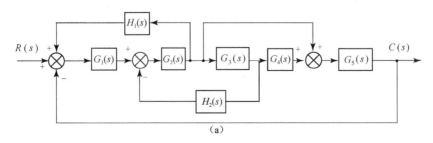

(a)

图 3-44 题 3-7 图

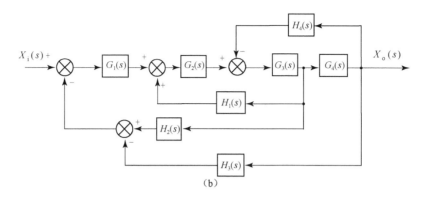

图 3-44 题 3-7 图（续）

3-8 分别求图 3-45 所示的闭环系统以 $R(s)$、$N(s)$ 为输入，以 $C(s)$、$B(s)$、$E(s)$、$Y(s)$ 为输出的传递函数。

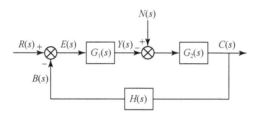

图 3-45 题 3-8 图

3-9 设系统微分方程为 $\dddot{y} + 7\ddot{y} + 14\dot{y} + 8y = 3u$，试求系统的状态空间表达式。

3-10 给定系统传递函数 $G(s) = \dfrac{3}{2s^3 + 4s^2 + 6s + 10}$，试求系统的状态空间表达式。

第4章　系统的时域分析

在建立了系统的数学模型之后就可以对系统的性能进行分析和研究了，应用经典控制理论分析线性控制系统性能的方法有时域分析法、根轨迹法和频域分析法。时域分析法是根据所描述系统的微分方程或传递函数，求出系统的输出随时间的变化规律，并由此来分析控制系统的瞬态特性和稳态特性。时域分析法是一种直接在时域内对系统进行分析的方法，具有直观、准确的优点，并且可以提供系统时间响应的全部信息。

本章首先介绍系统的时间响应及其组成，典型输入信号的描述方法，然后详细讲解一阶系统和二阶系统的典型时间响应分析方法，重点叙述一阶系统和二阶系统的时域性能指标、系统误差的概念以及稳态误差的计算方法，最后简要介绍高阶系统的时间响应分析方法。

4.1　系统的时间响应及其组成

4.1.1　系统的时间响应

控制系统在输入信号的作用下，输出随时间变化的函数称为系统的时间响应。描述系统的微分方程的解就是该系统时间响应的表达式。通过对时间响应进行分析，可以揭示系统本身的瞬态特性和稳态特性。

4.1.2　非齐次二阶线性微分方程的解及其解的组成

微分方程是控制系统常用的数学模型之一，通过对微分方程的求解就可以知道系统的时间响应特性。为了分析系统的时间响应及其组成，首先从一个具体的 RLC 无源网络着手来分析二阶线性系统时间响应的表达形式及其时间响应组成。

RLC 无源网络如图 4-1 所示，其中 $R=4\,\Omega$，$L=1\,\text{H}$，$C=\dfrac{1}{3}\,\text{F}$，输入 $u_{\text{i}}(t)=1(t)$，初始条件 $u_{\text{o}}(0)=1\,\text{V}$，$\dot{u}_{\text{o}}(0)=0$。列写输入电压 $u_{\text{i}}(t)$ 与输出电压 $u_{\text{o}}(t)$ 之间的微分方程，并根据已知条件求其时间响应。

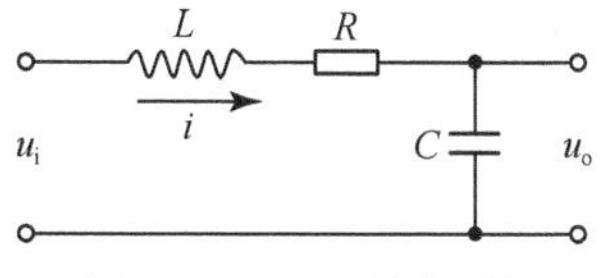

图 4-1　RLC 无源网络

这是一个电学系统，根据基尔霍夫定律可写出

$$u_{\text{i}}(t)=Ri(t)+L\frac{\mathrm{d}i(t)}{\mathrm{d}t}+u_{\text{o}}(t)$$

$$i(t)=C\frac{\mathrm{d}u_{\text{o}}(t)}{\mathrm{d}t}$$

消去上面两式的中间变量 $i(t)$，整理可得

$$LC\frac{\mathrm{d}^2 u_\mathrm{o}(t)}{\mathrm{d}t^2} + RC\frac{\mathrm{d}u_\mathrm{o}(t)}{\mathrm{d}t} + u_\mathrm{o}(t) = u_\mathrm{i}(t)$$

将 R、L、C 参数值代入上式，则得非齐次二阶线性常系数微分方程为

$$\frac{\mathrm{d}^2 u_\mathrm{o}(t)}{\mathrm{d}t^2} + 4\frac{\mathrm{d}u_\mathrm{o}(t)}{\mathrm{d}t} + 3u_\mathrm{o}(t) = 3u_\mathrm{i}(t) \tag{4-1}$$

为了求解式（4-1），对式（4-1）进行拉氏变换，得

$$[s^2 U_\mathrm{o}(s) - su_\mathrm{o}(0) - \dot{u}_\mathrm{o}(0)] + 4[sU_\mathrm{o}(s) - u_\mathrm{o}(0)] + 3U_\mathrm{o}(s) = 3U_\mathrm{i}(s)$$

对输入信号进行拉氏变换，得 $U_\mathrm{i}(s) = \dfrac{1}{s}$，将 $U_\mathrm{i}(s)$ 代入上式，整理可得

$$(s^2 + 4s + 3)U_\mathrm{o}(s) = [(s+4)u_\mathrm{o}(0) + \dot{u}_\mathrm{o}(0)] + \frac{3}{s} \tag{4-2}$$

在方程（4-2）的右边，第一项是由初始条件产生的，第二项是由输入产生的。方程左边的多项式 $(s^2 + 4s + 3)$ 称为微分方程的特征多项式，它决定了微分方程解的结构。

将初始条件代入式（4-2），整理得

$$U_\mathrm{o}(s) = \frac{s+4}{s^2 + 4s + 3} + \frac{3}{s(s^2 + 4s + 3)}$$

由部分分式展开，得

$$U_\mathrm{o}(s) = \left[\frac{3}{2} \cdot \frac{1}{s+1} - \frac{1}{2} \cdot \frac{1}{s+3}\right] + \left[\frac{1}{s} - \frac{3}{2} \cdot \frac{1}{s+1} + \frac{1}{2} \cdot \frac{1}{s+3}\right]$$

由拉氏逆变换，得

$$u_\mathrm{o}(t) = \left[\frac{3}{2}\mathrm{e}^{-t} - \frac{1}{2}\mathrm{e}^{-3t}\right] + \left[1(t) - \frac{3}{2}\mathrm{e}^{-t} + \frac{1}{2}\mathrm{e}^{-3t}\right] = u_\mathrm{o1}(t) + u_\mathrm{o2}(t)$$

可见，非齐次二阶微分方程的时间响应 $x_\mathrm{o}(t)$ 由两项组成：第一项 $u_\mathrm{o1}(t)$ 为对初始条件的响应，即零输入响应；第二项 $u_\mathrm{o2}(t)$ 为对输入的响应，即零状态响应。

4.1.3 系统的时间响应组成

不失一般性，设系统的动力学方程为

$$a_n x_\mathrm{o}^{(n)}(t) + a_{n-1}x_\mathrm{o}^{(n-1)}(t) + \cdots + a_1\dot{x}_\mathrm{o}(t) + a_0 x_\mathrm{o}(t) = x_\mathrm{i}(t) \tag{4-3}$$

此方程的解（即系统的时间响应）由零输入响应 $x_\mathrm{o1}(t)$ 和零状态响应 $x_\mathrm{o2}(t)$ 组成，即

$$x_\mathrm{o}(t) = x_\mathrm{o1}(t) + x_\mathrm{o2}(t)$$

由微分方程解的理论可知，如果方程（4-3）的齐次方程有各不相同的特征根 $s_i (i = 1, 2, \cdots, n)$，则

$$x_\mathrm{o1}(t) = \sum_{i=1}^{n} A_i \mathrm{e}^{s_i t}$$

$$x_{o2}(t) = B(t) + \sum_{i=1}^{n} B_i \mathrm{e}^{s_i t}$$

式中，$B(t)$ 为响应的强迫分量，即

$$x_o(t) = \underbrace{\overbrace{\sum_{i=1}^{n} A_i \mathrm{e}^{s_i t}}^{\text{自由分量}} + \overbrace{\sum_{i=1}^{n} B_i \mathrm{e}^{s_i t} + \underset{\downarrow}{B(t)}}^{\text{强迫分量}}}_{\substack{\text{零输入响应} \qquad \text{零状态响应}}} \tag{4-4}$$

在此应指出，n 和 s_i 与系统的初始状态和系统的输入无关，它们仅仅取决于系统的结构和参数。在定义系统的传递函数时，由于已指明系统的初始状态为零，故取决于系统的初始状态的零输入响应为零，从而对 $X_o(s) = G(s)X_i(s)$ 进行拉氏逆变换，就得到系统的零状态响应为

$$x_o(t) = \mathrm{L}^{-1}\left[X_o(s)\right]$$

在数学上，线性微分方程的解由特解和齐次微分方程的通解组成。通解是由微分方程的特征根决定的，代表系统的自由运动，称为响应的自由分量；相应的特解对应于强迫运动，称为响应的强迫分量。如果微分方程的特征根是 $\lambda_1, \lambda_2, \cdots, \lambda_n$，且无重根，则把函数 $\mathrm{e}^{\lambda_1 t}, \mathrm{e}^{\lambda_2 t}, \cdots, \mathrm{e}^{\lambda_n t}$ 称为该微分方程所描述的运动模态。如果特征根中有多重根 λ，则解是具有 $t\mathrm{e}^{\lambda t}, t^2 \mathrm{e}^{\lambda t} \cdots$ 形式的函数。如果特征根中有共轭复数根，即 $\lambda = \sigma \pm \mathrm{j}\omega$，则其共轭复数解 $\mathrm{e}^{(\sigma+\mathrm{j}\omega)t}$ 和 $\mathrm{e}^{(\sigma-\mathrm{j}\omega)t}$ 可写成实函数 $\mathrm{e}^{\sigma t} \sin \omega t$ 和 $\mathrm{e}^{\sigma t} \cos \omega t$ 的组合。

若线性常微分方程的输入函数有导数项，则微分方程为

$$a_n x_o^{(n)}(t) + a_{n-1} x_o^{(n-1)}(t) + \cdots + a_1 \dot{x}_o(t) + a_0 x_o(t)$$

$$= b_m [x_i^{(m)}(t)] + b_{m-1} x_i^{(m-1)}(t) + \cdots + b_1 \dot{x}_i(t) + b_0 x_i(t) \quad (n \geqslant m) \tag{4-5}$$

利用线性微分方程的特点，对方程（4-5）两边求导，有

$$a_n \left[x_o^{(n)}(t)\right]' + a_{n-1}\left[x_o^{(n-1)}(t)\right]' + \cdots + a_1 \left[\dot{x}_o(t)\right]' + a_0\left[x_o(t)\right]'$$

$$= b_m \left[x_i^{(m)}(t)\right]' + b_{m-1}\left[x_i^{(m-1)}(t)\right]' + \cdots + b_1\left[\dot{x}_i(t)\right]' + b_0\left[x_i(t)\right]' \quad (n \geqslant m) \tag{4-6}$$

显然，若以 $\left[x_i(t)\right]'$ 作为新的输入函数，则 $\left[x_o(t)\right]'$ 为新的输出函数，即此方程的解为方程式（4-3）的解 $x_o(t)$ 的导数 $\left[x_o(t)\right]'$。可见，当 $x_i(t)$ 取 $x_i(t)$ 的 n 阶导数时，方程式（4-3）的解 $x_o(t)$ 变为 $x_o(t)$ 的 n 阶导数。由此，从系统的角度出发，对同一线性定常系统而言，如果输入函数等于某一函数的导函数，则该输入函数的响应函数等于这一函数的响应函数的导函数。利用这一结论和方程（4-3）的解式（4-4），可分别求出 $\dot{x}_i(t), \ddot{x}_i(t), \cdots, x_i^{(m)}(t)$ 作用时的响应，然后利用线性系统的叠加原理，就可以求得方程（4-6）的解，即系统的响应。

研究系统时间响应是十分重要的，因为设计的控制系统应该满足以下三个要求：系统稳定性（稳）、响应快速性（快）、响应准确性（准），这三个要求是同自由响应密切相关的。特征根 s_i 的实部是小于还是大于零，决定了自由响应是衰减还是发散，从而决定了系统的稳定性；当系统稳定时，s_i 实部的绝对值是大还是小，决定了自由响应是快速衰减还是慢速衰减，从而决定了系统响应的快速性；而 s_i 的虚部在很大程度上决定了自由响应的振荡情况，从而决定了系统的响应在规定时间内接近稳态响应的程度，这影响着系统的准确性。

4.2 典型输入信号

在实际的机械控制系统中，输入信号虽然是多种多样的，但可以分为确定性信号和非确定性信号。确定性信号是其变量和自变量之间能够用某一确定性函数描述的信号。例如，为了研究机床的动态特性，用电磁激振器给机床输入一个作用力 $F = A\sin\omega t$，这个作用力就是一个确定性时间函数信号。非确定性信号是其变量和自变量之间的关系不能用某一确定性函数描述的信号，也就是说，它的变量与自变量之间的关系是随机的，只服从于某些统计规律。例如，在车床上加工工件时，切削力就是非确定性信号。由于工件材料的不均匀性和刀具实际角度的变化等随机因素的影响，所以无法用一个确定的时间函数来表示切削力的变化规律。

由于系统的输入具有多样性，在分析和设计系统时，需要假定一些基本的输入函数形式，称为典型输入信号。所谓典型输入信号，是指根据系统中常遇到的输入信号形式，在数学描述上加以理想化的一些基本输入函数。控制系统中常用的典型输入信号有单位脉冲信号、单位斜坡信号、单位加速度信号和正弦信号等。常用的典型输入信号的表达式及相关性质见表 4-1。

表 4-1 典型输入信号表达式及相关性质

典型输入信号	表达式	时 域 图 形	$R(s)$	举 例
单位 脉冲信号 （Impulse Input）	$\delta(t) = \begin{cases} \infty & t=0 \\ 0 & t\neq0 \end{cases}$ $\int_{-\infty}^{+\infty}\delta(t)\mathrm{d}t = 1$		1	撞击作用 力、电脉冲 信号
单位 阶跃信号 （Step Input）	$1(t) = \begin{cases} 1 & t\geqslant0 \\ 0 & t<0 \end{cases}$		$\dfrac{1}{s}$	开关输入 信号
单位 斜坡信号 （Ramp Input）	$f(t) = \begin{cases} t & t\leqslant0 \\ 0 & t<0 \end{cases}$		$\dfrac{1}{s^2}$	等速跟踪 信号
单位 加速度信号 （Acceleration Input）	$f(t) = \begin{cases} \dfrac{1}{2}t^2 & t\geqslant0 \\ 0 & t<0 \end{cases}$		$\dfrac{1}{s^3}$	宇宙飞船 控制系统 的输入
正弦信号 （Sinusoidal Input）	$f(t) = A\sin\omega t$		$\dfrac{A\omega}{s^2+\omega^2}$	海浪对船舶 的干扰作用 信号、周期 性输入信号

在工程实践中究竟采用哪一种典型输入信号，取决于系统常见的工作状态。同时，在所有可能的输入信号中，往往选取最不利的信号作为典型输入信号。例如，室温调节系统和水位调节系统等工作状态突然改变的控制系统，往往采用阶跃输入信号作为典型输入信号；跟踪通信卫星的天线控制系统等输入信号随时间逐渐变化的控制系统，一般采用斜坡信号作为典型输入信号；加速度信号可作为宇宙飞船控制系统的典型输入信号；当控制系统的输入信号是冲击量时，采用脉冲信号较为合适；当系统的输入具有周期性变化时，可选择正弦信号作为典型输入信号。同一个系统对于不同形式的输入信号所产生的输出信号是不同的，但对于线性系统来说表现的动态特性是一致的。下面着重分析一阶系统和二阶系统在典型输入信号作用下的时间响应。

4.3　一阶系统的时间响应

凡是以一阶微分方程描述的系统都称为一阶系统，其微分方程的一般形式为

$$T\frac{\mathrm{d}x_\mathrm{o}(t)}{\mathrm{d}t} + x_\mathrm{o}(t) = x_\mathrm{i}(t)$$

传递函数为

$$G(s) = \frac{1}{Ts+1}$$

式中，T 称为一阶系统的时间常数或惯性时间常数，它表达了一阶系统本身与外界作用无关的固有特性，也称为系统的特征参数。

在工程实践中，一阶系统不乏其例，而且有些高阶系统的动态特性接近于一阶系统的动态特性，也常用一阶系统来近似描述。

例如，图 4-2 所示的机械转动控制系统，外加转矩为 $M(t)$，转动惯量为 J，黏性阻尼系数为 c，转动角速度为 $\omega(t)$，则 $\omega(t)$ 和 $M(t)$ 之间的传递函数经推导可得 $\frac{\omega(s)}{M(s)} = \frac{1}{Js+c}$，故该系统属于一阶系统。又如，不计质量的弹簧—阻尼油压控制系统如图 4-3 所示，输入油压为 $f(t)$，活塞面积为 A，弹簧弹性系数为 k，阻尼器的黏性阻尼系数为 c，则可推导得输出位移 $y(t)$ 与输入油压 $f(t)$ 之间的传递函数为 $\frac{Y(s)}{F(s)} = \frac{A}{cs+k}$，也是一阶系统。

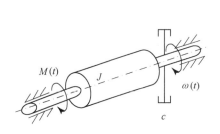

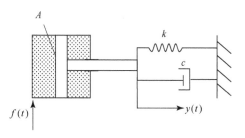

图 4-2　机械转动控制系统　　　图 4-3　弹簧—阻尼油压控制系统

4.3.1 单位脉冲响应

当系统的输入信号 $x_i(t)$ 是理想的单位脉冲信号时，系统的输出 $x_o(t)$ 称为单位脉冲响应函数（或简称为单位脉冲响应），特别记为 $w(t)$。

因为 $\qquad X_o(s) = G(s)X_i(s)$，且 $X_i(s) = \mathrm{L}\left[\delta(t)\right] = 1$

故 $\qquad w(t) = x_o(t) = \mathrm{L}^{-1}\left[G(s)\right] = \mathrm{L}^{-1}\left[\dfrac{1}{Ts+1}\right] = \dfrac{1}{T}\mathrm{e}^{-\frac{t}{T}}$ $\quad(t \geqslant 0)$

对 $w(t)$ 求导，则得到脉冲响应的斜率为

$$\dot{w}(t) = -\frac{1}{T^2}\mathrm{e}^{-\frac{t}{T}}$$

当 $t = 0$ 时，则有

$$\dot{w}(t)\big|_{t=0} = -\frac{1}{T^2}$$

故当 $t = 0$ 时，单位脉冲响应的初始斜率为 $-\dfrac{1}{T^2}$。

一阶系统的单位脉冲响应曲线如图 4-4 所示。

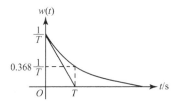

图 4-4　一阶系统的单位脉冲响应曲线

【应用点评 4-1】　日常生活中的脉冲信号

生活中向墙内钉钉子，操作者手持锤子作用于钉子上的力是矩形脉冲力。如果用力猛击，使作用力的作用时间趋近于零，这一击就可以近似为脉冲信号，对墙的作用力就是脉冲响应。

4.3.2 单位阶跃响应

当系统的输入信号为单位阶跃信号时，即

$$x_i(t) = 1(t) \qquad \mathrm{L}\left[1(t)\right] = \frac{1}{s}$$

则一阶系统的单位阶跃响应的拉氏变换式为

$$X_o(s) = G(s)X_i(s) = \frac{1}{Ts+1} \cdot \frac{1}{s}$$

其时间响应函数特别记为 $h(t)$，即

$$h(t) = \mathrm{L}^{-1}\left[X_o(s)\right] = 1 - \mathrm{e}^{-t/T} \quad(t \geqslant 0) \tag{4-7}$$

对 $h(t)$ 求导，则得时间响应的斜率为

$$\dot{h}(t) = \frac{1}{T} e^{-\frac{t}{T}}$$

当 $t = 0$ 时，则有

$$\dot{h}(t)\Big|_{t=0} = \frac{1}{T}$$

故当 $t = 0$ 时，单位阶跃响应的初始斜率为 $\frac{1}{T}$。

一阶系统的单位阶跃响应曲线如图 4-5 所示。

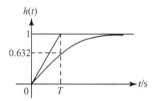

图 4-5　一阶系统的单位阶跃响应曲线

$h(t)$、$\dot{h}(t)$ 与时间 t 之间的量化关系如表 4-2 所示。

表 4-2　一阶系统单位阶跃响应对照表

t	$h(t)$	$\dot{h}(t)$
0	0	$\frac{1}{T}$
T	0.632	$0.368\frac{1}{T}$
$2T$	0.865	$0.135\frac{1}{T}$
$3T$	0.950	$0.050\frac{1}{T}$
$4T$	0.982	$0.018\frac{1}{T}$
∞	1	0

从表 4-2 中的数据分析可知，一阶系统的单位阶跃响应是一条单调上升的指数曲线，一阶系统的响应速度 $\dot{h}(t)$ 随时间 t 的增加而单调降低。当 $t = T$ 时，$h(t) = 0.632$，这说明一阶系统的阶跃响应达到稳态值的 63.2%时所对应的时间即为时间常数 T，可通过此关系直接由阶跃响应求得系统的时间常数。当 $t = 3T$ 时，一阶系统的阶跃响应达到稳态值的 95%，故对于 5%的误差带，系统的过渡时间为 $t_s = 3T$。当 $t \geqslant 4T$ 时，一阶系统的阶跃响应达到稳态值的 98% 以上，所以对于 2%的误差带，系统的过渡时间为 $t_s = 4T$，当 t 为 ∞ 时，其响应速度为零。

4.3.3　单位斜坡响应

当系统的输入信号为单位斜坡信号时，即

$$x_i(t) = t \qquad L[t] = \frac{1}{s^2}$$

则一阶系统的单位斜坡响应的拉氏变换式为

$$X_o(s) = G(s)X_i(s) = \frac{1}{Ts+1} \cdot \frac{1}{s^2}$$

其时间响应为

$$x_o(t) = L^{-1}[X_o(s)] = t - T + Te^{-t/T} \quad (t \geqslant 0)$$

一阶系统的单位斜坡时间响应曲线如图 4-6 所示。

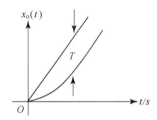

图 4-6　一阶系统的单位斜坡响应曲线

现将一阶系统的典型输入响应归纳成表 4-3。

表 4-3　一阶系统典型输入响应

$x_i(t)$	$X_i(s)$	$X_o(s) = G(s) \cdot X_i(s)$	$x_o(t)$	响应曲线
$\delta(t)$	1	$\frac{1}{T} \cdot \frac{1}{s+\frac{1}{T}}$	$w(t) = \frac{1}{T}e^{-\frac{t}{T}}$ $(t \geqslant 0)$	
$1(t)$	$\frac{1}{s}$	$\frac{1}{Ts+1} \cdot \frac{1}{s} = \frac{1}{s} - \frac{1}{s+1/T}$	$h(t) = 1 - e^{-\frac{t}{T}}$ $(t \geqslant 0)$	
t	$\frac{1}{s^2}$	$\frac{1}{Ts+1} \cdot \frac{1}{s^2} = \frac{1}{s^2} - T(\frac{1}{s}) + T(\frac{1}{s+1/T})$	$x_o(t) = t - T + Te^{-t/T}$ $(t \geqslant 0)$	

对于输入信号，因为单位脉冲信号是单位阶跃信号的导数，即 $\delta(t) = \frac{d}{dt}1(t)$，故它们的输出也有如下关系：

$$x_{o脉冲}(t) = \frac{d}{dt}x_{o阶跃}(t) = \frac{d}{dt}(1 - e^{-\frac{t}{T}}) = \frac{1}{T}e^{-\frac{t}{T}}$$

从表 4-3 中容易看出，单位脉冲信号、单位阶跃信号的一阶导数及单位斜坡信号的二阶导数具有等价关系，与它们对应的单位脉冲响应、单位阶跃响应的一阶导数及单位斜坡响应的二阶导数也具有等价关系。这个等价对应关系表明：系统对某一输入信号的微分/积分的响应，等于系统对该输入信号响应的微分/积分，即系统对输入信号导数的响应，等于系统对该输入信号响应的导数，或者说，系统对输入信号积分的响应，等于系统对该输入信号响应的积分。这是线性定常系统的重要特性，对任意阶线性定常系统均适用，但不适用于线性时变系统及非线性系统。

4.4 二阶系统的时间响应

凡以二阶微分方程描述的控制系统，称为二阶系统。在实际工程中，二阶系统较为普遍，而且一些高阶系统也常被近似成二阶系统来研究。例如，描述力反馈型电液伺服阀的微分方程一般为四阶或五阶高次方程，但在工程实践中，电液控制系统按二阶系统来分析已足够准确了。二阶系统实例很多，如 *RLC* 电网络，带有惯性载荷的液压助力器，质量—弹簧—阻尼机械系统等，因此，研究二阶系统具有重要的工程应用价值。下面从一个工程实例着手来研究二阶系统。

【工程实例 4-1】 ▌位置控制二阶系统

图 4-7（a）是某位置控制系统的原理图，其任务是控制有黏性摩擦和转动惯量的负载，使负载位置与输入手柄位置协调。

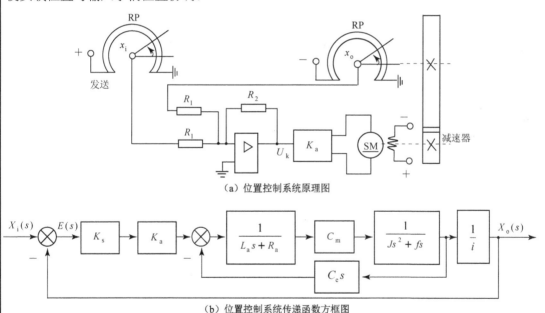

（a）位置控制系统原理图

（b）位置控制系统传递函数方框图

图 4-7　位置控制系统

根据第 3 章介绍的传递函数列写和系统方框图绘制的方法，不难画出位置控制系统的方框图，如图 4-7（b）所示。由图 4-7（b）得出系统的开环传递函数为

$$G_k(s) = \frac{K_s K_a C_m / i}{s[(L_a s + R_a)(Js + f) + C_m C_e]}$$

式中，L_a 和 R_a 分别为电动机电枢绕组的电感和电阻，C_m 为电动机的转矩系数，C_e 为电动机反电势常数，K_s 为桥式电位器传递系数，K_a 为放大器增益，i 为减速器传动比，J 和 f 分别为折算到电动机轴上的总转动惯量和总黏性阻尼系数。如果略去电枢电感 L_a，且令

$$K_1 = K_s K_a C_m / i R_a , \quad F = f + C_m C_e / R_a$$

式中，K_1 称为增益，F 称为阻尼系数。那么在不考虑负载力矩的情况下，位置控制系统的开环传递函数可以简化为

$$G_k(s) = \frac{K}{s(T_m s + 1)}$$

式中，$K = K_1 / F$，称为开环增益；$T_m = J / F$，称为机电时间常数。相应的闭环传递函数为

$$G(s) = \frac{X_o(s)}{X_i(s)} = \frac{K}{T_m s^2 + T_m s + K} \tag{4-8}$$

显然，上述系统闭环传递函数对应如下二阶微分方程：

$$T_m \frac{d^2 x_o(t)}{dt^2} + \frac{dx_o(t)}{dt} + K x_o(t) = K x_i(t)$$

所以图 4-7（a）所示位置控制系统在简化情况下是一个二阶系统。

【应用点评 4-2】　工程中高阶系统的二阶化

工程中的系统一般都为高阶系统，但在一定精确度条件下，可以忽略次要因素，近似地用二阶系统来描述，因此，研究二阶系统具有重要的实际意义。

4.4.1　二阶系统的传递函数

在工程实例 4-1 中，为了使研究的结果具有普遍性，可将式（4-8）表示为如下标准形式：

$$G(s) = \frac{X_o(s)}{X_i(s)} = \frac{\omega_n^2}{s^2 + 2\xi\omega_n s + \omega_n^2} \tag{4-9}$$

式中，$\xi = \dfrac{1}{2\sqrt{T_m K}}$ 是阻尼比（或相对阻尼系数），$\omega_n = \sqrt{\dfrac{K}{T_m}}$ 是自然频率（或固有频率、无阻尼振荡频率）。

其相应的方框图如图 4-8 所示。

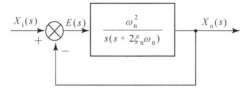

图 4-8　典型二阶系统方框图

显然，ξ、ω_n 是二阶系统重要的特征参数，对系统的稳定性和动态性能起着非常重要的作用。应当指出，对于结构和功能不同的二阶系统，ξ 和 ω_n 的物理含义是不同的。下面分析

二阶系统的极点（特征根）分布及时间响应。

4.4.2　二阶系统的极点

令式（4-9）的分母多项式为零，得二阶系统的闭环特征方程为

$$D(s) = s^2 + 2\xi\omega_n s + \omega_n^2 = 0$$

其两个极点（特征根）为

$$\lambda_{1,2} = -\xi\omega_n \pm \omega_n\sqrt{\xi^2 - 1}$$

显然，二阶系统极点的性质取决于 ξ 值的大小。当系统阻尼比 ξ 取值不同时，极点形式不同，响应特性也不同，由此根据 ξ 不同的取值将二阶系统分为如下四种情况：

（1）当 $\xi = 0$ 时，特征方程有一对共轭的纯虚根，即

$$\lambda_{1,2} = \pm j\omega_n$$

此时，系统称为零（无）阻尼系统。

（2）当 $0 < \xi < 1$ 时，特征方程有一对实部为负的共轭复数根，即

$$\lambda_{1,2} = -\xi\omega_n \pm j\omega_n\sqrt{1 - \xi^2}$$

这时，系统称为欠阻尼系统。

（3）当 $\xi = 1$ 时，特征方程有一对相等的实根，即

$$\lambda_{1,2} = -\omega_n$$

此时，系统称为临界阻尼系统。

（4）当 $\xi > 1$ 时，特征方程有一对不等的实根，即

$$\lambda_{1,2} = -\xi\omega_n \pm \omega_n\sqrt{\xi^2 - 1}$$

这时，系统称为过阻尼系统。

当 $\xi < 0$ 时，特征方程有一对实部为正的共轭复数根，系统处于不稳定状态，故一般不予考虑。二阶系统对应于 ξ 取不同值的特征根表达式、特征根的分布以及相应的响应模态见表 4-4。从表 4-4 可看出，当 ξ 取不同值时，系统的阶跃响应的形式也不同。总体而言，二阶系统的阶跃响应有振荡和非振荡两种情况。

表 4-4　二阶系统（按阻尼比 ξ）分类表

分　类	极点（特征根）	极点（特征根）分布图	模　态
$\xi = 0$ 零阻尼	$\lambda_{1,2} = \pm j\omega_n$		$\sin\omega_n t$ $\cos\omega_n t$

分　类	极点（特征根）	极点（特征根）分布图	模　态
$0<\xi<1$ 欠阻尼	$\lambda_{1,2}=-\xi\omega_n\pm j\omega_n\sqrt{1-\xi^2}$		$e^{-\xi\omega_n t}\sin\omega_n\sqrt{1-\xi^2}\,t$ $e^{-\xi\omega_n t}\cos\omega_n\sqrt{1-\xi^2}\,t$
$\xi=1$ 临界阻尼	$\lambda_{1,2}=-\omega_n$		$e^{-\omega_n t}$ $te^{-\omega_n t}$
$\xi>1$ 过阻尼	$\lambda_{1,2}=-\xi\omega_n\pm\omega_n\sqrt{\xi^2-1}$		$e^{\lambda_1 t}$ $e^{\lambda_2 t}$

4.4.3　二阶系统的单位脉冲响应

当系统输入信号为 $x_i(t)$ 时，系统输出信号 $x_o(t)$ 的拉氏变换为

$$X_o(s)=G(s)X_i(s)$$

式中，$X_i(s)$ 为系统输入信号的拉氏变换，$X_o(s)$ 为系统输出信号的拉氏变换。

单位脉冲函数 $\delta(t)$ 的拉氏变换为 $X_i(s)=L[\delta(t)]=1$，故系统单位脉冲响应的拉氏变换为

$$W(s)=G(s)X_i(s)=G(s)$$

系统单位脉冲响应 $w(t)$ 为

$$w(t)=L^{-1}[G(s)]=L^{-1}\left[\frac{\omega_n^2}{s^2+2\xi\omega_n s+\omega_n^2}\right]=L^{-1}\left[\frac{\omega_n^2}{(s+\xi\omega_n)^2+(\omega_n\sqrt{1-\xi^2})^2}\right] \tag{4-10}$$

根据 ξ 值的不同，二阶系统的单位脉冲响应分别如下：

（1）当 $\xi=0$，二阶系统为无阻尼系统时，系统的单位脉冲响应由式（4-10）求得

$$w(t)=L^{-1}[\omega_n\frac{\omega_n}{s^2+\omega_n^2}]=\omega_n\sin\omega_n t \quad (t\geqslant 0)$$

此时，二阶系统的响应表现为等幅振荡。

（2）当 $0<\xi<1$，系统为欠阻尼系统时，系统的单位脉冲响应由式（4-10）求得

$$w(t) = L^{-1}\left[\frac{\omega_n}{\sqrt{1-\xi^2}} \cdot \frac{\omega_n\sqrt{1-\xi^2}}{(s+\xi\omega_n)^2 + (\omega_n\sqrt{1-\xi^2})^2}\right]$$

$$= \frac{\omega_n}{\sqrt{1-\xi^2}} e^{-\xi\omega_n t} \sin\omega_d t \quad (t \geqslant 0)$$

其中，$\omega_d = \omega_n\sqrt{1-\xi^2}$ 称为二阶系统的有阻尼固有频率或阻尼振荡频率。

此时，系统的响应表现为指数衰减的正弦波动曲线。

（3）当 $\xi=1$，系统为临界阻尼系统时，系统的单位脉冲响应由式（4-10）求得

$$w(t) = L^{-1}\left[\frac{\omega_n^2}{(s+\omega_n)^2}\right] = \omega_n^2 t e^{-\omega_n t} \quad (t \geqslant 0)$$

此时，系统的响应表现为指数衰减的响应曲线

（4）当 $\xi>1$，系统为过阻尼系统时，系统的单位脉冲响应由式（4-10）求得

$$w(t) = \frac{\omega_n}{2\sqrt{\xi^2-1}}\left\{L^{-1}\left[\frac{1}{s+(\xi-\sqrt{\xi^2-1})\omega_n}\right] - L^{-1}\left[\frac{1}{s+(\xi+\sqrt{\xi^2-1})\omega_n}\right]\right\}$$

$$= \frac{\omega_n}{2\sqrt{\xi^2-1}}\left[e^{-(\xi-\sqrt{\xi^2-1})\omega_n t} - e^{-(\xi+\sqrt{\xi^2-1})\omega_n t}\right] \quad (t \geqslant 0) \tag{4-11}$$

此时，系统的响应表现为指数衰减的响应曲线，但响应速度比 $\xi=1$ 慢。

由式（4-11）可知，过阻尼系统的 $w(t)$ 可视为两个并联的一阶系统的单位脉冲响应叠加。

从以上的分析可知，二阶系统的阻尼比取不同的值，单位脉冲响应表现为不同的特性。当 $\omega_n = 1\,\mathrm{rad/s}$，$0 \leqslant \xi < 1$ 时，二阶欠阻尼系统的单位脉冲响应如图 4-9 所示。

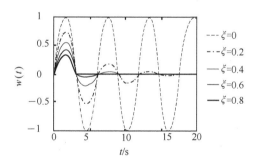

图 4-9　二阶欠阻尼系统的单位脉冲响应

由图 4-9 可知，二阶欠阻尼系统的单位脉冲响应曲线是减幅的正弦振荡曲线，而且 ξ 越小，振荡幅值衰减越慢，振荡频率越大，故欠阻尼系统又称为二阶振荡系统。

【应用点评4-3】　汽车减振方法

由工程实例 3-4 可知，汽车悬挂系统的振荡频率与悬挂弹簧的刚度有关，阻尼比与阻尼器的阻尼系数有关，所以，如果要减小汽车由于路面不平而引起的振动幅值，就应该降低弹簧的刚度和加大阻尼器的阻尼系数，这样就可以降低车辆的振动幅值，同时又能加速衰减车辆的振动。

4.4.4 二阶系统的单位阶跃响应

若系统的输入为单位阶跃信号，即

$$x_i(t) = 1(t) \qquad\qquad L[1(t)] = \frac{1}{s}$$

则二阶系统的单位阶跃响应的拉氏变换为

$$X_o(s) = G(s) \cdot \frac{1}{s} = \frac{\omega_n^2}{s^2 + 2\xi\omega_n + \omega_n^2} \cdot \frac{1}{s} = \frac{1}{s} - \frac{s + 2\xi\omega_n}{(s + \xi\omega_n + j\omega_d)(s + \xi\omega_n - j\omega_d)}$$

$$= \frac{1}{s} - \frac{s + \xi\omega_n}{(s + \xi\omega_n)^2 + \omega_d^2} - \frac{\xi\omega_n}{(s + \xi\omega_n)^2 + \omega_d^2} \tag{4-12}$$

式中，$\omega_d = \omega_n\sqrt{1 - \xi^2}$。

（1）当 $\xi = 0$，系统为无阻尼系统时，系统极点为一对共轭纯虚根，由式（4-12），有

$$h(t) = 1 - \cos\omega_n t \quad (t \geqslant 0)$$

此时，系统以固有频率 ω_n 做等幅振荡。

（2）当 $0 < \xi < 1$，系统为欠阻尼系统时，系统极点为一对实部为负的共轭复根，由式（4-12），有

$$h(t) = L^{-1}\left[\frac{1}{s}\right] - L^{-1}\left[\frac{s + \xi\omega_n}{(s + \xi\omega_n)^2 + \omega_d^2}\right] - L^{-1}\left[\frac{\xi}{\sqrt{1 - \xi^2}} \cdot \frac{\omega_d}{(s + \xi\omega_n)^2 + \omega_d^2}\right]$$

$$= 1 - e^{-\xi\omega_n t}\left(\cos\omega_d t + \frac{\xi}{\sqrt{1 - \xi^2}}\sin\omega_d t\right)$$

$$= 1 - \frac{1}{\sqrt{1 - \xi^2}}e^{-\xi\omega_n t} \cdot \sin(\omega_d t + \beta), \quad (t \geqslant 0)$$

式中，$\beta = \arctan\dfrac{\sqrt{1 - \xi^2}}{\xi}$，或者 $\beta = \arccos\xi$。

在欠阻尼情况下，二阶系统对单位阶跃输入的响应为衰减振荡，其振动频率等于有阻尼振荡频率 ω_d，振动幅值按指数衰减，衰减快慢取决于 $\xi\omega_n$，故称 $\xi\omega_n$ 为欠阻尼状态下的衰减系数。振动频率和振动幅值（振幅）均与阻尼比 ξ 有关。ξ 越小，则 ω_d 越接近于 ω_n，同时振幅衰减得越慢；ξ 越大，则 ω_d 将减小，振幅衰减得也越快。

（3）当 $\xi = 1$，系统为临界阻尼系统时，系统极点为两个相等的负实根，由式（4-12）可知

$$h(t) = L^{-1}[X_o(s)] = 1 - (1 + \omega_n t)e^{-\omega_n t} \quad (t \geqslant 0)$$

其响应的变化速度为 $\dot{h}(t) = \omega_n^2 t e^{-\omega_n t}$。由此式可知：当 $t = 0$ 时，$\dot{h}(0) = 0$；当 $t \to \infty$ 时，$\dot{h}(\infty) = 0$；$t > 0$ 时，$\dot{h}(t) > 0$。这说明过渡过程的开始时刻和最终时刻的变化速度为零，过渡过程是单调上升的。此时，系统达到衰减振动的极限，系统不再振荡。

（4）当 $\xi > 1$，系统为过阻尼系统时，系统极点为两个互异的负实根，根据式（4-12）得

$$h(t) = L^{-1}[X_o(s)]$$

$$= 1 + \frac{1}{2\sqrt{\xi^2-1}\left(\xi+\sqrt{\xi^2-1}\right)} e^{-\left(\xi+\sqrt{\xi^2-1}\right)\omega_n t} - \frac{1}{2\sqrt{\xi^2-1}\left(\xi-\sqrt{\xi^2-1}\right)} e^{-\left(\xi-\sqrt{\xi^2-1}\right)\omega_n t}$$

$$= 1 + \frac{\omega_n}{2\sqrt{\xi^2-1}}\left(\frac{e^{s_1 t}}{-s_1} - \frac{e^{s_2 t}}{-s_2}\right) \quad (t \geqslant 0) \tag{4-13}$$

式中，$s_1 = -(\xi+\sqrt{\xi^2-1})\omega_n$，$s_2 = -(\xi-\sqrt{\xi^2-1})\omega_n$。

式（4-13）中包括了两个指数衰减项 $e^{s_1 t}$ 和 $e^{s_2 t}$，如果 $\xi \gg 1$，则 $|s_1| \gg |s_2|$，故式（4-13）括号中的第一项远比第二项衰减得快，因而可忽略第一项。这时，二阶系统蜕化为一阶系统。从 s 平面看，越靠近虚轴的极点，过渡过程的时间越长，对过渡过程的影响越大，起着主导作用。二阶系统当 $0 \leqslant \xi < 1$ 时的单位阶跃响应如图 4-10 所示。

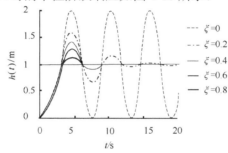

图 4-10　二阶系统单位阶跃响应

由图 4-10 可知，当 $0 < \xi < 1$ 时，二阶系统的单位阶跃响应函数的过渡过程为衰减振荡，并且随着阻尼比 ξ 的减小，其振荡特性表现得更加强烈；当 $\xi = 0$ 时，系统响应表现为等幅振荡。在欠阻尼系统中，当 $\xi = 0.4 \sim 0.8$ 时，不仅过渡过程时间比 $\xi = 1$ 更短，而且振荡不太严重。因此，一般希望二阶系统工作在 $\xi = 0.4 \sim 0.8$ 的欠阻尼状态，因为这个工作状态有一个振荡特性适度而持续时间较短的动态响应过程。由上面的分析可知，决定响应过程的是瞬态响应，所以选择合适的响应过程实际上就是选择合适的瞬态响应，也就是选择合适的特征参数 ω_n 与 ξ 的值。当输入为单位斜坡时，读者可以应用上述原理，求出不同 ξ 值时的输出，这里不再赘述。

【例题 4-1】　机器手控制系统

机器手子爪如图 4-11（a）所示，它通过直流电机驱动来改变两个子爪间的夹角 θ。机器手控制系统结构示意图如图 4-11（b）所示，相应的控制系统传递函数方框图如图 4-11（c）所示。图中，$K_m = 30$，$R_f = 1\Omega$，$K_f = K_i = 1$，$J = 0.1$，$f = 1$。当功率放大器增益 $K_a = 20$，输入 $\theta_i(t)$ 为单位阶跃信号时，求系统的单位阶跃响应 $\theta(t)$。

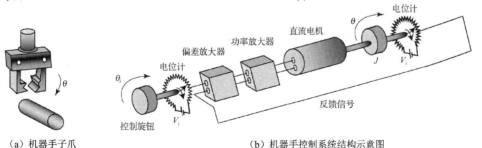

（a）机器手子爪　　　　　　　　　　　　　（b）机器手控制系统结构示意图

图 4-11　机器手控制系统

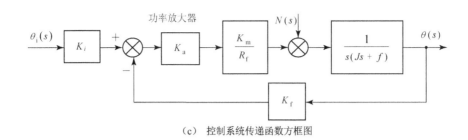

（c）控制系统传递函数方框图

图 4-11　机器手控制系统（续）

解：

机器手控制系统闭环传递函数为

$$G(s) = \frac{\theta(s)}{\theta_i(s)} = K_i \frac{\dfrac{K_a K_m}{R_f} \cdot \dfrac{1}{s(Js+f)}}{1 + \dfrac{K_a K_m K_f}{R_f} \cdot \dfrac{1}{s(Js+f)}}$$

$$= \frac{K_i K_a K_m / R_f}{s(Js+f) + K_a K_m K_f / R_f} = \frac{600}{0.1s^2 + s + 600} = \frac{6000}{s^2 + 10s + 6000}$$

将 $G(s)$ 化为标准形式

$$G(s) = \frac{\omega_n^2}{s^2 + 2\xi\omega_n s + \omega_n^2}$$

将系统参数代入上式中，得

$$\omega_n = \sqrt{6000} = 77.46 , \quad \xi = \frac{10}{2\omega_n} = 0.0645$$

则系统单位阶跃响应为

$$\theta(t) = 1 - e^{-\xi\omega_n t} \cdot \frac{1}{\sqrt{1-\xi^2}} \sin\left(\omega_n \sqrt{1-\xi^2}\, t + \arctan \frac{\sqrt{1-\xi^2}}{\xi} \right)$$

$$= 1 - 1.0021 e^{-5t} \sin(77.3t + 86.3°)$$

【应用点评 4-4】　汽车减振系统参数的选取方法

　　由应用点评 4-3 可知，为了减小汽车的振动幅值和加快振动衰减速度，应该降低弹簧的刚度并加大阻尼器的阻尼系数。但弹簧刚度不是越小越好，阻尼比越大越好。这是因为太小的弹簧刚度将导致大的振动频率，增加振动次数；增大阻尼系数，例如接近于 1，则二阶系统的动态特性表现为近似的一阶系统的特性，将导致长的过渡过程。因此，对汽车悬挂系统的弹簧刚度和阻尼器的阻尼系数的选择，应保证汽车在工作状态下具有适度的振动特性和较短的振动持续时间。

4.5　系统的时域性能指标

为了评价线性系统时间响应特性，需要研究控制系统在典型输入信号作用下的时间响应过程。在典型输入信号作用下，任何一个控制系统的时间响应都是由瞬态过程和稳态过程两部分组成的。

（1）瞬态过程。

瞬态过程又称为过渡过程，指系统在典型输入信号作用下，其输出从初始状态到最终状态的响应过程。由于实际控制系统具有惯性、摩擦及其他一些原因，因此系统输出不可能完全复现输入的变化。根据系统结构和参数的不同，系统的动态响应过程可以表现为衰减、发散，或者是等幅振荡的形式。一个工程中的控制系统，其动态过程应该是衰减的，换句话说，系统必须是稳定的。动态过程除可以提供系统稳定性的信息外，还可以提供响应速度及阻尼情况等信息。

（2）稳态过程。

稳态过程是指系统在典型输入信号作用下，当时间 t 趋于无穷大时，系统输出的表现方式。稳态过程又称为稳态响应，表征系统输出最终复现输入的程度，提供系统有关稳态误差的信息。

4.5.1　系统的时域性能指标定义

系统响应包括瞬态响应和稳态响应，稳态误差是描述系统稳态响应的一种性能指标，有关稳态误差将在 4.7 节讨论。下面着重分析时间响应的瞬态性能指标。

工程上为了定量评价系统动态性能的好坏，必须给出控制系统的性能指标的准确定义和定量计算方法。对大多数控制系统而言，一般认为阶跃输入对系统是比较严峻的工作状态，若系统在阶跃输入作用下的动态性能满足要求，那么系统在其他形式的输入作用下，其动态性能也应是令人满意的，因此，系统动态性能指标是以系统阶跃响应为基础来衡量的。为了分析和比较控制系统在时域内的动态性能指标，假定单位阶跃信号是在 $t = 0$ 时刻作用于系统上，且在单位阶跃信号作用之前系统处于静止状态，即系统的输出及其各阶导数均等于零。

系统时域瞬态性能指标包括延迟时间、上升时间、峰值时间、调节时间、超调量、振荡次数。下面首先介绍系统时域性能指标的定义，然后再介绍一阶系统和二阶系统的时域性能指标。

（1）延迟时间（Delay Time）t_{d}：单位阶跃响应第一次达到终值的一半所需的时间。

（2）上升时间（Rise Time）t_{r}：单位阶跃响应从终值的 10% 上升到终值的 90% 所需的时间；对于有振荡的系统，也可定义为从 0 到第一次达到终值所需的时间。

（3）峰值时间（Peak Time）t_{p}：单位阶跃响应越过终值 $h(\infty)$ 达到第一个峰值所需的时间。

（4）调节时间（Settling Time）t_{s}：单位阶跃响应到达并保持在终值的 ±5% 误差带（$\Delta = \pm 5\% \cdot h(\infty)$）内所需的最短时间。有时也用终值的 ±2% 误差带来定义调节时间。

（5）超调量（Percent Overshoot）M_{p}：峰值 $h(t_{\mathrm{p}})$ 超出终值 $h(\infty)$ 的百分比，即

$$M_{\mathrm{p}} = \frac{h(t_{\mathrm{p}}) - h(\infty)}{h(\infty)} \times 100\% \tag{4-14}$$

（6）振荡次数 N：在过渡过程时间 $0 \leqslant t \leqslant t_s$ 内，将 $h(t)$ 穿越其稳态值 $h(\infty)$ 次数的一半定义为振荡次数，或在过渡过程时间 $0 \leqslant t \leqslant t_s$ 内 $h(t)$ 所含振荡周期的个数。

在上述瞬态性能指标中，工程上最常用的是调节时间 t_s（描述"快"），超调量 M_p（描述"稳"）以及峰值时间 t_p（描述"快"）。应当指出，除简单的一阶、二阶系统外，要精确地确定这些瞬态性能指标的解析表达式是困难的。

4.5.2　一阶系统的时域性能指标

一阶系统的单位阶跃响应见 4.3.2 节式（4-7），根据时域瞬态性能指标的定义，在一阶系统响应曲线上标出延迟时间 t_d、上升时间 t_r、调节时间 t_s，如图 4-12 所示。

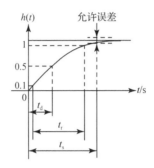

图 4-12　一阶系统的时域瞬态性能指标

根据瞬态性能指标的定义计算延迟时间 $t_d = 0.69T$，上升时间 $t_r = 2.20T$，调节时间 $t_s = 3T$，可见，时间常数 T 确实反映了一阶系统固有的特性，其值越小，系统的惯性就越小，系统的响应速度也就越快。

【例题 4-2】　由温度计的时域响应求传递函数

如图 4-13 所示，某温度计插入温度恒定的热水后，其显示温度随时间变化的规律为

$$h(t) = 1 - \mathrm{e}^{-\frac{1}{T}t}$$

实验测得当 $t = 60\,\mathrm{s}$ 时温度计读数达到实际水温的 95%，试确定该温度计的传递函数。

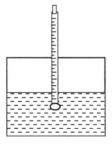

图 4-13　温度计插入恒定温度热水中

解：

由输出响应在阶跃输入作用下的表达式形式可知，该系统的数学模型属于一阶系统。依题意，温度计的调节时间为

$$t_s = 60 = 3T$$

故
$$T = 20\,\text{s}$$

所以
$$h(t) = 1 - \text{e}^{-\frac{1}{T}t} = 1 - \text{e}^{-\frac{1}{20}t}$$

由线性系统性质可知，单位脉冲函数对应的输出是单位阶跃函数对应输出的导数，故

$$w(t) = \dot{h}(t) = \frac{1}{20}\text{e}^{-\frac{1}{20}t}$$

由传递函数性质，得

$$G(s) = \text{L}\big[w(t)\big] = \frac{1}{20s + 1}$$

4.5.3 二阶系统的时域性能指标

下面根据瞬态时域性能指标的定义，推导二阶欠阻尼系统瞬态时域性能指标的计算公式，分析它们与系统特征参数 ω_n、ξ 之间的关系。

由 4.4.4 节知，若二阶系统的输入信号为单位阶跃函数，即

$$x_i(t) = 1(t) \qquad\qquad \text{L}\big[1(t)\big] = \frac{1}{s}$$

则二阶系统在欠阻尼时的阶跃响应函数为

$$h(t) = 1 - \frac{1}{\sqrt{1-\xi^2}}\text{e}^{-\xi\omega_n t}\cdot\sin(\omega_d t + \beta)\quad(t \geqslant 0) \tag{4-15}$$

一个稳定系统的单位阶跃响应及时域性能指标如图 4-14 所示，下面推导欠阻尼二阶系统动态性能指标的计算公式。

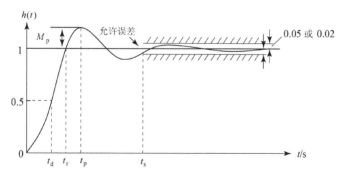

图 4-14 二阶系统的单位阶跃响应及时域性能指标

1）上升时间 t_r

根据上升时间的定义，当 $t = t_r$ 时，$h(t_r) = 1$。由式（4-15），得

$$1 = 1 - \frac{1}{\sqrt{1-\xi^2}}\text{e}^{-\xi\omega_n t_r}\cdot\sin(\omega_d t_r + \beta)$$

即

$$\frac{1}{\sqrt{1-\xi^2}}\mathrm{e}^{-\xi\omega_{\mathrm{n}}t_{\mathrm{r}}}\cdot\sin(\omega_{\mathrm{d}}t_{\mathrm{r}}+\beta)=0$$

而

$$\mathrm{e}^{-\xi\omega_{\mathrm{n}}t_{\mathrm{r}}}\neq 0$$

故有

$$\sin(\omega_{\mathrm{d}}t_{\mathrm{r}}+\beta)=0$$

得

$$\omega_{\mathrm{d}}t_{\mathrm{r}}=\pi-\beta,2\pi-\beta,3\pi-\beta,\cdots$$

因为上升时间 t_{r} 是 $h(t)$ 第一次达到输出稳态值的时间，故取 $\omega_{\mathrm{d}}t_{\mathrm{r}}=\pi-\beta$ ，即

$$t_{\mathrm{r}}=\frac{\pi-\beta}{\omega_{\mathrm{d}}} \tag{4-16}$$

由关系式 $\omega_{\mathrm{d}}=\omega_{\mathrm{n}}\sqrt{1-\xi^2}$ 及式（4-16）可知，当 ξ 一定时， ω_{n} 增大， t_{r} 减小；当 ω_{n} 一定时， ξ 增大， t_{r} 就增大。

2）峰值时间 t_{p}

将式（4-15）对时间 t 求导数，并令其为零，便可得峰值时间 t_{p} ，即由 $\left.\dfrac{\mathrm{d}h(t)}{\mathrm{d}t}\right|_{t=t_{\mathrm{p}}}=0$ ，得

$$\xi\omega_{\mathrm{n}}\mathrm{e}^{-\xi\omega_{\mathrm{n}}t}\cdot\sin(\omega_{\mathrm{d}}t_{\mathrm{p}}+\beta)-\omega_{\mathrm{d}}\mathrm{e}^{-\xi\omega_{\mathrm{n}}t}\cdot\cos(\omega_{\mathrm{d}}t_{\mathrm{p}}+\beta)=0$$

整理得

$$\tan(\omega_{\mathrm{d}}t_{\mathrm{p}}+\beta)=\frac{\sqrt{1-\xi^2}}{\xi}$$

由于 $\tan\beta=\sqrt{1-\xi^2}\big/\xi$ ，故上面三角方程的解为 $\omega_{\mathrm{d}}t_{\mathrm{p}}=0$ ， π ， $2\pi\cdots$ 由定义取 $\omega_{\mathrm{d}}t_{\mathrm{p}}=\pi$ ，于是得峰值时间为

$$t_{\mathrm{p}}=\frac{\pi}{\omega_{\mathrm{d}}} \tag{4-17}$$

可见，峰值时间是有阻尼振荡周期 $\dfrac{2\pi}{\omega_{\mathrm{d}}}$ 的一半。另外，由关系式 $\omega_{\mathrm{d}}=\omega_{\mathrm{n}}\sqrt{1-\xi^2}$ 及式（4-17）可知，当 ξ 一定时， ω_{n} 增大， t_{p} 减小；当 ω_{n} 一定时， ξ 增大， t_{p} 就增大。此情况与 t_{r} 相同。

3）超调量 M_{p}

因为超调量发生在峰值时间上，故将 $0<\xi<1$ 时的 $h(t)$ 与 $h(\infty)=1$ 代入定义式（4-15）中，可求得

$$M_{\mathrm{p}}=-\frac{1}{\sqrt{1-\xi^2}}\mathrm{e}^{-\xi\omega_{\mathrm{n}}t_{\mathrm{p}}}\cdot\sin(\omega_{\mathrm{d}}t_{\mathrm{p}}+\beta)\times 100\%$$

$$=\frac{1}{\sqrt{1-\xi^2}}\mathrm{e}^{-\xi\pi/\sqrt{1-\xi^2}}\cdot\sin\beta$$

因为

$$\sin\beta=\sqrt{1-\xi^2}$$

故有
$$M_p = e^{-\xi\pi/\sqrt{1-\xi^2}} \times 100\% \tag{4-18}$$

可见，超调量 M_p 只与阻尼比 ξ 有关，而与无阻尼固有频率 ω_n 无关。M_p 的大小直接说明系统的阻尼特性。也就是说，当二阶系统阻尼比 ξ 确定后，即可求得与其对应的超调量 M_p；反之，如果给出了系统所需的 M_p，也可由此确定相应的阻尼比。当 $\xi = 0.4 \sim 0.8$ 时，相应的超调量 $M_p = 25\% \sim 1.5\%$。

4）调整时间 t_s

对于欠阻尼二阶系统，其单位阶跃响应为

$$h(t) = 1 - \frac{1}{\sqrt{1-\xi^2}} e^{-\xi\omega_n t} \cdot \sin\left(\omega_d t + \arctan\frac{\sqrt{1-\xi^2}}{\xi}\right)$$

这是一个衰减的正弦振荡。曲线 $1 \pm \dfrac{1}{\sqrt{1-\xi^2}} e^{-\xi\omega_n t}$ 是该单位阶跃响应的包络线，单位阶跃响应曲线 $h(t)$ 被包含在这一对包络线之内，如图 4-15 所示。包络线的衰减速度取决于 $\xi\omega_n$ 的值。

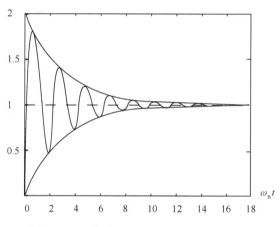

图 4-15　二阶系统单位阶跃响应及其包络线

根据调整时间的定义，并考虑到 $h(\infty) = 1$，可得

$$|h(t) - h(\infty)| \leqslant \Delta \cdot h(\infty) \qquad t \geqslant t_s \tag{4-19}$$

可以看出，按照式（4-19）计算的调整时间 t_s 非常烦琐。由于 $h(t)$ 曲线是夹在两条包络线之间的，如果包络线与 $h(\infty)$ 之间的差小于允许误差，则 $h(t)$ 与 $h(\infty)$ 之间的差也必然小于允许误差，所以可以把式（4-19）中的衰减正弦振荡用其包络线来代替，从而得到

$$\left|\frac{1}{\sqrt{1-\xi^2}} e^{-\xi\omega_n t}\right| \leqslant \Delta \qquad t \geqslant t_s$$

$$t_s = \frac{1}{\xi\omega_n} \ln\frac{1}{\Delta\sqrt{1-\xi^2}}$$

式中，取 $\Delta = 0.05$ 和 $\Delta = 0.02$，分别得到 t_s 的计算式为

$$t_s = \frac{4 + \ln\dfrac{1}{\sqrt{1-\xi^2}}}{\xi\omega_n} \quad (\Delta = 0.02) \tag{4-20}$$

$$t_s = \frac{3 + \ln\dfrac{1}{\sqrt{1-\xi^2}}}{\xi\omega_n} \quad (\Delta = 0.05) \tag{4-21}$$

对于欠阻尼的二阶系统，当 $0 < \xi < 0.9$ 时，式（4-20）和式（4-21）的后一项值很小，可以用易于计算的近似式来求，即

$$t_s = \frac{4}{\xi\omega_n} \quad (\Delta = 0.02) \tag{4-22}$$

$$t_s = \frac{3}{\xi\omega_n} \quad (\Delta = 0.05) \tag{4-23}$$

式中，$\xi\omega_n$ 的值是闭环极点到虚轴的距离。对于复数平面左半面的闭环极点，调整时间 t_s 与极点到虚轴的距离近似成反比。如果能使二阶系统的闭环极点远离虚轴，则系统将有很好的快速性。

5）振荡次数 N

由于振荡次数是指 $h(t)$ $0 \leqslant t \leqslant t_s$ 内所含振荡周期的个数，而系统的振荡周期是 $2\pi/\omega_d$，所以振荡次数为

$$N = \frac{t_s}{2\pi/\omega_d}$$

因此，当 $\Delta = 0.02$ 时，由 $t_s = 4/\xi\omega_n$ 与 $\omega_d = \omega_n\sqrt{1-\xi^2}$，得

$$N = \frac{2\sqrt{1-\xi^2}}{\pi\xi} \quad (\Delta = 0.02) \tag{4-24}$$

当 $\Delta = 0.05$ 时，由 $t_s = 3/\xi\omega_n$ 与 $\omega_d = \omega_n\sqrt{1-\xi^2}$，得

$$N = \frac{1.5\sqrt{1-\xi^2}}{\pi\xi} \quad (\Delta = 0.05) \tag{4-25}$$

从式（4-24）和式（4-25）可以看出，振荡次数与超调量一样，只是 ξ 的函数，而与 ω_n 无关，且振荡次数 N 随着 ξ 的增大而减少，所以 N 的值直接反映了系统的阻尼特性。若由 t_s 的精确表达式来讨论 N 与 ξ 的关系，此结论不变。

由以上讨论，可得如下结论：

（1）要使二阶系统具有满意的动态性能指标，必须选择合适的阻尼比 ξ 和无阻尼固有频率 ω_n。提高 ω_n，可以提高二阶系统的响应速度，缩短上升时间 t_r、峰值时间 t_p 和调整时间 t_s；增大 ξ，可以减弱系统的振荡性能，即降低超调量 M_p，减少振荡次数 N，但延长上升时间 t_r 和峰值时间 t_p。一般情况下，系统在欠阻尼（$0 < \xi < 1$）状态下工作。若 ξ 过小，则系统的振荡性能不符合要求，瞬态特性差。因此，通常要根据允许的超调量来选择阻尼比 ξ。

（2）系统的响应速度与振荡性能之间往往是存在矛盾的。因此，既要减弱系统的振荡性

能，又要使系统具有一定的速度，那就只有选取合适的 ξ 与 ω_n 值才能实现。

（3）以上这些动态性能指标主要反映系统对输入响应的快速性和相对稳定性，这些指标对于分析、研究及设计系统都是十分有用的。

（4）二阶系统的动态性能指标和有关结论都与二阶系统传递函数的分子是否是 ω_n^2 无关，只与特征方程有关，但 $h(\infty)$ 是否为 1 与分子是否为 ω_n^2 有关。

下面通过几个例题来体会二阶系统性能与系数的关系。

【例题 4-3】 动态性能指标的求解

设系统的结构框图如图 4-8 所示，其中 ξ =0.6，ω_n =5 rad/s。当有一单位阶跃信号作用于系统时，求其性能指标 t_p，M_p，t_s。

解：

（1）求 t_p。$\omega_d = \omega_n \sqrt{1-\xi^2} = 4\,\mathrm{s}^{-1}$ 故由式（4-17），得

$$t_p = \frac{\pi}{\omega_d} = 0.785\,\mathrm{s}$$

（2）求 M_p。由式（4-18），得

$$M_p = \mathrm{e}^{-\pi\xi/\sqrt{1-\xi^2}} \times 100\% = 9.5\%$$

（3）求 t_s。由式（4-22）、式（4-23）的近似式，得

$$t_s = \frac{3}{\xi\omega_n} = 1\,\mathrm{s} \qquad (\Delta = 0.05)$$

$$t_s = \frac{4}{\xi\omega_n} = 1.33\,\mathrm{s} \qquad (\Delta = 0.02)$$

【例题 4-4】 电压测量系统的动态性能指标

在如图 4-16 所示的电压测量系统中，输入电压为 $x_i(t)$，输出位移为 $x_o(t)$，放大器增益 K =10，丝杠每转螺距 1 mm，电位计滑臂移动 1 cm，电压增量为 0.4 V。当对电动机加 10 V 阶跃电压时（带负载）稳态转速为 1000 n/min，达到该值 63.2% 需要 0.5 s。画出系统传递函数框图，求出传递函数 $X_o(s)/X_i(s)$，并求系统单位阶跃响应的峰值时间 t_p、超调量 M_p 和调节时间 t_s。

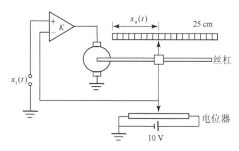

图 4-16 电压测量系统

解：

依题意，可列出各环节的传递函数。

比较点：
$$E(s) = X_i(s) - F(s)$$

放大器：
$$\frac{U_a(s)}{E(s)} = K = 10$$

电动机：
$$\frac{\Theta(s)}{U_a(s)} = \frac{K_m}{s(T_m s + 1)} = \frac{\dfrac{1000}{10 \times 60}}{s(0.5s + 1)} = \frac{5/3}{s(0.5s + 1)}$$

丝杠：
$$\frac{X_o(s)}{\Theta(s)} = K_1 = 0.1$$

电位器：
$$\frac{F(s)}{X_o(s)} = K_2 = 0.4$$

画出系统传递函数方框图，如图 4-17 所示。

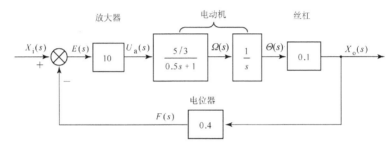

图 4-17　系统传递函数方框图

则系统闭环传递函数为

$$\Phi(s) = \frac{X_o(s)}{X_i(s)} = \frac{\dfrac{10}{3}}{s^2 + 2s + \dfrac{4}{3}}$$

将上式与二阶系统的典型传递函数相比较，得

$$\begin{cases} \omega_n = \dfrac{2}{\sqrt{3}} \\ \xi = \dfrac{2}{2\omega_n} = \dfrac{\sqrt{3}}{2} \end{cases}$$

所以

$$t_p = \frac{\pi}{\omega_n \sqrt{1 - \xi^2}} = 5.44\,\text{s}$$

$$M_p = e^{-\xi\pi/\sqrt{1-\xi^2}} \times 100\% = 0.433\%$$

$$t_s = \frac{3}{\xi\omega_n} = 3\,\text{s}$$

【例题 4-5】　质量—弹簧—阻尼器机械系统的动态性能

已知质量—弹簧—阻尼器二阶机械系统如图 4-18（a）所示，在质量块 m 上施加 $f(t)=8.9\,\text{N}$ 的阶跃力后，m 的位移随时间的响应 $x_o(t)$ 如图 4-18（b）所示，试求系统的 m、k 和 c 值。

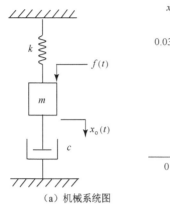
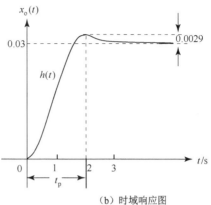

（a）机械系统图　　　　　　　　　　（b）时域响应图

图 4-18　二阶机械系统及其输出响应图

解：

由图 4-18（a）可知，$f(t)$ 是阶跃力输入，$x_o(t)$ 是输出位移。由图 4-18（b）可知，系统的稳态输出 $x_o(\infty)=0.03\,\text{m}$，$x_o(t_p)-x_o(\infty)=0.0029\,\text{m}$，$t_p=2\,\text{s}$。根据牛顿第二定律，可列写出系统输入与输出之间的微分方程为

$$f(t)-kx_o(t)-c\frac{\mathrm{d}x_o(t)}{\mathrm{d}t}=m\frac{\mathrm{d}^2x_o(t)}{\mathrm{d}t^2}$$

系统传递函数为
$$G(s)=\frac{X_o(s)}{F(s)}=\frac{1}{ms^2+cs+k}=\frac{\dfrac{1}{m}}{s^2+\dfrac{c}{m}s+\dfrac{k}{m}}$$

所以
$$2\xi\omega_n=\frac{c}{m}$$

$$\omega_n^2=\frac{k}{m}$$

解得
$$\xi=\frac{c}{2\sqrt{km}}$$

$$\omega_n=\sqrt{k/m}$$

由于 $f(t)$ 为阶跃输入，所以

$$F(s)=\frac{8.9}{s}$$

则
$$X_o(s) = G(s) \cdot F(s) = \frac{1}{ms^2 + cs + k} \cdot \frac{8.9}{s}$$

由终值定理可知

$$x_o(\infty) = \lim_{s \to 0} s \cdot X_o(s) = \lim_{s \to 0} \frac{8.9}{ms^2 + cs + k} = \frac{8.9}{k} = 0.03$$

所以
$$k = 297 \text{ N/m}$$

又由于输出响应符合欠阻尼二阶系统特性，即

$$M_p = e^{-\xi\pi/\sqrt{1-\xi^2}} \times 100\% = \frac{0.002\,9}{0.03} \times 100\% = 9.7\%$$

$$t_p = \frac{\pi}{\omega_n\sqrt{1-\xi^2}} = 2$$

解得
$$\begin{cases} \xi = 0.6 \\ \omega_n = 1.96 \text{ rad/s} \end{cases} \tag{4-26}$$

将式（4-26）代入式（4-25），可求得

$$\begin{cases} m = 77.3 \text{ kg} \\ c = 181.8 \text{ Nm/s} \end{cases}$$

4.6　高阶系统的时域分析

在控制工程中，几乎所有的控制系统都可用高阶微分方程来描述。这种用高阶（大于三阶）微分方程描述的系统称为高阶系统。对于高阶系统的研究和分析，一般比较复杂。这就要求在分析高阶系统时，要抓住主要矛盾，忽略次要因素，使问题简单化。工程上常采用闭环主导极点的概念对高阶系统进行近似分析。下面首先讨论三阶系统，然后再将所得结果推广至高阶系统。

4.6.1　典型三阶系统的单位阶跃响应

下面以在 s 左半平面具有一对共轭复数极点和一个实极点的分布模式为例，分析三阶系统的单位阶跃响应。设在原二阶系统的基础上增加一个负实数闭环极点，则其闭环传递函数可表示为

$$\Phi(s) = \frac{\omega_n^2 s_0}{(s^2 + 2\xi\omega_n s + \omega_n^2)(s + s_0)} = \frac{K_1}{(s - s_1)(s - s_2)(s - s_3)} \quad (0 < \xi < 1)$$

式中，$s_3 = -s_0$ 为三阶系统的闭环负实数极点，闭环复数极点为 $s_{1,2} = -\xi\omega_n \pm j\omega_n\sqrt{1-\xi^2}$。其极点分布如图 4-19 所示。

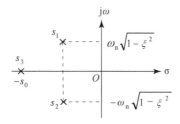

图 4-19　典型三阶系统极点在 s 平面内的分布

当输入为单位阶跃函数，且 $0 < \xi < 1$ 时，输出量的拉氏变换为

$$X_o(s) = \Phi(s)X_i(s) = \frac{1}{s} \cdot \frac{\omega_n^2 s_0}{\left(s^2 + 2\xi\omega_n s + \omega_n^2\right)(s + s_0)}$$

$$= \frac{1}{s} + \frac{A}{s + s_0} + \frac{B}{s + \xi\omega_n - j\omega_n\sqrt{1-\xi^2}} + \frac{C}{s + \xi\omega_n + j\omega_n\sqrt{1-\xi^2}} \qquad (4\text{-}27)$$

式中

$$A = \frac{-\omega_n^2}{s_0^2 - 2\xi\omega_n s_0 + \omega_n^2}$$

$$B = \frac{s_0(2\xi\omega_n - s_0) - js_0(2\xi^2\omega_n - \xi s_0 - \omega_n)\big/\sqrt{1-\xi^2}}{2[(2\xi^2\omega_n - \xi s_0 - \omega_n)^2 + (2\xi\omega_n - s_0)^2(1-\xi^2)]}$$

$$C = \frac{s_0(2\xi\omega_n - s_0) + js_0(2\xi^2\omega_n - \xi s_0 - \omega_n)\big/\sqrt{1-\xi^2}}{2[(2\xi^2\omega_n - \xi s_0 - \omega_n)^2 + (2\xi\omega_n - s_0)^2(1-\xi^2)]}$$

对式（4-27）进行拉氏逆变换，且令 $b = s_0/\xi\omega_n$，则有

$$h(t) = 1 + Ae^{-s_0 t} + 2\,\mathrm{Re}\,B \cdot e^{-\xi\omega_n t}\cos\omega_n\sqrt{1-\xi^2}\,t - 2\,\mathrm{Im}\,B \cdot e^{-\xi\omega_n t}\sin\omega_n\sqrt{1-\xi^2}\,t \qquad (t \geqslant 0)$$

式中，$A = -\dfrac{1}{b\xi^2(b-2)+1}$，$\mathrm{Re}\,B = -\dfrac{b\xi^2(b-2)}{2[b\xi^2(b-2)+1]}$，$\mathrm{Im}\,B = \dfrac{b\xi\big[\xi^2(b-2)+1\big]}{2[b\xi^2(b-2)+1]\sqrt{1-\xi^2}}$。

将上述系数代入 $h(t)$ 表达式中，经整理得该三阶系统在 $0 < \xi < 1$ 时的单位阶跃响应为

$$h(t) = 1 - \frac{e^{-s_0 t}}{b\xi^2(b-2)+1} -$$

$$\frac{e^{-\xi\omega_n t}}{b\xi^2(b-2)+1}\left[b\xi^2(b-2)\cos\omega_n\sqrt{1-\xi^2}\,t + \frac{b\xi\big[\xi^2(b-2)+1\big]}{\sqrt{1-\xi^2}}\sin\omega_n\sqrt{1-\xi^2}\,t\right] \quad (t \geqslant 0) \quad (4\text{-}28)$$

当 $\xi = 0.5$，$b \geqslant 1$ 时，三阶系统的单位阶跃响应曲线如图 4-20 所示。在式（4-28）中，由于

$$b\xi^2(b-2)+1 = \xi^2(b-1)^2 + (1-\xi^2) > 0$$

所以，不论闭环实数极点在共轭复数极点的左边还是右边，即 b 不论大于 1 还是小于 1，$e^{-s_0 t}$ 项的系数总是负数。因此，实数极点 $s_3 = -s_0$ 可使单位阶跃响应的超调量下降，并使调节时间延长。

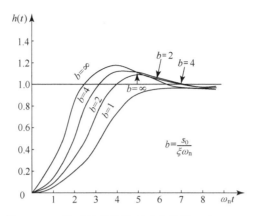

图 4-20 三阶系统单位阶跃响应曲线（$\xi = 0.5$）

由图 4-20 可见，当系统阻尼比 ξ 不变时，随着实数极点向虚轴方向移动，即随着 b 值的下降，响应的超调量不断下降，而峰值时间、上升时间和调节时间则不断加长。当 $b \leqslant 1$ 时，即闭环实数极点的数值小于或等于闭环复数极点的实部数值时，三阶系统将表现出明显的过阻尼特性。

4.6.2 高阶系统的单位阶跃响应

高阶系统均可转化为零阶、一阶、二阶环节的组合，而一般所重视的是系统中的二阶环节，特别是二阶振荡环节。因此，本节将利用关于二阶系统的一些结论对高阶系统进行定性分析，并在此基础上，阐明将高阶系统简化为二阶系统以进行定量估算的可能性。

高阶系统闭环传递函数的一般形式表示为

$$G(s) = \frac{b_m s^m + b_{m-1} s^{m-1} + \cdots + b_0}{a_n s^n + a_{n-1} s^{n-1} + \cdots + a_0} \quad (n \geqslant m)$$

系统特征方程式为 $a_n s^n + a_{n-1} s^{n-1} + \cdots + a_0 = 0$。

特征方程有 n 个特征根，设其中有 n_1 个实数根，n_2 对共轭复数虚根，故有 $n = n_1 + 2n_2$。由此，特征方程可以分解为 n_1 个一次因式 $(s + p_j)(j = 1, 2, \cdots, n_1)$ 及 n_2 个二次因式 $(s^2 + 2\xi_k \omega_{nk} s + \omega_{nk}^2)(k = 1, 2, \cdots, n_2)$ 的乘积，即系统的闭环传递函数有 n_1 个实极点 $-p_j$ 及 n_2 对共轭复数极点 $(-\xi_k \omega_{nk} \pm j\omega_{nk}\sqrt{1 - \xi_k^2})$。

设系统传递函数的 m 个零点为 $-z_i(i = 1, 2, \cdots, m)$，则系统的闭环传递函数可写为

$$G(s) = \frac{K \prod\limits_{i=1}^{m}(s + z_i)}{\prod\limits_{j=1}^{n_1}(s + p_j) \prod\limits_{k=1}^{n_2}(s^2 + 2\xi_k \omega_{nk} s + \omega_{nk}^2)}$$

在单位阶跃输入 $X_i(s) = 1/s$ 的作用下，高阶系统的输出为

$$X_o(s) = G(s) \cdot \frac{1}{s} = \frac{K\prod\limits_{i=1}^{m}(s+z_i)}{s\prod\limits_{j=1}^{n_1}(s+p_j)\prod\limits_{k=1}^{n_2}(s^2+2\xi_k\omega_{nk}s+\omega_{nk}^2)}$$

对上式按部分分式展开，得

$$X_o(s) = \frac{A_0}{s} + \sum_{j=1}^{n_1}\frac{A_j}{s+p_j} + \sum_{k=1}^{n_2}\frac{B_k s + C_k}{(s^2+2\xi_k\omega_{nk}s+\omega_{nk}^2)} \tag{4-29}$$

式中，A_j、B_k、A_0、C_k 是由部分分式所确定的常数。为此，对 $X_o(s)$ 的表达式进行拉氏逆变换后，可得高阶系统的单位阶跃响应为

$$x_o(t) = A_0 + \sum_{j=1}^{n_1}A_j e^{-p_j t} + \sum_{k=1}^{n_2}D_k e^{-\xi_k\omega_{nk}t}\sin(\omega_{dk}t+\beta_k)\,(t\geqslant 0) \tag{4-30}$$

式中，$\beta_k = \arctan\dfrac{\beta_k\omega_{dk}}{C_k-\xi_k\omega_{nk}B_k}$，$D_k = \sqrt{B_k^2 + (\dfrac{C_k-\xi_k\omega_{nk}B_k}{\omega_{dk}})^2}$ $(k=1,2,\cdots,n_2)$。

式（4-29）中第一项为稳态分量，第二项为指数曲线（一阶系统），第三项为振荡曲线，（二阶系统）。因此，一个高阶系统的响应可以看成由多个一阶环节和二阶环节响应的叠加。上述一阶环节及二阶环节的响应，决定于 p_j、ξ_k、ω_{nk} 及系数 A_j、D_k，即与零点、极点的分布有关。因此，了解零点、极点的分布情况，就可以对系统的性能进行定性分析。

（1）当系统闭环极点全部在 s 平面左半平面时，其特征根为负实根和有负实部的复根，从而式（4-30）的第二、三项均是衰减的，因此系统总是稳定的。各分量衰减的快慢，取决于极点距虚轴的距离。p_j、ξ_k、ω_{nk} 越大，即距虚轴越远时，衰减越快。

（2）衰减项中各项的幅值 A_j、D_k 与它们对应的极点有关。它们也与系统的零点有关，系统的零点对过渡过程的影响就反映在这上面。极点位置距原点越远，对应项的幅值就越小，对系统过渡过程的影响就越小。另外，当极点与零点很靠近时，对应项的幅值也很小，即这对零极点对系统过渡过程的影响将很小。系数大而且衰减慢的那些分量，将在动态过程中起主导作用。

（3）利用主导极点的概念，可将主导极点为共扼复数极点的高阶系统，降阶近似为二阶系统来处理，该部分内容将在第 5 章讲述。

4.7 系统的误差分析与计算

一个稳定的系统在典型外界信号作用下经过一段时间后就会进入稳态，控制系统的稳态精度是其重要的技术指标。对于一个实际的控制系统，稳态误差必须在允许范围之内，控制系统才有使用价值。例如，工业加热炉的炉温误差超过限度就会影响产品质量，轧钢机的辊距误差超过限度就轧不出合格的钢材，导弹的跟踪误差若超过允许的限度就不能用于实战等。

控制系统的稳态误差是系统控制精度的一种度量，是系统的稳态性能指标。由于系统自身的结构参数、外作用的类型（控制量或扰动量）及外作用的形式（阶跃、斜坡或加速度等）不同，控制系统的稳态输出不可能在任意情况下都与输入量（希望的输出）一致，因而会产生原理性稳态误差。此外，系统中存在的不灵敏区、间隙、零漂等非线性因素也会造成附加

的稳态误差。控制系统设计的任务之一，就是尽量减小系统的稳态误差。

对稳定的系统进行研究，稳态误差才有意义，所以计算稳态误差应以系统稳定为前提。本节主要讨论线性系统原理性稳态误差的计算方法。

4.7.1 系统的误差与偏差

系统的误差按照定义方式的不同分为输出端定义的误差和输入端定义的误差两种。设 $x_{or}(t)$ 是控制系统所希望的输出，$x_o(t)$ 是其实际的输出。

系统传递函数方框图如图 4-21 所示，则按照输出端定义的误差为 $e_1(t) = x_{or}(t) - x_o(t)$，拉氏变换记为

$$E_1(s) = X_{or}(s) - X_o(s) \tag{4-31}$$

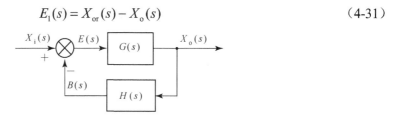

图 4-21　系统传递函数方框图

按照输入端定义的误差（也称为偏差）为 $e(t)$，即

$$e(t) = x_i(t) - b(t)$$

其拉氏变换式 $E(s)$ 为

$$E(s) = X_i(s) - B(s) = X_i(s) - H(s)X_o(s) \tag{4-32}$$

式中 $H(s)$ 为反馈通道传递函数。下面先求两种误差 $E(s)$ 与 $E_1(s)$ 之间的关系。

如前所述，一个闭环的控制系统之所以能对输出 $X_o(s)$ 起自动控制作用，就在于运用偏差 $E(s)$ 进行控制。即当 $X_{or}(s) \neq X_o(s)$ 时，由于 $E(s) \neq 0$，$E(s)$ 就起控制作用，力图将 $X_o(s)$ 调节到 $x_{or}(t)$ 值；反之，当 $X_{or}(s) = X_o(s)$ 时，应有 $E(s) = 0$，而使 $E(s)$ 不再对 $X_o(s)$ 进行调节。因此，当 $X_{or}(s) = X_o(s)$ 时，有

$$E(s) = X_i(s) - H(s)X_o(s) = X_i(s) - H(s)X_{or}(s) = 0$$

故

$$X_i(s) = H(s)X_o(s) \text{ 或 } X_{or}(s) = \frac{1}{H(s)}X_i(s) \tag{4-33}$$

由式（4-31）、式（4-32）和式（4-33）可求得在一般情况下系统的偏差 $E(s)$ 与误差 $E_1(s)$ 之间的关系为

$$E(s) = H(s)E_1(s) \text{ 或 } E_1(s) = \frac{1}{H(s)}E(s) \tag{4-34}$$

由上式可知，求出偏差 $E(s)$ 后即可求出误差 $E_1(s)$。对单位反馈系统来说，$H(s) = 1$，故 $E(s)$ 与 $E_1(s)$ 相同。

由于控制系统多以输入端定义的误差作为分析研究的对象，而两种误差有着明确的对应关系，求得其中一种即可知道另一种误差特性。所以在后续的分析中，若无特殊说明，均指以输入端定义的误差 $e(t)$，即偏差。

4.7.2　稳态误差

系统的稳态误差是指系统进入稳态后的误差。稳态误差的定义为

$$e_{ss} = \lim_{t \to \infty} e(t)$$

为了计算稳态误差，只要验证 $sE(s)$ 满足所要求的解析条件，就可首先求出系统的误差信号的拉氏变换式 $E(s)$，再用终值定理求解，即

$$e_{ss} = \lim_{t \to \infty} e(t) = \lim_{s \to 0} sE(s)$$

对于图 4-21 所示的系统，有

$$E(s) = X_i(s) - X_o(s) \cdot H(s) = \frac{1}{1 + G(s) \cdot H(s)} \cdot X_i(s)$$

所以

$$e_{ss} = \lim_{t \to \infty} e(t) = \lim_{s \to 0} sE(s) = \lim_{s \to 0} s \cdot \frac{X_i(s)}{1 + G(s)H(s)} \quad (4\text{-}35)$$

上式表明，系统的稳态误差，不仅与开环传递函数 $G(s)H(s)$ 的结构有关，还与输入信号密切相关。

【例题 4-6】　给定输入下的稳态误差

已知某系统传递函数框图如图 4-21 所示，其中 $G(s) = \dfrac{10}{s(s+4)}$，$H(s) = 1$，$x_i(t) = 4 + 6t + 3t^2$，求 e_{ss}。

解：

$$e_{ss} = \lim_{s \to 0} s \cdot E(s) = \lim_{s \to 0} s \cdot \frac{X_i(s)}{1 + G(s)H(s)}$$

又由于

$$X_i(s) = \frac{4}{s} + \frac{6}{s^2} + \frac{6}{s^3}$$

故

$$e_{ss} = \lim_{s \to 0} s \frac{1}{1 + \dfrac{10}{s(s+4)}} \left(\frac{4}{s} + \frac{6}{s^2} + \frac{6}{s^3}\right) = \lim_{s \to 0} \frac{4s^2 + 6s + 6}{s(s^2 + 4s + 1)} = \infty$$

4.7.3　系统类型

由稳态误差计算通式（4-35）可见，控制系统稳态误差数值与开环传递函数 $G(s)H(s)$ 的结构和输入信号 $X_i(s)$ 的形式密切相关。对于一个给定的稳定系统，当输入信号形式一定时，系统是否存在稳态误差取决于开环传递函数描述的系统结构。因此，按照控制系统跟踪不同输入信号的能力来进行系统分类是必要的。

在一般情况下，分子阶次为 m，分母阶次为 n 的开环传递函数可表示为

$$G(s)H(s) = \frac{K\prod_{i=1}^{m}(\tau_i s + 1)}{s^{\nu}\prod_{j=1}^{n-\nu}(T_j s + 1)}$$

式中，K 为开环增益，τ_i 和 T_j 为时间常数，ν 为开环系统在 s 平面坐标原点上的极点的重数，即串联的积分环节的个数。

若记 $G_o(s) = \dfrac{\prod_{i=1}^{m}(\tau_i s + 1)}{\prod_{j=1}^{n-\nu}(T_j s + 1)}$，显然 $\lim\limits_{s \to 0} G_o(s) = 1$，则当 $s \to 0$ 时可将系统的开环传递函数表示为

$$\lim_{s \to 0} G(s)H(s) = \lim_{s \to 0} \frac{KG_o(s)}{s^{\nu}} = \lim_{s \to 0} \frac{K}{s^{\nu}}$$

由于系统是否存在原理性稳态误差取决于 ν，故 ν 称为系统的无差度，它表征了系统的结构特征，这一点可从下面的稳态误差分析中看出。

【应用推广 4-1】　无差度与稳态精度、稳定性的关系

工程上一般规定：当 $\nu = 0$、1、2 时分别称对应系统为 0 型、Ⅰ 型和 Ⅱ 型系统。ν 越高，稳态精度越高，但稳定性越差，故实际系统中 ν 不能太大。

4.7.4　静态误差系数与稳态误差

下面针对图 4-21 所示的控制系统讨论不同型别系统在不同输入信号形式作用下的稳态误差计算。由于实际输入多为阶跃函数、斜坡函数和加速度函数，或者是其组合，因此只考虑系统分别在阶跃、斜坡或加速度函数输入作用下的稳态误差计算问题。

（1）当输入为单位阶跃信号 $X_i(s) = \dfrac{1}{s}$ 时，系统的稳态误差为

$$e_{ss} = \lim_{s \to 0} sE(s) = \lim_{s \to 0} s \cdot \frac{X_i(s)}{1 + G(s)H(s)} = \lim_{s \to 0} \frac{1}{1 + G(s)H(s)}$$

定义静态位置误差系数为

$$K_p = \lim_{s \to 0} G(s)H(s)$$

K_p 又可表示为

$$K_p = \lim_{s \to 0} G(s)H(s) = \lim_{s \to 0} \frac{KG_o(s)}{s^{\nu}} = \lim_{s \to 0} \frac{K}{s^{\nu}}$$

则

$$e_{ss} = \frac{1}{1 + K_p}$$

① 对于 0 型系统，$\nu = 0$，$K_p = \lim\limits_{s \to 0} \dfrac{K}{s^0} = K$，$e_{ss} = \dfrac{1}{1+K}$，为有差系统，且 K 越大，e_{ss} 越小。

② 对于 I 型及以上系统，$K_p = \lim\limits_{s \to 0} \dfrac{K}{s^\nu} = \infty$，$e_{ss} = 0$，为位置无差系统。

可见，当系统开环传递函数中有积分环节存在时，系统对阶跃输入是无差系统。而当没有积分环节时，稳态是有误差的。为了减小误差，应当适当提高放大倍数。但过大的 K 值，将影响系统的相对稳定性。

（2）当输入为单位斜坡信号时，有

$$x_i(t) = t，\quad X_i(s) = \frac{1}{s^2}$$

$$e_{ss} = \lim_{s \to 0} sE(s) = \lim_{s \to 0} s \cdot \frac{X_i(s)}{1+G(s)H(s)} = \lim_{s \to 0} s \cdot \frac{1/s^2}{1+G(s)H(s)} = \lim_{s \to 0} \frac{1}{sG(s)H(s)}$$

定义静态速度误差系数为

$$K_v = \lim_{s \to 0} sG(s)H(s)$$

K_v 又可表示为

$$K_v = \lim_{s \to 0} sG(s)H(s) = \lim_{s \to 0} \frac{sKG_o(s)}{s^\nu} = \lim_{s \to 0} \frac{K}{s^{\nu-1}}$$

则

$$e_{ss} = \frac{1}{K_v}$$

① 对于 0 型系统，$\nu = 0$，$K_v = \lim\limits_{s \to 0} s \cdot K = 0$，$e_{ss} = 1/K_v = \infty$。

② 对于 I 型系统，$\nu = 1$，$K_v = \lim\limits_{s \to 0} \dfrac{K}{s^0} = K$，$e_{ss} = \dfrac{1}{K_v} = \dfrac{1}{K}$。

③ 对于 II 型及以上系统，$K_v = \lim\limits_{s \to 0} \dfrac{K}{s^{\nu-1}} = \infty$，$e_{ss} = \dfrac{1}{K_v} = 0$。

上述分析说明，0 型系统不能跟随斜坡输入，因为其稳态误差为 ∞；I 型系统可以跟随斜坡输入，但是存在稳态误差，同样可以通过增大 K 值来减小误差；II 型或高于 II 型的系统，对斜坡输入是无差系统。

（3）当输入为单位加速度信号时，有

$$x_i(t) = \frac{1}{2}t^2，\quad X_i(s) = \frac{1}{s^3}$$

$$e_{ss} = \lim_{s \to 0} sE(s) = \lim_{s \to 0} s \cdot \frac{X_i(s)}{1+G(s)H(s)} = \lim_{s \to 0} s \cdot \frac{1/s^3}{1+G(s)H(s)} = \lim_{s \to 0} \frac{1}{s^2G(s)H(s)}$$

定义静态加速度误差系数为

$$K_a = \lim_{s \to 0} s^2G(s)H(s)$$

K_a 又可表示为

$$K_{\mathrm{a}} = \lim_{s \to 0} s^2 G(s) H(s) = \lim_{s \to 0} \frac{s^2 K G_{\mathrm{o}}(s)}{s^{\nu}} = \lim_{s \to 0} \frac{K}{s^{\nu - 2}}$$

则

$$e_{ss} = \frac{1}{K_{\mathrm{a}}}$$

① 对于 0 型或 I 型系统，$\nu = 0$，或 $\nu = 1$，$K_{\mathrm{a}} = \lim_{s \to 0} \dfrac{K}{s^{\nu - 2}} = 0$，$e_{ss} = \dfrac{1}{K_{\mathrm{a}}} = \infty$。

② 对于 II 型系统，$\nu = 2$，$K_{\mathrm{a}} = K$，$e_{ss} = \dfrac{1}{K}$。

③ 对于 III 型及以上系统，$K_{\mathrm{a}} = \lim_{s \to 0} \dfrac{K}{s^{\nu - 2}} = \infty$，$e_{ss} = \dfrac{1}{K_{\mathrm{a}}} = 0$。

可见，当输入为加速度信号时，0、I 型系统不能跟随，II 型系统为有差系统，若要是无差系统，则应采用 III 型或高于 III 型的系统。

综上所述，在不同输入时，不同类型系统中的稳态误差如表 4-5 所示。

表 4-5　不同类型系统的稳态误差表

系统 型别	阶跃输入 $r(t) = A \cdot 1(t)$	斜坡输入 $r(t) = A \cdot t$	加速度输入 $r(t) = \dfrac{A \cdot t^2}{2}$
0	$\dfrac{A}{1+K}$	∞	∞
I	0	$\dfrac{A}{K}$	∞
II	0	0	$\dfrac{A}{K}$

根据以上讨论，可归纳为以下几点。

（1）关于以上定义的误差系数的物理意义，稳态误差与输入信号的形式有关。在随动系统中一般称阶跃信号为位置输入信号，斜坡信号为速度信号，抛物线信号为加速度信号。由哪种输入信号引起的稳态误差用一个系数来表示，就叫哪种误差系数，如输入阶跃信号而引起的误差系数称为位置误差系数，它表示了稳态的精度。误差系数越大，精度越高；当误差系数为零时即稳态误差为 ∞，表示输出不能跟随输入；误差系数为 ∞，则稳态无差。

（2）当增加系统的型别时，系统的准确性将提高，然而当系统采用增加开环传递函数中积分环节数目的办法来增加系统的型别时，系统的稳定性将变差，因为，当系统开环传递函数中包含两个以上积分环节时，要保证系统的稳定性是比较困难的。因此，III 型或高于 III 型的系统实现起来是比较困难的，实际上也是极少采用的。增大 K 也可以有效地提高系统的准确性，然而也会使系统的稳定性变差。因此，稳定与准确是有矛盾的，需要统筹兼顾。除此之外，为了减小误差，是增大系统的开环放大倍数 K，还是提高系统的型别也需要根据具体的情况而进行全面的考虑。

（3）根据线性系统的叠加原理可知，当输入控制信号是上述典型信号的线性组合时，即 $x_{\mathrm{i}}(t) = a_0 + a_1 t + a_2 t^2 / 2$，输出量的稳态误差应是它们分别作用时稳态误差之和，即 $e_{ss} = \dfrac{a_0}{1 + K_{\mathrm{p}}} + \dfrac{a_1}{K_{\mathrm{v}}} + \dfrac{a_2}{K_{\mathrm{a}}}$。

（4）对于单位反馈系统，从输入端和从输出端定义的误差是一样的。对于非单位反馈系统，可由式（4-34）将从输入端定义的稳态误差换算为从输出端定义的稳态误差。

4.7.5　干扰作用下的稳态误差

实际系统在工作中不可避免要受到各种干扰的影响，从而引起稳态误差。控制系统在扰动作用下的稳态误差值，反映了系统的抗干扰能力，因此讨论干扰引起的稳态误差与系统结构参数的关系，可以为我们合理设计系统结构，确定参数，提高系统抗干扰能力提供参考。

设系统传递函数方框图如图 4-22 所示，其中 $N(s)$ 为干扰信号。下面分析干扰作用下产生的稳态误差。

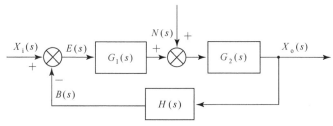

图 4-22　有干扰的系统传递函数方框图

令 $X_i(s) = 0$，则

$$E(s) = X_i(s) - B(s) = -B(s) = -H(s)X_o(s)$$

从概念上讲，由干扰信号引起的输出都是误差。在干扰作用下，有

$$X_o(s) = \frac{G_2(s)}{1 + G_1(s)G_2(s)H(s)} \cdot N(s)$$

$$E(s) = -H(s)X_o(s) = -\frac{G_2(s)N(s)H(s)}{1 + G_1(s)G_2(s)H(s)}$$

在 $sE(s)$ 满足解析条件下，干扰引起的稳态误差为

$$e_{ss} = \lim_{s \to 0} sE(s) = \lim_{s \to 0}\left[sN(s) \frac{-G_2(s)H(s)}{1 + G_1(s)G_2(s)H(s)} \right]$$

类似给定输入作用误差的分析，把 $G_1(s)$ 写成 $K_1 G_{10}(s)/s^{v_1}$，把 $G_2(s)$ 写成 $K_2 G_{20}(s)/s^{v_2}$，当 $s \to 0$ 时，$G_{10}(s)$ 及 $G_{20}(s)$ 均趋于 1。

为了方便说明问题，设反馈环节 $H(s) = 1$，干扰输入信号 $N(s) = \frac{1}{s}$。

（1）当 $G_1(s)$ 及 $G_2(s)$ 都不含积分环节时，即 $v_1 = v_2 = 0$，有

$$e_{ss} = \lim_{s \to 0}\left[s \cdot \frac{1}{s} \cdot \frac{-K_2 G_{20}(s)}{1 + K_1 K_2 G_{10}(s)G_{20}(s)} \right] = \frac{-1}{K_1 + \frac{1}{K_2}}$$

可见，增加放大系数 K_1、K_2 对稳态误差的影响是相反的。增加 K_1，则误差减小；而增加 K_2，则误差更大。但是当 K_1 比较大时，K_2 对稳态误差的影响是不太显著的，这时可以写

成下列近似的式子：

$$e_{ss} = -\frac{1}{K_1}$$

（2）当 $G_1(s)$ 中有一积分环节，而 $G_2(s)$ 中无积分环节时，即 $\nu_1 = 1, \nu_2 = 0$ ，有

$$e_{ss} = \lim_{s \to 0}\left[s \cdot \frac{1}{s} \cdot \frac{-K_2 G_{20}(s)}{1 + K_1 K_2 \frac{1}{s} G_{10}(s) G_{20}(s)}\right] = \frac{-K_2}{\infty} = 0 \qquad （4\text{-}36）$$

（3）当 $G_1(s)$ 中无积分环节，而 $G_2(s)$ 中有一积分环节时，即 $\nu_1 = 0$ ， $\nu_2 = 1$ ，有

$$e_{ss} = \lim_{s \to 0}\left[s \cdot \frac{1}{s} \cdot \frac{-K_2 G_{20}(s)/s}{1 + K_1 K_2 G_{10}(s) G_{20}(s)/s}\right] = -\frac{1}{K_1}$$

即此时的稳态误差与 K_1 成反比，而不是像式（4-36）那样为零值。

综上所述，为了提高系统的准确度，增加系统的抗干扰能力，必须增大干扰作用点之前的前向通道的放大倍数 K_1 ，以及增加这一段通道中积分环节的数目。而增加干扰作用点之后到输出量之间的这一段回路的放大系数 K_2 或增加这一段通道中积分环节的数目，对减小干扰所引起的误差是没有好处的。

【例题 4-7】 **存在干扰作用下稳态误差的求解**

控制系统传递函数方框图如图 4-23 所示。已知 $x_i(t) = n(t) = t$ ， $T > 0$ ， $K > 0$ ，求系统的稳态误差 e_{ss} 。

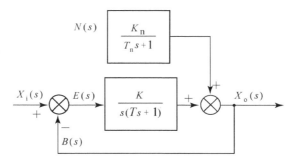

图 4-23　控制系统传递函数方框图

解：

控制输入 $x_i(t)$ 作用下的误差传递函数为

$$\Phi_e(s) = \frac{E(s)}{X_i(s)} = \frac{1}{1 + \dfrac{K}{s(Ts + 1)}} = \frac{s(Ts + 1)}{s(Ts + 1) + K}$$

系统特征方程为

$$D(s) = Ts^2 + s + K = 0$$

因为 $T > 0, K > 0$ ，所示系统稳定。

控制输入下的稳态误差为

$$e_{ssr} = \lim_{s \to 0} s\, \Phi_e(s)\, X_i(s) = \lim_{s \to 0} s \cdot \frac{s(Ts+1)}{s(Ts+1)+K} \cdot \frac{1}{s^2} = \frac{1}{K}$$

干扰 $n(t)$ 作用下的误差传递函数为

$$\Phi_{en}(s) = \frac{E(s)}{N(s)} = \frac{-\dfrac{K_n}{T_n s+1}}{1 + \dfrac{K}{s(Ts+1)}} = \frac{-K_n s(Ts+1)}{(T_n s+1)[s(Ts+1)+K]}$$

干扰作用下的稳态误差为

$$e_{ssn} = \lim_{s \to 0} s\, \Phi_{en}(s)\, N(s) = \lim_{s \to 0} s \cdot \frac{-K_n s(Ts+1)}{(T_n s+1)[s(Ts+1)+K]} \cdot \frac{1}{s^2} = \frac{-K_n}{K}$$

由叠加原理，得

$$e_{ss} = e_{ssr} + e_{ssn} = \frac{1-K_n}{K}$$

【工程实例4-2】 海底隧道钻机控制系统时域设计

连接法国和英国的英吉利海峡海底隧道于 1987 年 12 月开工建设，1990 年 11 月，从两个国家分头开钻的隧道首次对接成功。图 4-24（a）即为汽车在该隧道中行驶的图。隧道长 37.82 km，位于海底面以下 61 m。隧道于 1992 年完工，共耗资 14 亿美元，每天能通过 50 辆列车，从伦敦到巴黎的火车行车时间因此缩短 3 h。

钻机在推进过程中，为了保证必要的隧道对接精度，施工中使用了一个激光导引系统，以保持钻机的直线方向。钻机控制系统结构方框图如图 4-24（b）所示。图 4-24（b）中，$X_o(s)$ 为钻机向前的实际角度，$X_i(s)$ 为预期角度，$N(s)$ 为负载对机器的影响。

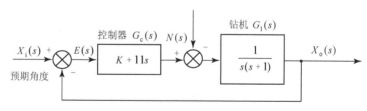

（a）汽车在英法海底隧道中行驶　　　　　　（b）钻机控制系统结构方框图

图 4-24　海底隧道钻机控制系统

该系统设计目的是选择增益 K，使系统对输入角度的响应满足工程要求，并且使扰动引起的稳态误差最小。

解：

该钻机控制系统采用了比例—微分（PD）控制。应用梅森（Mason）增益公式，可得系统在 $X_i(s)$ 和 $N(s)$ 同时作用下的输出为

$$X_o(s) = \frac{K+11s}{s^2+12s+K} X_i(s) - \frac{1}{s^2+12s+K} N(s)$$

显然，闭环系统特征方程为

$$s^2 + 12s + K = 0$$

因此，只要选择 $K > 0$，闭环系统就一定稳定。

由于系统在扰动 $N(s)$ 作用下的闭环传递函数为

$$\Phi_n(s) = \frac{X_{on}(s)}{N(s)} = -\frac{1}{s^2 + 12s + K}$$

令 $N(s) = \frac{1}{s}$，可得单位阶跃扰动作用下系统的稳态输出为

$$x_{on}(\infty) = \lim_{s \to 0} s\, \Phi_n(s)\, N(s) = -\frac{1}{K}$$

若选 $K > 10$，则 $|x_{on}(\infty)| < 0.1$，可以减小扰动的影响。因而，从系统稳态性能考虑，以取 $K > 10$ 为宜。

为了选择适当的 K 值，需要分析比例—微分控制的作用。如果仅选用比例（P）控制，则系统的开环传递函数为

$$G_c(s)G_0(s) = \frac{K}{s(s+1)}$$

相应的闭环传递函数为

$$\Phi(s) = \frac{K}{s^2 + s + K} = \frac{\omega_n^2}{s^2 + 2\xi\omega_n s + \omega_n^2}$$

可得系统无阻尼自然频率与阻尼比分别为

$$\omega_n = \sqrt{K}, \quad \xi = \frac{1}{2\sqrt{K}}$$

如果选用 PD 控制，系统的开环传递函数为

$$G_c(s)G_0(s) = \frac{K + 11s}{s(s+1)} = \frac{K(T_d s + 1)}{s(s/2\xi_d\omega_n + 1)}$$

式中，$T_d = \frac{11}{K}$，$2\xi_d\omega_n = 1$。相应的闭环传递函数为

$$\Phi(s) = \frac{K + 11s}{s^2 + 12s + K} = \frac{\omega_n^2}{z}\left(\frac{s + z}{s^2 + 2\xi_d\omega_n s + \omega_n^2}\right)$$

式中，$z = \frac{1}{T_d} = \frac{K}{11}$ 为闭环零点，而

$$\omega_n = \sqrt{K}, \quad \xi_d = \xi + \frac{\omega_n}{2z} = \frac{12}{2\sqrt{K}}$$

表明引入微分控制可以增大系统阻尼，改善系统动态性能。

（1）取 $K = 100$，则 $\omega_n = 10$，$e_{ssn} = -0.01$。

P 控制时：

$$\xi = \frac{1}{2\omega_n} = 0.05$$

动态性能为

$$M_{\mathrm{p}} = 100\mathrm{e}^{-\pi\xi\big/\sqrt{1-\xi^2}}\% = 85.4\%$$

$$t_{\mathrm{r}} = \frac{\pi - \beta}{\omega_{\mathrm{d}}} = \frac{\pi - \arctan\sqrt{1-\xi^2}\,/\,\xi}{\omega_{\mathrm{n}}\sqrt{1-\xi^2}} = 0.162\,\mathrm{s}$$

$$t_{\mathrm{p}} = \frac{\pi}{\omega_{\mathrm{d}}} = 0.314\,\mathrm{s}\ ,\quad t_{\mathrm{s}} = \frac{4}{\xi\omega_{\mathrm{n}}} = 8\,\mathrm{s}\quad (\Delta = 2\%)$$

PD 控制时：

$$\xi_{\mathrm{d}} = 0.6\ ,\quad z = \frac{K}{11} = 9.09$$

动态性能为

$$t_{\mathrm{r}} = \frac{0.9}{\omega_{\mathrm{n}}} = 0.09\,\mathrm{s}\ ,\quad t_{\mathrm{p}} = 0.24\,\mathrm{s}$$

$$M_{\mathrm{p}} = 22.4\%\ ,\quad t_{\mathrm{s}} = 0.52\,\mathrm{s}\quad (\Delta = 2\%)$$

应用 MATLAB 仿真，可得 $M_{\mathrm{p}} = 22\%$，$t_{\mathrm{s}} = 0.666\,\mathrm{s}$。

（2）取 $K = 20$，则 $\omega_{\mathrm{n}} = 4.47$，$e_{\mathrm{ssn}} = -0.05$。

P 控制时：

$$\xi = \frac{1}{2\omega_{\mathrm{n}}} = 0.11$$

动态性能为

$$M_{\mathrm{p}} = 70.6\%\ ,\quad t_{\mathrm{r}} = 0.38\,\mathrm{s}$$

$$t_{\mathrm{p}} = 0.71\,\mathrm{s}\ ,\quad t_{\mathrm{s}} = 8.95\,\mathrm{s}\quad (\Delta = 2\%)$$

动态性能仍然很差。

PD 控制时：

$$\xi_{\mathrm{d}} = 1.34$$

且有 $z = 1.82$，闭环传递函数为

$$\varPhi(s) = \frac{11(s+1.82)}{(s+2)(s+10)}$$

系统此时为有零点的过阻尼二阶系统。令 $X_{\mathrm{i}}(s) = \dfrac{1}{s}$，则系统输出为

$$X_{\mathrm{o}}(s) = \varPhi(s)X_{\mathrm{i}}(s) = \frac{11(s+1.82)}{s(s+2)(s+10)} = \frac{1}{s} + \frac{0.125}{s+2} - \frac{1.125}{s+10}$$

系统的单位阶跃响应为

$$h(t) = 1 + 0.125\mathrm{e}^{-2t} - 1.125\mathrm{e}^{-10t}$$

可以求得

$$t_{\mathrm{p}} = 0.5\,\mathrm{s}\ ,\quad M_{\mathrm{p}} = 3.8\%\ ,\quad t_{\mathrm{s}} = 1.0\,\mathrm{s}\quad (\Delta = 2\%)$$

其中，超调量是由闭环零点引起的。此时，系统响应的超调量较小，扰动影响不大，其动态性能可以满足工程要求。

应用 MATLAB 仿真，可得 $M_p = 3.86\%$，$t_s = 0.91\,\mathrm{s}$。

钻机控制系统在两种增益情况下的响应性能如表 4-6 所示。由表 4-6 可见，应取 $K = 20$。

表 4-6 钻机控制系统在两种增益情况下的响应性能

增益 K	单位阶跃输入下超调量	单位阶跃输入下调节时间(Δ=2%)	单位阶跃输入下稳态误差	单位阶跃扰动稳态误差
100	22%	0.666 s	0	−0.01
20	3.86%	0.913 s	0	−0.05

【应用点评4-5】 减小干扰作用下稳态误差的方法

设计系统时应尽量在前向通道的主反馈相加点到干扰作用点之间提高增益、设置积分环节，这样可以同时减小或消除控制输入和干扰作用下产生的稳态误差。此外，如果干扰信号可测量，按干扰补偿的顺馈校正方法也可以有效地减小干扰作用下的稳态误差。

4.8 本章小结

时域分析法是通过系统的时域响应直接分析系统的稳定性、动态性能和稳态误差的一种方法。本章的主要内容有：

（1）系统的稳定性及响应性能都由描述系统的微分方程的解所表述，也就是由系统的响应给出。由控制系统的典型信号及时间响应的性能指标来评判系统响应性能的好坏。

（2）线性定常一阶、二阶系统的时间响应不难由解析方法求得。从中可以看出下述关系：系统的结构与参数决定了系统的传递函数；系统传递函数分子和分母多项式的各项系数决定了传递函数零点与极点在 s 平面上的分布（简称为零点、极点的分布）；系统传递函数零点、极点的分布决定了系统的时间响应；系统的响应表述了系统的性能。

（3）对于线性定常一阶、二阶系统，能够得出系统的结构及参数与系统性能之间明确的解析关系式。这些解析关系式不但能用来分析系统的性能，而且能用来设计系统。

（4）线性定常高阶系统的时间响应可以表示为一阶、二阶系统响应的合成。其中，远离虚轴的极点对高阶系统的响应影响甚微。

（5）稳态误差是控制系统的静态性能指标，与系统的结构参数及输入信号的形式有关。系统的型别决定了系统对典型输入信号的跟踪能力。计算稳态误差可用稳态误差的定义、拉氏变换的终值定理和静态误差系数法获得。根据不同的情况选用不同的求稳态误差的方法。

4.9 习题

4-1 思考以下问题：

（1）举例说明生活中遇到的典型输入信号。

（2）根据二阶线性微分方程解的组成说明系统时间响应的组成。

（3）系统的时域性能指标包括哪些？用二阶振荡系统的单位阶跃响应说明瞬态性能指标。

（4）什么是系统误差？什么是系统稳态误差？如何计算稳态误差？

（5）　绘制二阶系统极点的分布，并分析系统极点与系统响应之间的关系。

（6）　系统的稳态误差与系统的哪些因素有关？如何减小或消除干扰作用下的稳态误差？

4-2　设单位负反馈系统的开环传递函数为

$$G(s) = \frac{4}{s(s+5)}$$

求这个系统的单位阶跃响应。

4-3　设单位负反馈控制系统的开环传递函数为

$$G(s) = \frac{1}{s(s+1)}$$

试求系统单位阶跃响应的上升时间 t_r、峰值时间 t_p、超调量 M_p 和调整时间 t_s。

4-4　设有一闭环系统的传递函数为

$$\frac{Y(s)}{X(s)} = \frac{\omega_n^2}{s^2 + 2\xi\omega_n s + \omega_n^2}$$

为了使系统对阶跃输入的响应有 5% 的超调量和 2 s 的调整时间，试求 ξ 和 ω_n 的值。

4-5　如图 4-25 所示控制系统，已知 $G(s) = \dfrac{8(s+2)}{s(2s+1)(s+4)}$，当输入分别为 $x_i(t) = 10t$ 和 $x_i(t) = 1 + 2t + 3t^2$ 时，求系统的稳态误差 e_{ss}。

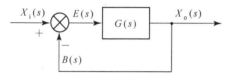

图 4-25　题 4-5 图

4-6　已知单位负反馈控制系统的开环传递函数为 $G(s) = \dfrac{K}{s(\tau s + 1)}$，试选择 K 和 τ 的值以满足下列指标。

（1）　当 $x_i(t) = t$ 时，系统的稳态误差 $e_{ss} \leqslant 0.02$；

（2）　当 $x_i(t) = 1(t)$ 时，系统的 $M_p \leqslant 30\%$，$t_s \leqslant 0.3s$（$\Delta = 5\%$）。

4-7　设图 4-26（a）所示系统的单位阶跃响应如图 4-26（b）所示，试确定系统参数 K_1、K_2 和 a。

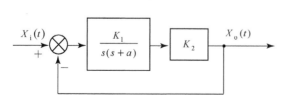

（a）系统传递函数方框图

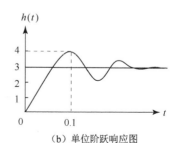

（b）单位阶跃响应图

图 4-26　题 4-7 图

4-8 控制系统的结构如图 4-27 所示。

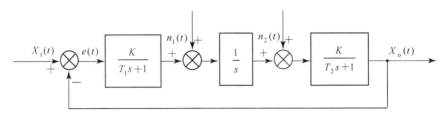

图 4-27 题 4-8 图

（1） 试求单位阶跃输入信号 $1(t)$ 作用下系统的稳态误差。

（2） 已知 $n_1(t) = n_2(t) = 1(t)$，试求外部扰动 $N_1(s)$ 和 $N_2(s)$ 分别单独作用时系统的稳态误差。

（3） 说明积分环节设置位置对减小输入和干扰作用下的稳态误差的影响。

4-9 系统传递函数方框图如图 4-28 所示，已知系统单位阶跃响应的超调量 $M_p = 16.3\%$，峰值时间 $t_p = 1\,\mathrm{s}$，求：

（1） 系统的开环传递函数 $G_k(s)$ 和闭环传递函数 $G_B(s)$；

（2） 根据已知的性能指标 M_p、t_p，确定系统参数 K 及 τ；

（3） 计算等速输入 $X_i(t) = 1.5\,t$ 时系统的稳态误差。

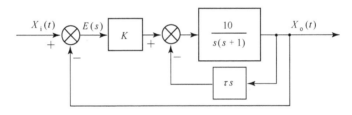

图 4-28 题 4-9 图

第5章 根轨迹法

根轨迹法所要解决的问题，仍然是系统控制过程的分析和设计。根轨迹法是分析和设计线性定常控制系统的图解方法，使用十分简便，特别在进行多回路系统的分析时，应用根轨迹法比用其他方法更简便，因而在工程实践中获得了广泛的应用。

由于求解高阶系统特征方程异常困难，因此限制了时域分析法在二阶以上的控制系统中的应用。对此，美国人伊文斯（W. R. Evans）于1948年在一篇题为《控制系统的图解分析》的文章中根据反馈系统中开环、闭环传递函数的本质联系，提出了一种直接由开环传递函数判别闭环特征根的简便图解法——根轨迹分析法，简称根轨迹法（Root Locus Method）。

根轨迹法是立足于复域的一套完整的系统研究方法，通过系统在复域中的特征，来评定和计算系统在时域中的性能，因而根轨迹法又称为复域分析法（Complex Domain Method）。

本章主要介绍根轨迹的基本概念及根轨迹方程、控制系统根轨迹绘制的一般法则以及根轨迹在分析系统性能中的应用。

5.1 根轨迹法概述

5.1.1 根轨迹的基本概念

所谓根轨迹是指当系统某个参数（如开环增益 K）由零到无穷大变化时，闭环特征根在复平面上移动的轨迹。

在前面的章节中，我们已经阐述了控制系统的各项性能很大程度上取决于闭环系统特征方程的根，即闭环系统的闭环极点。闭环特征方程的根决定了控制系统的稳定性，而系统的稳态性能和动态性能也依赖于闭环传递函数的零点和极点，因此分析和设计控制系统的关键，就在于确定系统极点的分布。我们不仅要根据已知的系统，确定闭环极点的位置及其随系统参数变化的趋势（分析问题），而且还要根据对系统特性的要求，合理地选择系统的结构和参数，将闭环极点配置到希望的位置上，从而满足性能指标的要求（设计问题）。这项工作采用解析法来求解是很困难的，采用数值解法来完成也非易事。因为大多数控制系统往往是高阶的，通常高于四次的多项式方程的根，不可以用公式的形式表达出来，也就是说，不能一般性地处理变系数问题。另外，大多数控制系统闭环极点的分布与系统参数之间的关系是非线性的，再加上改变参数时需要反复求解，既麻烦又不够形象直观。

根轨迹法根据系统开环传递函数零点和极点的分布，当系统的可变参数在可能的取值范围内变化时，依照一些简单的绘制法则便可使用作图的方法画出系统闭环极点（即特征方程的根）在 s 平面（s-plane）中变化的轨迹。可见，根轨迹法是一种图解法，它代替了对特征方程一次又一次地求根的数值计算，较好地解决了高阶系统平稳性、快速性的分析，以及 $\sigma\%$、t_s 指标的估算问题。下面结合工程中的一个实例，介绍根轨迹的基本概念。

【工程实例5-1】　**哈勃太空望远镜指向控制**

图 5-1（a）所示的哈勃太空望远镜于 1990 年 4 月 14 日被发射至离地球 611 km 的太空轨道，它的发射与应用将空间技术推向了一个新的高度。望远镜的 2.4 m 镜头拥有所有镜头中最光滑的表面，其指向系统能在 644 km 以外将视野聚集在一枚硬币上。望远镜的偏差在 1993 年 12 月的一次太空任务中得到了大范围的校正。哈勃太空望远镜指向系统传递函数方框图如图 5-1（b）所示，经简化后的传递函数方框图如图 5-1（c）所示。其中，K_a 为放大器增益，K_1 为具有增益调节的测速反馈系数。

（a）哈勃太空望远镜

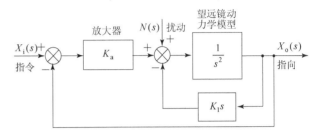

（b）哈勃太空望远镜指向系统传递函数方框图

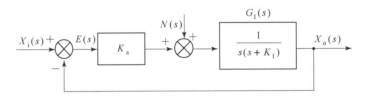

（c）简化传递函数方框图

图 5-1　哈勃太空望远镜指向系统

根据图 5-1（c），系统开环传递函数为 $G(s) = \dfrac{K_a}{s(s+K_1)}$（$K_1 > 0$，$K_a > 0$），它有两个开环极点 $p_1 = 0$ 和 $p_2 = -K_1$。

为了具体说明根轨迹的概念，求得图 5-1（c）的闭环传递函数为

$$\Phi(s) = \frac{X_o(s)}{X_i(s)} = \frac{K_a}{s^2 + K_1 s + K_a}$$

则闭环特征方程为

$$s^2 + K_1 s + K_a = 0$$

显然，闭环特征根为 $s_{1,2} = \dfrac{-K_1 \pm \sqrt{K_1^2 - 4K_a}}{2}$。

下面寻找在 K_1 保持常数，增益 K_a（由 $0 \to \infty$）改变时的闭环特征根 $s_{1,2}$ 在 s 平面上的移动轨迹。

（1）当 $0 \leqslant K_a < \dfrac{K_1^2}{4}$ 时，s_1 和 s_2 为互不相等的实根。

（2）当 $K_a = 0$ 时，$s_1 = 0$ 和 $s_2 = -K_1$，即等于系统的两个开环极点。

（3）当 $K_a = \dfrac{K_1^2}{4}$ 时，两根为实数且相等，即 $s_1 = s_2 = -\dfrac{K_1}{2}$。

（4）当 $\dfrac{K_1^2}{4} < K_a < \infty$ 时，两根成为共轭的复数根，其实部为 $-\dfrac{K_1}{2}$，这时根轨迹与实轴垂直。

综上所述，增益 K_a 从零变到无穷时，可以用解析的方法求出闭环极点的全部数值，将这些数值标注在 s 平面上，连接并绘成光滑的粗实线，即为系统的根轨迹，如图 5-2 所示。

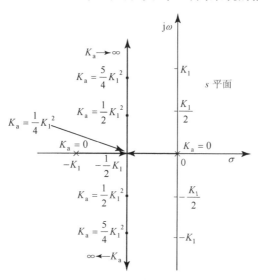

图 5-2　哈勃太空望远镜指向控制系统的根轨迹图

【应用推广 5-1】　根轨迹图表示的含义

为了直观地表示根的变化，在根轨迹上用箭头来表示随着增益的增加，其根的变化趋势，而标注的数值则代表与闭环极点位置相应的增益的数值。

5.1.2　根轨迹与系统性能

根轨迹直观显示了参数和系统闭环特征根分布的关系，由此可以利用根轨迹对系统的各种性能进行分析。下面以图 5-2 为例进行说明。

1．稳定性

当增益 K_a 从零变到无穷时，图 5-2 上的根轨迹均在 s 平面的左侧，只要 $K_a > 0$，哈勃太空望远镜指向系统总是稳定的。如果分析高阶系统的根轨迹图，那么根轨迹有可能越过虚轴进入 s 右半平面，此时根轨迹与虚轴交点处的 K_a 值与 K_1 值的比值，就是临界开环增益。

2．稳态性能

由图 5-2 可见，开环系统在坐标原点有一个极点，故系统为 I 型，在单位阶跃信号作用下系统的稳态误差为零，而根轨迹上的 K_a 与 K_1 的比值 K_a/K_1 就是静态速度误差系数。由于 K_1

为常数，如果给定系统的稳态误差要求，则由根轨迹图可以确定闭环极点位置的容许范围。在一般情况下，根轨迹图上标注出来的参数不是开环增益，而是所谓的根轨迹增益（Root Locus Gain）。下面将要指出，开环增益和根轨迹增益之间，仅相差一个比例常数，很容易进行换算。对于其他参数变化的根轨迹图，情况是类似的。

3. 动态性能

由图 5-2 可见，当 $0 < K_a < \dfrac{K_1^2}{4}$ 时，所有闭环特征根为实根，故系统呈过阻尼状态，单位阶跃响应无超调，为非周期过程；当 $K_a = \dfrac{K_1^2}{4}$ 时，闭环两个实数极点重合，系统呈临界阻尼状态，单位阶跃响应仍为非周期过程，但响应速度比 $0 < K_a < \dfrac{K_1^2}{4}$ 情况要快；当 $K_a > \dfrac{K_1^2}{4}$ 时，闭环极点为复数极点，系统呈欠阻尼状态，单位阶跃响应为阻尼振荡过程，且超调量将随 K_a 值的增大而加大，但由于 s_1 和 s_2 的负实部为常数不变，故系统调节时间的变化不显著。

从上面分析可以看出，根轨迹与系统性能之间有着密切的联系。然而，对于高阶系统，用上述逐点求闭环特征方程根的一般代数解析方法绘制系统的根轨迹，显然是不现实的。而根轨迹法反映的是利用反馈系统中开、闭环传递函数的关系，由开环传递函数直接寻求闭环根轨迹的总体规律。故希望能有简便的图解方法，可以根据已知的开环传递函数迅速绘出闭环系统的根轨迹。为此，需要研究闭环零、极点与开环零、极点之间的关系。

【应用点评 5-1】　工程中的根轨迹法

根轨迹法的工程实用性主要表现在两个方面：一是图解法形象直观、简便实用；二是用较简单的系统的开环传递函数就可绘出系统的闭环根轨迹，以分析闭环系统的特性，这一点在 5.2 节可看出，因而深受工程技术人员的欢迎。

5.1.3　闭环零、极点与开环零、极点之间的关系

由于开环零、极点是已知的，因此建立开环零、极点与闭环零、极点之间的关系，有助于闭环系统根轨迹的绘制，并由此导出根轨迹方程。

控制系统的一般结构图如图 5-3 所示，其闭环传递函数为

$$\Phi(s) = \frac{G(s)}{1 + G(s)H(s)} \tag{5-1}$$

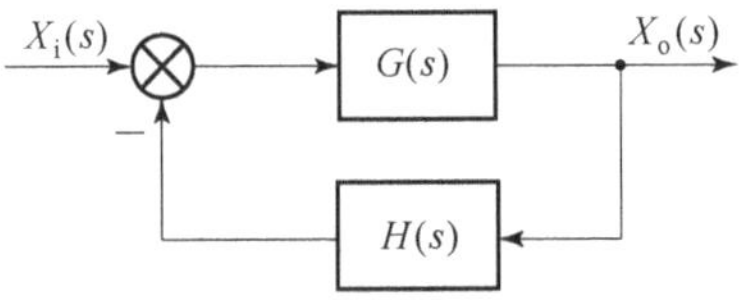

图 5-3　控制系统

在一般情况下，前向通道传递函数 $G(s)$ 和反馈通道传递函数 $H(s)$ 可分别表示为

$$G(s) = \frac{K_G(\tau_1 s + 1)(\tau_2^2 s^2 + 2\xi_1\tau_2 s + 1)\cdots}{s^v(T_1 s + 1)(T_2^2 s^2 + 2\xi_2 T_2 s + 1)\cdots} = K_G^* \frac{\displaystyle\prod_{i=1}^{f}(s - z_i)}{\displaystyle\prod_{i=1}^{q}(s - p_i)} \tag{5-2}$$

式中，K_G 为前向通道增益，K_G^* 为前向通道根轨迹增益，它们之间满足关系

$$K_G^* = K_G \frac{\tau_1 \tau_2^2 \cdots}{T_1 T_2^2 \cdots} \tag{5-3}$$

以及

$$H(s) = K_H^* \frac{\displaystyle\prod_{j=1}^{l}(s - z_j)}{\displaystyle\prod_{j=1}^{h}(s - p_j)}$$

式中，K_H^* 为反馈通道根轨迹增益。于是，图 5-3 所示系统的开环传递函数可表示为

$$G(s)H(s) = K^* \frac{\displaystyle\prod_{i=1}^{f}(s - z_i)\prod_{j=1}^{l}(s - z_j)}{\displaystyle\prod_{i=1}^{q}(s - p_i)\prod_{j=1}^{h}(s - p_j)} \tag{5-4}$$

式中，$K^* = K_G^* K_H^*$ 称为开环系统根轨迹增益，它与开环增益 K 之间的关系类似于式（5-3），仅相差一个比例常数。从而可看出，图 5-1 中的 K_a 即为开环系统根轨迹增益。对于有 m 个开环零点和 n 个开环极点的系统，必有 $f + l = m$ 和 $q + h = n$。将式（5-2）和式（5-4）代入式（5-1），得

$$\Phi(s) = \frac{K_G^* \displaystyle\prod_{i=1}^{f}(s - z_i)\prod_{j=1}^{h}(s - p_j)}{\displaystyle\prod_{i=1}^{n}(s - p_i) + K^* \prod_{j=1}^{m}(s - z_j)} \tag{5-5}$$

开环传递函数是由元部件比较简单的传递函数组成的，而且具有串联形式，因而开环零、极点 p_i、z_j 较易确定。关键是闭环极点（即闭环特征根）s_i 难以求得，由式（5-5）看出，这相当于下列解闭环特征方程的根。

$$\prod_{i=1}^{n}(s - p_i) + K^* \prod_{j=1}^{m}(s - z_j) = 0 \tag{5-6}$$

比较式（5-4）和式（5-5），可得以下结论：

（1）闭环系统根轨迹增益等于开环系统前向通道根轨迹增益。对于单位反馈系统，闭环系统根轨迹增益就等于开环系统根轨迹增益。

（2）闭环零点由开环前向通道传递函数的零点和反馈通道传递函数的极点所组成。对于单位反馈系统，闭环零点就是开环零点。

（3）闭环极点与开环零点、开环极点以及根轨迹增益 K^* 均有关。

那么，如何由已知的开环零、极点，不通过直接求解闭环特征方程的根，而通过图解的方法找出在根轨迹增益变化时的闭环特征根的变化规律呢？这就是根轨迹法的基本任务。

5.1.4　根轨迹方程

绘制根轨迹，实质上还是寻求闭环特征方程 $1 + G(s)H(s) = 0$ 的根，因此，满足方程式

$$G(s)H(s) = -1 \tag{5-7}$$

的 s 值必定是根轨迹上的点。

式（5-7）中的 $G(s)H(s)$ 是系统的开环传递函数。当系统的开环传递函数中有 m 个开环零点和 n 个开环极点时，将式（5-7）写成零、极点形式，则式（5-7）即为

$$K^* \frac{\prod\limits_{j=1}^{m}(s - z_j)}{\prod\limits_{i=1}^{n}(s - p_i)} = -1 \tag{5-8}$$

式中，z_j 为已知的开环零点，p_i 为已知的开环极点，K^* 为开环根轨迹增益。我们把式（5-8）称为根轨迹方程（Equation of Root Locus）。

根据式（5-8），可以画出当 K^* 从零变到无穷时，系统的连续根轨迹。应当指出，只要闭环特征方程可以转化成式（5-8）的形式，都可以绘制根轨迹，其中处于变动地位的实参数，不限定是根轨迹增益 K^*，也可以是系统其他变化参数。但是，用式（5-8）形式表达的开环零点和开环极点，在 s 平面上的位置必须是确定的，否则无法绘制根轨迹。此外，如果需要绘制一个以上参数变化时的根轨迹图，那么画出的不再是简单的根轨迹，而是根轨迹簇。

根轨迹方程（5-8）实质上是一个向量方程，直接使用很不方便。考虑到

$$-1 = 1\mathrm{e}^{\mathrm{j}(2k+1)\pi}, \quad k = 0, \pm 1, \pm 2, \cdots$$

因此，根轨迹方程（5-8）可进而用如下的模值方程和相角方程描述：

$$K^* \frac{\prod\limits_{j=1}^{m}|s - z_j|}{\prod\limits_{i=1}^{n}|s - p_i|} = 1 \tag{5-9}$$

和

$$\sum_{j=1}^{m} \angle(s - z_j) - \sum_{i=1}^{n} \angle(s - p_i) = (2k+1)\pi, \quad k = 0, \pm 1, \pm 2, \cdots \tag{5-10}$$

方程（5-9）和方程（5-10）是根轨迹上的点应该同时满足的两个条件，前者称为模值条件（Magnitude Condition），后者称为相角条件（Angle Condition）。

从方程（5-9）和方程（5-10）还可看出，模值方程（5-9）和增益 K^* 有关，而相角方程（5-10）和 K^* 无关。因此，将满足相角方程的 s 值代入模值方程中，总能求得一个对应的 K^* 值，即 s 值如果满足相角方程，也必能满足模值方程。所以，相角方程是决定 s 平面上根轨迹的充分必要条件，而模值方程是根轨迹的必要条件。这就是说，绘制根轨迹时，只需要使用相角方程。

【应用点评 5-2】　工程中根轨迹方程的应用

在工程应用中，通常用相角方程确定 s 平面上的某一点是否是根轨迹上的点，而用模值方程来确定根轨迹上的某一点所对应的 K^* 值。

5.2　根轨迹绘制的基本法则

为了解决由开环零、极点确定闭环根轨迹的问题，观察根轨迹方程可看出：可以利用闭环零、极点与开环零、极点之间的关系，由已知的开环零、极点绘制出系统的闭环根的变化轨迹。体现这一思想的就是 1948 年伊文斯提出的绘制根轨迹的基本法则。利用这些基本法则，根据开环传递函数零点、极点在 s 平面上的分布，就能较方便地画出闭环特征根的轨迹。在下面的根轨迹绘制法则的讨论中，假定所研究的变化参数是根轨迹增益 K^*。

5.2.1　绘制根轨迹的基本法则

法则 1　根轨迹的分支数（Number of Separate Loci）、对称性和连续性。

根轨迹的分支数与开环有限零点数 m 和有限极点数 n 中的大者相等，根轨迹是连续的并且对称于实轴。

按定义，根轨迹是开环系统某一参数从零变到无穷时，闭环特征根在 s 平面上的变化轨迹。因此，根轨迹的分支数必与闭环特征根的数目一致。由特征方程（5-6）可见，闭环特征根的数目等于 m 和 n 中的大者，所以根轨迹的分支数必与开环有限零、极点数中的大者相同。

通常，实际系统的参数都是实数，因而特征方程是系数为实数的代数方程。因为代数方程中的系数连续变化时，代数方程的根也连续变化，所以特征方程的根轨迹具有连续性。此外，由于闭环极点若为实数，则位于 s 平面实轴上；若为复数，则一定是共轭成对出现，对实轴互为镜像，所以根轨迹必然对称于实轴。

【应用点评 5-3】　工程中的根轨迹法对称性的应用

工程应用中，在画系统的根轨迹时，先画出上半 s 平面的根轨迹部分，然后利用对称关系就可以画出下半 s 平面的根轨迹部分。

法则 2　根轨迹的起点（Locus Starting Points）和终点（Locus Ending Points）。

根轨迹起始于开环极点（Open Loop Poles），终止于开环零点（Open Loop Zeros）。若开环零点数 m 小于开环极点数 n，则有 $n-m$ 条根轨迹分支终止于无穷远处。

（1）根轨迹起点（即开环根轨迹增益 $K^*=0$ 时的闭环极点）。

证明：模值方程（5-9）可写成

$$K^* = \frac{\prod\limits_{i=1}^{n}|s-p_i|}{\prod\limits_{j=1}^{m}|s-z_j|}$$

令 $K^*=0$，则有

$$s = p_i, \quad i = 1, 2, \cdots, n$$

这说明 $K^*=0$ 时，闭环特征方程的根就是开环传递函数 $G(s)H(s)$ 的极点。n 条根轨迹分别从 n 个开环极点 p_i 开始，即根轨迹起始于开环极点。

（2）根轨迹终点（即开环根轨迹增益 $K^* \to \infty$ 的闭环极点）。

证明：模值方程（5-9）可改写为

$$\frac{1}{K^*} = \frac{\prod_{j=1}^{m}|s - z_j|}{\prod_{i=1}^{n}|s - p_i|}$$

令 $K^* \to \infty$，则有

$$s \to z_j, \quad j = 1, 2, \cdots, m$$

所以，n 条根轨迹中有 m 条分别终止于 m 个开环零点 z_j，即 m 条根轨迹终止于开环零点。

在实际的系统中，开环传递函数分子多项式次数 m 与分母多项式次数 n 之间满足 $m \leq n$，因此有 $n - m$ 条根轨迹的终点将在无穷远处。实质上，当 $s \to \infty$ 时，模值方程（5-9）可表示为

$$K^* = \lim_{s \to \infty} \frac{\prod_{i=1}^{n}|s - p_i|}{\prod_{j=1}^{m}|s - z_j|} = \lim_{s \to \infty}|s|^{n-m} \to \infty, \quad n > m$$

如果把有限数值的零点称为有限零点，而把无穷远处的零点称为无穷零点，那么根轨迹必终止于开环零点。在把无穷远处看为无穷零点的意义下，开环极点数和开环零点数是相等的。

在绘制其他参数变化下的根轨迹时，可能会出现 $m > n$ 的情况。当 $K^* = 0$ 时，必有 $m - n$ 条根轨迹起始于无穷远处。实质上，当 $s \to \infty$ 时，模值方程（5-9）可表示为

$$\frac{1}{K^*} = \lim_{s \to \infty} \frac{\prod_{j=1}^{m}|s - z_j|}{\prod_{i=1}^{n}|s - p_i|} = \lim_{s \to \infty}|s|^{m-n} \to \infty, \quad m > n$$

同样，如果把无穷远处的极点称为无穷极点，那么可以说根轨迹必起始于开环极点。

法则 3 根轨迹在实轴上的分布。

实轴上的某一区域，若其右边开环零、极点数目（包括右端点）之和为奇数，则该区域必是根轨迹。

证明：若某系统开环零、极点分布如图 5-4 所示，以"×"表示开环极点，以"○"表示开环零点。如果该系统在实轴上有根轨迹段，则取该段中任一点 s_1，必须满足相角方程式（5-10），即

$$\sum_{j=1}^{m} \angle(s_1 - z_j) - \sum_{i=1}^{n} \angle(s_1 - p_i) = (2k + 1)\pi$$

由图 5-4 可看出，开环复数零点和复数极点均成对共轭对称于实轴。故上式中对应的各子项相角必正负相消。在余下的实数开环零、极点中，位于 s_1 左侧的，其指向 s_1 的向量相角均为零；位于 s_1 右侧的，其指向 s_1 的向量相角均为 π。故如果 s_1 是根轨迹点，必有实轴上 s_1 右侧的开环零、极点个数之差（或之和）为奇数。这一结论扩展至整个区段，即实轴上某些开

区间的右侧，开环零、极点个数和为奇数，则该段实轴必为根轨迹。

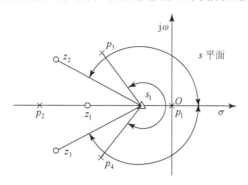

图 5-4　开环零、极点分布

【例题 5-1】　**根轨迹绘制法则 1、法则 2 和法则 3 的运用**

负反馈系统的开环传递函数为

$$G(s)H(s) = \frac{K(\tau s + 1)}{s(Ts + 1)}$$

且 $\tau > T$。试根据已知的三个基本法则，确定 K（由 $0 \to \infty$）变动下的系统根轨迹。

解：

系统为二阶系统，有两个开环极点 0 和 $-1/T$，有一个开环零点 $-1/\tau$。

首先将开环零、极点标注在 s 平面的直角坐标系上，如图 5-5 所示。故

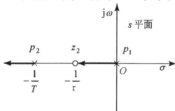

图 5-5　例题 5-1 的系统根轨迹

（1）由法则 1 知，系统有两条根轨迹分支，且对称于实轴。

（2）由法则 2 知，系统根轨迹在 $K = 0$ 时分别从两个开环极点 $p_1 = 0$ 和 $p_2 = -1/T$ 出发，当 $K \to \infty$ 时根轨迹的一条分支趋向开环零点 $z_1 = -1/\tau$，另一条趋向于无穷远，如图 5-5 所示。

（3）由法则 3 知，实轴上区段 $[0, -1/\tau]$ 内的右侧只有一个开环极点，为奇数，故 $[0, -1/\tau]$ 段为根轨迹段；实轴上区段 $[-1/T, -\infty)$ 内的右侧开环零、极点个数为 3，故该区段也为根轨迹段；而 $[-1/\tau, -1/T]$ 段不是根轨迹段。

故根轨迹如图 5-5 中粗实线所示。箭头指向代表 K 增大时闭环极点的变动方向，由此把握了闭环特征根变化的全局。可以看出，增益 K 取 $K > 0$ 时的任何值，均不会有复数根轨迹段，该闭环系统的阶跃响应肯定为非振荡收敛型。注意，在根轨迹绘制过程中，由于需要对相角和模值进行图解测量，所以横坐标与纵坐标必须采用相同的坐标比例尺。

法则 4 根轨迹的渐近线（Asymptotes of Root Locus）。

当系统开环有限零点数 m 小于有限极点数 n 时，则有 $n-m$ 条根轨迹分支沿着与实轴正方向的夹角为 ϕ_a、与实轴交点坐标为 σ_a 的一组渐近线趋向于无穷远处，且有

$$\phi_a = \frac{(2k+1)\pi}{n-m}, \quad k = 0,1,\cdots,n-m-1$$

$$\sigma_a = \frac{\sum_{i=1}^{n} p_i - \sum_{j=1}^{m} z_j}{n-m}$$

证明： 渐近线表明的是系统开环增益 K 趋于无穷时，根轨迹趋向无穷的方位，即 $s \to \infty$ 的情况，故将 $s \to \infty$ 代入相角方程式（5-10）中，则有

$$\lim_{s \to \infty} [\sum_{j=1}^{m} \angle(s - z_j) - \sum_{i=1}^{n} \angle(s - p_i)] = (2k+1)\pi$$

从而得

$$\sum_{j=1}^{m} \lim_{s \to \infty} \angle(s - z_j) - \sum_{i=1}^{n} \lim_{s \to \infty} \angle(s - p_i) = (2k+1)\pi$$

由于对于无穷远处根轨迹上的点 s，所有的开环有限零、极点引向该点的向量的相角都可认为是相等的，设为 ϕ_a。根据相角方程式（5-10），则有

$$m\phi_a - n\phi_a = (2k+1)\pi$$

即

$$\phi_a = \frac{(2k+1)\pi}{n-m}$$

同时，根轨迹在趋向无穷远处的渐近线，是一组 $n-m$ 条以 σ_a 为中心、以 ϕ_a 为指向的射线。现构造一个负反馈系统，令其闭环根轨迹恰为上述射线，则该系统开环传递函数必为

$$G(s)H(s) = \frac{K^*}{(s - \sigma_a)^{n-m}}$$

因为射线的指向为 ϕ_a，故取射线上任一点 s_1，代入相角方程式（5-10）左端，得

$$0 - \sum_{i=1}^{n-m} \angle(s_1 - p_i) = -(n-m)\angle(s_1 - \sigma_a) = -(n-m)\frac{(2k+1)\pi}{n-m} = (2k+1)\pi$$

相角方程成立。

某原型系统和由其渐近线所构造的系统，当 $K \to \infty$、$s \to \infty$ 时，根轨迹是一致的，即根轨迹方程是等同的，故由式（5-7）和式（5-8）可得

$$\lim_{\substack{s \to \infty \\ K^* \to \infty}} K^* \frac{\prod_{j=1}^{m} (s - z_j)}{\prod_{i=1}^{n} (s - p_i)} = \lim_{\substack{s \to \infty \\ K^* \to \infty}} \frac{K^*}{(s - \sigma_a)^{n-m}} = -1 \tag{5-11}$$

式中

$$\frac{\prod_{i=1}^{n} (s - p_i)}{\prod_{j=1}^{m} (s - z_j)} = \frac{s^n + (-\sum_{i=1}^{n} p_i)s^{n-1} + \cdots}{s^m + (-\sum_{j=1}^{m} z_j)s^{m-1} + \cdots} = s^{n-m} + (-\sum_{i=1}^{n} p_i + \sum_{j=1}^{m} z_j)s^{n-m-1} + \cdots \tag{5-12}$$

而

$$(s - \sigma_a)^{n-m} = s^{n-m} + (n-m)(-\sigma_a)s^{n-m-1} + \cdots \tag{5-13}$$

将式（5-12）和式（5-13）代入式（5-11），且由于 s 很大，只取展开式前两项，得

$$\lim_{s \to \infty}[s^{n-m} + (-\sum_{i=1}^{n} p_i + \sum_{j=1}^{m} z_j)s^{n-m-1}] = \lim_{s \to \infty}[s^{n-m} + (n-m)(-\sigma_a)s^{n-m-1}]$$

故由对应项系数相等，得

$$\sigma_a = \frac{\sum\limits_{i=1}^{n} p_i - \sum\limits_{j=1}^{m} z_j}{n-m} \text{。}$$

【例题 5-2】　绘制根轨迹渐近线

设某控制系统的开环传递函数为

$$G(s) = \frac{K^*(s+1)}{s(s+4)(s^2+2s+2)}$$

试根据已知的四个基本法则，确定绘制根轨迹的有关数据。

解：

（1）由法则 1 知，根轨迹的分支数为 4，且对称于实轴。

（2）由法则 2 知，根轨迹起始于 $G(s)$ 的极点 $p_1 = 0$、$p_2 = -4$、$p_3 = -1+\mathrm{j}$ 和 $p_4 = -1-\mathrm{j}$，终止于 $G(s)$ 的有限零点 $z_1 = -1$ 以及无穷远处，如图 5-6 所示。

（3）由法则 3 知，在实轴上区域 $[0, -1]$ 和 $[-4, -\infty]$ 是根轨迹。

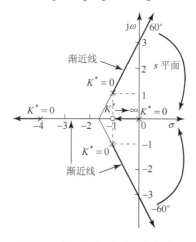

图 5-6　例题 5-2 的零、极点分布与根轨迹渐近线

（4）由法则 4 知，有 $n - m = 3$ 条根轨迹渐近线，其交点为

$$\sigma_a = \frac{\sum\limits_{i=1}^{4} p_i - z_1}{3} = \frac{(0-4-1+\mathrm{j}-1-\mathrm{j})-(-1)}{3} = -1.67$$

交角为

$$\phi_a = \frac{(2k+1)\pi}{n-m} = \begin{cases} 60° & k=0 \\ 180° & k=1 \\ 300° & k=2 \end{cases}$$

法则 5 根轨迹的分离点（Breakaway Point）与分离角（Angles of Loci Departure）。

两条或两条以上的根轨迹分支在 s 平面上相遇又立即分离的点，称为根轨迹的分离点。分离点的坐标 d 是下列方程的解：

$$\sum_{i=1}^{n}\frac{1}{d-p_i}=\sum_{j=1}^{m}\frac{1}{d-z_j} \tag{5-14}$$

式中，z_j 为各开环零点的数值，p_i 为各开环极点的数值。分离角定义为根轨迹进入分离点的切线方向与离开分离点的切线方向之间的夹角，由下式求出：

$$\alpha_d = (2k+1)\pi/l \quad k=0,1,\cdots,l-1$$

式中，l 为进入该分离点的根轨迹条数，即闭环特征方程重根的重数。

在证明该法则之前，先介绍一下分离点的特性。因为根轨迹是对称的，所以根轨迹的分离点要么位于实轴上，要么以共轭形式成对出现在复平面中。一般情况下，常见的根轨迹分离点是位于实轴上的两条根轨迹分支的分离点。如果根轨迹位于实轴上两个相邻的开环极点之间，其中一个可以是无限极点，则在这两个极点之间至少存在一个分离点；同样，如果根轨迹位于实轴上两个相邻的开环零点之间，其中一个可以是无限零点，则在这两个零点之间也至少有一个分离点，如图 5-7 所示。

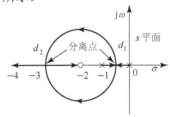

图 5-7 实轴上根轨迹的分离点

证明：根轨迹若有分离点，表明闭环特征方程（5-6）有重根，由高等代数理论，重根条件为

$$\prod_{i=1}^{n}(s-p_i)+K^*\prod_{j=1}^{m}(s-z_j)=0$$

$$\frac{\mathrm{d}}{\mathrm{d}s}\left[\prod_{i=1}^{n}(s-p_i)+K^*\prod_{j=1}^{m}(s-z_j)\right]=0 \tag{5-15}$$

将式（5-15）中两式相除，得

$$\frac{\dfrac{\mathrm{d}}{\mathrm{d}s}\left[\displaystyle\prod_{i=1}^{n}(s-p_i)\right]}{\displaystyle\prod_{i=1}^{n}(s-p_i)}=\frac{\dfrac{\mathrm{d}}{\mathrm{d}s}\left[\displaystyle\prod_{j=1}^{m}(s-z_j)\right]}{\displaystyle\prod_{j=1}^{m}(s-z_j)}$$

即

$$\frac{\mathrm{d}\ln\displaystyle\prod_{i=1}^{n}(s-p_i)}{\mathrm{d}s}=\frac{\mathrm{d}\ln\displaystyle\prod_{j=1}^{m}(s-z_j)}{\mathrm{d}s}$$

又

$$\ln\prod_{i=1}^{n}(s-p_i)=\sum_{i=1}^{n}\ln(s-p_i)$$

$$\ln \prod_{j=1}^{m}(s-z_j) = \sum_{j=1}^{m}\ln(s-z_j)$$

代入得

$$\sum_{i=1}^{n}\frac{\mathrm{d}\ln(s-p_i)}{\mathrm{d}s} = \sum_{j=1}^{m}\frac{\mathrm{d}\ln(s-z_j)}{\mathrm{d}s}$$

即

$$\sum_{i=1}^{n}\frac{1}{s-p_i} = \sum_{j=1}^{m}\frac{1}{s-z_j}$$

满足上式的 s 值就是系统闭环特征方程的重根，也就是分离点 d，式（5-14）得证。

下面介绍另一种求分离点的方法。将系统根轨迹方程式（5-8）变换成

$$K^* = -\frac{\prod_{i=1}^{n}(s-p_i)}{\prod_{j=1}^{m}(s-z_j)}$$

则分离点是满足方程 $\dfrac{\mathrm{d}K^*}{\mathrm{d}s}=0$ 的解。

应当指出，上述两种求解分离点的方法都是非充分性的，也就是说，满足方程式（5-14）或 $\mathrm{d}K^*/\mathrm{d}s=0$ 的根并不一定都是分离点，只有代入特征方程后求出对应的 K^*，满足 $K^*>0$ 的那些根才是真正的分离点。此处不加证明地给出分离角公式。显然，当 $l=2$ 时，分离角必为直角。

【例题 5-3】 **根轨迹分离点的确定**

设某系统的开环传递函数为

$$G(s) = \frac{K^*(s+1)}{s(s+2)(s+3)}$$

试绘制其概略根轨迹。

解：

（1）由法则 1，该系统有三条根轨迹分支，且对称于实轴。

（2）由法则 2，一条根轨迹分支起始于开环极点（0），终止于开环有限零点（-1），另外两条根轨迹分支起始于开环极点（-2）和（-3），终止于无穷远处（无限零点）。

（3）由法则 3，在实轴上区域[0, -1]和[-2, -3]是根轨迹。

（4）由法则 4，两条终止于无穷远的根轨迹的渐近线与实轴交角为90°和270°，交点坐标为

$$\sigma_a = \frac{\sum_{i=1}^{n}p_i - \sum_{j=1}^{m}z_j}{n-m} = \frac{(0-2-3)-(-1)}{3-1} = -2$$

（5）由法则 5，实轴区域[-2, -3]必有一个根轨迹的分离点 d，它满足下述分离点方程：

$$\frac{1}{d+1} = \frac{1}{d} + \frac{1}{d+2} + \frac{1}{d+3}$$

考虑到 d 必在-2 和-3 之间，初步试探时，设 $d=-2.5$，算出

$$\frac{1}{d+1} = -0.67 \quad \text{和} \quad \frac{1}{d} + \frac{1}{d+2} + \frac{1}{d+3} = -0.4$$

因为方程两边不等，所以 $d = -2.5$ 不是欲求的分离点坐标。现在重取 $d = -2.47$，方程两边近似相等，故本例中 $d \approx -2.47$。最后画出的系统概略根轨迹（Sketch of Root Locus）如图 5-8 所示。

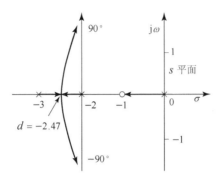

图 5-8　例题 5-3 系统的根轨迹图

法则 6　根轨迹的起始角（Angle of Departure）与终止角（Angle of Arrival）。

根轨迹离开开环复数极点处的切线与正实轴的夹角，称为起始角，以 θ_{p_i} 标志；根轨迹进入开环复数零点处的切线与正实轴的夹角，称为终止角，以 ϕ_{z_i} 表示。这些角度可按如下关系式求出：

$$\theta_{p_i} = (2k+1)\pi + \left(\sum_{j=1}^{m} \phi_{z_j p_i} - \sum_{\substack{j=1 \\ (j \neq i)}}^{n} \theta_{p_j p_i} \right) \quad k = 0, \pm 1, \pm 2, \cdots \quad （5\text{-}16）$$

及

$$\phi_{z_i} = (2k+1)\pi + \left(\sum_{j=1}^{n} \theta_{p_j z_i} - \sum_{\substack{j=1 \\ (j \neq i)}}^{m} \phi_{z_j z_i} \right) \quad k = 0, \pm 1, \pm 2, \cdots \quad （5\text{-}17）$$

证明： 设开环系统有 m 个有限零点，n 个有限极点。在十分靠近待求起始角（或终止角）的复数极点（或复数零点）的根轨迹上，取一点 s_1。由于 s_1 无限接近于求起始角的复数极点 p_i（或求终止角的复数零点 z_i），因此，除 p_i（或 z_i）外，所有开环零、极点到 s_1 点的向量相角 $\phi_{z_j s_1}$ 和 $\theta_{p_j s_1}$，都可以用它们到 p_i（或 z_i）的向量相角 $\phi_{z_j p_i}$（或 $\phi_{z_j z_i}$）和 $\theta_{p_j p_i}$（或 $\theta_{p_j z_i}$）来代替，而 p_i（或 z_i）到 s_1 点的向量相角即为起始角 θ_{p_i}（或终止角 ϕ_{z_i}）。根据 s_1 点必满足相角条件，应有

$$\sum_{j=1}^{m} \phi_{z_j p_i} - \sum_{\substack{j=1 \\ (j \neq i)}}^{n} \theta_{p_j p_i} - \theta_{p_i} = -(2k+1)\pi$$

$$\sum_{\substack{j=1 \\ (j \neq i)}}^{m} \phi_{z_j z_i} + \phi_{z_i} - \sum_{j=1}^{n} \theta_{p_j z_i} = (2k+1)\pi$$

移项后，立即得到式(5-16)和式(5-17)。应当指出，在根轨迹的相角方程中，$(2k+1)\pi$ 与 $-(2k+1)\pi$ 是等价的，所以为了便于计算，在上面最后两式的右端有的用 $-(2k+1)\pi$ 表示。

法则 7 根轨迹与虚轴的交点（Imaginary-axis Intercepts）。

根轨迹与虚轴相交，表明系统闭环特征方程有纯虚根，系统处于临界稳定状态，则交点上的 K^* 值和 ω 值可用劳斯判据确定。也可令闭环特征方程中的 $s = j\omega$，然后分别令其实部和虚部为零而求得。将 $s = j\omega$ 代入闭环特征方程式（5-7），得

$$1 + G(j\omega)H(j\omega) = 0$$

分解为

$$\text{Re}[1 + G(j\omega)H(j\omega)] + j\text{Im}[1 + G(j\omega)H(j\omega)] = 0$$

故有方程组

$$\begin{cases} \text{Re}[1 + G(j\omega)H(j\omega)] = 0 \\ \text{Im}[1 + G(j\omega)H(j\omega)] = 0 \end{cases}$$

从上式便可解出根轨迹与虚轴交点处的 K^* 值和 ω 值。

【例题 5-4】 根轨迹与虚轴交点的确定

设某系统的开环传递函数为

$$G(s) = \frac{K^*}{s(s+1)(s+2)}$$

试求根轨迹与虚轴的交点。

解：

令 $1 + G(s) = 0$，得系统闭环特征方程为

$$s(s+1)(s+2) + K^* = 0$$

展开为

$$s^3 + 3s^2 + 2s + K^* = 0$$

令 $s = j\omega$，代入上式得

$$(j\omega)^3 + 3(j\omega)^2 + 2j\omega + K^* = 0$$

整理为

$$\begin{cases} -\omega^3 + 2\omega = 0 \\ -3\omega^2 + K^* = 0 \end{cases}$$

解之得

$$\omega = \begin{cases} 0 & K^* = 0 \\ \pm\sqrt{2} & K^* = 6 \end{cases}$$

【工程实例 5-2】 火星漫游车转向控制系统的根轨迹

1997 年 7 月 4 日，以太阳能作为动力的"逗留者号"漫游车在火星上着陆，其外形如图 5-9（a）所示。漫游车全重 10.4 kg，可由地球上发出的路径控制信号 $x_i(t)$ 实施遥控。漫游车的两组车轮以不同的速度运行，以便实现整个装置的转向。为了进一步探测火星上是否

有水，2004 年美国国家宇航局又发射了"勇气号"火星探测器。为了便于对比，图 5-9（b）给出了"勇气号"外形图。由图可见，"勇气号"与"逗留者号"有许多相似之处，但"勇气号"上的装备与技术更为先进。图 5-9（c）给出了"逗留者号"火星漫游车的转向控制系统结构图。试运用根轨迹绘制法则画出以 K_1 为参变量的根轨迹图。

（a）逗留者号　　　　　　　　　　（b）勇气号

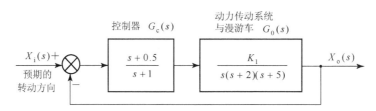

（c）转向控制系统结构图

图 5-9　火星漫游车

解：

根据图 5-9（c）写出系统开环传递函数为

$$G(s) = \frac{K_1(s+0.5)}{s(s+1)(s+2)(s+5)}$$

易看出：该系统为四阶系统，有四个开环极点 0、-1、-2 和-5，有一个开环零点-0.5。

首先将开环零、极点标注在 s 平面的直角坐标系上，如图 5-10 所示，故

（1）确定根轨迹数。由法则 1 知，系统有四条根轨迹分支，且对称于实轴。

（2）确定趋向无穷远处根轨迹数。由法则 2 知，系统根轨迹在 $K_1 = 0$ 时分别从四个开环极点 $p_1 = 0$、$p_2 = -1$、$p_3 = -2$ 和 $p_4 = -5$ 出发，当 $K_1 \to \infty$ 时根轨迹的一条分支趋向开环零点 $z_1 = -0.5$，另外三条趋向于无穷远。

（3）确定实轴上的根轨迹。由法则 3 知，在实轴上区域[0,-0.5]、[-1,-2]和[-5, $-\infty$ ）是根轨迹段。

（4）确定根轨迹的渐近线。由法则 4 知，系统的根轨迹渐近线与实轴的交点和夹角分别为

$$\sigma_a = \frac{[0+(-1)+(-2)+(-5)]-(-0.5)}{4-1} = -2.5 , \quad \phi_a = \frac{(2k+1)\pi}{3} = \begin{cases} -60° & k=-1 \\ 60° & k=0 \\ 180° & k=1 \end{cases}$$

（5）确定分离点。由法则 5 知，实轴区域[-1, -2]内必有一个根轨迹的分离点，且满足下列分离点方程：

$$\frac{1}{d} + \frac{1}{d+1} + \frac{1}{d+2} + \frac{1}{d+5} = \frac{1}{d+0.5}$$

求解得 $d_1 = -3.8352$，$d_2 = -1.419$，$d_{3,4} = -0.37 \pm \text{j}0.4$。易得出，$d_2$ 为分离点。由于 $l = 2$，故分离角为 $90°$。

（6）求根轨迹与虚轴的交点。系统的闭环特征方程为

$$s^4 + 8s^3 + 17s^2 + (10 + K_1)s + 0.5K_1 = 0$$

将 $s = \text{j}\omega$ 代入上式并整理得

$$\omega^4 - 17\omega^2 + 0.5K_1 + \text{j}[-8\omega^3 + (10 + K_1)\omega] = 0$$

令上式的实部和虚部同时为零，则有

$$\begin{cases} \omega^4 - 17\omega^2 + 0.5K_1 = 0 \\ -8\omega^3 + (10 + K_1)\omega = 0 \end{cases}$$

解得

$$\begin{cases} \omega \approx \pm 3.657 \\ K_1 \approx 91 \end{cases} \text{或} \begin{cases} \omega = 0 \\ K_1 = 0 \end{cases} \text{（舍去）}$$

则系统根轨迹图如图 5-10 所示。

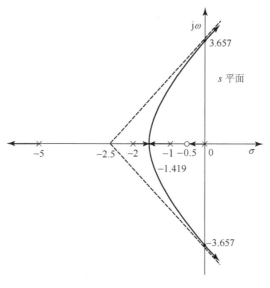

图 5-10　"逗留者号"转向控制系统的根轨迹图

【例题 5-5】　**"漫游者号"取样臂控制系统的根轨迹**

火星探测器"漫游者号"的一对取样臂的控制系统如图 5-11 所示，画出以 K 为参变量的根轨迹图。试求根轨迹与虚轴的交点。

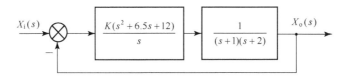

图 5-11 "漫游者号"取样臂控制系统

解：

根据图 5-11 可写出系统的开环传递函数为

$$G(s) = \frac{K(s^2 + 6.5s + 12)}{s(s+1)(s+2)}$$

则开环零点为 $-3.25 \pm j1.2$，开环极点为 0、-1 和-2。

（1）实轴上的根轨迹：实轴上的根轨迹为 $(-\infty, -2]$，$[-1, 0]$。

（2）渐近线：渐近线为负实轴。

（3）计算分离点：

$$\frac{1}{d} + \frac{1}{d+1} + \frac{1}{d+2} = \frac{1}{d+3.25-j1.2} + \frac{1}{d+3.25+j1.2}$$

$$= \frac{2d+6.5}{d^2 + 6.5d + 12}$$

即 $$d^4 + 13d^3 + 53.5d^2 + 72d + 24 = 0$$

求解得 $d_1 = -0.4933$，$d_2 = -1.658$，$d_3 = -5.14$，$d_4 = -5.7$。将上述分离点代入闭环特征方程中，求出相应的 K，根据其符号特性可判断 d_2 不是分离点。

（4）计算根轨迹与虚轴的交点。

系统闭环特征方程为

$$s^3 + (3+K)s^2 + (2+6.5K)s + 12K = 0$$

将 $s = j\omega$ 代入上式，得

$$-(3+K)\omega^2 + 12K + j(-\omega^3 + 2\omega + 6.5K\omega) = 0$$

令上式的实部、虚部同时为零，解方程组可知 ω 无实根，则根轨迹与虚轴无交点。

（5）计算终止角：$z_1 = -3.25 + j1.2$，$\theta_{z_1} = -167°$，$z_2 = -3.25 - j1.2$，$\theta_{z_2} = 167°$。

系统根轨迹图如图 5-12 所示。

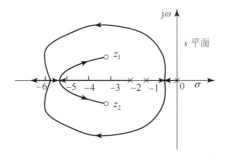

图 5-12 "漫游者号"取样臂控制系统根轨迹图

法则 8 根之和。

当 $n-m \geq 2$ 时，不管开环增益 K 如何变动，n 个闭环极点之和为常数。

证明： 系统闭环特征方程由式（5-6）表示；闭环极点 s_i 的因式可表示为 $\prod\limits_{i=1}^{n}(s-s_i)=0$ 形式。当系统开环传递函数分母、分子的阶数差为 $n-m \geq 2$ 时，展开上述两方程中的多项式，有

$$s^n + (\sum_{i=1}^{n} -p_i)s^{n-1} + \cdots = s^n + (\sum_{i=1}^{n} -s_i)s^{n-1} + \cdots$$

故得

$$\sum_{i=1}^{n} p_i = \sum_{i=1}^{n} s_i$$

即系统 n 个开环极点之和等于 n 个闭环极点之和。在开环极点已确定不变的情况下，其和为常值。

【应用点评 5-4】 工程中根之和法则的应用

> 工程实际应用中，常常利用根之和法则来判断根轨迹的走向。即对于 $n-m \geq 2$ 的反馈系统，随着开环增益 K 由零到无穷大变化，若 K 的变动使某些闭环极点在 s 平面上向左移动，则必有另一些极点向右移动。而 $n-m \geq 2$ 的反馈系统在工程中是极其普遍的。

根据上面介绍的绘制根轨迹的 8 条法则，不难绘出系统的概略根轨迹。为了便于查阅，所有绘制法则统一归纳在表 5-1 中。

表 5-1 根轨迹图绘制法则

序 号	名 称	法 则
1	根轨迹的分支数、连续性和对称性	根轨迹的分支数与开环有限零点数 m 和有限极点数 n 中的大者相等，它们是连续的并且对称于实轴
2	根轨迹的起点和终点	根轨迹起始于开环极点（包括无限极点），终止于开环零点（包括无限零点）
3	根轨迹在实轴上的分布	实轴上的某一区域，若其右边开环零、极点数目（包括右端点）之和为奇数，则该区域必是根轨迹
4	根轨迹的渐近线	$n-m$ 条渐近线与实轴的交角和交点为 $$\phi_a = \frac{(2k+1)\pi}{n-m}, \quad k = 0,1,\cdots,n-m-1$$ $$\sigma_a = \frac{\sum\limits_{i=1}^{n} p_i - \sum\limits_{j=1}^{m} z_j}{n-m}$$
5	根轨迹的分离点与分离角	l 条根轨迹分支相遇，其分离点坐标由 $\sum\limits_{i=1}^{n} \dfrac{1}{d-p_i} = \sum\limits_{j=1}^{m} \dfrac{1}{d-z_j}$ 确定；分离角为 $(2k+1)\pi/l, \quad k=0,1,\cdots,l-1$
6	根轨迹的起始角与终止角	起始角：$\theta_{p_i} = (2k+1)\pi + \left(\sum\limits_{j=1}^{m} \phi_{z_j p_i} - \sum\limits_{\substack{j=1 \\ (j \neq i)}}^{n} \theta_{p_j p_i} \right), \quad k = 0, \pm 1, \pm 2, \cdots$ 终止角：$\phi_{z_i} = (2k+1)\pi + \left(\sum\limits_{j=1}^{n} \theta_{p_j z_i} - \sum\limits_{\substack{j=1 \\ (j \neq i)}}^{m} \phi_{z_j z_i} \right), \quad k = 0, \pm 1, \pm 2, \cdots$
7	根轨迹与虚轴的交点	根轨迹与虚轴的交点 K^* 值和 ω 值，可利用劳斯判据或令 $s = j\omega$ 代入特征方程式求解确定
8	根之和	$\sum\limits_{i=1}^{n} p_i = \sum\limits_{i=1}^{n} s_i$

5.2.2 闭环极点的确定

对于特定 K^* 值下的闭环极点，可通过模值方程确定。就一般情况而言，比较简单的方法是先用试探法（Trial and Error）确定实数闭环极点的数值，然后用综合除法得到其余的闭环极点。如果在特定 K^* 值下，闭环系统只有一对复数极点，那么可以直接在概略根轨迹图上，用上述方法获得要求的闭环极点。

【例题 5-6】 **利用根轨迹确定闭环极点**

在图 5-13 上，试确定 $K^* = 4$ 的闭环极点。

解：

由图 5-13 上的根轨迹知，$m = 0$，$n = 4$，所以模值方程为

$$K^* = \prod_{i=1}^{4} |s - p_i| = 4$$

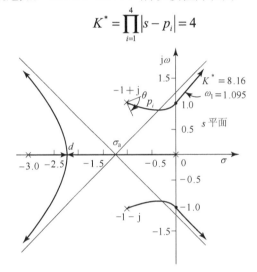

图 5-13　例题 5-6 的根轨迹图

在本例中，应有

$$K^* = |s - 0| \cdot |s - (-1 + \mathrm{j})| \cdot |s - (-1 - \mathrm{j})| \cdot |s - (-3)| = 4$$

在实轴上任选 s 点，经过几次简单试探，找出满足上式的两个闭环实数极点为 $s_1 = -2$，$s_2 = -2.51$。各向量模值的取法如图 5-14 所示。

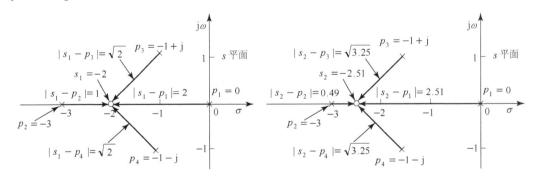

图 5-14　实轴上 $K^* = 4$ 的闭环极点确定方法

因为系统特征方程为

$$s(s+3)(s+1+\mathrm{j})(s+1-\mathrm{j})+K^* = s^4+5s^3+8s^2+6s+K^* = 0$$

所以，若将 $K^*=4$，$s_1=-2$，$s_2=-2.51$ 代入上述特征方程，即可得

$$s^4+5s^3+8s^2+6s+4=(s+2)(s+2.51)(s-s_3)(s-s_4)$$

应用综合除法求得

$$s_3=-0.24+\mathrm{j}0.86, \quad s_4=-0.24-\mathrm{j}0.86$$

在相除过程中，通常不可能完全除尽，因为在图解中不可避免地要引进一些误差。

5.3　广义根轨迹

前面讨论系统根轨迹的绘制方法时，都是以 K^* 为可变参量。而在实际的控制系统中，不完全是通过调整开环增益来改变系统的性能，也可以通过调整其他参数来改变系统的性能，因此，还需要做出以其他参数为变量的闭环特征方程根轨迹。通常情况下，把负反馈系统中开环增益 K 或根轨迹增益 K^* 变化时的根轨迹称为常规根轨迹（Conventional Root Locus）。除此以外，其他情形下的根轨迹统称为广义根轨迹（Generalized Root Locus），如系统的参数根轨迹和零度根轨迹均被列入广义根轨迹的范畴。

5.3.1　参数根轨迹

为了区别于负反馈方式下以开环增益 K 为可变参数的常规根轨迹，把负反馈系统以非开环增益 K （或根轨迹增益 K^*）为可变参数绘制的根轨迹称为参数根轨迹（Parameter Root Locus）。

原则上，绘制参数根轨迹与绘制常规根轨迹完全相同，只要在绘制参数根轨迹之前，引入等效单位反馈系统和等效传递函数概念，常规根轨迹的所有绘制法则均适用于参数根轨迹的绘制。为此，只需对闭环特征方程

$$1+G(s)H(s)=0 \tag{5-18}$$

进行变换，将所选可变参量 a 变换到原根轨迹增益 K^* 的位置，即将特征方程式写成

$$1+\frac{aP(s)}{Q(s)}=0 \tag{5-19}$$

的形式，式中 $P(s)$、$Q(s)$ 为两个不含可变参量 a 的关于复变量首项系数为 1 的多项式。可以认为 $\dfrac{aP(s)}{Q(s)}$ 是系统的等效开环传递函数。这样，就可以应用 5.2 节绘制常规根轨迹的基本法则来绘制参数根轨迹。显然，式（5-19）应与式（5-18）相等，即

$$Q(s)+aP(s)=1+G(s)H(s)=0$$

根据上式，可得等效单位反馈系统，其等效开环传递函数为

$$G_1(s)H_1(s)=\frac{aP(s)}{Q(s)}$$

利用上式画出根轨迹，就是参数 a 变化时的参数根轨迹。可以看出，参数根轨迹方程（5-19）与常规根轨迹方程（5-18）的形式完全一致。需要强调指出，绘制参数根轨迹时所依据的等效开环传递函数是根据式（5-19）得来的，并不是系统的实际开环传递函数，因而只能保证在系统特征方程、根轨迹以及闭环极点方面它们是等价的；而在其他方面（例如零点），它与原系统并不等价。等效开环传递函数的开环零点，并不是系统的实际开环零点。因此，由闭环零、极点分布来分析和估算系统性能时，可以采用参数根轨迹上的闭环极点，但必须根据原系统的传递函数方框图或开环传递函数来确定。

【工程实例5-3】 **位置随动系统的参数根轨迹**

图 5-15（a）所示的大型天线可以用来接收卫星信号。为了能更好地接收卫星信号，就必须让其随卫星的运动而改变跟踪方向。故天线方位角位置随动系统是典型的位置随动系统，它采用电枢控制的电机来驱动天线，可以用于火炮群跟踪雷达天线或射电望远镜天线的定位控制（即瞄准目标的控制）上，系统的简图如图 5-15（b）所示，相应的系统原理图如图 5-15（c）所示。系统的任务是使输出的天线方位角 $x_o(t)$ 跟踪输入的指令方位角 $x_i(t)$。天线为系统的受控对象，它是由伺服电动机 SM 通过减速器来驱动的，其中减速器用于使高速旋转的电动机与要求大力矩低转速的天线之间匹配，故伺服电动机和减速器组成该系统的执行机构。输入的角位移 $x_i(t)$ 经给定电位器 RP_1 转换为参考输入（电压）信号。类似地，输出的角位移 $x_o(t)$ 经检测电位器 RP_2 转换为反馈（电压）信号，故电位器 RP_1 为给定装置、RP_2 为检测元件。参考输入信号与反馈信号作用在差分放大器的输入端，再由差分放大器与功率放大器放大后，施加在电动机的两端使其运转，从而驱动天线转动。该系统的方框图如图 5-15（d）所示，图 5-15（e）是系统的传递函数方框图。

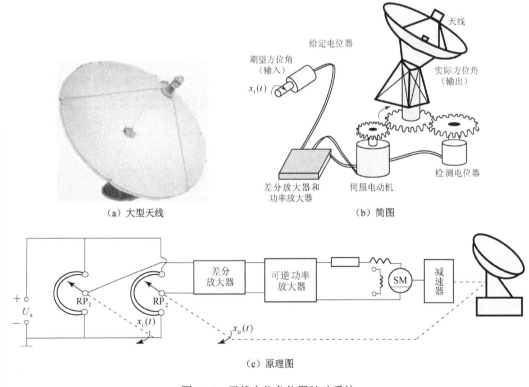

（a）大型天线　　　　　　　　　　（b）简图

（c）原理图

图 5-15　天线方位角位置随动系统

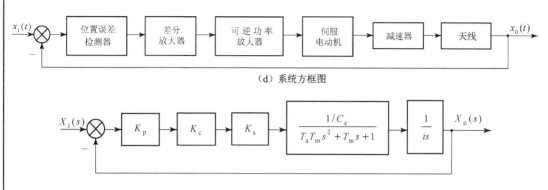

（d）系统方框图

（e）系统传递函数方框图

图 5-15 天线方位角位置随动系统（续）

图 5-15（e）中，K_p 是位置误差检测器的放大倍数，K_c 是差分放大器的放大倍数，K_s 是可逆功率放大器的放大倍数，$T_a = L_d / R_d$ 为伺服电动机电枢回路的电磁时间常数（s），$T_m = J R_d / (C_e C_m)$ 为伺服电动机的机电时间常数（s）。假设天线方位角位置随动系统为小功率位置随动系统，试分析当伺服电动机的机电时间常数 T_m 变化时，闭环系统极点的分布规律。

解：

由图 5-15（e）可求得该系统的闭环传递函数为

$$\Phi(s) = \frac{K}{s(T_a T_m s^2 + T_m s + 1) + K}$$

式中，$K = K_p K_c K_s / (i C_e)$ 为系统的开环放大系数。

由于通常小功率位置随动系统的电枢回路不串接平波电抗器，故电枢回路的总电感 L_d 很小，从而 T_a 也很小，可略去不计，于是可得简化后该系统的传递函数方框图，如图 5-16 所示。

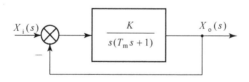

图 5-16 小功率位置随动系统的传递函数方框图

由图 5-16 可得系统的特征方程为

$$T_m s^2 + s + K = 0$$

用其中不含可变参数 T_m 的多项式 $(s + K)$ 除方程的两侧，则可得系统的等效开环传递函数为

$$G_1(s) = T_m \frac{s^2}{s + K}$$

相应的等效开环零、极点分布，如图 5-17 所示。

根据 $G_1(s)$ 和表 5-1 所列的基本法则，可绘制系统的根轨迹如下：

（1）确定根轨迹数。由法则 1 知，系统为一个二阶系统，故有两条根轨迹分支，且对称于实轴。

（2）确定根轨迹的起点和终点。由法则 2 知，终止于等效开环零点（$z_{1,2}=0$）的两条根轨迹分支，其中一条起始于等效开环有限极点 $p_1=-K$，另一条则起始于等效开环无限极点。

（3）确定实轴上的根轨迹。由法则 3 知，在实轴上区域 $(-\infty, -K]$ 是根轨迹。

（4）确定分离点。由法则 5 知，实轴区域 $[-K, -\infty)$ 必有一个根轨迹的分离点 d，它满足下列分离点方程：

$$\frac{1}{d} + \frac{1}{d} = \frac{1}{d+K}$$

解得 $d=-2K$。由于 $l=2$，故分离角为 $90°$。

（5）验证复平面上的根轨迹。设根轨迹上的变量 $s=\sigma+j\omega$，根据相角方程（5-10）有

$$2\angle(\sigma+j\omega) - \angle(\sigma+j\omega+K) = \pi$$

对上式两边取正切并经运算和整理后，可得

$$(\sigma+K)^2 + \omega^2 = K^2$$

上式表明：复平面上的根轨迹是以等效开环极点（$p_1=-K$）为圆心，以 K 为半径的圆。

根据以上信息，可绘制 T_m 可变时系统的（参数）根轨迹图，如图 5-17 所示。

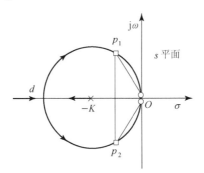

图 5-17　小功率位置随动系统的根轨迹图

由图 5-17 可看出：无论 T_m 为何值，根轨迹均位于左半平面内，故闭环系统总是稳定的，因而工程中常通过绘制根轨迹来分析系统的稳定性，估算高阶控制系统的性能指标，改善系统的动态品质。

5.3.2　添加开环零点的作用

在控制系统设计中，我们常用添加位置适当的开环零点的方法来改善系统性能，并且添加的开环零点离虚轴越近，其作用越明显。因此，研究开环零点变化时的根轨迹变化，具有很大的实际意义。

设系统开环传递函数为

$$G(s)H(s) = \frac{K^*(s - z_1)}{s(s^2 + 2s + 2)} \tag{5-20}$$

式中，z_1 为添加的开环零点，其值可在 s 左半平面内任意选择。当 $z_1 \to \infty$ 时，表示有限零点 z_1 不存在的情况。

令 z_1 为不同数值，对应于式（5-20）的闭环系统根轨迹如图 5-18 所示。由图可见，当开环极点位置不变，而在系统中添加开环负实数零点时，可使系统根轨迹向 s 左半平面方向弯曲，或者说，附加开环负实数零点，将使系统的根轨迹图发生趋向于添加零点方向的变形，而且添加的开环零点离虚轴越近，零点的作用便越强，根轨迹向左偏移得就越多。

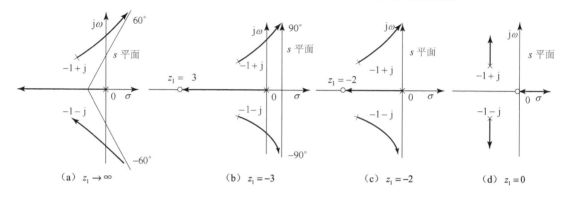

图 5-18　z_1 为不同数值的根轨迹图

若添加的开环零点不是负实数零点，而是一对具有负实部的共轭复零点，那么上述结论同样有效。此外，根据图 5-18，利用劳斯判据的方法不难证明，当 $z_1 < -2$ 时，系统的根轨迹与虚轴存在交点；而当 $z_1 \geqslant -2$ 时，系统的根轨迹与虚轴不存在交点。因此，在 s 左半平面内的适当位置上附加开环零点，可以显著地改善系统的稳定性。

添加开环零点的目的，除要求改善系统稳定性以外，还要求对系统的动态性能有明显的改善。然而，稳定性和动态性能对添加开环零点位置的要求有时并不一致。以图 5-18 为例，图 5-18（d）对稳定性最有利，但对动态性能的改善却并不利。

由上面的分析可得出：只有当添加零点相对原有开环极点的位置选配得当时，才能使系统的稳态性能和动态性能同时得到显著的改善。

5.3.3　零度根轨迹

前面讨论的根轨迹，无论是增益可变的常规根轨迹，还是其他参数可变的参数根轨迹，它们所依据的相角方程的特点是式（5-10）右边相角的主值为 $180^{\circ} + 2k\pi$，$k = 0, \pm 1, \pm 2, \cdots$，故称这类根轨迹为 180 度根轨迹，相应的绘制法则称为 180 度根轨迹绘制法则。下面介绍另一类根轨迹，即零度根轨迹。

在复杂的控制系统中，有时由于被控对象，如飞机、导弹的本身特性或为了满足系统某种性能的要求，可能含有正反馈的内回路（如图 5-19 所示）。为了确定内回路的零、极点分布，需要绘制正反馈系统的根轨迹。另一方面，在非最小相位系统中，由于受控对象（如飞机、导弹等）本身的特性所产生或者是在系统传递函数方框图的变换中产生等原因，使得传递函数的分子或分母的 s 最高次幂项系数为负。为了解决这两方面的工程实际问题，提出了零度根轨迹问题。这里所谓的非最小相位系统（Non-minimum Phase System），指的是在 s 右半平面具有开环零、极点的控制系统。换言之，零度根轨迹的来源有两个方面：其一是非最小相位系统中包含 s 的最高次幂的系数为负的因子；其二是控制系统中包含有正反馈的内回路。前者是由于被控对象本身的特性所产生的，或者是在系统传递函数方框图变换过程中所产生的；后者是由于某种性能指标要求，使得在复杂的控制系统设计中必须包含正反馈内回路所致。

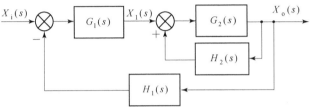

图 5-19 具有正反馈内回路的闭环系统结构

零度根轨迹的绘制方法，与常规根轨迹的绘制方法略有不同。以图 5-19 所示的内回路采用正反馈的闭环系统为例，这种系统通常由外回路加以稳定。为了分析整个控制系统的性能，首先要确定内回路的零点和极点。当用根轨迹法确定内回路的零点和极点时，就相当于绘制正反馈系统的根轨迹。在图 5-19 中，正反馈内回路的闭环传递函数为

$$\frac{X_o(s)}{X_1(s)} = \frac{G_2(s)}{1 - G_2(s)H_2(s)}$$

于是，得到正反馈系统的特征方程为

$$G_2(s)H_2(s) = 1 \tag{5-21}$$

式（5-21）可以等价地写成下列两个方程：

$$\sum_{j=1}^{m} \angle(s - z_j) - \sum_{i=1}^{n} \angle(s - p_i) = 0° + 2k\pi \quad k = 0, \pm 1, \pm 2, \cdots \tag{5-22}$$

$$K^* = \frac{\prod_{i=1}^{n} |s - p_i|}{\prod_{j=1}^{m} |s - z_j|} \tag{5-23}$$

用根轨迹的理论研究多项式方程求解中，变换后得到的根轨迹方程常常是式（5-21）的形式，因此需要绘制零度根轨迹。零度根轨迹不仅可以用来直接分析设计实际的控制系统，还可用于理论上的分析计算。与 5.2 节所介绍的 180 度根轨迹相类似，零度根轨迹也是从开环传递函数出发，以特征方程（5-21）或与其等价的相角方程（5-22）和模值方程（5-23）作为绘制系统根轨迹的依据，同样也称式（5-21）为零度根轨迹方程，称式（5-22）为零度根轨迹的相角条件，称式（5-23）为零度根轨迹的模值条件。式中各符号的意义与以前指出的相同。

因此，零度根轨迹与 180 度根轨迹都是依据根轨迹方程，研究当可变参数在可能取值范围内变化时闭环特征方程根变化的轨迹。其基本原理是相同的，应用根轨迹对系统进行分析或综合的方法也是相类似的。它们的差别主要是根轨迹的绘制方法和相应的根轨迹绘制法则。现着重就零度根轨迹相对于 180 度根轨迹的差别说明如下。

零度根轨迹的特点。分析比较根轨迹方程（5-21）~（5-23）与式（5-7）、式（5-9）和式（5-10），可以看出：零度根轨迹与 180 度根轨迹的模值方程完全相同；它们的不同点在于，零度根轨迹的特征方程（5-21）与 180 度根轨迹的特征方程（5-7）差一个负号，从而导致它们的相角方程（5-22）与方程（5-10）右边的相角主值差180°。零度根轨迹相角方程（5-22）右边相角的主值为0°（取 $k=0$），故称这类根轨迹为零度根轨迹；而 180 度根轨迹相角方程（5-10）右边的相角主值为180°，这也是该类根轨迹命名的由来。因此，常规根轨迹的绘制法则，原则上可以应用于零度根轨迹的绘制，但在与相角方程有关的一些法则中，需进行适当调整。从这种意义上说，零度根轨迹也是常规根轨迹的一种推广。

绘制零度根轨迹时，应调整的绘制法则有：

法则 3　根轨迹在实轴上的分布应改为：实轴上根轨迹所在区段内的右侧，开环零、极点数目之和为偶数。

法则 4　渐近线与实轴正方向的夹角应改为 $\phi_a = \dfrac{2k\pi}{n-m}$，$k=0,1,\cdots,n-m-1$。

法则 6　根轨迹的起始角和终止角应改为：起始角为其他零、极点到所求起始角复数极点的诸向量相角之差，即

$$\theta_{p_i} = 2k\pi + \left(\sum_{j=1}^{m} \phi_{z_j p_i} - \sum_{\substack{j=1 \\ (j \neq i)}}^{n} \theta_{p_j p_i} \right) \qquad k = 0, \pm 1, \pm 2, \cdots$$

终止角等于其他零、极点到所求终止角复数零点的诸向量相角之差的负值，即

$$\phi_{z_i} = 2k\pi + \left(\sum_{j=1}^{n} \theta_{p_j z_i} - \sum_{\substack{j=1 \\ (j \neq i)}}^{m} \phi_{z_j z_i} \right) \qquad k = 0, \pm 1, \pm 2, \cdots$$

除上述三个法则外，其他法则不变。

【例题 5-7】　**正反馈系统的零度根轨迹**

设正反馈系统传递函数方框图如图 5-19 中的内回路所示，其中

$$G(s) = \frac{K^*(s+2)}{(s+3)(s^2+2s+2)}, \quad H(s) = 1$$

试绘制该系统的根轨迹图，并确定临界的开环增益 K_c。

解：

本例根轨迹绘制可分以下几步：

（1）在复平面上画出开环极点 $p_1 = -1+j$，$p_2 = -1-j$，$p_3 = -3$ 以及开环零点 $z_1 = -2$。当 K^* 从零增到无穷时，根轨迹起始于开环极点，而终止于开环零点（包括无限零点）。

（2）确定实轴上的根轨迹。在实轴上，根轨迹存在于 $[-2, +\infty)$ 之间及 $(-\infty, -3]$ 之间。

（3）确定根轨迹的渐近线。对于本例，有 $n-m=2$ 条根轨迹趋于无穷，其交角为

$$\phi_a = \frac{2k\pi}{3-1} = 0° \text{ 和} 180°, \quad k = 0, 1$$

这表明根轨迹渐近线位于实轴上。

（4）确定分离点和分离角。由方程

$$\frac{1}{d+2} = \frac{1}{d+3} + \frac{1}{d+1-j} + \frac{1}{d+1+j}$$

经整理得 $(d+0.8)(d^2+4.7d+6.24)=0$。显然，分离点位于实轴上，故取 $d=-0.8$，而分离角等于 $90°$。

（5）确定起始角。对于复数极点 $p_1 = -1+j$，根轨迹的起始角为

$$\theta_{p_1} = 45° - (90° + 26.6°) = -71.6°$$

根据对称性，根轨迹在 $p_2 = -1-j$ 处的起始角 $\theta_{p_2} = 71.6°$。整个系统的零度根轨迹图如图 5-20 所示。

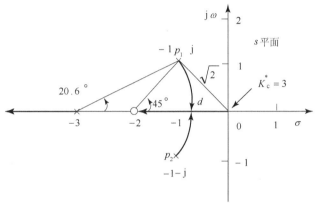

图 5-20 例题 5-7 的零度根轨迹图

（6）确定临界开环增益。由图 5-20 可见，坐标原点对应的根轨迹增益为临界值，可由模值条件求得

$$K_c^* = \frac{\left|0-(-1+j)\right| \cdot \left|0-(-1-j)\right| \cdot \left|0-(-3)\right|}{\left|0-(-2)\right|} = 3$$

由于 $K = K^*/3$，于是临界开环增益 $K_c = 1$。因此，为了使该正反馈系统稳定，开环增益要小于 1。

【例题 5-8】　**非最小相位系统的零度根轨迹**

试验中的旋翼飞机装有一个可以旋转的机翼，如图 5-21（a）所示。图 5-21（b）表示了飞机纵向运动的简化示意图。当飞机速度较低时，机翼将处在正常位置；而在飞机速度较高时，机翼将旋转到一个其他的合适位置，以便改善飞机的超音速飞行品质。

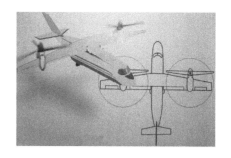

（a）实物图　　　　　　　　　　　　　　（b）简图

图 5-21　飞机纵向运动

假定飞机在纵向运动时的开环传递函数为

$$G(s)H(s) = \frac{K^*(-s^2 - As + B)}{s(s^2 + 2\xi\omega_n s + \omega_n^2)}, \quad \xi < 1$$

式中，A、B、ξ 和 ω_n 为与气动力参数有关的系数，均为正值。试绘制出飞机纵向运动的根轨迹图。

解： ————————————————————————————————

根据题意，飞机开环传递函数可写为如下形式：

$$G(s)H(s) = -K^* \frac{(s^2 + As - B)}{s(s^2 + 2\xi\omega_n s + \omega_n^2)} = -K^* \frac{(s+a)(s-b)}{s(s^2 + 2\xi\omega_n s + \omega_n^2)}$$

式中，$a = -(A + \sqrt{A^2 + 4B})/2$，$b = (\sqrt{A^2 + 4B} - A)/2$。显然，$|a| > |b|$。

飞机的开环极点为 $p_1 = 0$，$p_{2,3} = -\xi\omega_n \pm j\omega_n\sqrt{1-\xi^2}$；开环零点为 $z_1 = -a$ 和 $z_2 = b$，如图 5-22 所示。

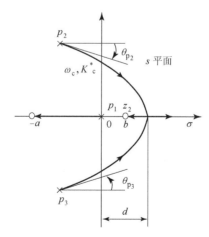

图 5-22　飞机纵向运动根轨迹图

由图 5-22 可见，在 s 右半平面有一个开环零点 $z_2 = b$，故属于非最小相位系统。此时，虽然整个系统是负反馈的，但因传递函数分子多项式中 s 最高次幂系数为负，从而使系统具有正反馈性质。若令

$$G_1(s)H_1(s) = K^* \frac{(s+a)(s-b)}{s(s^2 + 2\xi\omega_n s + \omega_n^2)}$$

则闭环特征方程为

$$G_1(s)H_1(s) = 1$$

上式与正反馈系统根轨迹方程（5-21）相同，所以用 $G_1(s)H_1(s)$ 作为开环传递函数画出的根轨迹，必然是零度根轨迹。

根据前面所述的零度根轨迹绘制法则，不难在图 5-22 中绘出飞机纵向运动的根轨迹，图中，d 为分离点坐标，在 $[b, \infty)$ 区间中确定；θ_{p_2} 和 θ_{p_3} 为起始角，它们大小相等、符号相反；ω_c 和 K_c^* 为根轨迹与虚轴交点的坐标。当系数 A、B、ξ 和 ω_c 为具体值时，这些特征数据均不难求得。

5.4   系统性能的分析和设计

如前所述，在经典控制理论中，控制系统设计的重要评价取决于系统的单位阶跃响应。系统的稳定性完全由闭环特征方程的根决定，系统的动态性能在很大程度上也取决于闭环极点。根轨迹分析法正是将系统中某个闭环特征方程的根随着可调参数的变化概略地绘制在复平面上的一套完整的方法。因此，当系统闭环特征方程的根轨迹绘制出来之后，就可以很直观地分析系统的闭环稳定性和动态性能了。

应用根轨迹法，可以迅速地确定系统在某一开环增益或某一参数值下的闭环零、极点位置，从而得到相应的闭环传递函数。这时，可以利用拉氏逆变换法或者 MATLAB 仿真确定系统的单位阶跃响应，由阶跃响应不难求出系统的各项性能指标，并可以从中选取使系统综合指标最优的变参数值，最终完成对系统的综合分析和设计。根轨迹分析一般是粗略的定性分析，在系统初步设计过程中，重要的方面往往不是如何求出系统的阶跃响应，而是如何根据已知的闭环零、极点去定性地分析系统的性能。

5.4.1 闭环零、极点与时间响应的关系

在第 4 章中，对闭环零、极点与时间响应的关系已经做过一些讨论。本节主要从根轨迹图上来定性分析有一定特点的闭环零、极点对系统性能的作用和影响。在工程实践中，常常采用主导极点（Dominant Pole）的概念对高阶系统进行近似分析。例如，n 阶系统的闭环传递函数可写为

$$\Phi(s) = \frac{X_o(s)}{X_i(s)} = \frac{b_0 s^m + b_1 s^{m-1} + \cdots + b_m}{a_0 s^n + a_1 s^{n-1} + \cdots + a_n} = \frac{K_\phi^* \prod_{j=1}^{m}(s - z_{\phi j})}{\prod_{i=1}^{n}(s - s_i)}$$

式中，$z_{\phi j}$ 为闭环传递函数的零点，s_i 为闭环传递函数的极点。

设输入为单位阶跃信号，$x_i(t) = 1(t)$，则 $X_i(s) = 1/s$，代入上式得

$$X_o(s) = \frac{K_\phi^* \prod\limits_{j=1}^{m}(s - z_{\phi j})}{\prod\limits_{i=1}^{n}(s - s_i)} \cdot \frac{1}{s}$$

如果 $\Phi(s)$ 无重极点，可将上式分解为部分分式，即

$$X_o(s) = \frac{A_0}{s} + \frac{A_1}{s - s_1} + \cdots + \frac{A_n}{s - s_n} = \frac{A_0}{s} + \sum_{k=1}^{n}\frac{A_k}{s - s_k} \qquad (5\text{-}24)$$

式中

$$A_0 = \left. \frac{K_\phi^* \prod\limits_{j=1}^{m}(s - z_{\phi j})}{\prod\limits_{i=1}^{n}(s - s_i)} \right|_{s=0} = \Phi(0)$$

$$A_k = \left. \frac{K_\phi^* \prod\limits_{j=1}^{m}(s - z_{\phi j})}{s \prod\limits_{\substack{i=1 \\ i \neq k}}^{n}(s - s_i)} \right|_{s=s_k} = \frac{K_\phi^* \prod\limits_{j=1}^{m}(s_k - z_{\phi j})}{s_k \prod\limits_{\substack{i=1 \\ i \neq k}}^{n}(s_k - s_i)}$$

式（5-24）经拉氏逆变换，得系统单位阶跃响应为

$$x_o(t) = \Phi(0) + \sum_{k=1}^{n} A_k e^{s_k t} \qquad (5\text{-}25)$$

由式（5-24）、式（5-25）可看出，系统响应与闭环零、极点密切相关。

我们知道，控制系统的动态过程应有足够的快速性和平稳性，系统被控量 x_o 应尽可能复现给定输入。为达到这些要求，闭环零、极点应如何分布？

（1）为保证系统稳定，所有闭环极点 s_k（或 s_i）必须位于 s 平面的虚轴之左。

（2）要提高系统的快速性，应使系统阶跃响应式（5-25）中各子分量 $e^{s_k t}$ 快速衰减，则闭环极点 s_k 应远离虚轴。

这可由一阶、二阶系统的响应来说明，因为 s_k 不外乎实根、复根两种可能。

① 对于一阶系统，由于闭环特征方程为 $Ts + 1 = 0$，故闭环特征根为实根 $s_1 = -\dfrac{1}{T}$，位于 s 平面左侧。另外，由于系统的阶跃响应式为 $x_o(t) = 1 - e^{s_1 t} = 1 - e^{-\frac{1}{T}t}$，快速性指标公式为 $t_s = 3T$，故可以从中看出：为提高快速性，缩短调整时间 t_s，应使时间常数 T 小一些，即特征根（或称闭环极点）的绝对值 $|s_1| = \dfrac{1}{T}$ 要大一些，也就是 s_1 应远离虚轴。由此，将使响应中的指数项衰减加快。

② 对于二阶系统，由于闭环特征方程为 $s^2 + 2\xi\omega_n s + \omega_n^2 = 0$，故闭环特征根在欠阻尼（$1 > \xi > 0$）情况下为复根 $s_{1,2} = -\xi\omega_n \pm j\omega_n\sqrt{1-\xi^2}$，并且位于 s 平面的左侧。另外，由于系统的阶跃响应式为 $x_o(t) = 1 - \dfrac{1}{\sqrt{1-\xi^2}}e^{-\xi\omega_n t} \cdot \sin[\omega_n\sqrt{1-\xi^2}\,t + \cos^{-1}\xi]$，后一分量呈振荡衰减变化，而快速性指标估算公式为 $t_s = 3/\xi\omega_n$，故可以从中看出：为提高快速性，缩短调整时间 t_s，应加大 $\xi\omega_n$，即特征根实部的绝对值要大一些，也就是 $s_{1,2}$ 应远离虚轴。由此，将使响应中的指数振荡加快衰减。

（3）要提高系统的平稳性，减小响应的超调，应使闭环极点 s_k 靠近实轴，复数极点最好设置在最佳阻尼线（即 s 平面中与负实轴成 $\pm 45°$ 的夹角线）附近。

如果 s_k 落在实轴上，像一阶系统分布，则响应的各子分量肯定没有振荡，平稳性好；如果 s_k 为复根，则有如二阶欠阻尼系统根的分布，特征根与负实轴夹角为 $\arccos\xi$，当 $\xi = 0.707$ 最佳阻尼比时，$\arccos\xi = 45°$，故称 $45°$ 夹角线为最佳阻尼线，最佳阻尼对应的响应平稳性好，超调很小。

（4）要想使动态过程尽快结束，则式（5-25）中的系数 A_k 应小一些。A_k 越小，暂态子分量就越小。由式（5-24）知

$$A_k = \frac{K_\phi^* \prod\limits_{j=1}^{m}(s_k - z_{\phi j})}{s_k \prod\limits_{\substack{i=1 \\ i \neq k}}^{n}(s_k - s_i)}$$

故应使分母大、分子小。从而看出，闭环极点 s_k 应远离原点，且极点之间的距离 $(s_k - s_i)$ 要大，即要拉开一些，分布要松散。另外，零点 $z_{\phi j}$ 应靠近极点 s_k。

由于零点的个数总是少于极点的个数，故最好是使零点靠近离虚轴最近的极点。因为这个极点所对应的响应子分量 $A_k e^{s_k t}$ 衰减最慢，对系统动态过程的快速性起决定性作用。如果能使某一零点靠近这个极点，则其 A_k 值将会很小，该子分量对响应的影响将大大减弱。结果，对系统动态性能起决定作用的将是离虚轴次近的极点，从而提高了系统的快速性。

（5）偶极子（Dipole）、可略零极点与闭环主导极点（Closed-loop Dominant-pole）。

系统分析中，如果某闭环零点与闭环极点之间的距离比它们本身的模值小一个数量级，即 $\left\| s_k - z_{\phi j} \right\| \leqslant \dfrac{1}{10}\min(|s_k|, |z_{\phi j}|)$，则这一对零、极点就构成了偶极子。简言之，一对靠得很近的闭环零、极点，常称为偶极子。由前述可知，构成偶极子的闭环极点，其响应子分量 $A_k e^{s_k t}$ 的数值很小，$x_o(t)$ 中的这一分量可忽略不计。在分析估算系统的动态性能时，只有偶极子不太接近虚轴时才能略去，太接近虚轴的偶极子是不能略去的。这一概念对控制系统的设计和改造是很重要的，可以有意识地在系统中设置适当的零点，以抵消对动态过程影响较大的不利极点，这将会显著改善系统的性能。

离虚轴最近的（且附近没有零点的）闭环极点，对系统响应影响最大，称为闭环主导极点，即对系统动态性能起主导作用的闭环极点。闭环主导极点可能是实极点，也可能是复极

点，但一般是一对共轭复数极点。通常把周围没有闭环零点又十分接近虚轴的闭环极点定为主导极点。当分析及估算系统性能指标时，在一定条件下，可以只考虑主导极点所对应的子分量，略掉其他极点的作用，如此则相当于将高阶系统近似看作一阶或二阶系统，这样就可以用系统动态性能计算公式近似地计算系统的性能指标，这是工程实践中常用的处理方法。

对于实部绝对值大于主导极点实部绝对值 5 倍的零、极点，无论构不构成偶极子，均可作为可略的零、极点。有时，可将 5～6 倍放宽到 2～3 倍。一般地，若其他极点的实部绝对值比主导极点的实部绝对值大 4 倍以上，近似分析就将有足够的可靠性。

若系统不能近似简化或是简化后仍为高阶，那么只能在仿真曲线上计算系统的性能指标，采用主导极点和二阶系统性能指标计算公式是不可行的。

5.4.2　系统性能的定性分析

采用根轨迹法分析或设计线性控制系统时，了解闭环零点和实数主导极点对系统性能指标的影响是非常重要的。根轨迹分析法的思想就是在复平面上绘制出闭环零、极点随某个可调参数变化的轨迹，根据零、极点的分布定性地分析出可能合适的零、极点的位置，以便选定可调参数，使闭环系统不仅稳定，而且满足动态性能指标。

闭环零点对系统性能影响的物理意义，已在前面进行了说明，这里不再重复。闭环实数主导极点对系统性能的影响是：闭环实数主导极点的作用，相当于增大系统的阻尼，使峰值时间迟后，超调量减小。如果实数极点比共轭复数极点更接近于坐标原点，甚至可以使振荡过程变为非振荡过程。闭环实数极点的这种作用，可以用下面的物理解释来说明。由于无零点三阶系统相当于欠阻尼二阶系统与一个滞后的平滑滤波器的串联，因此欠阻尼二阶系统的时间响应经过平滑滤波器后，其峰值时间被滞后，超调量被减小，过渡过程被平缓。实数极点越接近于坐标原点，意味着滤波器的时间常数越大，上述这种作用就越强。

根据前面所讲内容，在根轨迹图上定性分析闭环系统的性能，可以归纳为以下几点：

（1）稳定性。如果闭环极点全部位于 s 左半平面，则系统一定是稳定的。即闭环系统稳定性的充要条件是闭环所有极点位于左半复平面，而与闭环零点无关。

（2）运动形式。如果闭环系统无零点，且闭环极点均为实数极点，则时间响应一定是单调的；如果闭环极点均为复数极点，则时间响应一般是振荡的。

（3）超调量。超调量主要取决于闭环复数主导极点的衰减率 $\sigma_1/\omega_d = \xi/\sqrt{1-\xi^2}$，并与其他闭环零、极点接近坐标原点的程度有关。

（4）调节时间。距虚轴最近且附近没有闭环零点的闭环复数极点的实部绝对值 $\sigma_1 = \xi\omega_n$ 是决定调节时间的主因。即若实数极点距虚轴最近，并且它附近没有实数零点，则调节时间主要取决于该实数极点的模值。

（5）闭环主导极点。在 s 平面根轨迹上离虚轴最近而附近又无闭环零点的一些闭环极点，对系统性能影响最大，是闭环主导极点。

（6）偶极子及其处理。如果闭环零、极点之间的距离比它们本身的模值小一个数量级，则它们就构成了偶极子。远离虚轴的偶极子，其影响可略；接近虚轴的偶极子，其影响必须考虑。

（7）可略零、极点。凡实部绝对值比主导极点实部绝对值大 5～6 倍以上的闭环零、极点，其影响均可以忽略。有时大 2～3 倍也可以，这种情况必须通过仿真来证实。

（8）实数零、极点影响。零点可以减小系统阻尼，使峰值时间提前，超调量增大；极点可以增大系统阻尼，使峰值时间滞后，超调量减小。它们共同的特点是，随着其本身接近坐标原点的程度而加强。

5.4.3 控制系统的复域设计

本节以 3 个具体的工程实例来说明如何用复域法进行系统设计。

【工程实例 5-4】 **磁盘驱动读取系统的复域设计**

磁盘驱动器广泛用于各类计算机中，是控制工程的一个重要应用实例。考察图 5-23（a）所示的磁盘驱动器内部结构示意图可知，磁盘驱动器读取装置的目标是将磁头准确定位，以便正确读取磁盘上磁道的信息，因此需要进行精确控制的变量是安装在传动手臂上的磁头位置。磁盘驱动读取系统一般采用 PID 控制器控制的永磁直流电机驱动。如图 5-23（b）所示的读写磁头安装在传动手臂上，利用特定的磁粒子的极性来记录数据。磁头读取磁盘上各点处不同的磁通量，将磁粒子的不同极性转换成不同的电脉冲信号，再利用数据转换器将信号提供给 PID 控制器。

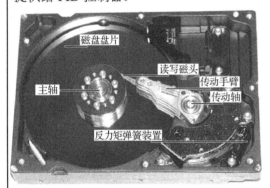

（a）磁盘驱动器结构示意图

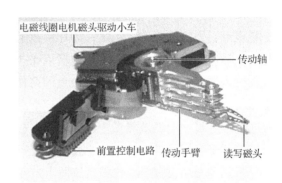

（b）磁头安装结构示意图

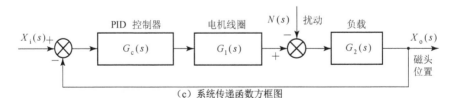

（c）系统传递函数方框图

图 5-23　磁盘驱动读取系统

系统的传递函数方框图如图 5-23（c）所示，其中，$G_1(s) = \dfrac{5000}{s+1000}$，$G_2(s) = \dfrac{10}{s(s+20)}$。求利用根轨迹法来设计 PID 控制器的参数 K_1、K_2 和 K_3，使系统满足如表 5-2 所示的设计指标的要求。

表 5-2　磁盘驱动控制系统的设计指标要求和实际性能指标

性 能 指 标	预 期 值	实际响应值
超调量	$<5\%$	0
调节时间	<250 ms	174 ms
对单位扰动的最大响应值	$<7\times10^{-3}$	-6.67×10^{-3}

解：

PID 控制器的传递函数为

$$G_c(s)=K_1+\frac{K_2}{s}+K_3s$$

因为对象模型 $G_2(s)$ 中已经包含有积分环节，故应取 $K_2=0$。于是，选择了 PD 控制器，其传递函数为

$$G_c(s)=K_1+K_3s$$

系统开环传递函数为

$$G(s)=G_c(s)G_1(s)G_2(s)=\frac{50000(K_1+K_3s)}{s(s+20)(s+1000)}=\frac{50000K_3(s+z)}{s(s+20)(s+1000)}$$

式中，$z=K_1/K_3$ 为开环零点。于是，可用 K_1 与 K_3 的比值来选择开环零点 z 的位置，然后画出 K_3 变化时的根轨迹。若最终设计结果不符合设计指标要求，则改变零点 z 的位置，重复以上设计过程。考虑到系统对超调量的要求，为使系统的主导极点为负实极点，试取 $z=3$，即 $K_1=3K_3$，则系统开环传递函数为

$$G(s)=\frac{50000K_3(s+3)}{s(s+20)(s+1000)}$$

根据根轨迹的绘制法则，根轨迹渐近线的交点和交角分别为

$$\sigma_a=\frac{-1020+3}{2}=-508.5,\quad \phi_a=\frac{(2k+1)\pi}{3-1}=\pm90°$$

磁头控制系统根轨迹图如图 5-24 所示。图中标出了利用模值方程确定的与 $K_3=10$，$K_1=30$ 对应的闭环极点。同时，由表 5-2 可见，所设计的系统满足全部设计指标要求。

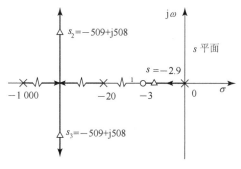

图 5-24　磁头控制系统根轨迹图

【工程实例 5-5】 ▊ 未来超音速客机的复域设计 ▊

在欧洲航天局的资助下，英国牛津郡的工程师们正在设计一种由耐热性好、重量轻的材料制成的未来超音速客机。它能以两倍于协和客机的速度飞行，从欧洲到澳大利亚只要不到 5 个小时。该客机名为 A2，可以容纳 300 名乘客，并配备先进的计算机控制系统，在臭氧层（约 30500 米的高空）能以三倍音速约 5 马赫左右（合 6116 km/h）的速度飞行。因为在这样的高速下，任何窗户都将因摩擦产生的高热而熔化，所以 A2 将不会有窗户。虽然预计 A2 将在十多年后投入使用，但是它所用的技术都是已有的技术。它将使用环保的液氢弯嘴引擎。A2 的效果图如图 5-25（a）所示，为该型飞机设计的一种自动飞行控制系统传递函数方框图如图 5-25（b）所示，系统主导极点的理想阻尼比 $\xi_0 = 0.707$。飞机的特征参数为 $\omega_n = 2.5$，$\xi = 0.3$，$\tau = 0.1$。增益因子 K_1 的可调范围较大：当飞机飞行状态从中等重量巡航变为轻重量降落时，K_1 可以从 0.02 变至 0.2。要求：

（1）画出增益 $K_1 K_2$ 变化时，系统的根轨迹图；

（2）当飞机以中等重量巡航时，确定 K_2 的取值，使系统阻尼比 $\xi_0 = 0.707$；

（3）若 K_2 由（2）中给出，K_1 为轻重量降落时的增益，则试确定系统的阻尼比 ξ_0。

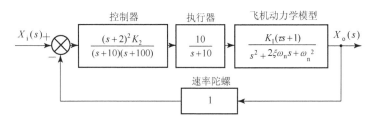

（a）A2 效果图　　　　　　（b）自动飞行控制系统的传递函数方框图

图 5-25　未来的超音速喷气式客机

解：

（1）根轨迹图。

由图 5-25（b）知，系统开环传递函数为

$$G(s) = \frac{10K_1 K_2 (\tau s + 1)(s+2)^2}{(s+10)^2 (s+100)(s^2 + 2\xi\omega_n s + \omega_n^2)}$$

代入 $\tau = 0.1$，$\omega_n = 2.5$，$\xi = 0.3$，有

$$G(s) = \frac{K_1 K_2 (s+2)^2}{(s+10)(s+100)(s+0.75+j2.38)(s+0.75-j2.38)}$$

令 $K^* = K_1 K_2$，从 $0 \to \infty$ 时，绘出系统根轨迹图如图 5-26 所示。在图 5-26 中，对于渐近线，渐近线与实轴的交点和夹角为

$$\sigma_a = \frac{-1.5-10-100+4}{4-2} = -53.73，\quad \phi_a = \pm 90°$$

对于分离点，分离点方程为

$$\frac{2}{d+2} = \frac{1}{d+10} + \frac{1}{d+100} + \frac{1}{d+0.75+j2.38} + \frac{1}{d+0.75-j2.38}$$

解得
$$d = -54$$

（2）当 $K_1 = 0.02$，中等重量巡航时，确定使 $\xi_0 = 0.707$ 的 K_2 值。在根轨迹图上，画出 $\xi_0 = 0.707$ 阻尼比线，与复根轨迹部分的交点为主导极点，即

$$s_{1,2} = -1.63 \pm \text{j}1.63$$

利用模值方程，可以算出 s_1 处的根轨迹增益为

$$K^* = K_1 K_2 = 1\,430$$

于是，求得

$$K_2 = \frac{K^*}{K_1} = 71\,500$$

（3）当 $K_1 = 0.2$，$K_2 = 71\,500$，轻重量降落时，确定闭环系统阻尼比 ξ_0。因为 $K^* = K_1 K_2 = 1430$，故可确定出闭环极点为

$$s_{1,2} = -1.96 \pm \text{j}0.617, \quad s_{3,4} = -53.8 \pm \text{j}110$$

由于复极点 $s_{1,2}$ 的位置十分接近重零点 $z = -2$，其作用相互削弱，形成近似偶极子，故 $s_{3,4}$ 变为系统主导极点。因为 $\beta = \arctan\dfrac{110}{53.8} = 63.9°$，所以系统阻尼比 $\xi_0 = \cos\beta = 0.439$。

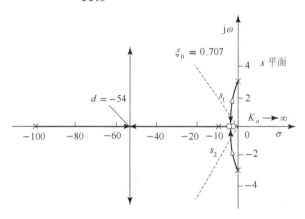

图 5-26　工程实例 5-5 的根轨迹图

【应用点评 5-5】　应用根轨迹图的关键及注意事项

根轨迹图揭示了稳定性、阻尼系数、振型等动态性能与系统参数的关系，用根轨迹图设计控制系统的关键是配置合适的闭环主导极点。要使理论设计符合工程实际，必须注意控制系统的鲁棒性。

【工程实例 5-6】　电梯控制系统的复域设计

电梯的控制是控制工程中最具代表性的一例。目前，电梯在我国已被广泛地应用。几十米甚至一百多米的高层建筑都配备了性能优良的电梯。电梯的控制，主要是控制它的垂直升降位置。控制垂直位置的系统模型是一个单位负反馈的闭环系统，如图 5-27 所示。试利用

根轨迹法讨论使系统稳定的 K 取值范围，并找出使系统的超调量小于 0.1 和调节时间小于 6 s（按 5% 标准）的闭环主导极点和其他极点。

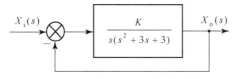

图 5-27　电梯控制的数学模型

解:

由图 5-27，可以求出系统的开环极点为 0，$-1.5 \pm j0.5\sqrt{3}$，并且系统没有开环零点。

通过 5.2 节所讲的根轨迹法则，可以得到以下信息：

对于渐近线

$$\sigma_a = -1 \text{，} \quad \phi_a = (2k+1)\pi/3 \text{，} \quad \phi_{a_1} = \pi/3 \text{，} \quad \phi_{a_2} = \pi \text{，} \quad \phi_{a_3} = 5\pi/3$$

对于分离点

$$K = -s^3 - 3s^2 - 3s \text{，} \quad \frac{\mathrm{d}K}{\mathrm{d}s} = -3s^2 - 6s - 3 = -3(s+1)^2 = 0$$

可见，分离点 -1 是重分离点，对应 $K = 1$。

对于分离角，其角度为 45°。

对于与虚轴的交点，将 $s = j\omega$ 代入闭环特征方程 $s^3 + 3s^2 + 3s + K = 0$ 中，得 $-j\omega^3 - 3\omega^2 + j3\omega + K = 0$，$\omega = \pm\sqrt{3}$，$K = 3\omega^2 = 9$，故当 $0 < K < 9$ 时，闭环系统稳定。

对于起始角，$\theta_{p_1} = (2k+1)\pi - \angle(-1.5 + j0.5\sqrt{3}) - 90° = -30°$，$\theta_{p_2} = 30°$。电梯控制系统的根轨迹图如图 5-28 所示。

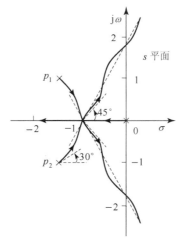

图 5-28　电梯控制系统的根轨迹图

对上述根轨迹进行分析知，当 $0 < K < 1$ 时，闭环的一个极点位于 $(-1, 0)$ 之间，而另两个极点为共轭复数极点，其实部在 [-1.5, -1] 之间。对于这类极点分布的系统，负实极点起主导作用，系统呈现过阻尼特性，无超调，但调节时间将加长，这种情况一般不可取。

若取闭环系统的一个极点为 -1.5，则 $K = 1.125$，另两个极点为 $-0.75 \pm j0.433$。仿真结果为

$$Y(t) = 1 - e^{-1.5t} - 3.4642e^{-0.75t}\sin 0.433t$$

其中，$Y(6) = 1 - 0.000\,123\,4 - 0.019\,82 = 0.98$，调节时间满足要求。当 $t = 7.26\,\text{s}$ 时，$\sin 0.433t$ 才能为负值，从仿真结果的解析表达式上可以分析出系统无超调量。从理论上来说，满足了设计要求。

若取一个闭环极点为-1.2，则 $K = 1.008$，另两个极点为 $-0.9 \pm \text{j}0.1732$。仿真结果为

$$Y(t) = 1 - 7e^{-1.2t} + 6e^{-0.9t}\cos 0.1732t - 17.321e^{-0.9t}\sin 0.1732t$$
$$Y(6) = 1 - 0.005\,226\,1 + 0.013\,55 - 0.067\,75 = 0.94$$
$$Y(t_\text{p}) = 1 - 0.049\,287 + 0.11 - 0.2762 = 0.784\,513$$

系统无超调，由 $Y(7) = 0.97$ 知 $t_\text{s} = 7\,\text{s}$，调节时间不符合要求。

若取闭环的一个极点为-2，则 $K = 2$，另两个极点为 $-0.5 \pm \text{j}0.5\sqrt{3}$。仿真结果为

$$Y(t) = 1 - \frac{1}{3}e^{-2t} - \frac{2}{3}e^{-0.5t}\cos\frac{\sqrt{3}}{2}t - \frac{2\sqrt{3}}{3}e^{-0.5t}\sin\frac{\sqrt{3}}{2}t$$

$Y(6) = 1 - 0.015\,88 + 0.05 = 1.034\,42$，超调量为 3.4%，调节时间满足。根据峰值时间的计算公式算出，峰值时间为 $t_\text{p} = 4.23\,\text{s}$。$Y(t_\text{p}) = 1 + 0.069\,65 + 0.069\,65 = 1.1393$，超调量过大，不符合要求。

若取闭环一个极点为-1.8，则 $K = 1.512$，另两个极点为 $-0.6 \pm \text{j}0.692\,82$。仿真结果为

$$Y(t) = 1 - 0.4375e^{-1.8t} - 0.5625e^{-0.6t}\cos 0.6928t - 1.6238e^{-0.6t}\sin 0.6928t$$

$Y(6) = 1.045\,775$，$t_\text{p} = 5.293\,\text{s}$，$Y(t_\text{p}) = 1.054\,347$，超调量 $M_P \approx 5.4\% < 10\%$。

根据上述分析知，最后的参数选取是本例中最好的。

5.5　本章小结

控制系统的性能与系统闭环传递函数的极点、零点在 s 平面上的分布位置有着密切的关系。本章介绍了根轨迹的概念、根轨迹的绘制法则及利用根轨迹分析系统性能的方法其主要内容是：

（1）根轨迹是以开环传递函数中的某个参数为参变量而画出的闭环极点在 s 平面上运动的轨迹。在实际中最常见的是负反馈系统以开环增益为变量的根轨迹，称为常规根轨迹。负反馈系统以其他系统参量作为可变参量绘制的根轨迹称为参数根轨迹。

（2）根据系统开环零、极点在 s 平面上的分布，以及绘制根轨迹图的基本法则，就能比较简便地绘制出根轨迹的大致形状，并可进一步分析开环增益变化对系统闭环极点位置及动态性能的影响。

（3）增加开环零、极点会对根轨迹有影响，因此可以通过增加开环零、极点来改善系统的性能。

（4）根轨迹图不仅能直观地看到系统参数的变化对系统性能的影响，而且还可用它求出指定参变量或指定阻尼比相对应的闭环极点。

（5）利用闭环主导极点的概念能估算出系统的动态性能，并能定性地分析主导极点以外的其他闭环极点和零点对系统动态性能的影响。

5.6 习题

5-1 思考以下问题：

（1）什么是根轨迹？如何绘制根轨迹图？

（2）根据根轨迹的基本规则可以概略地绘制根轨迹，这是否说明根轨迹不能对系统进行定量分析？根轨迹的分支数与开环极点数有什么关系？

（3）什么是分离点？它是否不在实轴上？为什么法则 5 只是用来确定分离点的必要条件，而不是充分条件？

（4）根轨迹与虚轴交点处的频率是否是系统的持续振荡频率？

（5）零度根轨迹与常规根轨迹的绘制规则有何异同？

（6）如何从根轨迹图分析闭环控制系统的性能？

5-2 开环系统的零、极点在 s 平面上的分布如图 5-29 所示，试绘制根轨迹图。

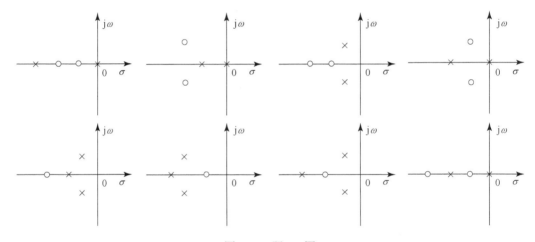

图 5-29 题 5-2 图

5-3 设单位负反馈系统开环传递函数如下，试绘出开环增益 K 从零变到无穷时的闭环根轨迹图：

（1）$G(s) = \dfrac{K}{s(0.2s+1)(0.5s+1)}$ ；

（2）$G(s) = \dfrac{K(s+1)}{s(2s+1)}$ 。

5-4 根据下列正反馈回路的开环传递函数，绘出其根轨迹的大致图形：

（1）$G(s)H(s) = \dfrac{K_1}{(s+1)(s+2)}$ ；

（2）$G(s)H(s) = \dfrac{K_1}{s(s+1)(s+2)}$ 。

5-5 设单位反馈系统的开环传递函数为

$$G(s) = \frac{K^*(s+2)}{s(s+1)}$$

试从数学上证明：复数根轨迹部分是以 $(-2, j0)$ 为圆心、以 $\sqrt{2}$ 为半径的一个圆。

5-6　设系统的方框图如图 5-30 所示，试绘制以 K_1 为变量的根轨迹图，并要求：

（1）　求无局部反馈对系统性能的影响；

（2）　讨论 $K_1 = 2$ 时局部反馈对系统性能的影响；

（3）　确定临界阻尼时的 K_1 值。

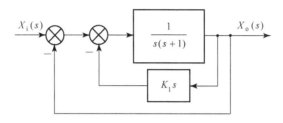

图 5-30　题 5-6 图

5-7　设控制系统的结构如图 5-31 所示，其中 τ 为微分时间常数，试绘制以 τ 为参变量的根轨迹图。

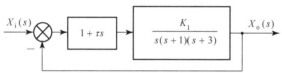

图 5-31　题 5-7 图

5-8　系统的闭环特征方程如下，试绘制以 K 为参变量的根轨迹图：

（1）　$s^3 + 2s^2 + 3s + Ks + 2K = 0$；

（2）　$s^3 + 3s^2 + (K+2)s + 10K = 0$。

5-9　已知某单位负反馈系统的开环传递函数为

$$G(s) = \frac{K_1}{s(s^2 + 14s + 45)}$$

试绘制以 K_1 为参变量的根轨迹，并求：

（1）　系统无超调的 K_1 值的范围；

（2）　确定使系统产生持续振荡的 K_1 值，并求此时的振荡频率。

5-10　设控制系统开环传递函数为

$$G(s) = \frac{K^*(s+1)}{s^2(s+2)(s+4)}$$

试画出正反馈和负反馈系统的根轨迹图，并指出它们的稳定情况有何不同。

5-11　单位负反馈系统的开环传递函数为 $G(s) = \dfrac{K}{s(sT+1)}$（$K > 0$, $T > 0$），在 T 不变时，

单纯调整 K 为什么不能得到快速性和振荡性都好的闭环阶跃响应过程？叙述一种改变系统结构以改善系统性能的方案，并简述理由。

第6章 系统的频率特性

前面讨论了系统的时域特性，即以微分方程及其解的性质来分析系统在时域内的瞬态性能和稳态性能。下面将以傅里叶变换为工具，将传递函数从复域引入到具有明确物理意义的频域来分析系统的特性，即系统的频率特性分析。

本章将首先介绍频率特性的基本概念及其与传递函数的关系，重点讲解频率特性的极坐标图（Nyquist 图）和对数坐标图（Bode 图）的绘制方法，再介绍闭环系统频率特性及其频域性能指标，以及最小相位系统的概念。要求学生深入了解和切实掌握 Nyquist 图与 Bode 图的绘制方法和步骤，这也是本章的重点。

6.1 频率特性

6.1.1 频率响应与频率特性

在荡秋千时，如果人坐在秋千上不动，荡秋千的运动类似于单摆的运动，如图 6-1 所示。在秋千从最低点荡到最高点的过程中，重力做负功，系统的动能转化为系统的势能；反之，在秋千从最高点荡回到最低点的过程中，系统的势能又转化为系统的动能。就这样秋千在空中不停地摆动，摆动的频率是由绳子长度决定的，即 $\omega_n = \sqrt{g/l}$，l 为秋千的绳长，g 为重力加速度。由于空气阻力和摩擦力的存在，秋千最终会停下来。如果有一个频率为 ω 的周期外力作用在人的身体上，秋千就随着外力一起摆动，摆动的频率为 ω。

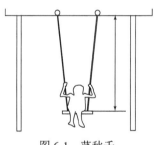

图 6-1　荡秋千

从这个简单的实例中可以看出，秋千摆动的频率有两个：一个是秋千结构决定的自然频率 ω_n；另一个是外力的频率 ω。频率为 ω_n 的摆动会随着时间的推移而衰减，频率为 ω 的摆动是随着外力的存在而存在的。本章将研究系统在外界谐波输入作用下的响应，并且分析系统的响应幅值和相位与谐波输入的频率之间的关系。

1．频率响应

根据 4.1 节系统的时间响应及其组成可知，一个稳定的线性定常系统的响应包括瞬态响应（Transient Response）和稳态响应（Steady-state Response）。瞬态响应会随着时间的推移逐渐衰减为零，使系统的响应收敛于稳态响应。下面以一阶惯性系统为例，分析当系统输入一个谐波信号 $x_i(t) = X_i \sin \omega t$ 时系统的稳态响应。

【例题 6-1】　**分析当系统输入一个谐波信号时的稳态响应**

一阶惯性系统的传递函数为

$$G(s) = \frac{1}{Ts+1} \tag{6-1}$$

式中，$T > 0$，分析当系统输入一个谐波信号 $x_i(t) = X_i \sin \omega t$ 时系统的稳态响应。

解：

输入信号 $x_i(t) = X_i \sin \omega t$ 的拉氏变换为

$$X_i(s) = \frac{X_i \omega}{s^2 + \omega^2}$$

输出信号的拉氏变换为

$$X_o(s) = G(s)X_i(s) = \frac{1}{Ts+1} \cdot \frac{X_i \omega}{s^2 + \omega^2}$$

经拉氏逆变换，输出信号为

$$x_o(t) = \frac{X_i T \omega}{1 + T^2 \omega^2} \cdot e^{-t/T} + \frac{X_i}{\sqrt{1 + T^2 \omega^2}} \sin(\omega t - \arctan T\omega) \tag{6-2}$$

式（6-2）由两项组成，第一项是负指数函数，$G(s)$ 的极点为 $-1/T$，且为负值，故随着时间的推移，即 $t \to \infty$ 时，这一项迅速衰减至零，即为瞬态响应；第二项是正弦函数，振动的频率是 ω，幅值是 $\dfrac{X_i}{\sqrt{1 + T^2 \omega^2}}$，相位是 $-\arctan T\omega$，故随着时间的推移，即 $t \to \infty$ 时，系统的稳态响应为

$$x_o(t) = \frac{X_i}{\sqrt{1 + T^2 \omega^2}} \sin(\omega t - \arctan T\omega) \tag{6-3}$$

系统的稳态响应是与输入信号同频率的谐波信号，其幅值 $X_o(\omega) = \dfrac{X_i}{\sqrt{1 + T^2 \omega^2}}$，相位 $\phi(\omega) = -\arctan T\omega$。系统的稳态响应进一步写为

$$x_o(t) = X_o(\omega) \sin[\omega t + \phi(\omega)] \tag{6-4}$$

线性定常系统对谐波输入的稳态响应称为频率响应（Frequency Response）。频率响应只是时间响应的一个特例。当谐波输入信号的频率 ω 不同时，式（6-4）中的幅值 $X_o(\omega)$ 和相位 $\phi(\omega)$ 也不同。也就是说，幅值 $X_o(\omega)$ 和相位 $\phi(\omega)$ 都随着频率 ω 的变化而变化。系统的输入信号 $x_i(t)$ 和频率响应 $x_o(t)$ 如图 6-2 所示。

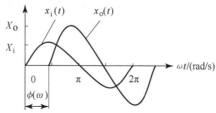

图 6-2　系统输入信号与频率响应

　　与输入信号相比较，频率响应也为同一频率的谐波信号，但幅值和相位都发生了变化。输出信号的幅值 $X_o(\omega)$ 与输入信号的幅值 X_i 之比是输入信号频率 ω 的非线性函数；输出信号的相位与输入信号的相位之差 $\phi(\omega)$ 是输入信号频率 ω 的非线性函数。当输入信号的频率 ω 发生改变时，幅值 $X_o(\omega)$ 与相位 $\phi(\omega)$ 也随着改变。这恰好提供了有关系统本身特性的重要信息，系统的频率响应与输入信号的频率有一定的作用关系。

2. 频率特性

　　由以上分析可知，线性定常系统在谐波输入信号作用下，频率响应与输入信号的幅值之比是输入信号的频率 ω 的函数，称为系统的幅频特性（Amplitude-Frequency Characteristics），记为 $A(\omega)$。它描述了在稳态情况下，当系统输入不同频率的谐波信号时，其幅值衰减或增大的特性，即

$$A(\omega) = \frac{X_o(\omega)}{X_i} \tag{6-5}$$

　　频率响应与输入信号的相位之差（或称为相移）也是 ω 的函数，称为系统的相频特性（Phase-Frequency Characteristics）。它描述了在稳态情况下，当系统输入不同频率的谐波信号时，其相位产生超前（$\phi(\omega) > 0$）或滞后（$\phi(\omega) < 0$）的特性。规定 $\phi(\omega)$ 按逆时针方向旋转为正值，按顺时针方向旋转为负值。对于一个物理系统，相位一般是滞后的，即 $\phi(\omega)$ 一般是负值。

　　幅频特性 $A(\omega)$ 和相频特性 $\phi(\omega)$ 总称为频率特性（Frequency Characteristics），记为 $A(\omega) \cdot \angle\phi(\omega)$ 或 $A(\omega) \cdot e^{j\phi\omega}$，也就是说，频率特性是输入信号频率 ω 的复变函数，其幅值（Amplitude）为 $A(\omega)$，相位（Phase）为 $\phi(\omega)$。

6.1.2　频率特性的求法

　　频率特性的求法有 3 种：

　　（1）根据已知系统的微分方程，把谐波输入信号代入微分方程中，求解微分方程，便可求出系统的稳态解与谐波输入的幅值之比和相位之差，即系统的频率特性；

　　（2）根据传递函数求取，将传递函数 $G(s)$ 中的 s 用 $j\omega$ 替代，即为频率特性 $G(j\omega)$；

　　（3）根据试验测得。

　　这里仅介绍根据传递函数求取频率特性，即将传递函数 $G(s)$ 中的 s 换为 $j\omega$（$s = j\omega$）来求取。由上可知，系统的频率特性就是传递函数 $G(s)$ 中复变量 $s = \sigma + j\omega$ 在 $\sigma = 0$ 时的特殊情况。由此，得到一个极为重要的结论和方法，即将系统的传递函数 $G(s)$ 中的 s 换为 $j\omega$，就得到系统的频率特性 $G(j\omega)$。故 $G(j\omega) = |G(j\omega)| e^{j\angle G(j\omega)}$ 就是系统的频率特性，它是将 $G(s)$ 中的 s 用 $j\omega$ 取代后的结果，是 ω 的复变函数。

【应用推广6-1】　频率特性的表示方法

　　既然频率特性是 ω 的复变函数，就可以用如下方法表示：

　　幅频—相频形式：　$G(j\omega) = A(\omega) \cdot \angle\phi(\omega)$；

　　指数形式：　$G(j\omega) = A(\omega) \cdot e^{j\phi(\omega)}$；

　　实频（Real Frequency）—虚频（Imaginary Frequency）形式：　$G(j\omega) = \mathrm{Re}(\omega) + j\mathrm{Im}(\omega)$；

　　三角函数形式：　$G(j\omega) = A(\omega) \cdot \cos\phi(\omega) + jA(\omega) \cdot \sin\phi(\omega)$。

【例题 6-2】 分析系统的频率特性和频率响应

求【例题 6-1】所述系统的频率特性和频率响应。

解：

根据频率特性的求法，系统的频率特性为

$$G(\mathrm{j}\omega) = G(s)\big|_{s=\mathrm{j}\omega} = \frac{1}{\mathrm{j}T\omega + 1} = \frac{1}{\sqrt{1 + T^2\omega^2}}\mathrm{e}^{-\arctan T\omega} \qquad (6\text{-}6)$$

系统的幅频特性为

$$A(\omega) = \left|G(\mathrm{j}\omega)\right| = \frac{1}{\sqrt{1 + T^2\omega^2}}$$

系统的相频特性为

$$\phi(\omega) = \angle G(\mathrm{j}\omega) = -\arctan T\omega$$

系统的频率响应为

$$x_\mathrm{o}(t) = X_\mathrm{i}\left|G(\mathrm{j}\omega)\right|\sin[\omega t + \angle G(\mathrm{j}\omega)] = \frac{X_\mathrm{i}}{\sqrt{1 + T^2\omega^2}}\sin(\omega t - \arctan T\omega)$$

6.1.3 微分方程、频率特性、传递函数之间的关系

设系统的微分方程为

$$a_n x_\mathrm{o}^{(n)}(t) + a_{n-1}x_\mathrm{o}^{(n-1)}(t) + \cdots + a_1 x_\mathrm{o}'(t) + a_0 x_\mathrm{o}(t) = b_m x_\mathrm{i}^{(m)}(t) + b_{m-1}x_\mathrm{i}^{(m-1)} + \cdots + b_1 x_\mathrm{i}'(t) + b_0 x_\mathrm{i}(t) \qquad (6\text{-}7)$$

根据拉氏变换，系统的传递函数 $G(s)$ 为

$$G(s) = \frac{X_\mathrm{o}(s)}{X_\mathrm{i}(s)} = \frac{b_m s^m + b_{m-1}s^{m-1} + \cdots + b_1 s + b_0}{a_n s^n + a_{n-1}s^{n-1} + \cdots + a_1 s + a_0} \qquad (6\text{-}8)$$

将传递函数 $G(s)$ 中的 s 用 $\mathrm{j}\omega$ 替代，系统的频率特性 $G(\mathrm{j}\omega)$ 为

$$G(\mathrm{j}\omega) = \frac{X_\mathrm{o}(\mathrm{j}\omega)}{X_\mathrm{i}(\mathrm{j}\omega)} = \frac{b_m(\mathrm{j}\omega)^m + b_{m-1}(\mathrm{j}\omega)^{m-1} + \cdots + b_1(\mathrm{j}\omega) + b_0}{a_n(\mathrm{j}\omega)^n + a_{n-1}(\mathrm{j}\omega)^{n-1} + \cdots + a_1(\mathrm{j}\omega) + a_0} \qquad (6\text{-}9)$$

根据频率特性的定义可知，系统的幅频特性和相频特性分别为

$$A(\omega) = \frac{X_\mathrm{o}(\omega)}{X_\mathrm{i}} = \left|G(\mathrm{j}\omega)\right| \qquad (6\text{-}10)$$

$$\phi(\omega) = \angle G(\mathrm{j}\omega) \qquad (6\text{-}11)$$

微分方程、传递函数、频率特性是系统数学模型的不同表达形式，都能表征系统的动态过程，它们之间可以相互转化，有着内在的联系。它们之间的关系如图 6-3 所示。

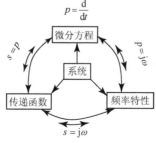

图 6-3 微分方程、传递函数、频率特性之间的关系

6.1.4　频率特性的特点和作用

（1）系统传递函数 $G(s)$ 的拉氏逆变换是系统的单位脉冲响应，而系统的频率特性 $G(j\omega)$ 的求法是将传递函数 $G(s)$ 中的 s 用 $j\omega$ 替代，因此，系统的频率特性就是单位脉冲响应函数 $w(t)$ 的傅里叶变换，即 $w(t)$ 的频谱。所以，对频率特性的分析就是对单位脉冲响应函数的频谱分析。

（2）时间响应分析主要用于分析线性系统过渡过程，以获得系统的瞬态特性；而频率特性分析则是分析当系统输入不同频率的谐波信号时系统的稳态响应，以获得系统的稳态特性。

（3）根据频率特性可以较方便地判别系统的稳定性和稳定性储备。这将在第 7 章中讲解。

（4）通过频率特性分析可以进行系统参数设计或系统性能校正，选取系统工作的频率范围，或者根据系统工作的频率范围，设计具有合适的频率特性的系统，使系统尽可能达到预期的性能指标。这将在第 8 章中讲解。

6.2　频率特性的极坐标图

如前所述，频率特性 $G(j\omega)$ 以及幅频特性和相频特性都是谐波输入信号频率 ω 的函数，因而可以用图形表示它们随频率变化的规律。用图形表示系统的频率特性，具有直观方便的优点，在系统性能分析和校正的研究过程中很有用处。常用的频率特性的图示方法有极坐标图（Polar Plot）和对数坐标图（Logarithmic Plot）。

6.2.1　极坐标图

频率特性 $G(j\omega)$ 有幅值和相角，是一个矢量。当给出不同输入信号频率 ω 值时，就可计算出相应的幅值和相角值，这样，可以在复平面上画出 ω 值由零变化到无穷大时 $G(j\omega)$ 的矢量，把矢量末端连成曲线就可得到系统的幅、相频率特性曲线，如图 6-4（a）所示，称为极坐标图。在绘制矢量时，也可用频率特性 $G(j\omega)$ 的实部和虚部进行绘制，如图 6-4（b）所示。奈奎斯特（Nyquist）在 1932 年提出根据极坐标图的形状判断系统稳定性的判据，所以也称为奈奎斯特图或 Nyquist 图（Nyquist Plot）。

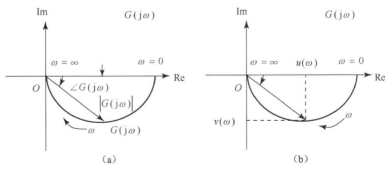

图 6-4　频率特性的极坐标图

对于一个给定的 ω 值，$G(j\omega)$ 可以用一个矢量来表示，矢量的长度为幅值 $|G(j\omega)|$，与正实轴的夹角为相角 $\angle G(j\omega)$，在实轴和虚轴上的投影分别为其实部 $u(\omega)$ 和虚部 $v(\omega)$。相角 $\phi(\omega)$ 的符号规定为从正实轴开始，逆时针方向旋转为正，顺时针方向旋转为负。当 ω 从 $0 \to \infty$ 时，$G(j\omega)$ 端点随 ω 移动的轨迹，即为频率特性的极坐标图。它不仅表示了幅频特性和相频特性，而且也表示了实频特性和虚频特性。图 6-4 中 ω 的箭头方向表示 ω 从小到大变化的方向。

6.2.2　典型环节的 Nyquist 图

一般系统都是由典型环节组成的，所以，系统的频率特性也都是由典型环节的频率特性组成的。因此，熟悉典型环节的频率特性是研究系统频率特性的基础。

1. 比例环节

比例环节的传递函数为

$$G(s) = K \tag{6-12}$$

频率特性为

$$G(j\omega) = K \tag{6-13}$$

实频特性 $u(\omega) = \text{Re}[G(j\omega)] = K$，虚频特性 $v(\omega) = \text{Im}[G(j\omega)] = 0$；幅频特性 $|G(j\omega)| = K$，相频特性 $\angle G(j\omega) = 0$。可见，比例环节频率特性的 Nyquist 图为实轴上的一点 $(K, j0)$，如图 6-5 所示。

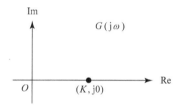

图 6-5　比例环节的 Nyquist 图

2. 积分环节

积分环节的传递函数为

$$G(s) = 1/s \tag{6-14}$$

频率特性为

$$G(j\omega) = 1/j\omega \tag{6-15}$$

实频特性 $u(\omega) = \text{Re}[G(j\omega)] = 0$，虚频特性 $v(\omega) = \text{Im}[G(j\omega)] = -1/\omega$；幅频特性 $|G(j\omega)| = \dfrac{1}{\omega}$，相频特性 $\angle G(j\omega) = -90°$。

当 $\omega \to 0$ 时，$u(\omega)=0$，$v(\omega)=-\infty$，$|G(j\omega)|=\infty$，$\angle G(j\omega)=-90°$；
当 $\omega \to \infty$ 时，$u(\omega)=0$，$v(\omega)=0$，$|G(j\omega)|=0$，$\angle G(j\omega)=-90°$。

积分环节频率特性的 Nyquist 图是虚轴的下半轴，由无穷远处指向原点，相位滞后-90°，如图 6-6 所示。

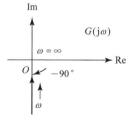

图 6-6　积分环节的 Nyquist 图

3. 微分环节

微分环节的传递函数为

$$G(s) = s \qquad (6\text{-}16)$$

频率特性为

$$G(\mathrm{j}\omega) = \mathrm{j}\omega \qquad (6\text{-}17)$$

实频特性 $u(\omega) = \mathrm{Re}[G(\mathrm{j}\omega)] = 0$ ，虚频特性 $v(\omega) = \mathrm{Im}[G(\mathrm{j}\omega)] = \omega$ ；幅频特性 $|G(\mathrm{j}\omega)| = \omega$ ，相频特性 $\angle G(\mathrm{j}\omega) = 90°$ 。

当 $\omega \to 0$ 时， $u(\omega) = 0$ ， $v(\omega) = 0$ ， $|G(\mathrm{j}\omega)| = 0$ ， $\angle G(\mathrm{j}\omega) = 90°$ ；

当 $\omega \to \infty$ 时， $u(\omega) = 0$ ， $v(\omega) = \infty$ ， $|G(\mathrm{j}\omega)| = \infty$ ， $\angle G(\mathrm{j}\omega) = 90°$ 。

微分环节的频率特性的 Nyquist 图是虚轴的上半轴，由原点指向无穷远点，相位超前 $90°$ ，如图 6-7 所示。

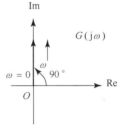

图 6-7　微分环节的 Nyquist 图

4. 一阶惯性环节

一阶惯性环节的传递函数为

$$G(s) = \frac{1}{Ts+1} \qquad (6\text{-}18)$$

频率特性为

$$G(\mathrm{j}\omega) = \frac{1}{\mathrm{j}T\omega + 1} = \frac{1}{1 + T^2\omega^2} - \mathrm{j}\frac{T\omega}{1 + T^2\omega^2} \qquad (6\text{-}19)$$

实频特性 $u(\omega) = \mathrm{Re}[G(\mathrm{j}\omega)] = \dfrac{1}{1 + T^2\omega^2}$ ，虚频特性 $v(\omega) = \mathrm{Im}[G(\mathrm{j}\omega)] = \dfrac{-T\omega}{1 + T^2\omega^2}$ ；幅频特性 $|G(\mathrm{j}\omega)| = \dfrac{1}{\sqrt{1 + T^2\omega^2}}$ ，相频特性 $\angle G(\mathrm{j}\omega) = -\arctan T\omega$ 。

当 $\omega \to 0$ 时， $u(\omega) = 1$ ， $v(\omega) = 0$ ， $|G(\mathrm{j}\omega)| = 1$ ， $\angle G(\mathrm{j}\omega) = 0°$ ；

当 $\omega = 1/T$ 时， $u(\omega) = 1/2$ ， $v(\omega) = -1/2$ ， $|G(\mathrm{j}\omega)| = 1/\sqrt{2}$ ， $\angle G(\mathrm{j}\omega) = -45°$ ；

当 $\omega \to \infty$ 时， $u(\omega) = 0$ ， $v(\omega) = 0$ ， $|G(\mathrm{j}\omega)| = 0$ ， $\angle G(\mathrm{j}\omega) = -90°$ 。

当 ω 从 $0 \to \infty$ 时，惯性环节频率特性的 Nyquist 图如图 6-8（a）所示，是在正实轴下方的一个半圆，圆心为（ $1/2, \mathrm{j}0$ ），半径为 $1/2$ 。从图中可以看出，惯性环节频率特性的幅值随着频率 ω 的增大而减小，因而具有低通滤波的性能。它存在相位滞后，且滞后相位角随着频率的增大而增大，最大相位滞后 $90°$ 。当 ω 从 $-\infty \to 0$ 时，惯性环节频率特性的 Nyquist 图如

图 6-8（b）所示，是在正实轴上方的一个半圆。当 ω 从 $0\to\infty$ 与 ω 从 $-\infty\to 0$ 时，一阶惯性环节频率特性的 Nyquist 图正好是关于正实轴对称的。

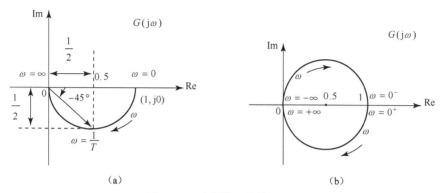

图 6-8　一阶惯性环节的 Nyquist 图

从图 6-8 可以看出，一阶惯性环节具有低通滤波的性能，根据一阶惯性环节的 Nyquist 图可以设计低通滤波器，研究提高低通滤波器性能的方法。

5．一阶微分环节（或称为导前环节）

一阶微分环节的传递函数为

$$G(s)=Ts+1 \tag{6-20}$$

频率特性为

$$G(j\omega)=1+jT\omega \tag{6-21}$$

实频特性 $u(\omega)=\mathrm{Re}[G(j\omega)]=1$，虚频特性 $v(\omega)=\mathrm{Im}[G(j\omega)]=T\omega$；幅频特性 $|G(j\omega)|=\sqrt{1+T^2\omega^2}$，相频特性 $\angle G(j\omega)=\arctan T\omega$。

当 $\omega\to 0$ 时，$u(\omega)=1$，$v(\omega)=0$，$|G(j\omega)|=1$，$\angle G(j\omega)=0°$；

当 $\omega=1/T$ 时，$u(\omega)=1$，$v(\omega)=1$，$|G(j\omega)|=\sqrt{2}$，$\angle G(j\omega)=45°$；

当 $\omega\to\infty$ 时，$u(\omega)=1$，$v(\omega)=\infty$，$|G(j\omega)|=\infty$，$\angle G(j\omega)=90°$。

当 ω 从 $0\to\infty$ 时，$G(j\omega)$ 的幅值由 $1\to\infty$，相位由 $0\to 90°$，一阶微分环节频率特性的 Nyquist 图是在第一象限内的一条直线，始于点 $(1,j0)$，平行于虚轴，如图 6-9 所示。

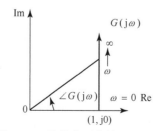

图 6-9　一阶微分环节的 Nyquist 图

6. 二阶振荡环节

二阶振荡环节的传递函数为

$$G(s) = \frac{\omega_n^2}{s^2 + 2\xi\omega_n s + \omega_n^2} \qquad (0 < \xi < 1) \qquad (6\text{-}22)$$

频率特性为

$$G(j\omega) = \frac{\omega_n^2}{-\omega^2 + \omega_n^2 + j2\xi\omega\omega_n} \qquad (6\text{-}23)$$

将式（6-23）的分子、分母同除以 ω_n^2，并令 $\omega/\omega_n = \lambda$，得

$$G(j\omega) = \frac{1-\lambda^2}{(1-\lambda^2)^2 + 4\xi^2\lambda^2} - j\frac{2\xi\lambda}{(1-\lambda^2)^2 + 4\xi^2\lambda^2}$$

实频特性 $u(\omega) = \mathrm{Re}[G(j\omega)] = \dfrac{1-\lambda^2}{(1-\lambda^2)^2 + 4\xi^2\lambda^2}$，虚频特性 $v(\omega) = \mathrm{Im}[G(j\omega)] = \dfrac{-2\xi\lambda}{(1-\lambda^2)^2 + 4\xi^2\lambda^2}$；

幅频特性 $|G(j\omega)| = \dfrac{1}{\sqrt{(1-\lambda^2)^2 + 4\xi^2\lambda^2}}$，相频特性 $\angle G(j\omega) = -\arctan\dfrac{2\xi\lambda}{1-\lambda^2}$。

当 $\lambda \to 0$，即 $\omega \to 0$ 时，$u(\omega) = 1$，$v(\omega) = 0$，$|G(j\omega)| = 1$，$\angle G(j\omega) = 0°$；

当 $\lambda = 1$，即 $\omega = \omega_n$ 时，$u(\omega) = 0$，$v(\omega) = -\dfrac{1}{2\xi}$，$|G(j\omega)| = \dfrac{1}{2\xi}$，$\angle G(j\omega) = -90°$；

当 $\lambda \to \infty$，即 $\omega \to \infty$ 时，$u(\omega) = 0$，$v(\omega) = 0$，$|G(j\omega)| = 0$，$\angle G(j\omega) = -180°$。

当 λ 从 $0 \to \infty$，即 ω 从 $0 \to \infty$ 时，$G(j\omega)$ 的幅值从 $1 \to 0$，其相位由 $0° \to -180°$。振荡环节频率特性的 Nyquist 图起始于点 $(1, j0)$，终止于点 $(0, j0)$，曲线与虚轴的交点的频率就是无阻尼固有频率 ω_n，与虚轴的交点为 $-\dfrac{1}{2\xi}$，曲线从第四象限开始，在第三象限接近 $-180°$ 收敛于原点，随着 ξ 取值的减小，$G(j\omega)$ 的 Nyquist 曲线轮廓变大，如图 6-10 所示。

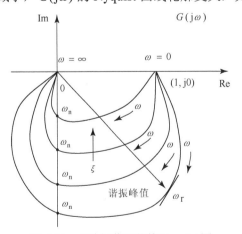

图 6-10　二阶振荡环节的 Nyquist 图

在阻尼比 $\xi < 0.707$ 时，幅频特性 $|G(j\omega)|$ 在频率为 ω_r（或频率比 $\lambda_r = \omega_r/\omega_n$）处出现峰值，如图 6-10 所示。此峰值称为谐振峰值，频率 ω_r 称为谐振频率。ω_r 可通过在频率 ω_r 处的幅频特性的导数为零求出。

令

$$\frac{\partial |G(j\omega)|}{\partial \lambda}\Bigg|_{\lambda=\lambda_{\mathrm{r}}} = 0$$

求得

$$\lambda_{\mathrm{r}} = \sqrt{1-2\xi^2}$$

即谐振频率

$$\omega_{\mathrm{r}} = \omega_{\mathrm{n}}\sqrt{1-2\xi^2}$$

谐振峰值

$$|G(j\omega)| = \frac{1}{2\xi\sqrt{1-\xi^2}}$$

频率 ω_{r} 的相角

$$\angle G(j\omega) = -\arctan\frac{\sqrt{1-2\xi^2}}{\xi}$$

当阻尼比 $\xi \geqslant 0.707$ 时，一般 ω_{r} 不再存在。

【应用点评 6-2】　工程中的二阶振荡系统

　　汽车的乘坐舒适性越来越受到人们的重视。引起汽车振动的振源主要有汽车行驶时的路面随机激励和发动机工作时的振动激励。因此，要合理设计汽车悬挂系统，以改善汽车的振动特性，提高汽车乘坐舒适性。此外，大多数机械结构或工艺装备，如金属切削机床、锻压设备等都可以用质量—弹簧—阻尼系统近似来描述。上述有关频率特性、刚度、机械阻尼等概念及其分析具有普遍意义，并在工程实践中得到了应用。

　　生活中挑扁担就是一个典型的二阶振荡系统。通常在设计扁担时要选择合适的材质，最好是具有一定的韧性和强度的木料，雕刻出合理的截面现状，截取合适的长度，目的是使扁担具有合适的振荡频率和阻尼。在考虑以上因素的同时，还要考虑扁担承担的载荷，以及货郎行走的频率。目的是货郎在挑扁担的过程中，行走的频率正好跟扁担的频率一致，扁担随着货郎的行走频率一起振荡，只要给扁担一点点作用力，就可以使扁担随货郎一起起伏行走。这里有两个频率，一个是扁担的频率 ω_{n}，一个是货郎的行走频率 ω，最省力的状态就是这两个频率相等。

【应用点评 6-3】　二阶振荡系统中的 ω 与 ω_{n} 的物理意义

　　ω 是系统的输入信号的频率，ω_{n} 是系统本身固有的振荡频率。

7．二阶微分环节

二阶微分环节的传递函数为

$$G(s) = \frac{s^2 + 2\xi\omega_{\mathrm{n}}s + \omega_{\mathrm{n}}^2}{\omega_{\mathrm{n}}^2} \tag{6-24}$$

将式（6-24）的分子、分母同除以 ω_{n}^2，并令 $\omega/\omega_{\mathrm{n}} = \lambda$，二阶微分环节的频率特性为

$$G(j\omega) = 1 - \lambda^2 + j2\xi\lambda \qquad (6\text{-}25)$$

实频特性 $u(\omega) = \text{Re}[G(j\omega)] = 1 - \lambda^2$，虚频特性 $v(\omega) = \text{Im}[G(j\omega)] = 2\xi\lambda$；幅频特性 $|G(j\omega)| =$
$\sqrt{(1-\lambda^2)^2 + 4\xi^2\lambda^2}$，相频特性 $\angle G(j\omega) = \arctan\dfrac{2\xi\lambda}{1-\lambda^2}$。

当 $\lambda \to 0$，即 $\omega \to 0$ 时，$u(\omega) = 1$，$v(\omega) = 0$，$|G(j\omega)| = 1$，$\angle G(j\omega) = 0°$；

当 $\lambda = 1$，$u(\omega) = 0$ 时，$v(\omega) = 2\xi$，$|G(j\omega)| = 2\xi$，$\angle G(j\omega) = 90°$；

当 $\lambda \to \infty$，即 $\omega \to \infty$ 时，$u(\omega) = -\infty$，$v(\omega) = \infty$，$|G(j\omega)| = \infty$，$\angle G(j\omega) = 180°$。

当 λ 从 $0 \to \infty$，即 ω 从 $0 \to \infty$ 时，$G(j\omega)$ 的幅值由 $1 \to \infty$，其相位由 $0° \to 180°$。二阶微分环节频率特性的 Nyquist 图起始于点 $(1, j0)$，趋向于 $(-\infty, j\infty)$，曲线与虚轴的交点的频率就是无阻尼固有频率 ω_n，与虚轴的交点为 2ξ，如图 6-11 所示。

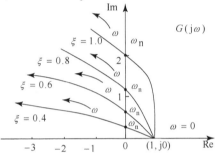

图 6-11　二阶微分环节的 Nyquist 图

8. 延时环节

延时环节的传递函数为

$$G(s) = e^{-\tau s} \qquad (6\text{-}26)$$

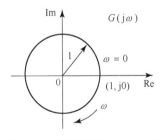

图 6-12　延时环节的 Nyquist 图

频率特性为

$$G(j\omega) = e^{-j\tau\omega} = \cos\tau\omega - j\sin\tau\omega \qquad (6\text{-}27)$$

实频特性 $u(\omega) = \text{Re}[G(j\omega)] = \cos\tau\omega$，虚频特性 $v(\omega) = \text{Im}[G(j\omega)] = -\sin\tau\omega$；幅频特性 $|G(j\omega)| = 1$，相频特性 $\angle G(j\omega) = -\tau\omega$。延时环节频率特性的 Nyquist 图是一单位圆，幅值恒为 1，相位 $\angle G(j\omega)$ 则随着 ω 顺时针方向的变化成正比变化，即当 ω 从 $0 \to \infty$，延时环节的 Nyquist 图在单位圆上无限循环，如图 6-12 所示。

6.2.3　含有积分环节系统的 Nyquist 图

考虑含有 γ 个积分环节的 n 阶系统的一般形式，其频率特性为

$$G(j\omega) = \frac{K(1+j\omega\tau_1)(1+j\omega\tau_2)\cdots(1+j\omega\tau_m)}{(j\omega)^\gamma(1+j\omega T_1)(1+j\omega T_2)\cdots(1+j\omega T_p)} \qquad (6\text{-}28)$$

其分母阶次为 $n = \gamma + p$，分子阶次为 m，其中 $n \geqslant m$，$\gamma = 0, 1, 2, \cdots$。当 $\omega = 0$ 时，Nyquist 图的起始点取决于系统的型次，即低频区域内的 Nyquist 图与系统的型次有关。对于不同型次

的系统，其 Nyquist 图如图 6-13 所示，具有以下特点：

（1）当 $\gamma = 0$ 时，即 0 型系统，Nyquist 图起始于正实轴上某一点；

（2）当 $\gamma = 1$ 时，即 Ⅰ 型系统，Nyquist 图起始于相位角为 $-90°$ 的无穷远处，其渐近线为一平行于虚轴的直线；

（3）当 $\gamma = 2$ 时，即 Ⅱ 型系统，Nyquist 图起始于相位角为 $-180°$ 的无穷远处，其渐近线为一条平行于实轴的直线。

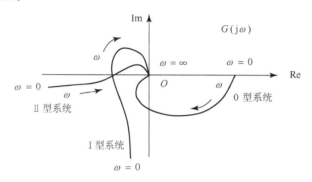

图 6-13　0 型、Ⅰ 型和 Ⅱ 型系统的 Nyquist 图

6.2.4　Nyquist 图的一般形状

通常可以利用 MATLAB 软件高速准确地绘制 Nyquist 图，但在有些情况下我们只需要知道系统 Nyquist 曲线的概略图形，不需要绘制出它的准确形状，但要保持 Nyquist 曲线在重要点附近的准确性。绘制 Nyquist 曲线的概略图形的一般步骤如下：

（1）由 $G(j\omega)$ 求出实频特性 $\mathrm{Re}[G(j\omega)]$、虚频特性 $\mathrm{Im}[G(j\omega)]$、幅频特性 $|G(j\omega)|$ 和相频特性 $\angle G(j\omega)$ 的表达式。

（2）求 $G(j\omega)$ 的起始点（$\omega = 0$）、终止点（$\omega = \infty$）、实频特性 $\mathrm{Re}[G(j\omega)]$、虚频特性 $\mathrm{Im}[G(j\omega)]$、幅频特性 $|G(j\omega)|$ 和相频特性 $\angle G(j\omega)$ 的表达式，绘制 Nyquist 图的起止点。

（3）求出若干特征点，例如与实轴的交点，即 $\mathrm{Im}[G(j\omega)] = 0$ 的点；与虚轴的交点，即 $\mathrm{Re}[G(j\omega)] = 0$ 的点等，并标注在 Nyquist 图上。

（4）当 $\omega = \infty$ 时，若 $n > m$，Nyquist 图以顺时针方向收敛于原点，即幅值为零；相位角与分母和分子的阶次之差有关，即 $\angle G(j\omega)\big|_{\omega = \infty} = -(n - m) \times 90°$，也就是 Nyquist 曲线跨过的象限个数。高频区域内的 Nyquist 图如图 6-14 所示。

（5）当 $G(s)$ 含有零点时，其频率特性 $G(j\omega)$ 的相位将不随 ω 增大单调减小，Nyquist 图会产生"变形"或"弯曲"，具体画法与 $G(j\omega)$ 各环节的时间常数有关。

（6）根据 $|G(j\omega)|$、$\angle G(j\omega)$ 和 $\mathrm{Re}[G(j\omega)]$、$\mathrm{Im}[G(j\omega)]$ 的变化趋势，以及 $G(j\omega)$ 所处的象限，画出 Nyquist 曲线的大致图形。

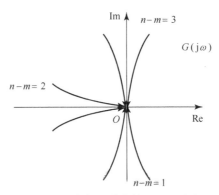

图 6-14　高频区域内的 Nyquist 图

【例题 6-3】　**绘制系统的 Nyquist 图**

已知系统的传递函数为

$$G(s) = \frac{K}{s^2(1+T_1 s)(1+T_2 s)} \tag{6-29}$$

式中，时间常数 $T_1 > 0$，$T_2 > 0$，常数 $K > 0$，试绘制系统的 Nyquist 图。

解：

系统的频率特性为

$$G(j\omega) = \frac{K}{(j\omega)^2(1+jT_1\omega)(1+jT_2\omega)}$$

系统是由一个比例环节、两个积分环节和两个惯性环节组成的，系统是 II 型系统。频率特性进一步化为

$$G(j\omega) = \frac{K(1-T_1 T_2 \omega^2)}{-\omega^2(1+T_1^2\omega^2)(1+T_2^2\omega^2)} + j\frac{K(T_1+T_2)}{\omega(1+T_1^2\omega^2)(1+T_2^2\omega^2)}$$

实频特性 $u(\omega) = \dfrac{K(1-T_1 T_2 \omega^2)}{-\omega^2(1+T_1^2\omega^2)(1+T_2^2\omega^2)}$，虚频特性 $v(\omega) = \dfrac{K(T_1+T_2)}{\omega(1+T_1^2\omega^2)(1+T_2^2\omega^2)}$，幅频特性

$|G(j\omega)| = \dfrac{K}{\omega^2\sqrt{1+T_1^2\omega^2}\sqrt{1+T_2^2\omega^2}}$，相频特性 $\angle G(j\omega) = -180° - \arctan T_1\omega - \arctan T_2\omega$。

当 $\omega \to 0$ 时，$|G(j\omega)| = \infty$，$\angle G(j\omega) = -180°$；

当 $\omega \to \infty$ 时，$|G(j\omega)| = 0$，$\angle G(j\omega) = -360°$。

令 $\mathrm{Re}[G(j\omega)] = 0$，得 $\omega = \dfrac{1}{\sqrt{T_1 T_2}}$，将 ω 代入 $\mathrm{Im}[G(j\omega)]$，得 Nyquist 曲线与正虚轴的交点，即

$$\mathrm{Im}[G(j\omega)] = \frac{K(T_1 T_2)^{3/2}}{T_1 + T_2}$$

当 $\omega \to 0$ 时，实频特性 $\mathrm{Re}[G(j\omega)] \to -\infty$，虚频特性 $\mathrm{Im}[G(j\omega)] \to \infty$，相频特性 $-180°$。而当 ω 从 $0 \to \infty$ 时，实频特性 $\mathrm{Re}[G(j\omega)]$、虚频特性 $\mathrm{Im}[G(j\omega)]$ 从 $\infty \to 0$，且 $\mathrm{Im}[G(j\omega)]$ 始终为正值。由此可知，频率特性在 $[G(j\omega)]$ 的上半平面第二象限和第一象限内，如图 6-15 所示。

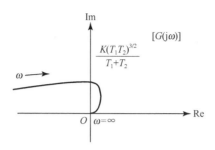

图 6-15　例题 6-3 系统的 Nyquist 图

6.2.5　机电系统的 Nyquist 图

【工程实例 6-1】　哈勃太空望远镜指向控制系统的 Nyquist 图

根据图 5-1（c），哈勃太空望远镜指向控制系统的开环传递函数为

$$G(s) = \frac{K_a}{s(s + K_1)} \tag{6-30}$$

式中，$K_1 > 0$，$K_a > 0$，绘制开环传递函数的 Nyquist 曲线的概略图形。

解：

系统的开环频率特性为

$$G(j\omega) = \frac{K_a}{j\omega(K_1 + j\omega)} = -\frac{K_a}{(K_1^2 + \omega^2)} - j\frac{K_1 K_a}{\omega(K_1^2 + \omega^2)}$$

由上式可知，系统是由比例环节、积分环节和惯性环节组成。其实频特性 $u(\omega) = \text{Re}[G(j\omega)]$
$= -\dfrac{K_a}{(K_1^2 + \omega^2)}$，虚频特性 $v(\omega) = \text{Im}[G(j\omega)] = -\dfrac{K_1 K_a}{\omega(K_1^2 + \omega^2)}$；幅频特性 $|G(j\omega)| = \dfrac{K_a}{\omega\sqrt{K_1^2 + \omega^2}}$，

相频特性 $\angle G(j\omega) = -90° - \arctan \omega / K_1$。于是有

当 $\omega \to 0$ 时，$u(\omega) = -\dfrac{K_a}{K_1^2}$，$v(\omega) = -\infty$，$|G(j\omega)| = \infty$，$\angle G(j\omega) = -90°$；

当 $\omega \to \infty$ 时，$u(\omega) = 0$，$v(\omega) = 0$，$|G(j\omega)| = 0$，$\angle G(j\omega) = -180°$。

哈勃太空望远镜指向控制系统的开环传递函数 Nyquist 图如图 6-16 所示，频率特性的
Nyquist 图沿着渐近线 $-\dfrac{K_a}{K_1^2}$ 起始于 $-90°$，从 $-180°$ 收敛于原点。

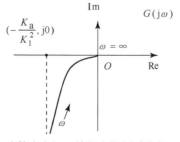

图 6-16　哈勃太空望远镜指向控制系统的 Nyquist 图

【工程实例6-2】 **汽车悬挂系统的 Nyquist 图**

图 3-37 所示的汽车悬挂系统，从输入 $x_i(t)$ 到输出 $x_o(t)$ 之间的传递函数为 $X_o(s)/X_i(s)$，即

$$G(s) = \frac{X_o(s)}{X_i(s)} = \frac{2\xi\omega_n s + \omega_n^2}{s^2 + 2\xi\omega_n s + \omega_n^2} \tag{6-31}$$

求汽车悬挂系统的 Nyquist 图。

解：

系统的频率特性为

$$G(j\omega) = \frac{j2\xi\omega_n\omega + \omega_n^2}{j2\xi\omega_n\omega + (\omega_n^2 - \omega^2)} = \frac{j2\xi\lambda + 1}{j2\xi\lambda + (1 - \lambda^2)}$$

$$= \frac{1 - \lambda^2 + (2\xi\lambda)^2}{(1 - \lambda^2)^2 + (2\xi\lambda)^2} - j\frac{2\xi\lambda^3}{(1 - \lambda^2)^2 + (2\xi\lambda)^2}$$

由上式可知，系统是由二阶振荡环节和一阶微分环节组成的。其实频特性 $u(\omega) = \mathrm{Re}[G(j\omega)] = \dfrac{1 - \lambda^2 + (2\xi\lambda)^2}{(1 - \lambda^2)^2 + (2\xi\lambda)^2}$，虚频特性 $v(\omega) = \mathrm{Im}[G(j\omega)] = -\dfrac{2\xi\lambda^3}{(1 - \lambda^2)^2 + (2\xi\lambda)^2}$；幅频特性 $|G(j\omega)| = \dfrac{\sqrt{(2\xi\lambda)^2 + 1}}{\sqrt{(2\xi\lambda)^2 + (1 - \lambda^2)^2}}$，相频特性 $\angle G(j\omega) = \arctan 2\xi\lambda - \arctan 2\xi\lambda/(1 - \lambda^2)$。于是有

当 $\lambda = 0$，即 $\omega \ll \omega_n$ 时，$u(\omega) = 1$，$v(\omega) = 0$，$|G(j\omega)| = 1$，$\angle G(j\omega) = 0$；

当 $\lambda = 1$，即 $\omega = \omega_n$ 时，$u(\omega) = 1$，$v(\omega) = \dfrac{1}{2\xi}$，$|G(j\omega)| = \dfrac{\sqrt{(2\xi)^2 + 1}}{2\xi}$，$\angle G(j\omega) = \arctan 2\xi - 90°$；

当 $\lambda = \infty$，即 $\omega \gg \omega_n$ 时，$u(\omega) = 0$，$v(\omega) = 0$，$|G(j\omega)| = 0$，$\angle G(j\omega) = -90°$。

汽车悬挂系统的 Nyquist 图如图 6-17 所示。频率特性的 Nyquist 图起始于正实轴上的点 $(1, j0)$，沿着 $-90°$ 方向收敛于原点。

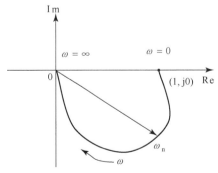

图 6-17 汽车悬挂系统的 Nyquist 图

6.3　频率特性的对数坐标图

极坐标图是在复平面内描绘频率特性 $G(j\omega)$ 矢量末端随频率变化的规律，可在一张图上描述出系统的频率特性，这给分析系统的动态性能带来了方便，其中一个重要的方面就是为研究系统稳定性提供了基础。但极坐标图的缺点在于不能明确地表示出系统是由哪些典型环节组成以及各环节所起的作用，另外当系统由多个环节组成时，绘制图形比较烦琐，因此下面介绍对数坐标图。

6.3.1　对数坐标图

频率特性的对数坐标图又称为 Bode 图。对数坐标图由对数幅频特性图和对数相频特性图组成，分别表示幅频特性和相频特性。对数坐标图的横坐标表示频率 ω，但按对数分度（Logarithmic Measure），单位是 rad/s，如图 6-18 所示。ω 的数值每变化 10 倍，在对数坐标上变化一个单位。即频率 ω 从任一数值 ω_0 增加（减小）到 $\omega_1 = 10\omega_0$（$\omega_1 = \omega_0 / 10$）时的频带宽度在对数坐标上为一个单位。将该频带宽度称为十倍频程（Decade），通常以" dec "表示。为了方便起见，其横坐标虽然按对数坐标分度，但是习惯上其刻度值不标 $\lg\omega$ 值，而是标真数 ω 值。

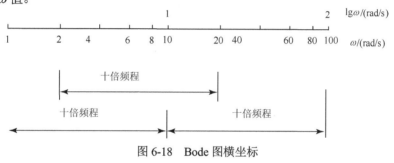

图 6-18　Bode 图横坐标

对数幅频特性（Logarithmic Magnitude Frequency）图的纵坐标表示 $G(j\omega)$ 的幅值，用 $20\lg|G(j\omega)|$ 表示（图中简写为 $20\lg|G|$），单位是分贝（Decibel），记为 dB，按线性分度；对数相频特性图的纵坐标表示 $G(j\omega)$ 的相位，用 $\angle G(j\omega)$ 表示，单位是度，也是按线性分度的。图 6-19 表示对数坐标图的坐标系。当 $|G(j\omega)| = 1$ 时，$20\lg|G(j\omega)| = 0\,dB$，0 dB 表示输出信号的幅值等于输入信号的幅值；当 $\angle G(j\omega) = 0°$ 时，表示输出信号的相角与输入信号的相角相同。

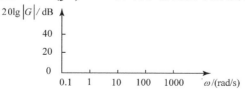

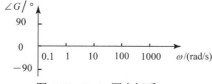

图 6-19　Bode 图坐标系

用 Bode 图表示频率特性有如下优点：

（1）可将串联环节幅频特性的乘、除运算转化为幅频特性的加、减运算，因而简化了计算和作图过程；

（2）可采用渐近线的作图方法绘制对数频率特性图，尤其是在控制系统设计和校正方面带来很大方便；

（3）首先绘制各个典型环节的 Bode 图，然后用叠加方法得出系统的 Bode 图，并由此可以看出各个典型环节对系统总的频率特性的影响规律；

（4）由于横坐标采用对数分度，所以能把较宽频率范围的图形紧凑地表示出来，这样可以很方便地分析和研究系统低频段内的频率特性。

6.3.2 典型环节的 Bode 图

1. 比例环节

比例环节的频率特性为

$$G(j\omega) = K \tag{6-32}$$

对数幅频特性和相频特性分别为

$$20\lg|G(j\omega)| = 20\lg K$$

$$\angle G(j\omega) = 0°$$

当 K 大于 1 时，其对数幅频特性为正；当 K 小于 1 时，其对数幅频特性为负。比例常数 K 不随频率而变，对数幅频特性曲线为平行于横坐标的水平直线，其幅值为 $20\lg K$，对数相频特性曲线是与 $0°$ 线重合的一条直线。因此，当改变传递函数的增益 K 时，会导致传递函数的对数幅频特性曲线上下平移，但不影响相位角。当 $K=100$ 时，比例环节的 Bode 图如图 6-20 所示。

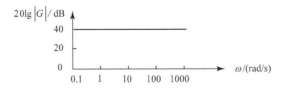

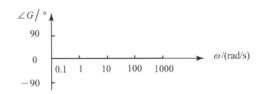

图 6-20　比例环节的 Bode 图

2. 积分环节

积分环节的频率特性为

$$G(j\omega) = \frac{1}{j\omega} \tag{6-33}$$

幅频特性 $\left|G(j\omega)\right| = \dfrac{1}{\omega}$ ，相频特性 $\angle G(j\omega) = -90°$ 。对数幅频特性为

$$20\lg\left|G(j\omega)\right| = 20\lg\frac{1}{\omega} = -20\lg\omega$$

当 $\omega = 1$ 时， $20\lg\left|G(j\omega)\right| = 0$ ，每当频率增至 10 倍时，对数幅频特性就下降 20 dB，故积分环节的对数幅频特性曲线在整个频率范围内为过点（1，0），斜率为 -20 dB / dec 的一条直线，对数相频特性曲线在整个频率范围内为一条 $-90°$ 的水平线，如图 6-21 所示。

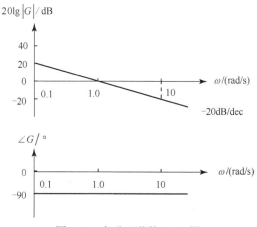

图 6-21 积分环节的 Bode 图

3. 微分环节

微分环节的频率特性为

$$G(j\omega) = j\omega \tag{6-34}$$

幅频特性 $\left|G(j\omega)\right| = \omega$ ，相频特性 $\angle G(j\omega) = 90°$ 。对数幅频特性为

$$20\lg\left|G(j\omega)\right| = 20\lg\omega$$

当 $\omega = 1$ 时， $20\lg\left|G(j\omega)\right| = 0$ ，每当频率增至 10 倍时，对数幅频特性就增加 20 dB，故微分环节的对数幅频特性曲线在整个频率范围内为过点（1，0），斜率为 20 dB/dec 的一条直线，对数相频特性曲线在整个频率范围内为一条 $90°$ 的水平线，如图 6-22 所示。

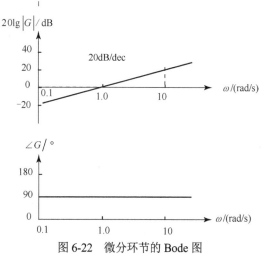

图 6-22 微分环节的 Bode 图

4．一阶惯性环节

一阶惯性环节的频率特性为

$$G(j\omega) = \frac{1}{1 + jT\omega} \tag{6-35}$$

令 $\omega_T = \dfrac{1}{T}$ ，则有

$$G(j\omega) = \frac{1}{1 + j\dfrac{\omega}{\omega_T}} = \frac{\omega_T}{\omega_T + j\omega}$$

幅频特性为

$$\left|G(j\omega)\right| = \frac{\omega_T}{\sqrt{\omega_T^2 + \omega^2}} \tag{6-36}$$

相频特性为

$$\angle G(j\omega) = -\arctan\frac{\omega}{\omega_T} \tag{6-37}$$

对数幅频特性为

$$20\lg\left|G(j\omega)\right| = 20\lg\omega_T - 20\lg\sqrt{\omega_T^2 + \omega^2} \tag{6-38}$$

当 $\omega \ll \omega_T$ 时，对数幅频特性为

$$20\lg\left|G(j\omega)\right| \approx 20\lg\omega_T - 20\lg\omega_T = 0 \text{ dB} \tag{6-39}$$

对数幅频特性在低频段（Low Frequency Range）近似为 0 dB 水平线，终止于 $(\omega_T, 0)$ ，0 dB 水平线称为低频渐近线（Asymptote）。

当 $\omega \gg \omega_T$ 时，对数幅频特性为

$$20\lg\left|G(j\omega)\right| \approx 20\lg\omega_T - 20\lg\omega \tag{6-40}$$

若将 $\omega = \omega_T$ 代入式（6-40），得

$$20\lg\left|G(j\omega_T)\right| = 0$$

对数幅频特性在高频段（High Frequency Range）近似是一条直线，它起始于点 $(\omega_T, 0)$ ，斜率为 −20 dB/dec ，此斜线称为高频渐近线。 ω_T 是低频渐近线与高频渐近线的交点处的频率，称为转角频率（Corner Frequency）。

当 $\omega = 0$ 时， $\angle G(j\omega) = 0°$ ；

当 $\omega = \omega_T$ 时， $\angle G(j\omega) = -45°$ ；

当 $\omega = \infty$ 时， $\angle G(j\omega) = -90°$ 。

对数相频特性在 $\omega_T \subset [0.1\omega_T, 10\omega_T]$ 区间内对称于点 $(\omega_T, -45°)$ ，而且在 $\omega \leqslant 0.1\omega_T$ 时， $\angle G(j\omega) \to 0°$ ；在 $\omega \geqslant 10\omega_T$ 时， $\angle G(j\omega) \to -90°$ 。一阶惯性环节的 Bode 图如图 6-23 所示。

渐近线与精确对数幅频特性曲线之间有误差 $e(\omega)$ 。在低频段，式（6-38）的右边减去式（6-39）的右边所得的值就是误差，即

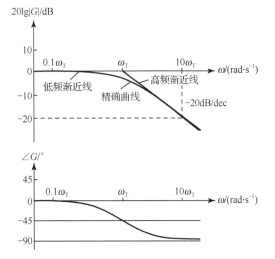

图 6-23　一阶惯性环节的 Bode 图

$$e(\omega) = 20\lg \omega_{\mathrm{T}} - 20\lg \sqrt{\omega_{\mathrm{T}}^2 + \omega^2} \qquad (6\text{-}41)$$

在高频段，误差是式（6-38）的右边减去式（6-40）的右边所得的值，即

$$e(\omega) = 20\lg \omega - 20\lg \sqrt{\omega_{\mathrm{T}}^2 + \omega^2} \qquad (6\text{-}42)$$

根据式（6-41）和式（6-42），作出不同频率的误差修正（Error Correction）曲线，如图 6-24 所示。由图可知，最大误差发生在转角频率 ω_{T} 处，其误差为 -3 dB。在 $2\omega_{\mathrm{T}}$ 或 $\omega_{\mathrm{T}}/2$ 的频率处，$e(\omega)$ 为 -0.91 dB，即约为 -1 dB，而在 $10\omega_{\mathrm{T}}$ 或 $\omega_{\mathrm{T}}/10$ 的频率处，$e(\omega)$ 就接近于 0 dB，据此可在 $0.1\omega_{\mathrm{T}} \sim 10\omega_{\mathrm{T}}$ 范围内对渐近线进行修正。

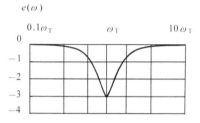

图 6-24　误差修正曲线

由式（6-37）可计算出精确的相位角 $\phi(\omega)$，如表 6-1 所示。

表 6-1　一阶惯性环节的相频关系

ωT	0.01	0.05	0.1	0.2	0.3	0.4	0.5	0.7	1.0
$\phi(\omega)/°$	-0.6	-2.9	-5.7	-11.3	-16.7	-21.8	-26.5	-35	-45
ωT	2.0	3.0	4.0	5.0	7.0	10	20	50	100
$\phi(\omega)/°$	-63.4	-71.5	-76	-78.7	-81.9	-84.3	-87.1	-88.9	-89.4

【应用点评 6-4】　一阶惯性环节有低通滤波器的特性

由一阶惯性环节的 Bode 图可知，惯性环节在低频段，输出能较准确地反映输入信号的特性；当输入频率 $\omega > \omega_{\mathrm{T}}$ 时，其输出很快衰减，即滤掉输入信号的高频部分。如果输入信号中包含有很多谐波，那么在输出信号中，低频信号能够得到精确的重现，高频信号的幅值将会衰减，相角将会发生滞后。

5. 一阶微分环节（或称为导前环节）

令 $\omega_{\mathrm{T}} = \dfrac{1}{T}$，$\omega_{\mathrm{T}}$ 为转角频率，则一阶微分环节的频率特性为

$$G(\mathrm{j}\omega) = 1 + \mathrm{j}T\omega = \frac{\omega_{\mathrm{T}} + \mathrm{j}\omega}{\omega_{\mathrm{T}}} \qquad (6\text{-}43)$$

对数幅频特性为

$$20\lg |G(\mathrm{j}\omega)| = 20\lg \sqrt{\omega_{\mathrm{T}}^2 + \omega^2} - 20\lg \omega_{\mathrm{T}}$$

相频特性为

$$\angle G(\mathrm{j}\omega) = \arctan \frac{\omega}{\omega_{\mathrm{T}}}$$

显然，它与一阶惯性环节的对数幅频特性和相频特性比较，仅相差一个负号。当 $\omega \ll \omega_{\mathrm{T}}$

时，对数幅频特性曲线的渐近线为一条零分贝线；当 $\omega \gg \omega_{\mathrm{T}}$ 时，是过点 $(\frac{1}{T}$, 0)且斜率为 20 dB/dec 的一条直线。所以，一阶微分环节的对数频率特性与一阶惯性环节的对数频率特性是关于频率 ω 轴对称，如图 6-25 所示。

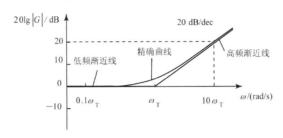

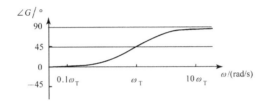

图 6-25　一阶微分环节的 Bode 图

6. 振荡环节

振荡环节的频率特性为

$$G(\mathrm{j}\omega) = \frac{\omega_{\mathrm{n}}^2}{-\omega^2 + \omega_{\mathrm{n}}^2 + \mathrm{j}2\xi\omega_{\mathrm{n}}\omega} \tag{6-44}$$

设 $0 \leqslant \xi < 1$，$\lambda = \omega / \omega_{\mathrm{n}}$，振荡环节的频率特性化为

$$G(\mathrm{j}\omega) = \frac{1}{(1-\lambda^2) + \mathrm{j}2\xi\lambda}$$

幅频特性为

$$\left| G(\mathrm{j}\omega) \right| = \frac{1}{\sqrt{(1-\lambda^2)^2 + 4\xi^2\lambda^2}}$$

相频特性为

$$\angle G(\mathrm{j}\omega) = -\arctan\frac{2\xi\lambda}{1-\lambda^2}$$

对数幅频特性为

$$20\lg\left| G(\mathrm{j}\omega) \right| = -20\lg\sqrt{(1-\lambda^2)^2 + 4\xi^2\lambda^2}$$

当 $\lambda \to 0$，即 $\omega \ll \omega_{\mathrm{n}}$ 时，有

$$20\lg\left| G(\mathrm{j}\omega) \right| \approx 0\mathrm{dB}$$

即低频渐近线是 0 dB 水平线。

当 $\lambda \gg 1$，即 $\omega \gg \omega_n$ 时，忽略 1 与 $4\xi^2\lambda^2$，得

$$20\lg\left|G(j\omega)\right| \approx -40\lg\omega + 40\lg\omega_n$$

当 $\omega = \omega_n$ 时，$20\lg\left|G(j\omega)\right| = 0$；当 $\omega = 10\omega_n$ 时，$20\lg\left|G(j\omega)\right| = -40\text{dB}$。可见，高频渐近线为一条直线，起始于点 $(1,0)$，斜率为 -40dB/dec。

由上可知，振荡环节的渐近线由一段 0 dB 线和一条起始于点 $(1,0)$（即在 $\omega = \omega_n$ 处），斜率为 -40dB/dec 的直线所组成。ω_n 是振荡环节的转角频率，如图 6-26 所示。

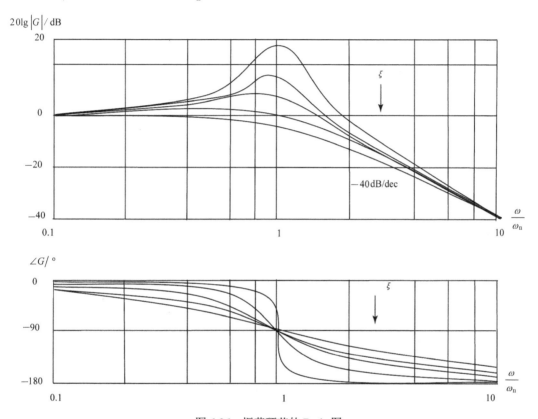

图 6-26　振荡环节的 Bode 图

渐近线与精确的对数幅频特性曲线之间有误差 $e(\lambda,\xi)$，它不仅与 λ 有关，而且与 ξ 也有关。ξ 越小，在转角频率 ω_n 处或附近的峰值越高，精确曲线与渐近线之间的误差就越大。用类似上述惯性环节求 $e(\omega)$ 的方法，可得

当 $\lambda \leqslant 1$ 时，误差为

$$e(\lambda,\xi) = -20\lg\sqrt{(1-\lambda^2)^2 + 4\xi^2\lambda^2} \tag{6-45}$$

当 $\lambda \geqslant 1$ 时，误差为

$$e(\lambda,\xi) = 40\lg\lambda - 20\lg\sqrt{(1-\lambda^2)^2 + 4\xi^2\lambda^2} \tag{6-46}$$

根据不同的 λ 和 ξ 值，误差修正曲线如图 6-27 所示。一般在 $0.1\lambda \sim 10\lambda$ 范围内对渐近线进行修正，可得到如图 6-26 所示的较精确的对数幅频特性曲线。

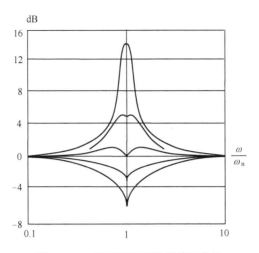

图 6-27　二阶振荡环节误差修正曲线

根据振荡环节的相频特性

$$\angle G(\mathrm{j}\omega) = -\arctan\frac{2\xi\lambda}{1-\lambda^2}$$

当 $\lambda \to 0$，即 $\omega = 0$ 时，有 $\angle G(\mathrm{j}\omega) = 0°$；

当 $\lambda = 1$，即 $\omega = \omega_n$ 时，有 $\angle G(\mathrm{j}\omega) = -90°$；

当 $\lambda \to \infty$，即 $\omega = \infty$ 时，有 $\angle G(\mathrm{j}\omega) = -180°$。

振荡环节的对数相频特性在 $\lambda \subset [0.1,10]$ 区间内对称于点 $(1,-90°)$，如图 6-26 所示。

7. 二阶微分环节

二阶微分环节频率特性为

$$G(\mathrm{j}\omega) = 1 + 2\xi\frac{\mathrm{j}\omega}{\omega_n} + (\frac{\mathrm{j}\omega}{\omega_n})^2 \tag{6-47}$$

设 $0 \leqslant \xi < 1$，$\lambda = \omega / \omega_n$，二阶微分环节的频率特性为

$$G(\mathrm{j}\omega) = (1-\lambda^2) + \mathrm{j}2\xi\lambda$$

幅频特性为

$$\left|G(\mathrm{j}\omega)\right| = \sqrt{(1-\lambda^2)^2 + 4\xi^2\lambda^2}$$

相频特性为

$$\angle G(\mathrm{j}\omega) = \arctan\frac{2\xi\lambda}{1-\lambda^2}$$

对数幅频特性为

$$20\lg\left|G(\mathrm{j}\omega)\right| = 20\lg\sqrt{(1-\lambda^2)^2 + 4\xi^2\lambda^2}$$

二阶微分环节与二阶振荡环节仅相差一个符号。显然，二阶微分环节与振荡环节的对数幅频特性曲线对称于零分贝线，对数相频特性曲线对称于 0° 线。二阶微分环节的 Bode 图如图 6-28 所示。

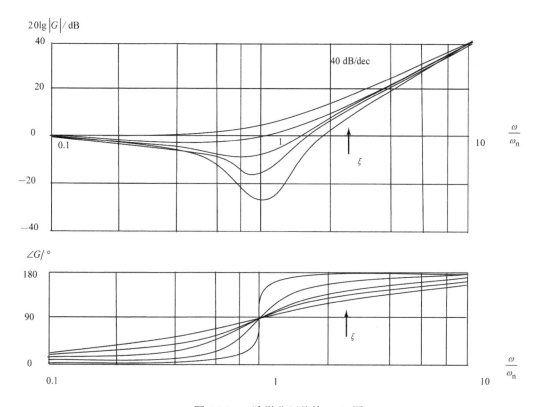

图 6-28　二阶微分环节的 Bode 图

8. 延时环节

延时环节的频率特性为 $G(j\omega) = e^{-j\tau\omega}$，幅频特性为 $|G(j\omega)| = 1$，相频特性为 $\angle G(j\omega) = -\tau\omega$。对数幅频特性为 $20\lg|G(j\omega)| = 0\,dB$，即对数幅频特性为 0 dB 线。相频特性随着 ω 增加而线性增加，在线性坐标中，$\angle G(j\omega)$ 应是一条直线，对数相频特性是一条曲线，如图 6-29 所示。

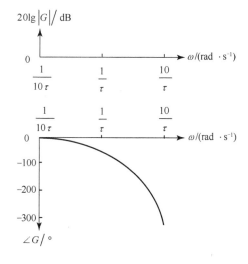

图 6-29　延时环节的 Bode 图

6.3.3 典型环节 Bode 图的特点

对数幅频特性曲线渐近线的特点如下：

（1）积分环节为过点（1,0）、斜率为 -20 dB/dec 的直线；微分环节为过点（1,0）、斜率为 20 dB/dec 的直线，如图 6-30 的②、③。

（2）惯性环节的低频渐近线为 0 dB，高频渐近线为起始于点（ω_T,0）、斜率为 -20 dB/dec 的直线；一阶微分环节的低频渐近线为 0 dB，高频渐近线为起始于点（ω_T,0）、斜率为 20 dB/dec 的直线，如图 6-30 中的④、⑤。

（3）振荡环节的低频渐近线为 0 dB 线，高频渐近线为起始于点（ω_n,0）、斜率为 -40 dB/dec 的直线；二阶微分环节的低频渐近线为 0 dB 线，高频渐近线为起始于点（ω_n,0）、斜率为 40 dB/dec 的直线，如图 6-30 中的⑥、⑦。

对数相频特性曲线的特点如下：

（1）积分环节为过 -90° 的水平线；微分环节为过 90° 的水平线，如图 6-30 中的②、③。

（2）惯性环节在 0°～-90° 范围内变化，在 $\omega_T \subset [0.1\omega_T,10\omega_T]$ 区间内为对称于点（ω_T,-45°）的曲线；一阶微分环节在 0°～90° 范围内变化，在 $\omega_T \subset [0.1\omega_T,10\omega_T]$ 区间内为对称于点（ω_T,45°）的曲线，如图 6-30 中的④、⑤。

（3）振荡环节在 0°～-180° 范围内变化，在 $\lambda \subset [0.1,10]$ 区间内为对称于点（ω_n,-90°）的曲线；二阶微分环节在 0°～180° 范围内变化，在 $\lambda \subset [0.1,10]$ 区间内为对称于点（ω_n,90°）的曲线，如图 6-30 中的⑥、⑦。

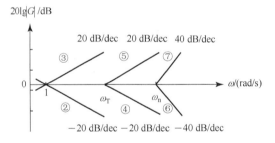

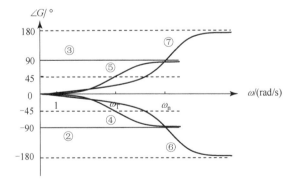

图 6-30　典型环节 Bode 图渐近线和相频特性曲线

6.3.4 绘制系统的 Bode 图的步骤

工程中的系统通常是复杂的系统，都是由典型环节组成的。在熟悉了典型环节的 Bode 图绘制方法之后，绘制系统的 Bode 图就比较容易了，特别是按渐近线绘制 Bode 图是很方便的。绘制系统 Bode 图的一般步骤总结如下：

（1）将系统传递函数 $G(s)$ 转化为若干个标准形式的典型环节的传递函数形式，例如比例环节、一阶惯性环节、一阶微分环节、二阶振荡环节和二阶微分环节乘积的形式，应使传递函数中常数项均为 1；

（2）求出频率特性 $G(j\omega)$；

（3）确定各个典型环节的转角频率；

（4）画出各个典型环节的对数幅频特性的渐近线；

（5）根据误差修正曲线对渐近线进行修正，得出各个环节的对数幅频特性的精确曲线；

（6）将各个环节的对数幅频特性叠加；

（7）考虑系统总的增益，将叠加后的对数幅频特性曲线上下移动 $20\lg K$，得到系统的对数幅频特性；

（8）画出各个典型环节的对数相频特性曲线，然后叠加得到系统总的对数相频特性；

（9）当有延时环节时，对数幅频特性不变，对数相频特性则应加上 $-\tau\omega$。

【例题 6-4】　绘制系统 Bode 图

已知系统传递函数为

$$G(s) = \frac{10(s+3)}{s(s+2)(s^2+s+2)} \tag{6-48}$$

画出系统的 Bode 图。

解：

（1）将系统传递函数 $G(s)$ 转化为若干个标准形式的典型环节的传递函数，得

$$G(s) = \frac{\dfrac{30}{4}(\dfrac{s}{3}+1)}{s(\dfrac{s}{2}+1)(\dfrac{s^2}{2}+\dfrac{s}{2}+1)}$$

（2）系统的频率特性为

$$G(j\omega) = \frac{7.5(\dfrac{j\omega}{3}+1)}{j\omega(\dfrac{j\omega}{2}+1)\left[\dfrac{(j\omega)^2}{2}+\dfrac{j\omega}{2}+1\right]}$$

（3）求各个典型环节的转角频率。

系统由比例环节、积分环节、一阶惯性环节、一阶微分环节、二阶振荡环节组成。

一阶惯性环节 $\dfrac{1}{\dfrac{j\omega}{2}+1}$ 的转角频率 $\omega_{T_1}=2$；一阶微分环节 $\dfrac{j\omega}{3}+1$ 的转角频率 $\omega_{T_2}=3$；二阶振荡环节 $\dfrac{1}{\dfrac{(j\omega)^2}{2}+\dfrac{j\omega}{2}+1}$ 的固有频率 $\omega_{n}=\sqrt{2}$，阻尼比 $\xi=0.35$。

（4）画出各个典型环节的对数幅频特性的渐近线，如图 6-31 中虚线所示。

（5）根据误差修正曲线对渐近线进行修正（本题省略）。

（6）将各环节的对数幅频特性叠加，如图6-31中双点划线所示。

（7）考虑系统总的增益，将叠加后的曲线垂直移动$20\lg K$，得到系统的对数幅频特性，如图6-31中实线所示。

（8）画出各个环节的对数相频特性曲线，如图6-31中虚线所示，然后叠加而得到系统总的对数相频特性，如图6-31中实线所示。

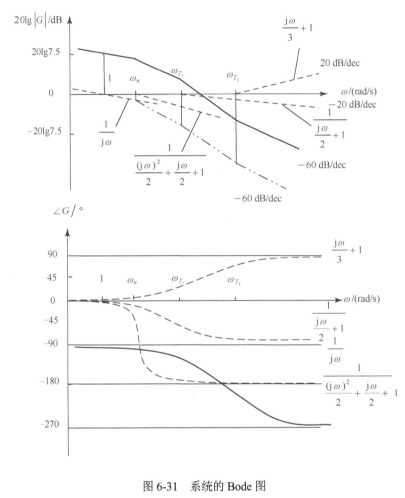

图6-31　系统的Bode图

6.3.5　机电系统的Bode图

【工程实例6-3】　哈勃太空望远镜指向控制系统的Bode图

根据图5-1（c），哈勃太空望远镜指向控制系统的开环传递函数为

$$G(s) = \frac{K_a}{s(s + K_1)} \tag{6-49}$$

式中，$K_1 > 1$，$K_a > 1$，$K_1 < K_a$，绘制开环传递函数的Bode图。

解：

（1）将$G(s)$中各环节的传递函数化为标准形式，即

$$G(s) = \frac{\dfrac{K_a}{K_1}}{s\left(\dfrac{1}{K_1}s+1\right)}$$

系统由一个比例环节 $\dfrac{K_a}{K_1}$、一个积分环节、一个一阶惯性环节 $\dfrac{1}{\dfrac{1}{K_1}s+1}$ 组成。

（2）系统的频率特性：

$$G(s) = \frac{\dfrac{K_a}{K_1}}{j\omega\left(j\dfrac{1}{K_1}\omega+1\right)}$$

（3）求出各环节的转角频率 ω_T。

惯性环节 $\dfrac{1}{K_1}s+1$ 的转角频率 $\omega_T = K_1$。

（4）画出各环节的对数幅频特性渐近线，各环节的对数幅频特性渐近线用虚线表示，如图 6-32 所示。

（5）对渐近线用误差修正曲线修正（本题省略这一步）。

（6）除比例环节外，将各环节的对数幅频特性叠加，用点划线表示，如图 6-32 所示。

（7）将叠加的 Bode 曲线上移 $20\lg\dfrac{K_a}{K_1}\,\mathrm{dB}$，得系统对数幅频特性曲线，用实线表示，如图 6-32 所示。

（8）画出各环节的对数相频特性曲线，叠加后得系统的对数相频特性，如图 6-32 所示。

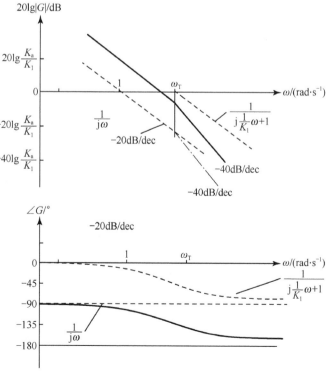

图 6-32　哈勃太空望远镜指向控制系统的 Bode 图

【工程实例6-4】　**火星探测器"漫游者号"取样机器臂的控制系统的 Bode 图**

火星探测器"漫游者号"取样机器臂的控制系统如图 5-11 所示，绘制 $K=20$ 时开环传递函数的 Bode 图的。

解：

根据图 5-11，写出系统的开环传递函数为

$$G(s) = \frac{K(s^2 + 6.5s + 12)}{s(s+1)(s+2)} \qquad (6\text{-}50)$$

（1）系统的开环传递函数为

$$G(s) = \frac{120(\frac{1}{12}s^2 + \frac{13}{24}s + 1)}{s(s+1)(0.5s+1)}$$

系统由一个比例环节，一个积分环节，两个一阶惯性环节 $\dfrac{1}{s+1}$ 和 $\dfrac{1}{0.5s+1}$，一个二阶微分环节 $\dfrac{1}{12}s^2 + \dfrac{13}{24}s + 1$ 组成。

（2）系统的频率特性为

$$G(s) = \frac{120(-\frac{1}{12}\omega^2 + j\frac{13}{24}\omega + 1)}{j\omega(j\omega+1)(j0.5\omega+1)}$$

（3）求出一阶惯性环节的转角频率 ω_{T} 和二阶微分环节的固有频率 ω_{n}。

惯性环节 $\dfrac{1}{s+1}$ 的转角频率 $\omega_{\mathrm{T}_1} = 1$，惯性环节 $\dfrac{1}{0.5s+1}$ 的转角频率 $\omega_{\mathrm{T}_2} = 2$，二阶微分环节的固有频率 $\omega_{\mathrm{n}} = \sqrt{12}$。

（4）画出各环节的对数幅频特性渐近线，用虚线表示。

（5）对渐近线用误差修正曲线修正（本题省略这一步）。

（6）除比例环节外，将各个环节的对数幅频特性叠加，用双点画线表示。

（7）将叠加后的对数幅频特性向上平移 $20\lg 120$ dB，得系统对数幅频特性曲线，用实线表示。

（8）画出各个典型环节的对数相频特性曲线，用虚线表示，将各个典型环节对数相频特性叠加起来得系统的对数相频特性，用实线表示，如图 6-33 所示。

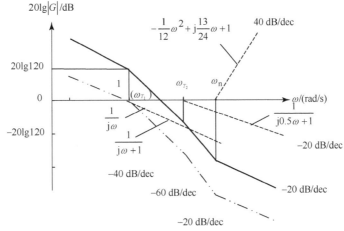

图 6-33　火星探测器"漫游者号"取样机器臂控制系统的 Bode 图

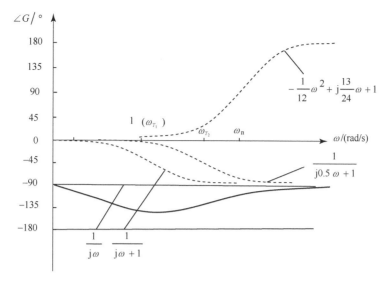

图 6-33　火星探测器"漫游者号"取样机器臂控制系统的 Bode 图（续）

6.4　闭环频率特性及频域性能指标

6.4.1　闭环频率特性

反馈是控制理论中一个最基本、最重要的概念，反馈可不断地监测系统的真实输出并与参考输入进行比较，利用输出与参考输入的偏差来进行控制，使系统达到期望的输出。采用反馈控制的主要原因是加入反馈环节可使系统的响应不易受外部干扰和内部参数变化的影响，从而保证系统性能的稳定和可靠。图 6-34 所示的典型闭环系统的传递函数 $G_B(s)$ 为

$$G_B(s) = \frac{G(s)}{1 + G(s)H(s)} \tag{6-51}$$

频率特性为

$$G_B(j\omega) = \frac{G(j\omega)}{1 + G(j\omega)H(j\omega)} \tag{6-52}$$

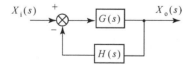

图 6-34　典型闭环系统方框图

6.4.2　频域性能指标

频域性能指标（Frequency Performance Specification）是根据闭环控制系统的性能要求制定的，用系统频率特性曲线在数值和形状上的某些特征点来评价系统的性能。频域性能指标

包括零频幅值（Magnitude at Zero Frequency） $A(0)$、谐振频率（Resonant Frequency） ω_r、相对谐振峰值（Resonant Peak） M_r、截止频率（Break Frequency） ω_b 和截止带宽（Bandwidth） $0\sim\omega_b$，如图6-35所示。

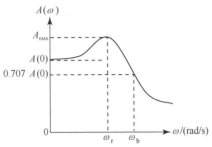

图6-35　频率特性性能指标

1. 零频幅值 $A(0)$

闭环系统频率特性的峰值用 $A(\omega)$ 表示，当频率 ω 接近于零时，闭环系统频率特性的幅值称为零频幅值 $A(0)$。在频率极低时，对单位反馈系统而言，若输出幅值能完全准确地反映输入幅值，则 $A(0)=1$。 $A(0)$ 越接近于1，系统的误差越小。所以， $A(0)$ 的数值与1相差的大小，反映了系统的稳态精度。

2. 谐振频率 ω_r 及相对谐振峰值 M_r

幅频特性 $A(\omega)$ 的最大值 A_{max} 称为谐振峰值 A_{max}，在谐振峰值处的频率称为谐振频率 ω_r。谐振峰值 A_{max} 与零频幅值 $A(0)$ 之比 $\dfrac{A_{max}}{A(0)}$，称为相对谐振峰值 M_r。当 $A(0)=1$ 时， M_r 与 A_{max} 在数值上相同。

M_r 反映了系统的相对平稳性。一般而言， M_r 值越大，系统瞬态响应的超调量也越大，表明了系统的阻尼小，相对稳定性差。谐振频率 ω_r 在一定程度上反映了系统瞬态响应的快速性，一般来说， ω_r 与上升时间 t_r 成反比。 ω_r 值越大，则瞬态响应越快，反之，则系统响应越慢。

3. 截止频率 ω_b 和截止带宽 $0\sim\omega_b$

截止频率 ω_b 是指闭环系统幅频特性 $A(\omega)$ 的数值由零频幅值 $A(0)$ 下降3 dB时的频率，也就是 $A(\omega)$ 由 $A(0)$ 下降到 $0.707A(0)$ 时的频率。频率 $0\sim\omega_b$ 的范围称为系统的截止带宽或频宽。它表示超过此频率后，系统输出就急剧衰减，跟不上输入，形成系统响应的截止状态。截止带宽表征系统响应的快速性，也反映了系统对噪声的滤波性能。在确定系统频宽时，大的频宽可改善系统的响应速度，使其跟踪或复现输入信号的精度提高，但同时对高频噪声的过滤特性降低，系统抗干扰性能减弱。因此，必须通过综合考虑来选择合适的频带范围。

6.5　最小相位系统与非最小相位系统

有时会遇到这样的情况，两个系统的幅频特性完全相同，而相频特性却相异。为了说明幅频特性和相频特性的关系，本节将阐明最小相位系统（Minimum Phase System）和非最小相位系统（Non-Minimum Phase System）的概念，然后介绍产生非最小相位系统的一些环节。

6.5.1　最小相位系统与非最小相位系统的概念

若系统传递函数的所有零点和极点均在 s 平面的左半平面内，则该系统称为最小相位系统；反之，则称为非最小相位系统。对于最小相位系统，当频率从零变化到无穷大时，相位角的变化范围最小，当 $\omega \to \infty$ 时，其相位角为 $-(n-m) \times 90°$ 。对于非最小相位系统，当频率从零变化到无穷大时，相位角的变化范围总是大于最小相位系统的相位角范围，当 $\omega \to \infty$ 时，其相位角不等于 $-(n-m) \times 90°$ 。

【例题 6-5】　判断最小相位系统

有三个不同的系统，其传递函数分别为

$$G_1(s) = \frac{T_1 s + 1}{T_2 s + 1} \tag{6-53}$$

$$G_2(s) = \frac{-T_1 s + 1}{T_2 s + 1} \tag{6-54}$$

$$G_3(s) = \frac{T_1 s - 1}{T_2 s + 1} \tag{6-55}$$

式中，$T_1 > T_2 > 0$，试判断它们是否为最小相位系统，并分别画出它们的 Bode 图，比较其幅频特性和相频特性。

解：

$G_1(s)$：零点 $z = -\dfrac{1}{T_1}$，极点 $p = -\dfrac{1}{T_2}$；

$G_2(s)$：零点 $z = \dfrac{1}{T_1}$，极点 $p = -\dfrac{1}{T_2}$；

$G_3(s)$：零点 $z = \dfrac{1}{T_1}$，极点 $p = -\dfrac{1}{T_2}$。

三个系统的零点和极点的分布如图 6-36（a）、（b）、（c）所示。

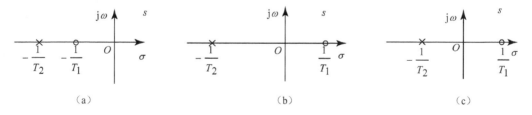

图 6-36　系统的零点和极点分布图

根据定义，$G_1(s)$ 对应的系统为最小相位系统，$G_2(s)$ 和 $G_3(s)$ 为非最小相位系统。

系统的对数幅频特性都为

$$20\lg|G(j\omega)| = 20\lg|\omega T_1| - 20\lg|\omega T_2|$$

它们的频率特性曲线如图 6-37 所示。由图可见，三个系统具有相同的幅频特性，但相频特性不同，最小相位系统 $G_1(s)$ 的相位角变化范围最小。它们的相位角可由其相频特性求出。

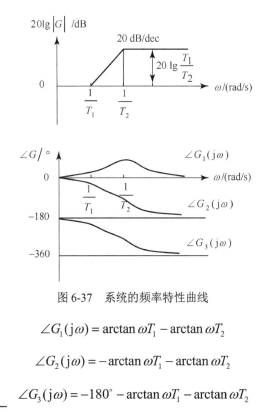

图 6-37　系统的频率特性曲线

$$\angle G_1(j\omega) = \arctan \omega T_1 - \arctan \omega T_2$$

$$\angle G_2(j\omega) = -\arctan \omega T_1 - \arctan \omega T_2$$

$$\angle G_3(j\omega) = -180° - \arctan \omega T_1 - \arctan \omega T_2$$

　　由上述公式也可反映出非最小相位系统存在着过大的相位滞后，这不仅影响系统的稳定性，也影响系统响应的快速性。

6.5.2　产生非最小相位系统的环节

1．延时环节 $e^{-\tau s}$

将延时环节 $e^{-\tau s}$ 展开成幂级数的形式，得

$$e^{-\tau s} = 1 - \tau s + \frac{1}{2}\tau^2 s^2 - \frac{1}{3}\tau^3 s^3 + \cdots \qquad (6\text{-}56)$$

式（6-56）表示延时环节在 s 平面的右半平面内有零点，这使系统成为非最小相位系统。

2．不稳定的一阶惯性环节和一阶微分环节

不稳定的一阶惯性环节 $\dfrac{1}{1-Ts}$ 和不稳定的一阶微分环节 $1-Ts$，分别在 s 平面的右半平面有极点和零点。

3．不稳定的振荡环节和二阶微分环节

不稳定的振荡环节 $\dfrac{\omega_n^2}{s^2 - 2\xi\omega_n s + \omega_n^2}$ 和不稳定的二阶微分环节 $\dfrac{s^2 - 2\xi\omega_n s + \omega_n^2}{\omega_n^2}$，分别在 s 平面的右半平面有极点和零点。

6.6　本章小结

频域分析法是以图解的方式分析系统性能的方法，它是一种近似的分析方法，也是分析控制系统最常用的方法。

（1）系统频率特性的图形表示方法主要有两种：极坐标图（也称为 Nyquist 图）和对数坐标图（也称为 Bode 图）。Nyquist 图和 Bode 图在本质上是相同的，都是描述系统的频率特性。由于采用的坐标系不同，Nyquis 图更便于对系统进行理论分析，Bode 图则便于工程实际应用。重点掌握 Nyquist 图和 Bode 图的绘图步骤和绘图特点，特别注意 Bode 图渐近线的画法。

（2）系统的频率特性包括幅频特性、相频特性、实频特性和虚频特性，它们从不同角度描述系统频率特性与 ω 之间的关系。

（3）将频率特性的曲线分成低、中、高三个频段，频率特性的低频区反映了控制系统的稳态性能，即系统的控制精度；中频区反映了控制系统的相对稳定性和快速性，即系统的动态性能；高频区反映了控制系统抑制高频干扰的能力。

（4）若系统传递函数的极点和零点都位于 s 平面的左平面内，这种系统称为最小相位系统，反之，若在 s 平面的右平面内有极点或零点，称为非最小相位系统。

（5）系统幅频特性曲线上的特征值 $A(0)$、M_r、ω_r 和 ω_b 表明了系统的内在特性，因此被用做评价系统频域性能的指标。

6.7　习题

6-1　思考以下问题：

（1）举例说明系统的瞬态响应、稳态响应和频率响应。

（2）举例说明系统的幅频特性、相频特性、实频特性和虚频特性。

（3）叙述绘制系统的 Nyquist 图和 Bode 图的一般方法和步骤。

（4）叙述系统微分方程、传递函数和频率特性三者之间的关系。

（5）系统频率性能指标包括哪些？

（6）试述最小相位系统与非最小相位系统的定义及区别。

6-2　设单位负反馈控制系统的开环传递函数为

$$G(s) = \frac{10}{s+1}$$

当系统输入以下信号时，试求系统的稳态输出。

（1）$x(t) = \sin(t - 30°)$

（2）$x(t) = \sin(t + 20°) - 2\cos(2t + 25°)$

6-3　绘制下列系统的 Nyquist 图和 Bode 图。

（1）$G(s) = \dfrac{1}{0.01s + 1}$

（2）$G(s) = \dfrac{1}{-0.01s + 1}$

（3）$G(s) = \dfrac{1}{0.01s^2 + 0.2s + 1}$

（4） $G(s) = \dfrac{1}{(0.5s+1)(2s+1)}$

（5） $G(s) = \dfrac{1}{s(0.5s+1)(0.1s+1)}$

（6） $G(s) = \dfrac{10(0.02s+1)(s+1)}{s(s^2+4s+100)}$

（7） $G(s) = \dfrac{20s(s+5)(s+40)}{s(s+0.1)(s+20)^2}$

（8） $G(s) = \dfrac{2.5(s+10)}{s^2(0.2s+1)}$

6-4 分别画出具有下列传递函数系统的 Bode 图，并比较它们的 Bode 图的不同点。

（1） $G(s) = \dfrac{T_1 s+1}{T_2 s+1}$ （$T_1 > T_2 > 0$）

（2） $G(s) = \dfrac{T_1 s-1}{-T_2 s+1}$ （$T_1 > T_2 > 0$）

（3） $G(s) = \dfrac{-T_1 s+1}{-T_2 s+1}$ （$T_1 > T_2 > 0$）

6-5 设单位负反馈系统的开环传递函数为

$$G(s) = \dfrac{10}{(0.2s+1)(0.02s+1)}$$

试求闭环系统的 M_r、ω_r 和 ω_b。

6-6 有下列最小相位系统，通过实验测得各系统的对数幅频特性，如图 6-38 所示，试写出它们的传递函数。

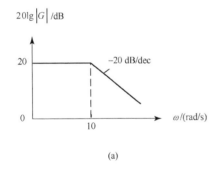

(a)

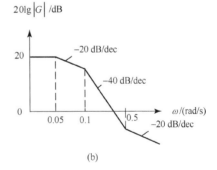

(b)

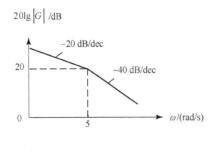

(c)

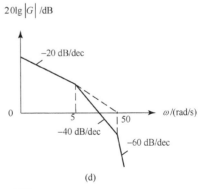

(d)

图 6-38 题 6-6 图

第7章 系统的稳定性

稳定性是控制系统的重要性能指标之一，是一个系统能在工程实际中得到应用的必要条件，因此，分析系统的稳定性是经典控制理论的重要组成部分。经典控制理论对于判定一个线性定常系统是否稳定提供了多种方法，本章着重介绍几种线性定常系统的稳定性判据及其判断方法，以及提高系统稳定性的方法。

本章首先介绍线性系统稳定性的概念和判别系统稳定性的基本准则，然后介绍 Roth（劳斯）稳定判据，重点阐述 Nyquist（乃奎斯特）稳定判据和 Bode（伯德）稳定判据，即如何通过系统的开环频率特性（Open-Loop Frequency Characteristics）来判定相应闭环系统的稳定性（Stability），最后介绍系统相对稳定性（Relative Stability）及其表示形式。

7.1 系统稳定性的概念及判别准则

7.1.1 稳定性的概念

图 7-1 所示的是一个正摆（Pendulum）和倒立摆（Inverted Pendulum）。正摆是一个物体通过一根绳索或者杆件悬挂于铰链上，如图 7-1（a）所示；倒立摆是一个物体通过一根杆件置于铰链之上，如图 7-1（b）所示。由于外界干扰的作用，使正摆产生一个初始摆动角度，如图 7-1（a）所示，在撤销外界干扰之后，正摆开始摆动，由于空气阻力和铰链摩擦力的存在，正摆最终停止在垂直位置，即平衡位置。由于外界干扰的作用，使倒立摆有一个任意小的初始角度，在去除干扰之后，倒立摆开始摆动，但无法恢复到图 7-1（b）所示的平衡位置（Equilibrium Position）。

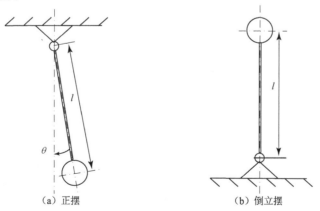

（a）正摆　　　　　　　　　　　　　　（b）倒立摆

图 7-1　正摆与倒立摆

图 7-1 所示的正摆与倒立摆的结构完全相同，只是一个正放，一个倒置。正摆具有重新恢复平衡状态的能力，属于稳定的系统；而倒立摆一旦离开了平衡位置，在无外力作用的情况下，再也无法恢复到平衡位置，属于不稳定的系统。

　　系统的稳定性是指系统重新恢复平稳状态的能力，即过渡过程收敛的情况。系统在受到外界干扰作用时，其被控制量将偏离平衡位置，当去除这个干扰作用后，若系统在足够长的时间内能恢复到其原来的平衡状态，则该系统是稳定的；反之，若系统对干扰的瞬态响应随时间的推移而不断扩大或发生持续振荡，也就是通常所说的"自激振动"，则系统是不稳定的。

　　控制理论中所讨论的稳定性其实都是指自由振荡下的稳定性，也就是说，只讨论输入为零，系统仅存在初始状态不为零时的稳定性，即讨论系统自由振荡是收敛的还是发散的。至于对机械工程控制系统，往往用激振或施加外力的方法施以强迫振动或运动，从而造成系统共振（或称为谐振）或偏离平衡位置越来越远，这不是控制理论所要讨论的稳定性。

【应用点评 7-1】　线性系统稳定的决定因素

　　线性系统不稳定现象发生与否，取决于系统内部条件，而与输入无关。如正摆和倒立摆，系统是在输入撤销后，从偏离平衡位置的初始状态出发，因系统本身的固有特性而产生的摆动，故线性系统的稳定性只取决于系统本身的结构和参数，而与输入无关。（非线性系统的稳定性是与输入有关的。）

7.1.2　判别系统稳定性的基本准则

　　若系统在初始状态（无论是无输入的初态 $x_o(0^-)$，$\dot{x}_o(0^-)$，$\cdots$，$x_o^{n-1}(0^-)$，还是有输入引起的初态 $x_o(0^+)$，$\dot{x}_o(0^+)$，$\cdots$，$x_o^{n-1}(0^+)$，还是这两者之和，此处 n 仍为系统阶数）的影响下，由它所引起的系统的时间响应随着时间的推移，逐渐衰减并趋向于零（即回到平衡位置），则称该系统是稳定的；反之，若在初始状态影响下，由它所引起的系统的时间响应随着时间的推移而发散（即偏离平衡位置越来越远），则称该系统为不稳定的。

　　设线性定常系统的微分方程为

$$a_n x_o^{(n)}(t) + a_{n-1} x_o^{(n-1)}(t) + \cdots + a_1 x_o^{(1)}(t) + a_0 x_o(t) = b_m x_i^{(m)}(t) + \cdots + b_1 x_i^{(1)}(t) + b_0 x_i(t) \quad n \geqslant m \quad (7\text{-}1)$$

　　研究系统稳定性问题就是研究系统去掉干扰后的运动情况，也就是研究式（7-1）的齐次微分方程式的解，即

$$a_n x_o^{(n)}(t) + a_{n-1} x_o^{(n-1)}(t) + \cdots + a_1 x_o^{(1)}(t) + a_0 x_o(t) = 0 \qquad (7\text{-}2)$$

式（7-2）的特征方程为

$$a_n s^n + a_{n-1} s^{n-1} + \cdots + a_1 s + a_0 = a_n \prod_{i=1}^{n} (s - s_i) = 0 \qquad (7\text{-}3)$$

式中，$s_1, s_2, \cdots, s_n$ 为特征方程的根，即系统的极点。这些根可以是实根，也可以是复数根。若有 q 个实根 s_k，$2r$ 个复数根，$s_l = \sigma_l \pm j\omega_l$，且 $q + 2r = n$，由微分方程解的理论可知，齐次微分方程式（7-2）的解为

$$x_o(t) = \sum_{k=1}^{q} A_k e^{s_k t} + \sum_{l=1}^{r} e^{\sigma_l t} (B_l \cos \omega_l t + C_l \sin \omega_l t) \qquad (7\text{-}4)$$

式中，系数 A_k、B_l、C_l 是由系统的初始状态决定的。

由以上分析可知，若系统所有特征根的实部 s_k、σ_l 均为负值，则零输入响应最终将衰减到零，即 $\lim\limits_{t \to \infty} x_o(t) = 0$，这样的系统就是稳定的；反之，若特征根中有一个或多个根具有正实部，则零输入响应随时间的推移而发散，即 $\lim\limits_{t \to \infty} x_o(t) = \infty$，这样的系统就是不稳定的。

图 7-2 所示的是一个具有多个极点的系统对应的响应曲线。特征根 s_1 是具有负实部的复数，其零输入响应为减幅振荡曲线；特征根 s_2 是纯虚数，其零输入响应为等幅振荡曲线；特征根 s_3 是具有正实部的复数，其零输入响应为增幅振荡曲线；特征根 s_4 是负实数，其零输入响应为减幅指数曲线；特征根 s_5 是正实数，其零输入响应为增幅指数曲线。

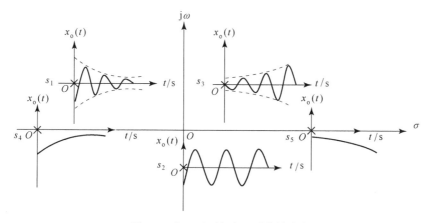

图 7-2　在 s 平面上表示系统的响应

由以上分析可知，式（7-1）右端各项系数对系统稳定性没有影响，也就是系统传递函数 $G(s)$ 的零点对稳定性没有影响。因为这些参数反映了系统与外界作用的关系，反映了外界输入作用于同一系统的响应特性，而不影响系统稳定性。

综上所述，系统稳定的充要条件为：系统的全部特征根都具有负实部；反之，只要特征根中有一个或一个以上具有正实部，则系统必不稳定。

也就是说，若系统传递函数 $G(s)$ 的全部极点均位于 s 平面的左半平面内，则系统稳定；反之，若有一个或一个以上的极点位于 s 平面的右半平面内，则系统不稳定；若有部分极点位于虚轴上，而其余的极点均在 s 平面的左半平面内，则系统称为临界稳定。

由于对系统参数的估算或测量可能不够准确，而且系统在实际运行过程中参数值也可能有变动，因此原来处于虚轴上的极点实际上可能变动到 s 平面的右半平面，致使系统不稳定。从工程控制的实际情况来看，一般认为临界稳定的系统实际上往往属于不稳定的。

应当指出，上述不稳定区虽然包括虚轴 $j\omega$，但并不包括虚轴所通过的坐标原点。因为在这一点上，相当于特征根 $s_i = 0$，故系统是稳定的。（$s_i = 0$，表示第 i 个环节为积分环节。）

如图 7-3 所示的具有反馈环节的机械工程控制系统从输入到输出的传递函数，即闭环传递函数为

$$G_B(s) = \frac{X_o(s)}{X_i(s)} = \frac{G(s)}{1 + G(s)H(s)} \tag{7-5}$$

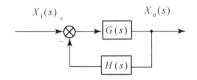

图 7-3　闭环系统方框图

令该传递函数的分母等于零，就得到该系统的特征方程为

$$1 + G(s)H(s) = 0$$

为了判别系统是否稳定，必须确定式（7-5）的根是否全部在复平面的左半平面内。为此，可有两种途径：一种是求出所有的根；另一种是仅仅确定所有特征根均在 s 平面的左半平面内的系统参数范围，但并不求出特征根的具体值。直接计算特征方程特征根的方法过于烦杂，除简单的特征方程外，一般很少采用。工程实际中常采用的方法有 Routh 稳定判据、Nyquist 稳定判据和根轨迹法等。

7.2　Routh 稳定判据

线性定常系统稳定的充要条件是其全部极点（特征根）均具有负实部。判别系统的稳定性，也就是要解出系统特征方程的根，看这些根是否均具有负实部。但在实际工作系统中，特征方程式的阶次往往较高，当阶次高于 4 时，特征根的求解就非常困难。为避开对特征方程的直接求解，只好讨论特征根的分布，看其是否全部具有负实部，以此来判断系统的稳定性，由此形成了一系列稳定性判据。其中，最重要的一个判据就是 1884 年由 E. J. Routh 提出的 Routh（劳斯）稳定判据（Routh Stability Criterion）。

Routh 稳定判据是基于特征方程的根与系数的关系而建立的，通过对系统特征方程式的各项系数进行代数运算，得出全部根具有负实部的条件，从而判断系统的稳定性。这种稳定判据又称为代数判据。

7.2.1　系统稳定的必要条件

设系统特征方程为

$$D(s) = a_n s^n + a_{n-1} s^{n-1} + \cdots + a_1 s + a_0 = 0 \tag{7-6}$$

将式（7-6）中各项同除以 a_n 并分解因式，得

$$s^n + \frac{a_{n-1}}{a_n} s^{n-1} + \cdots + \frac{a_1}{a_n} s + \frac{a_0}{a_n} = (s - s_1)(s - s_2) \cdots (s - s_n) \tag{7-7}$$

式中，$s_1, s_2, \cdots, s_n$ 为系统的特征根。将式（7-7）右边展开，得

$$(s - s_1)(s - s_2) \cdots (s - s_n) = s^n - (\sum_{i=1}^{n} s_i) s^{n-1} + (\sum_{\substack{i < j \\ i=1, j=2}}^{n} s_i s_j) s^{n-2} - \cdots + (-1)^n \prod_{i=1}^{n} s_i \tag{7-8}$$

比较式（7-7）与式（7-8），可看出根与系数有如下关系：

$$\begin{cases} \dfrac{a_{n-1}}{a_n} = -(s_1 + s_2 + \cdots + s_n) \\[2mm] \dfrac{a_{n-2}}{a_n} = -(s_1 s_2 + s_2 s_3 + \cdots + s_{n-1} s_n) \\[2mm] \dfrac{a_{n-3}}{a_n} = -(s_1 s_2 s_3 + s_2 s_3 s_4 + \cdots + s_{n-2} s_{n-1} s_n) \\[2mm] \dfrac{a_0}{a_n} = (-1)^n (s_1 s_2 \cdots s_{n-1} s_n) \end{cases} \tag{7-9}$$

根据式（7-9）可知，要使全部特征根 $s_1, s_2, \cdots, s_n$ 均具有负实部，就必须满足以下两个条件，即系统稳定的必要条件：

（1）特征方程的各项系数 a_i（$i = 0, 1, 2, \cdots, n-1, n$）都不为零。因为若有一个系数为零，则必出现实部为零的特征根，或者有正实部的特征根，式（7-9）才能成立，此时，系统为极点在虚轴上的临界稳定系统，或者是具有正实部极点的不稳定系统。

（2）特征方程的各项系数 a_i 的符号都相同，这样式（7-9）才能成立。

因此，上述两个条件可归结为系统稳定的一个必要条件，即特征方程的各项系数

$$a_i > 0 \tag{7-10}$$

这只是系统稳定的必要条件而非充要条件。

7.2.2　系统稳定的充要条件

1. Routh 计算表

将式（7-6）所示的系统特征方程式的系数按下列形式排列成两行，即

$$\begin{matrix} a_n & a_{n-2} & a_{n-4} & a_{n-6} & \cdots \\ a_{n-1} & a_{n-3} & a_{n-5} & a_{n-7} & \cdots \end{matrix}$$

然后按照下列形式排列成 Routh 计算表，即

$$\begin{array}{c|ccccc} s^n & a_n & a_{n-2} & a_{n-4} & a_{n-6} & \cdots \\ s^{n-1} & a_{n-1} & a_{n-3} & a_{n-5} & a_{n-7} & \cdots \\ s^{n-2} & A_1 & A_2 & A_3 & A_4 & \cdots \\ s^{n-3} & B_1 & B_2 & B_3 & B_4 & \cdots \\ \vdots & \vdots & \vdots & \vdots & \vdots & \\ s^2 & D_1 & D_2 & & & \\ s^1 & E_1 & & & & \\ s^0 & F_1 & & & & \end{array} \tag{7-11}$$

其中，第一行和第二行由特征方程的系数直接列出，第三行（s^{n-2} 行）中的各元由下式计算：

$$A_1 = \frac{a_{n-1} a_{n-2} - a_n a_{n-3}}{a_{n-1}}$$

$$A_2 = \frac{a_{n-1}a_{n-4} - a_n a_{n-5}}{a_{n-1}}$$

$$A_3 = \frac{a_{n-1}a_{n-6} - a_n a_{n-7}}{a_{n-1}}$$

$$\vdots$$

一直进行到 A_i 值全部等于零为止。第四行（s^{n-3} 行）中的各元 B_i（$i = 1, 2, \cdots$）由下式计算：

$$B_1 = \frac{A_1 a_{n-3} - a_{n-1} A_2}{A_1}$$

$$B_2 = \frac{A_1 a_{n-5} - a_{n-1} A_3}{A_1}$$

$$B_3 = \frac{A_1 a_{n-7} - a_{n-1} A_4}{A_1}$$

$$\vdots$$

一直进行到其余各元 B_i 值等于零为止。用同样的方法，递推计算到第 n 行（s^1 行）为止。第 $n+1$ 行（s^0 行）仅有一项，并等于特征方程常数项 a_0。

2. Routh 稳定判据（证略）

把 $a_n, a_{n-1}, A_1, B_1 \cdots$ 称为 Routh 计算表的第一列各元，则 Routh 稳定判据的充分必要条件是：

（1）系统特征方程的各项系数均大于零，即 $a_i > 0$；

（2）若 Routh 计算表中第一列各元符号一致，则系统稳定，否则，系统不稳定。

Routh 计算表中第一列各元符号改变的次数就是特征方程中所包含的具有正实部特征根的个数。

【例题 7-1】 根据 Routh 稳定判据判定系统的稳定性

设有系统传递函数为

$$G(s) = \frac{3s^2 + 11s - 21}{s^5 + 2s^4 + 14s^3 + 88s^2 + 200s + 800} \tag{7-12}$$

判定其稳定性。如果不稳定，则求出在 s 平面的右半平面的极点数目。

解：

系统的特征方程为

$$s^5 + 2s^4 + 14s^3 + 88s^2 + 200s + 800 = 0$$

特征方程各项系数均为正，Routh 计算表为

s^5	1	14	200
s^4	2	88	800
s^3	−30	−200	0
s^2	74.7	800	0
s^1	121	0	0
s^0	800		

Routh 计算表中第一列各元有两次改变符号，即从 2 → –30，再由 –30 → 74.7，因此，$G(s)$ 有两个极点在 s 的右半平面内，即系统不稳定。

同时，用求解特征方程的方法，求出系统的特征根为

$$s_1 = -4$$
$$s_{2,3} = 2 \pm j4$$
$$s_{4,5} = -1 \pm j3$$

系统有 5 个特征根，其中 2 个根具有正实部，$s_{2,3} = 2 \pm j4$，与上述 Routh 稳定判据判定的结果相一致。

在应用 Routh 判据时，如果出现第一列各元为零，而其后各元均不为零，或部分不为零的情况，则因为不能用零除，所以 Routh 计算表的计算无法进行下去。此时，可有两种解决方法：

① 第一种方法，用一个小的正数 ε 代替 0，仍按上述方法计算各行，再令 $\varepsilon \to 0$ 求极限，最后根据第一列各元的符号判断。

② 第二种方法，用 $s = 1/p$ 代入原特征方程中，得到一个新的含 p 的多项式，再对此 p 多项式应用 Routh 稳定判据判别系统的稳定性，p 的不稳定根的个数就等于 s 的不稳定根的个数。

【例题 7-2】　**Routh 计算表第一列元素为零时的稳定性判定**

设：系统传递函数为

$$G(s) = \frac{2s^2 + 1}{s^5 + 2s^4 + 3s^3 + 6s^2 + 2s + 1} \tag{7-13}$$

判定其稳定性。如果不稳定，则求出在 s 平面的右半平面的极点数目。

解：

系统特征方程为

$$s^5 + 2s^4 + 3s^3 + 6s^2 + 2s + 1 = 0$$

Routh 计算表为

$$
\begin{array}{c|ccc}
 & 1 & 3 & 2 \\
s^5 & 2 & 6 & 1 \\
s^4 & 0(\varepsilon) & \dfrac{3}{2} & 0 \\
s^3 & & & \\
s^2 & \dfrac{6\varepsilon - 3}{\varepsilon} & 1 & \\
s^1 & & & \\
s^0 & \dfrac{3}{2} - \dfrac{\varepsilon^2}{6\varepsilon - 3} & 0 & \\
 & 1 & &
\end{array}
$$

当 $\varepsilon \to 0$ 时，$\dfrac{6\varepsilon - 3}{\varepsilon} \to -\infty$，而 $\dfrac{3}{2} - \dfrac{\varepsilon^2}{6\varepsilon - 3} \to \dfrac{3}{2}$，故 Routh 计算表的第一列各元有两次改变符号，因此，特征方程有两个根在 s 平面的右半平面内。

在应用 Routh 稳定判据时，可能遇到的另一种困难是 Routh 计算表出现全零行的情况。这种情况意味着在 s 平面中存在着一些"对称"的特征根：一对（或几对）大小相等、符号相反的实根，一对共轭虚根，或呈对称位置的两对共轭复数根。在这种情况下，可以利用全为零行的上一行元素构成一个辅助多项式，并以这个辅助多项式的导数的系数来代替 Routh 计

算表中全为零的各元，完成 Routh 计算表。这些"对称"的特征根可以通过求解这个辅助方程得到，而且特征根的数目总是偶数的。

【例题 7-3】 Routh 计算表中出现全零行时系统稳定性判定

设：系统传递函数为

$$G(s) = \frac{8s^5 + 2s^3 + 3s + 1}{s^6 + 2s^5 + 8s^4 + 12s^3 + 20s^2 + 16s + 16} \tag{7-14}$$

判定其稳定性。如果不稳定，则求出在 s 平面的右半平面内极点数目。

解：

系统的特征方程为

$$s^6 + 2s^5 + 8s^4 + 12s^3 + 20s^2 + 16s + 16 = 0$$

Routh 计算表为

s^6	1	8	20	16
s^5	2	12	16	0
s^4	2	12	16	0
s^3	0	0	0	0

s^3 行中的各元全为零，将 s^4 行的各元构成一个辅助方程式为

$$A(s) = 2s^4 + 12s^2 + 16$$

将此式对 s 求导，即

$$\frac{\mathrm{d}}{\mathrm{d}s}A(s) = 8s^3 + 24s$$

将该式的系数作为 s^3 行的各元，写出 Routh 计算表，即

s^6	1	8	20	16
s^5	2	12	16	0
s^4	2	12	16	0
s^3	8	24	0	0
s^2	6	16	0	
s^1	8/3	0		
s^0	16			

从 Routh 计算表中可以看出，第一列各元并无符号改变，因此，在 s 平面的右半平面内没有特征根。由于在 s^3 行中出现了各元全为零的情况，因此必有共轭复数特征根存在。通过求解辅助方程

$$s^4 + 6s^2 + 8 = 0$$

求得两对共轭虚根为

$$s_{1,2} = \pm \mathrm{j}\sqrt{2}$$
$$s_{3,4} = \pm \mathrm{j}2$$

这两对共轭虚根同时也是原系统的特征根，它们位于虚轴上。

7.3　Nyquist 稳定判据

7.3.1　Nyquist 稳定判据简介

Routh 稳定判据是基于特征根与特征方程系数之间的关系建立的代数判据，它对开环或闭环系统均适用。其缺点是无法知道系统稳定或不稳定的程度，也难以知道系统中各参数对稳定性的影响程度。Nyquist 稳定性判据（Nyquist Stability Criterion）仍是以系统稳定的充要条件——系统的特征根全部具有负实部为基础建立起来的，但它是根据闭环系统开环传递函数的频率特性来研究闭环系统的稳定性问题，它不仅能判定闭环系统是否稳定，而且也可以从中找到改善闭环系统稳定性的途径。

如图 7-3 所示的闭环系统，开环传递函数 $G_K(s) = G(s)H(s)$，闭环传递函数为 $G_B(s) = \dfrac{G(s)}{1 + G(s)H(s)}$。设 P 为开环传递函数 $G(s)H(s)$ 在 s 平面的右半平面内的极点数，当 $P = 0$ 时，$G(s)H(s)$ 称为开环稳定；当 $P \neq 0$ 时，$G(s)H(s)$ 称为开环不稳定。开环频率特性 $G(j\omega)H(j\omega)$ 的 Nyquist 图如图 7-4 所示，Nyquist 稳定判据表述如下：

（1）对于开环稳定的系统，有 $P = 0$，此时闭环系统稳定的充要条件是：当 ω 由 $-\infty$ 变化到 $+\infty$ 时，在 GH 平面上系统的开环频率特性 $G(j\omega)H(j\omega)$ 不包围 $(-1, j0)$ 点，如图 7-4（a）所示。

（2）对于开环不稳定的系统，且有 P 个不稳定的极点，闭环系统稳定的充要条件是：当 ω 由 $-\infty$ 变化到 $+\infty$ 时，在 GH 平面上的开环频率特性 $G(j\omega)H(j\omega)$ 逆时针方向包围 $(-1, j0)$ 点 P 圈，如图 7-4（b）所示。

（3）当 ω 由 $-\infty$ 变化到 $+\infty$ 时，在 GH 平面上的开环频率特性 $G(j\omega)H(j\omega)$ 经过 $(-1, j0)$ 点，则对应闭环系统临界稳定，对于实际工程中临界稳定的系统被认为是不稳定的系统，如图 7-4（b）所示。

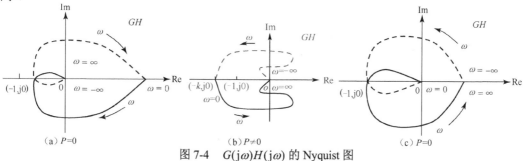

图 7-4　$G(j\omega)H(j\omega)$ 的 Nyquist 图

【应用点评 7-2】关于 Nyquist 稳定判据的几点说明

（1）Nyquist 稳定判据不是在 s 平面，而是在 GH 平面内进行系统的稳定性判断。

（2）当 $P = 0$ 时，也就是 $G_K(s)$ 在 s 平面的右半平面内无极点，即开环稳定；当 $P \neq 0$ 时，开环不稳定。开环稳定，闭环也可能不稳定；开环不稳定，闭环仍可能稳定。但开环不稳定而其闭环稳定的系统在工程中往往是不可靠的。

（3）当 ω 由 $-\infty$ 变化到 $+\infty$ 时，$G(j\omega)H(j\omega)$ 的 Nyquist 曲线是关于实轴对称的，因而一般只需绘制出 ω 由 0 变化到 $+\infty$ 时的曲线；而 ω 由 $-\infty$ 变化到 0 时的曲线，根据 Nyquist 曲线的对称性可直接绘制出。这是因为当 $+\omega$ 变为 $-\omega$ 时，$G(-j\omega)H(-j\omega)$ 与 $G(j\omega)H(j\omega)$ 的幅值相同，而相位相反，即

$$\left|G(-j\omega)H(-j\omega)\right| = \left|G(j\omega)H(j\omega)\right|$$
$$-\angle G(-j\omega)H(-j\omega) = \angle G(j\omega)H(j\omega)$$

【例题 7-4】 **根据 Nyquist 稳定判据分析系统的稳定性**

图 7-5 是两个闭环系统的开环 Nyquist 图，根据 Nyquist 稳定判据分析图 7-5 所示的两个闭环系统的稳定性。

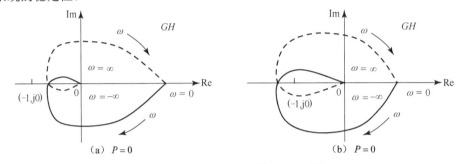

图 7-5 $G(j\omega)H(j\omega)$ 的 Nyquist 图

解：

图 7-5（a）所示的系统是 $P=0$，即开环稳定，当 ω 由 $-\infty$ 变化到 $+\infty$ 时，系统的开环 Nyquist 曲线不包围 $(-1, j0)$ 点，根据 Nyquist 稳定判据判定相应的闭环系统稳定。

图 7-5（b）所示的系统是 $P=0$，即开环稳定，当 ω 由 $-\infty$ 变化到 $+\infty$ 时，系统的开环 Nyquist 曲线顺时针包围 $(-1, j0)$ 点，根据 Nyquist 稳定判据判定相应的闭环系统不稳定，即开环稳定，闭环不稳定。

【例题 7-5】 **根据 Nyquist 稳定判据分析单位负反馈系统的稳定性**

一个单位负反馈系统的开环传递函数为

$$G(s)H(s) = \frac{K}{(T_1 s + 1)(T_2 s + 1)} \tag{7-15}$$

式中，时间常数 $T_1 > 0$，$T_2 > 0$，根据 Nyquist 稳定判据判定闭环系统的稳定性。

解：

$P_1 = -1/T_1$，$P_2 = -1/T_2$，$G(s)H(s)$ 在 s 平面的右半平面内无极点，$P=0$，故开环稳定。

当 $\omega = 0$ 时，$\left|G(j\omega)H(j\omega)\right| = K$，$\angle G(j\omega)H(j\omega) = 0°$；

当 $\omega = \infty$ 时，$\left|G(j\omega)H(j\omega)\right| = 0$，$\angle G(j\omega)H(j\omega) = -180°$。

开环频率特性 $G(j\omega)H(j\omega)$ 的 Nyquist 图如图 7-6 所示。

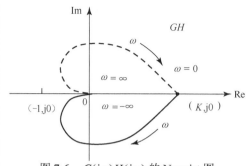

图 7-6　$G(j\omega)H(j\omega)$ 的 Nyquist 图

由于 $G(s)H(s)$ 在 s 平面的右半平面无极点，当 ω 由 $-\infty$ 变到 0，再有 0 变化到 $+\infty$ 时，$G(j\omega)H(j\omega)$ 的 Nyquist 曲线不包围 $(-1,j0)$ 点，根据 Nyquist 稳定判据判定，无论 K 取任何正值，系统都是稳定的，即开环稳定，闭环也稳定。

【例题 7-6】　　**根据 Nyquist 稳定判据分析非最小相位系统的稳定性**

反馈系统的开环传递函数为

$$G(s)H(s)=\frac{K}{(T_1s+1)(-T_2s+1)} \tag{7-16}$$

式中，时间常数 $T_1>0$，$T_2>0$，$T_1>T_2$，根据 Nyquist 稳定判据判定对应闭环系统的稳定性。

解：

$P_1=-1/T_1$，$P_2=1/T_2$，$G(s)H(s)$ 在 s 平面的右半平面内有一个极点，$P=1$，开环不稳定。

当 $\omega=0$ 时，$|G(j\omega)H(j\omega)|=K$，$\angle G(j\omega)H(j\omega)=0°$；

当 $\omega=\infty$ 时，$|G(j\omega)H(j\omega)|=0$，$\angle G(j\omega)H(j\omega)=0°$。

$G(j\omega)H(j\omega)$ 的 Nyquist 图如图 7-7 所示。

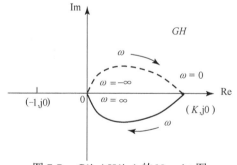

图 7-7　$G(j\omega)H(j\omega)$ 的 Nyquist 图

由于 $G(s)H(s)$ 在 s 平面的右半平面有一个极点，当 ω 由 $-\infty$ 变化为 $+\omega$ 时，频率特性 $G(j\omega)H(j\omega)$ 的 Nyquist 曲线不包围 $(-1,j0)$ 点，由 Nyquist 稳定判据判定相应闭环系统不稳定。

【应用推广 7-1】　　**应用 Nyquist 稳定判据的一般步骤**

（1）求出开环传递函数 $G(s)H(s)$ 在 s 平面的右半平面上的极点个数 P，判定开环系统的稳定性。

（2）绘制当 ω 由 0 变化到 $+\infty$ 时 $G(j\omega)H(j\omega)$ 的 Nyquist 曲线，然后根据 ω 由 $-\infty$ 变化到 $+\infty$ 时 $G(j\omega)H(j\omega)$ 的 Nyquist 曲线是关于实轴对称的，补充 ω 由 $-\infty$ 变化到 0 时 $G(j\omega)H(j\omega)$ 的 Nyquist 曲线。

（3）根据 Nyquist 稳定判据判断闭环系统的稳定性。

【应用点评 7-3】　Nyquist 稳定判据判定最小相位系统稳定的条件

工程中的系统通常是最小相位系统，故 $P=0$，因此只要系统的开环 Nyquist 曲线不包围 $(-1, j0)$ 点，对应的闭环系统就是稳定的。

7.3.2　开环含有积分环节系统的稳定性分析

当系统开环传递函数含有积分环节 $\dfrac{1}{s^{\lambda}}$ 时，开环传递函数的 Nyquist 曲线不与实轴形成封闭曲线，因此难以说明 ω 在 0 附近变化时 Nyquist 曲线的形状，也就不能说明 $G(j\omega)H(j\omega)$ 曲线是否包围 $(-1, j0)$ 点，如图 7-8（a）所示。为此，在 $G(j\omega)H(j\omega)$ 的 Nyquist 曲线上画出辅助圆来判定闭环系统的稳定性。具体步骤是：从正实轴开始顺时针画圆，经过 λ 个 $90°$ 与 $G(j0^+)H(j0^+)$ 的 Nyquist 曲线相交，然后补充 ω 由 0 变化到 0^+ 时 $G(j\omega)H(j\omega)$ 的 Nyquist 曲线，如图 7-8（b）所示。

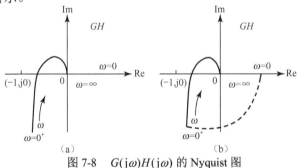

图 7-8　$G(j\omega)H(j\omega)$ 的 Nyquist 图

【例题 7-7】　开环含有一个积分环节的系统稳定性分析

反馈系统的开环传递函数为

$$G(s)H(s) = \frac{K}{s(T_1 s + 1)} \tag{7-17}$$

式中，$K=10$，$T_1=1$，判定闭环系统的稳定性。

解：

$P_1 = 0$，$P_2 = -1/T_1$，$G(s)H(s)$ 含一个积分环节，在 s 平面的右半平面内无极点，即 $P = 0$，故开环稳定。

系统的开环频率特性为

$$G(j\omega)H(j\omega) = \frac{K}{j\omega(1 + jT_1\omega)} = -\frac{KT_1}{1 + (T_1\omega)^2} - j\frac{K}{\omega(1 + (T_1\omega)^2)}$$

由上式可知，系统是由比例环节、积分环节和惯性环节组成的。其实频特性 $u(\omega) = \mathrm{Re}[G(j\omega)H(j\omega)] = -\dfrac{KT_1}{1 + (T_1\omega)^2}$，虚频特性 $v(\omega) = \mathrm{Im}[G(j\omega)H(j\omega)] = -\dfrac{K}{\omega(1 + (T_1\omega)^2)}$，幅

频特性 $\left|G(\mathrm{j}\omega)H(\mathrm{j}\omega)\right| = \dfrac{K}{\omega\sqrt{1+(T_1\omega)^2}}$ ，相频特性 $\angle G(\mathrm{j}\omega)H(\mathrm{j}\omega) = -90^\circ - \arctan T_1\omega$ 。于是，有

当 $\omega \to 0$ 时，$u(\omega) = -KT_1 = -10$ ，$v(\omega) = -\infty$ ，$\left|G(\mathrm{j}\omega)H(\mathrm{j}\omega)\right| = \infty$ ，$\angle G(\mathrm{j}\omega)H(\mathrm{j}\omega) = -90^\circ$ ；

当 $\omega \to \infty$ 时，$u(\omega) = 0$ ，$v(\omega) = 0$ ，$\left|G(\mathrm{j}\omega)H(\mathrm{j}\omega)\right| = 0$ ，$\angle G(\mathrm{j}\omega)H(\mathrm{j}\omega) = -180^\circ$ 。

$G(\mathrm{j}\omega)H(\mathrm{j}\omega)$ 的 Nyquist 图如图 7-9 所示。

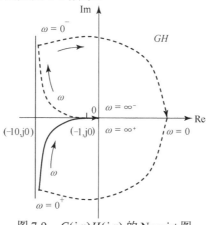

图 7-9　$G(\mathrm{j}\omega)H(\mathrm{j}\omega)$ 的 Nyquist 图

由于 $G(s)H(s)$ 在 s 平面的右半平面内无极点，ω 由 $-\infty$ 变化到 $+\infty$ $G(\mathrm{j}\omega)H(\mathrm{j}\omega)$ 的 Nyquist 曲线不包围 $(-1, \mathrm{j}0)$ 点，由 Nyquist 稳定判据判定闭环系统稳定。

【例题 7-8】 ▊ 开环含有两个积分环节的系统稳定性分析

已知反馈系统的开环传递函数为

$$G(s)H(s) = \dfrac{K}{s^2(s^2 + 2\xi\omega_\mathrm{n}s + \omega_\mathrm{n}^2)} \tag{7-18}$$

式中，$K=10$，$\omega_\mathrm{n} > 0$，$0 < \xi < 1$，判定闭环系统的稳定性。

解:

$P_1 = 0$ ，$P_2 = 0$ $P_{3,4} = -\xi\omega_\mathrm{n} \pm \mathrm{j}\sqrt{1-\xi^2}\,\omega_\mathrm{n}$ ，$G(s)H(s)$ 含两个积分环节，在 s 平面的右半平面的无极点，即 $P = 0$，故开环稳定。

开环频率特性为

$$G(\mathrm{j}\omega)H(\mathrm{j}\omega) = \dfrac{K}{-\omega^2(\mathrm{j}2\xi\omega_\mathrm{n}\omega + \omega_\mathrm{n}^2 - \omega^2)}$$

$$= -\dfrac{-K(\omega_\mathrm{n}^2 - \omega^2)}{\omega^2((\omega_\mathrm{n}^2 - \omega^2)^2 + (2\xi\omega_\mathrm{n}\omega)^2)} + \mathrm{j}\dfrac{2K\xi\omega_\mathrm{n}}{\omega^2((\omega_\mathrm{n}^2 - \omega^2)^2 + (2\xi\omega_\mathrm{n}\omega)^2)}$$

当 $\omega \to 0$ 时，$u(\omega) = -\infty$ ，$v(\omega) = +\infty$ ，$\left|G(\mathrm{j}\omega)H(\mathrm{j}\omega)\right| = \infty$ ，$\angle G(\mathrm{j}\omega)H(\mathrm{j}\omega) = -180^\circ$ ；

当 $\omega \to \infty$ 时，$u(\omega) = 0$ ，$v(\omega) = 0$ ，$\left|G(\mathrm{j}\omega)H(\mathrm{j}\omega)\right| = 0$ ，$\angle G(\mathrm{j}\omega)H(\mathrm{j}\omega) = -360^\circ$ 。

令其实频特性 $u(\omega) = \mathrm{Re}[G(\mathrm{j}\omega)H(\mathrm{j}\omega)] = 0$ ，求得 $\omega = \omega_\mathrm{n}$ ，将其代入虚频特性 $v(\omega) = \mathrm{Im}[G(\mathrm{j}\omega)H(\mathrm{j}\omega)] = \dfrac{K}{2\xi\omega_\mathrm{n}^4}$ ，即 $G(\mathrm{j}\omega)H(\mathrm{j}\omega)$ 的 Nyquist 曲线与虚轴的交点为 $\left(0, \mathrm{j}\dfrac{K}{2\xi\omega_\mathrm{n}^4}\right)$ 。

$G(j\omega)H(j\omega)$ 的 Nyquist 图如图 7-10 所示。由于 $G(s)H(s)$ 在 s 平面的右半平面无极点，ω 由 $-\infty$ 变为 $+\infty$，$G(j\omega)H(j\omega)$ 的 Nyquist 曲线包围 $(-1, j0)$ 点两圈，由 Nyquist 稳定判据判定闭环系统不稳定。

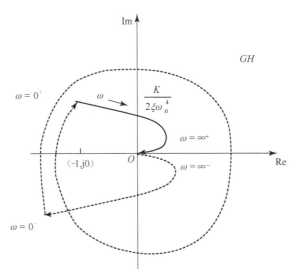

图 7-10　$G(j\omega)H(j\omega)$ 的 Nyquist 图

【例题 7-9】　**不同阶的 I 型系统的稳定性比较**

设 I 型系统开环频率特性的 Nyquist 图如图 7-11 所示，对应的开环传递函数分别为：

（1）$G(s)H(s) = \dfrac{K}{s(T_1 s + 1)}$；

（2）$G(s)H(s) = \dfrac{K}{s(T_1 s + 1)(T_2 s + 1)}$；

（3）$G(s)H(s) = \dfrac{K(T_5 s + 1)(T_6 s + 1)}{s(T_1 s + 1)(T_2 s + 1)(T_3 s + 1)(T_4 s + 1)}$。

式中，K、T_1、T_2、T_3、T_4、T_5、T_6 均大于 0，试判断闭环系统的稳定性。

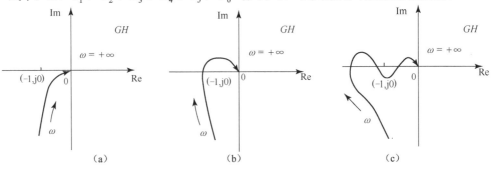

图 7-11　$G(j\omega)H(j\omega)$ 的 Nyquist 图

解：

根据开环频率特性的对称性，补充 ω 由 $-\infty$ 变到 0 $G(j\omega)H(j\omega)$ 的 Nyquist 图，如图 7-12 所示。

（1）$P=0$，即 $G(s)H(s)$ 在 s 平面的右半平面内无极点，当 ω 由 $-\infty$ 变化到 0，再由 0 变化到 $+\infty$ 时，$G(j\omega)H(j\omega)$ 的 Nyquist 曲线不包围$(-1,j0)$点，根据 Nyquist 稳定判据判定对应的闭环系统稳定，即开环稳定，闭环也稳定。

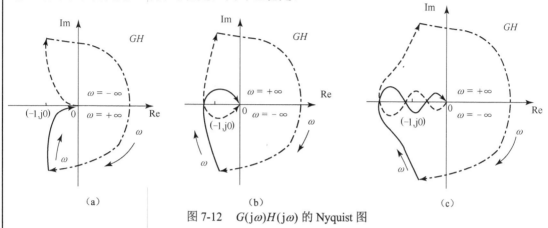

图 7-12　$G(j\omega)H(j\omega)$ 的 Nyquist 图

（2）$P=0$，即 $G(s)H(s)$ 在 s 平面的右半平面内无极点，当 ω 由 $-\infty$ 变化到 0，再由 0 变化到 $+\infty$ 时，$G(j\omega)H(j\omega)$ 的 Nyquist 曲线包围$(-1,j0)$点，根据 Nyquist 稳定判据判定对应的闭环系统不稳定的，即开环稳定，闭环不稳定。

（3）$P=0$，即 $G(s)H(s)$ 在 s 平面的右半平面内无极点，当 ω 由 $-\infty$ 变化到 0，再由 0 变化到 $+\infty$ 时，$G(j\omega)H(j\omega)$ 的 Nyquist 曲线不包围$(-1,j0)$点，根据 Nyquist 稳定判据判定对应的闭环系统稳定，即开环稳定，闭环也稳定。

【例题 7-10】 **不同阶的 II 型系统的稳定性比较**

II 型系统的开环 Nyquist 图如图 7-13 所示，对应的开环传递函数分别为：

（1）$G(s)H(s)=\dfrac{K}{s^2}$；

（2）$G(s)H(s)=\dfrac{K}{s^2(T_1 s+1)}$；

（3）$G(s)H(s)=\dfrac{K(T_3 s+1)}{s^2(T_1 s+1)(T_2 s+1)}$。

式中，K、T_1、T_2、T_3 均大于 0，试判定闭环系统的稳定性。

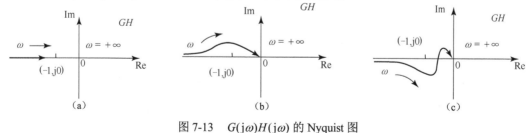

图 7-13　$G(j\omega)H(j\omega)$ 的 Nyquist 图

解：

根据开环传递函数的 Nyquist 曲线的对称性，补充 ω 由 $-\infty$ 变到 0，$G(j\omega)H(j\omega)$ 的 Nyquist 图如图 7-14 所示。

（1）$P=0$，即 $G(s)H(s)$ 在 s 平面的右半平面内无极点，当 ω 由 $-\infty$ 变化到 0，再用 0 变化到 $+\infty$ 时，$G(j\omega)H(j\omega)$ 的 Nyquist 曲线经过 $(-1,j0)$ 点，根据 Nyquist 稳定判据判定对应的闭环系统临界稳定。

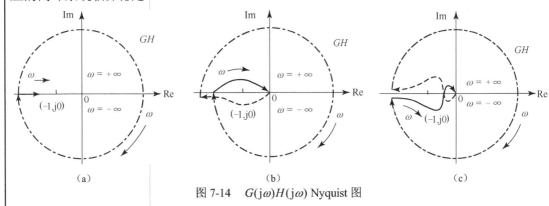

图 7-14　$G(j\omega)H(j\omega)$ Nyquist 图

（2）$P=0$，由于 $G(s)H(s)$ 在 s 平面的右半平面内无极点，当 ω 由 $-\infty$ 变化到 0，再由 0 变化到 $+\infty$ 时，$G(j\omega)H(j\omega)$ 的 Nyquist 曲线包围 $(-1,j0)$ 点，根据 Nyquist 稳定判据判定对应的闭环系统不稳定，即开环稳定，闭环不稳定。

（3）$P=0$，由于 $G(s)H(s)$ 在 s 平面的右半平面内无极点，当 ω 由 $-\infty$ 变化到 0，再由 0 变化到 $+\infty$ 时，$G(j\omega)H(j\omega)$ 的 Nyquist 曲线不包围 $(-1,j0)$ 点，根据 Nyquist 稳定判据判定对应的闭环系统稳定，即开环稳定，闭环也稳定。

【应用点评 7-4】　最小相位系统的稳定性分析

开环为最小相位系统时，只有在三阶或三阶以上，其闭环系统才有可能不稳定。

7.3.3　具有延时环节的系统的稳定性分析

在许多机械工程系统中存在着延时环节，通常情况下延时环节串联存在于闭环系统的前向通道或反馈回路中。延时环节是线性环节，它的存在将给系统稳定性带来不利的影响。

【例题 7-11】　具有延时环节的系统的稳定性分析

已知系统开环传递函数为

$$G_k(s) = G(s)H(s) = G_1(s)e^{-\tau s} = \frac{e^{-\tau s}}{s(s+1)(s+2)} \tag{7-19}$$

试分析系统的稳定性。

解：

$P_1 = 0$，$P_2 = -1$，$P_3 = -2$，系统由一个积分环节、两个一阶惯性环节和一个延时环节 $e^{-\tau s}$ 组成，开环传递函数在 s 平面的右半平面内无极点，$P=0$，即开环稳定。

开环频率特性为

$$G(j\omega)H(j\omega) = G_1(j\omega)e^{-j\omega\tau} = \frac{e^{-j\omega\tau}}{j\omega(j\omega+1)(j\omega+2)}$$

幅值特性为

$$\left|G_K(j\omega)\right| = \left|G_1(j\omega)\right|$$

相频特性为

$$\angle G_{\mathrm{K}}(\mathrm{j}\omega) = \angle G_1(\mathrm{j}\omega) - \tau\omega$$

当 $\tau = 0, 0.8, 2, 4$ s 时，系统的开环频率特性的 Nyquist 图如图 7-15 所示。系统开环 Nyquist 图随着延时时间 τ 的变化而变化。随着 τ 值增大，Nyquist 曲线经历更多的象限，闭环系统的稳定性变坏。当 $\tau = 0, 0.8$ s 时，Nyquist 图不包围 $(-1, \mathrm{j}0)$ 点，闭环系统稳定；当 $\tau = 2$ s 时，Nyquist 图经过 $(-1, \mathrm{j}0)$ 点，闭环系统临界稳定。当 $\tau \geqslant 2$ s 时，闭环系统不稳定。

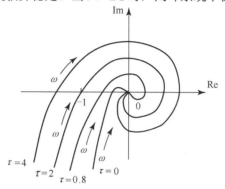

图 7-15　具有延时环节的系统的 Nyquist 图

【应用点评 7-5】　延时环节对系统稳定性的影响

对存在延时环节的一阶、二阶系统，其开环增益不宜太大，太大的增益可能使系统变得不稳定。

【工程实例 7-1】　基于 Nyquist 稳定判据分析数控切纸机的交流永磁伺服电机速度控制系统的稳定性

数控切纸机采用交流永磁伺服电机驱动，如图 7-16 所示，采用 PI 速度控制器的交流永磁伺服电机系统方框图如图 7-17 所示。试分析交流永磁伺服电机速度控制系统的稳定性。

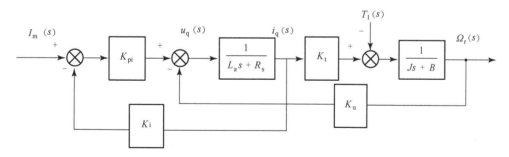

图 7-16　交流永磁伺服电机传递函数方框图

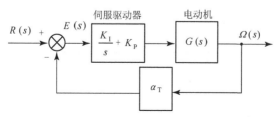

图 7-17　交流永磁伺服电机 PI 速度控制系统方框图

图中，u_{q} 为 q 轴电压，i_{q} 为 q 轴电流，R_{s} 为定子相电阻，Ω_{r} 为转子角速度，J 为电机转动惯

量，B 为阻尼系数，K_{pi} 为电流环增益，K_i 为电流环反馈系数，K_t 为转矩系数，K_u 为反电动势常数，L_a 为电感。

解：

交流永磁伺服电机的传递函数为

$$G(s) = \frac{\Omega(s)}{I_m(s)} = \frac{\dfrac{K_t K_{pi}}{JL_a}}{s^2 + \left(\dfrac{R_s + K_i K_{pi}}{L_a} + \dfrac{B}{J}\right)s + \dfrac{R_s + K_i K_{pi}}{L_a}\dfrac{B}{J} + \dfrac{K_t K_u}{JL_a}} \tag{7-20}$$

令

$$\alpha_0 = \frac{BR_s + BK_i K_{pi} + K_t K_u}{K_t K_{pi}}$$

$$\alpha_1 = \frac{JR_s + JK_i K_{pi} + BL_a}{K_t K_{pi}}$$

$$\alpha_2 = \frac{JL_a}{K_t K_{pi}}$$

将式（7-20）化为

$$G(s) = \frac{1}{\alpha_2 s^2 + \alpha_1 s + \alpha_0} \tag{7-21}$$

设计交流永磁伺服电机的速度 PI 控制器。将比例积分控制器置于系统的前向通道内，与控制对象串联作为一个整体来实现交流永磁伺服电机的速度控制，从而改善了系统的瞬态响应特性和稳定性，使系统的输出响应能够满足高性能控制的要求，并且在稳态时可实现无差控制，在实际中得到了广泛应用。按照部分模型匹配法，PI 控制系统的比例增益和积分增益可由下式确定：

$$K_I = \frac{K_u}{K_{pi} \alpha_T T_\sigma}$$

$$K_P = \frac{J(R_s + K_{pi} K_i)K_I}{K_t K_u} - 0.5 T_\sigma K_I$$

式中，α_T 为速度反馈系数。

采用三菱公司 HC—SFS 和 MR—J2S—100A 型号的电机和伺服驱动器，控制系统参数和传递函数中的系数如表 7-1 所示。

表 7-1　伺服电机系统参数

参 数 名 称	值	单 位	参 数 名 称	值	单 位
J	0.001 37	kg·m	K_P	1.5	—
B	0	Nm·s/rad	K_I	0.0768	—
R_s	1.05	Ω	α_T	0.041 89	Vs/rad
L_a	0.037	H	K_{pp}	100	rad/s

续表

参 数 名 称	值	单 位	参 数 名 称	值	单 位
K_i	1	V/A	α_0	0.754	Vs/rad
K_{pi}	310	—	α_1	0.001 7	Vs²/rad
K_t	0.797	Nm/A	α_2	2.0516×10^{-7}	Vs³/rad
K_u	0.1827	Vs/rad			

交流永磁伺服电机的 PI 速度控制系统的开环传递函数为

$$G(s)H(s) = \frac{\alpha_T(K_P s + K_I)}{s(\alpha_2 s^2 + \alpha_1 s + \alpha_0)} = \frac{418\,900(1.5s + 0.0768)}{s(2.0516 s^2 + 17\,000 s + 7\,540\,000)} \tag{7-22}$$

$G(s)H(s)$ 含有一个积分环节、一个微分环节和一个二阶振荡环节，极点 $P_1 = -7818.4$，$P_2 = -470.2$，$P_3 = 0$，零点 $z = -0.0512$，在 s 平面的右半平面无极点，$P = 0$，开环稳定。

当 $\omega \to 0$ 时，$|G(j\omega)| = \infty$，$\angle G(j\omega) = -90°$，$u(\omega) = 0.083$，$v(\omega) = 0$；

当 $\omega \to \infty$ 时，$|G(j\omega)| = 0$，$\angle G(j\omega) = -180°$，$u(\omega) = 0$，$v(\omega) = 0$；

令 $u(\omega) = 0$，求得 $v(\omega) = \pm 0.02$。

应用 MATLAB 软件的 Nyquist() 函数绘制 ω 从 $-\infty \to +\infty$ 时 $G(j\omega)H(j\omega)$ 的 Nyquist 图，如图 7-18 所示。

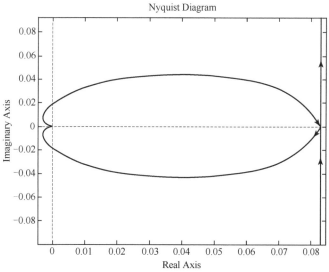

图 7-18 交流永磁伺服电机的 PI 速度控制系统的开环频率特性 Nyquist 图

由于 $G(s)H(s)$ 在 s 平面的右半平面内无极点，ω 由 $-\infty$ 变化到 $+\infty$，$G(j\omega)H(j\omega)$ 的 Nyquist 曲线不包围 $(-1, j0)$ 点，由 Nyquist 稳定判据判定闭环系统稳定。

【工程实例 7-2】 **基于 Nyquist 稳定判据分析激光眼外科手术设备的稳定性**

激光眼外科手术设备被用于治疗眼科疾病，如图 7-19（a）所示。激光眼外科手术设备必须能准确地控制激光的位置，控制系统框图如图 7-19（b）所示，$K = 5$，试分析激光眼外科手术设备的稳定性。

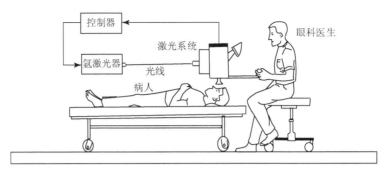

（a）激光眼外科手术设备

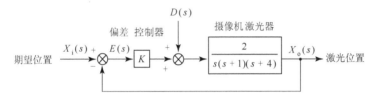

（b）控制系统框图

图 7-19　激光眼外科手术设备控制系统

解：

激光眼外科手术设备控制系统的开环传递函数为

$$G(s)H(s) = \frac{10}{s(s+1)(s+4)} \tag{7-23}$$

$P_1 = -1$，$P_2 = -4$，$G(s)H(s)$ 含一个积分环节，在 s 平面的右半平面内无极点，即 $P=0$，开环稳定。

系统的开环频率特性为

$$G(j\omega)H(j\omega) = \frac{10}{j\omega(j\omega+1)(j\omega+4)} = -\frac{50}{(1+\omega^2)(16+\omega^2)} - j\frac{10(4-\omega^2)}{\omega(1+\omega^2)(16+\omega^2)}$$

由上式可知，系统是由比例环节、积分环节和惯性环节组成的，其

实频特性 $u(\omega) = \mathrm{Re}[G(j\omega)H(j\omega)] = -\dfrac{50}{(1+\omega^2)(16+\omega^2)}$，

虚频特性 $v(\omega) = \mathrm{Im}[G(j\omega)H(j\omega))] = -\dfrac{10(4-\omega^2)}{\omega(1+\omega^2)(16+\omega^2)}$，

幅频特性 $|G(j\omega)H(j\omega)| = \dfrac{10}{\omega\sqrt{1+\omega^2}\sqrt{16+\omega^2}}$，

相频特性 $\angle G(j\omega)\ H(j\omega) = -90° - \arctan\omega - \arctan\omega/4$。

于是，有

当 $\omega \to 0$ 时，$u(\omega) = -50/16$，$v(\omega) = -\infty$，$|G(j\omega)H(j\omega)| = \infty$，$\angle G(j\omega)H(j\omega) = -90°$；

当 $\omega \to \infty$ 时，$u(\omega) = 0$，$v(\omega) = 0$，$|G(j\omega)H(j\omega)| = 0$，$\angle G(j\omega)H(j\omega) = -270°$。

令 $v(\omega) = 0$，求得 $\omega = 2$，代入实部，$u(\omega) = -1/2$，即与负实轴交于点 $(-1/2, j0)$。

$G(j\omega)H(j\omega)$ 的 Nyquist 图如图 7-20 所示。

由于 $G(s)H(s)$ 在 s 平面的右半平面内无极点，ω 由 $-\infty$ 变为 $+\infty$，$G(j\omega)H(j\omega)$ 的 Nyquist 曲线不包围 $(-1, j0)$ 点，由 Nyquist 稳定判据判定闭环系统稳定。

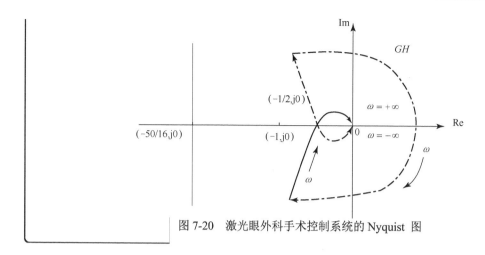

图 7-20　激光眼外科手术控制系统的 Nyquist 图

7.4　Bode 稳定判据

Nyquist 稳定判据是根据系统开环频率特性 $G(j\omega)H(j\omega)$ 的 Nyquist 图判断闭环系统的稳定性，同一个系统的 Nyquist 图与 Bode 图有着对应关系，由此可推论，可以利用系统开环频率特性 $G(j\omega)H(j\omega)$ 的 Bode 图来判断闭环系统的稳定性，这种方法称为对数频率特性稳定判据，简称 Bode 稳定判据（Bode Stability Criterion）。

7.4.1　Nyquist 图与 Bode 图的对应关系

Nyquist 图是将系统的幅频特性和相频特性随着频率的变化规律画在一张图上，Bode 图则将系统的幅频特性和相频特性随着频率的变化规律分别画在两张图上。既然都是描述系统频率特性，同一个系统的 Nyquist 图与 Bode 图之间必然存在着相互对应关系。

同一个系统的开环频率特性的 Nyquist 图与 Bode 图之间有着如下的对应关系。

（1）Nyquist 图上的单位圆对应于 Bode 图上的 0 分贝线，也是对数幅频特性图的横轴。单位圆之内对应于对数幅频特性图的 0 分贝线以下，而单位圆之外则对应于对数幅频特性图的 0 分贝线以上。

（2）Nyquist 图上的负实轴相当于 Bode 图上的 –180°线，即对数相频特性图的 –180°线。

（3）Nyquist 曲线与单位圆交点的频率，对应于对数幅频特性曲线与横轴交点的频率，即输入与输出幅值相等时的频率，称为幅值穿越频率（Magnitude Pass Frequency），或幅值交界频率，记为 ω_c。

（4）Nyquist 曲线与负实轴交点的频率，即对数相频特性与 –180°线交点的频率，称为相位穿越频率（Phasic Pass Frequency），或相位交界频率，记为 ω_g。

由系统开环频率特性的 Nyquist 图与 Bode 图之间的对应关系，可以将系统的开环频率特性的 Nyquist 图 7-21（a）、图 7-21（b）和图 7-21（c）画成 Bode 图，如图 7-21（d）、图 7-21（e）和图 7-21（f）所示。

7.4.2　正负穿越的概念

在系统频率特性的 Bode 图上，在开环对数频率特性为正值的频率范围内，沿着 ω 增加的方向，对数相频特性曲线自下而上穿越–180°线称为正穿越（Positive Pass）；反之，沿着 ω 增加的方向，对数相频特性曲线自上而下穿越–180°线为负穿越（Negative Pass）。若对数相频特性曲线自–180°线向上，为半次正穿越；反之，为半次负穿越。

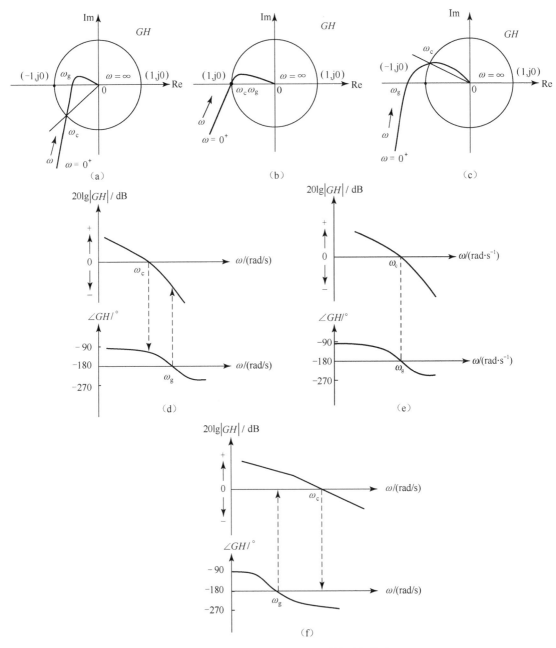

图 7-21　Nyquist 图与 Bode 图的对应关系

7.4.3　Bode 稳定判据

根据 Nyquist 判据和 Nyquist 图与 Bode 图的对应关系，Bode 稳定判据可表述如下：

闭环系统稳定的充要条件是，在 Bode 图上，当 ω 由 0 变到 +∞ 时，在开环对数幅频特性为正值的频率范围内，开环对数相频特性对 −180° 线正穿越与负穿越次数之差为 $P/2$ 时，闭环系统稳定；否则不稳定。其中 P 为系统开环传递函数在[s]平面的右半平面的极点数。

【例题 7-12】　用 Bode 稳定判据判定闭环系统的稳定性

　　图 7-22 是系统的开环频率特性的 Bode 图，$P=0$，试用 Bode 稳定判据判定闭环系统的稳定性。

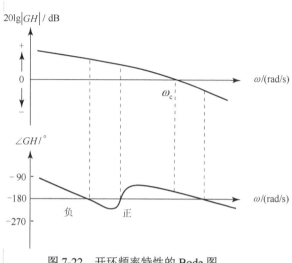

图 7-22　开环频率特性的 Bode 图

解：

　　图 7-22 的开环传递函数在 s 平面的右半平面内无极点，即 $P=0$，$20\lg|G(\mathrm{j}\omega)H(\mathrm{j}\omega)| \geqslant 0\,\mathrm{dB}$ 的所有频率段内相频特性正穿越-180°线 1 次，负穿越-180°线 1 次，所以正、负穿越-180°线次数之差为 0，即 $N=0$。因为 $N=P/2$，所示根据 Bode 稳定判据判定闭环系统稳定。

【应用点评 7-6】　Bode 稳定判据判定最小相位系统稳定的充要条件

　　通常，系统的开环系统多为最小相位系统，即 $P=0$，Bode 稳定判据可表述如下：若开环对数幅频特性比对数相频特性先交于横轴（0 dB 线和-180° 线），即 $\omega_{c} < \omega_{g}$，则闭环系统稳定；若开环对数幅频特性比对数相频特性后交于横轴（0 dB 线和-180° 线），即 $\omega_{c} > \omega_{g}$，则闭环系统不稳定；若 $\omega_{c} = \omega_{g}$，则闭环系统临界稳定。

【应用推广 7-2】　应用 Bode 稳定判据的一般步骤

　　（1）求出开环传递函数 $G(s)H(s)$ 在 s 平面的右半平面内的极点个数 P，判定开环系统的稳定性；

　　（2）绘制开环 $G(\mathrm{j}\omega)H(\mathrm{j}\omega)$ 的 Bode 图；

　　（3）检查开环 $G(\mathrm{j}\omega)H(\mathrm{j}\omega)$ 在 $20\lg|G(\mathrm{j}\omega)H(\mathrm{j}\omega)| \geqslant 0\,\mathrm{dB}$ 的所有频率段内正、负穿越-180° 线的次数之差 N，依据 N 是否等于 $P/2$，根据 Bode 稳定判据判定对应闭环系统是否稳定。

【应用点评 7-7】 Bode 稳定判据与 Nyquist 稳定判据相比较，有下列优点：

（1）可以用作渐近线的方法绘制 Bode 图，因此，绘制 Bode 图比较简便；

（2）用 Bode 图上的渐近线，可以粗略地判别系统的稳定性；

（3）在 Bode 图中，可以分别画出各环节的对数幅频特性曲线和对数相频特性曲线，以便明确哪些环节是造成不稳定的主要因素，从而对其中参数进行合理选择或校正；

（4）在调整开环增益 K 时，只需将 Bode 图中的对数幅频特性上下平移即可，因此很容易看出为保证系统稳定所需要的增益值。

7.5 系统的相对稳定性

从稳定性的角度将系统分为稳定系统、不稳定系统和临界稳定系统。对于那些稳定又接近于临界稳定的系统，当系统参数发生变化时，系统就有可能从稳定状态变成不稳定状态，也就是说，系统的参数对系统的稳定程度有很大的影响。所以，正确选取系统的参数，不仅可以使系统获得较好的稳定性，而且可以使系统具有良好的动态性能。

Routh 稳定判据主要用来判定系统的稳定性，而对于系统稳定的程度无法确定。从 Nyquist 稳定判据不难看出，当开环传递函数 Nyquist 图距离点（$-1, j0$）越远，闭环系统的稳定性越高；开环 Nyquist 图距离点（$-1, j0$）越近，则其闭环系统的稳定性越低。这种描述系统稳定性的程度称为系统的相对稳定性，通过开环频率特性 $G(j\omega)H(j\omega)$ 对点（$-1, j0$）的靠近程度来衡量，用相位裕度 γ 和幅值裕度 K_g 来定量描述。图 7-23（a）是开环稳定、闭环也稳定的系统的 Nyquist 图，图 7-23（b）是开环稳定、闭环不稳定的系统的 Nyquist 图，图 7-23（c）和图 7-23（d）是分别对应于这两个系统的 Bode 图。

7.5.1 相位裕度与幅值裕度

1. 相位裕度

在剪切频率 ω_c（$\omega_c > 0$）处，相频特性 $\angle G(j\omega)H(j\omega)$ 距 $-180°$ 线的相位差 γ 称为相位裕度（Phasic Margin），用公式表示为

$$\gamma = 180° + \phi(\omega_c) \tag{7-24}$$

式中，$G(j\omega)H(j\omega)$ 的相位 $\phi(\omega_c)$ 一般为负值。

对于稳定系统，γ 必在 Bode 图 $-180°$ 线以上，这时称为正相位裕度，即有正的稳定性储备，如图 7-23（c）所示；对于不稳定系统，γ 必在 Bode 图 $-180°$ 线之下，这时称为负相位裕度，即有负的稳定性储备，如图 7-23（d）所示。

对于稳定系统，γ 必在极坐标图负实轴以下，如图 7-23（a）所示；对于不稳定系统，γ 必在极坐标图负实轴以上，如图 7-23（b）所示。

图 7-23（c）所示的系统不仅稳定，而且有相当的稳定性储备，它可以在 ω_c 的频率下，允许相位再增加 γ 才达到 $\omega_g = \omega_c$ 的临界稳定条件。因此，相位裕度 γ 有时又称为相位稳定性储备。

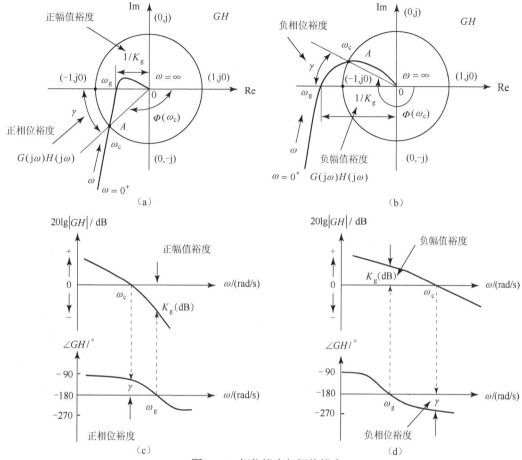

图 7-23　相位裕度与幅值裕度

2．幅值裕度

在相位穿越频率 ω_g（$\omega_g > 0$）处，开环幅频特性 $|G(j\omega)H(j\omega)|$ 的倒数称为系统的幅值裕度（Magnitude Margin），即

$$K_g = \frac{1}{|G(j\omega)H(j\omega)|} \tag{7-25}$$

在极坐标图上，Nyquist 曲线与负实轴的交点至原点的距离是 $|G(j\omega)H(j\omega)|$，即为 $1/K_g$，它代表在相位穿越频率 ω_g 处开环频率特性的模。显然，对于稳定系统，$K_g > 1$，如图 7-23（a）所示；对于不稳定系统，$K_g < 1$，如图 7-23（b）所示。

在 Bode 图上，幅值裕度用分贝表示为

$$20\lg K_g = 20\lg \frac{1}{|G(j\omega_g)H(j\omega_g)|} = -20\lg|G(j\omega_g)H(j\omega_g)| \tag{7-26}$$

将式（7-26）记为 $K_g(\mathrm{dB})$，对于稳定的系统，$K_g(\mathrm{dB})$ 必在 0 分贝线以下，$K_g(\mathrm{dB}) > 0$，此时称为正幅值裕度（Positive Magnitude Margin），如图 7-23（c）所示；对于不稳定的系统，$K_g(\mathrm{dB})$ 必在 0 分贝线以上，$K_g(\mathrm{dB}) < 0$，此时称为负幅值裕度（Negative Magnitude Margin），

如图 7-23（d）所示。

上述表明，在图 7-23（c）中，对数幅频特性还可以上移 $K_g(\text{dB})$ 分贝，才使系统满足 $\omega_c = \omega_g$ 的临界稳定条件，即只有将系统的开环增益增加 K_g 倍，才刚刚满足临界稳定条件。因此，幅值裕度有时又称为增益裕度（Gain Margin）。

【应用点评 7-8】 在工程中相位裕度和幅值裕度的选取

（1）对于闭环稳定的系统，应有 $\gamma > 0$，$K_g > 1$ 或者 $K_g(\text{dB}) > 0\,\text{dB}$；对于不稳定的系统，有 $\gamma < 0$，$K_g < 1$ 或者 $K_g(\text{dB}) < 0\,\text{dB}$。

（2）在工程设计中，为了使系统具有满意的性能指标，要同时考虑相位裕度和幅值裕度两个性能指标，系统的 γ、K_g 越大系统的稳定性能越好，但稳定裕度过大会影响系统的其他性能，所以在工程中一般取 $\gamma = 30° \sim 60°$，$K_g > 2$ 或 $K_g(\text{dB}) > 6\,\text{dB}$。

【例题 7-13】 计算系统的相位裕度 γ 和幅值裕度 $K_g(\text{dB})$

已知闭环控制系统的开环传递函数为

$$G(s)H(s) = \frac{K}{s(s+1)(s+5)} \tag{7-27}$$

试求当 $K = 10$ 时的相位裕度 γ 和幅值裕度 $K_g(\text{dB})$。

解：

此开环系统为最小相位系统，$P = 0$。

系统的开环频率特性为

$$G(\mathrm{j}\omega)H(\mathrm{j}\omega) = \frac{2}{\mathrm{j}\omega(\mathrm{j}\omega+1)(0.2\mathrm{j}\omega+1)}$$

用 MATLAB 软件编程绘制系统的 Bode 图，如图 7-24 所示。

幅值穿越频率 ω_c 的对数幅频特性曲线斜率为 $-40\,\text{dB/dec}$，所以

$$40\lg\omega_c / \omega_1 = 40\lg\omega_c / 1 = 2.84\,\text{dB}$$

$$\omega_c = 1.178\,\text{s}^{-1}$$

$$\gamma = 180° + \phi(\omega_c) = 180° + (-90° - \arctan 1.178 - \arctan 0.2 \times 1.178) = 27°$$

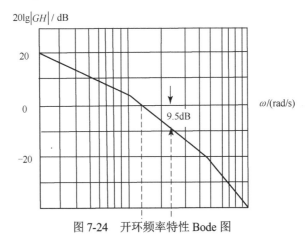

图 7-24　开环频率特性 Bode 图

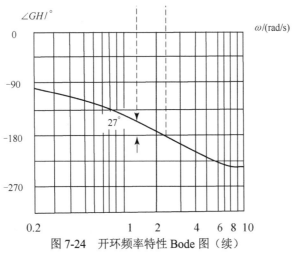

图 7-24　开环频率特性 Bode 图（续）

由
$$\angle G(\mathrm{j}\omega_{\mathrm{g}})H(\mathrm{j}\omega_{\mathrm{g}}) = -180°$$

可解出 $\omega_{\mathrm{g}} = \sqrt{5}\ \mathrm{s}^{-1}$。由此，计算 $K_{\mathrm{g}}(\mathrm{dB}) = 9.5\ \mathrm{dB}$。

因此，系统的相位裕度 $\gamma = 27°$，幅值裕度 $K_{\mathrm{g}}(\mathrm{dB}) = 9.5\ \mathrm{dB}$。该系统虽然稳定，且幅值裕度较大，但相位裕度较小，$\gamma < 30°$。

7.5.2　条件稳定系统

一个开环稳定的系统，开环传递函数为

$$G(s)H(s) = \frac{K(1+\tau_1)(1+\tau_2 s)\cdots}{s(1+T_1 s)(1+T_2 s)\cdots} \tag{7-28}$$

当开环传递函数 $G(s)H(s)$ 的 Nyquist 曲线不包围 $(-1, \mathrm{j}0)$ 点时，系统稳定，而且随着 K 值的增大，系统的稳定储备减小，当 K 值增加到一定程度时，$G(s)H(s)$ 的曲线有可能包围 $(-1, \mathrm{j}0)$ 点，系统由稳定变成不稳定，如图 7-25 所示。只有当 K 值在一定范围内时，系统才稳定。

系统开环传递函数 $G(s)H(s)$ 的 Nyquist 图如图 7-26 所示，K 值增大或减小到一定程度时，系统都可能由稳定变成不稳定，这种系统称为条件稳定系统（Conditional Stable System）。对于工程中的系统，不希望其为条件稳定系统，因为工程系统在运行过程中通常参数都在一定程度上会发生变化，这就可能产生不稳定的状态。例如，电动机在工作过程中由于温度的升高电阻变大；又例如，液压系统的供油压力、流量系数等在使用过程中也常波动而使系统处于不稳定点。

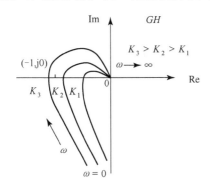

图 7-25　不同 K 值的 Nyquist 图

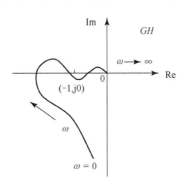

图 7-26　条件稳定系统的 Nyquist 图

【应用点评7-9】　影响系统稳定性的主要因素

　　根据系统稳定判据和相对稳定性的要求不难发现影响系统稳定性有如下几个主要因素：

　　（1）系统开环增益。由 Nyquist 稳定判据或 Bode 稳定判据可知，降低系统开环增益，可增加系统的幅值裕度和相位裕度，从而提高系统的相对稳定性，这是提高相对稳定性最简便的方法。

　　（2）积分环节。由系统的相对稳定性要求可知，I 型系统的稳定性好，II 型系统稳定性较差，III 型及 III 型以上系统就难以稳定。因此，开环系统含有积分环节的数目一般不能超过 2。

　　（3）延时环节和非最小相位环节。延时环节和非最小相位环节会给系统带来相位滞后，从而减小相位裕度，降低稳定性，因而应尽量避免延时环节或使其延时时间尽量短，同时，应避免非最小相位环节的出现。

〔【工程实例7-3】　基于 Bode 稳定判据分析交流永磁伺服电机速度控制系统的稳定性

　　数控切纸机采用交流永磁伺服电机驱动，传递函数框图如图 7-17 所示，试基于 Bode 稳定判据分析数控切纸机的交流永磁伺服电机速度控制系统的稳定性。

解：

　　交流永磁伺服电机速度控制系统的开环传递函数为

$$G(s)H(s) = \frac{\alpha_T(K_P s + K_I)}{s(\alpha_2 s^2 + \alpha_1 s + \alpha_0)} = \frac{418\,900(1.5s + 0.076\,8)}{s(2.051\,6s^2 + 17\,000s + 7\,540\,000)} \qquad (7-29)$$

$P_1 = -7\,818.4$，$P_2 = -470.2$，$P_3 = 0$，$z = -0.051\,2$，$G(s)H(s)$ 含有一个积分环节、一个微分环节和一个二阶振荡环节，在 s 平面的右半平面内无极点，$P=0$，开环稳定。

　　将系统传递函数转化为若干个标准形式的环节，其传递函数为

$$G(s)H(s) = \frac{0.004\,3(19.5s + 1)}{s(2.72 \cdot 10^{-7} s^2 + 0.002\,3s + 1)}$$

系统的频率特性为

$$G(j\omega)H(j\omega) = \frac{0.004\,3(j19.5\omega + 1)}{j\omega(j0.002\,3\omega + 1 - 2.72 \cdot 10^{-7} \omega^2)}$$

　　一阶微分环节 $j19.5\omega + 1$ 的转角频率 $\omega_T = \dfrac{2}{39}$；

　　二阶振荡环节 $\dfrac{1}{2.72 \times 10^{-7}(j\omega)^2 + 0.0023 j\omega + 1}$ 的固有频率 $\omega_n = 1\,917$。

　　应用 MATLAB 软件的 Bode() 函数绘制 $G(j\omega)H(j\omega)$ 的 Bode 图，如图 7-27 所示。

　　在 $20\lg|G(j\omega)H(j\omega)| \geqslant 0\,\text{dB}$ 的所有频段内相频特性没有穿越-180° 线，即 $N = 0$，根据 Bode 稳定判据，$N = P = 0$，判定闭环系统稳定。

　　通过函数 margin() 计算幅值裕度为 $-\infty$，相位裕度为94.78°，幅值穿越频率 $\omega_c = 0.0043\,\text{rad/s}$，相位穿越频率为 $\omega_g = \infty$，$\omega_c < \omega_g$，根据 Bode 稳定判据判定闭环系统稳定。

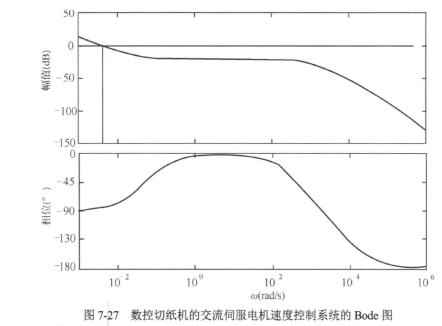

图 7-27　数控切纸机的交流伺服电机速度控制系统的 Bode 图

【工程实例 7-4】　**基于 Bode 稳定判据分析激光眼外科手术设备的稳定性**

激光眼外科手术设备如图 7-19（a）所示，控制系统框图如图 7-19（b）所示，试基于 Bode 稳定判据分析激光外科手术系统的稳定性。

解：

激光眼外科手术控制系统的开环传递函数为

$$G(s)H(s) = \frac{10}{s(s+1)(s+4)} \tag{7-30}$$

（1）将式（7-30）化为标准型为

$$G(s)H(s) = \frac{5/2}{s(s+)(0.25s+1)} \tag{7-31}$$

$G(s)H(s)$ 含一个积分环节和两个惯性环节，$P_1 = -1$，$P_2 = -4$，在 s 平面的右半平面内无极点，$P=0$，开环稳定。

（2）系统的开环频率特性为

$$G(\mathrm{j}\omega)H(\mathrm{j}\omega) = \frac{5/2}{\mathrm{j}\omega(\mathrm{j}\omega+1)(\mathrm{j}0.25\omega+1)}$$

（3）一阶惯性环节的转角频率 ω_T 为

$$\omega_{T_1} = 1, \quad \omega_{T_2} = 4$$

（4）应用 MATLAB 软件的 Bode() 函数绘制 $G(\mathrm{j}\omega)H(\mathrm{j}\omega)$ 的 Bode 曲线，如图 7-28 所示。

显然 $\omega_c < \omega_g$，根据 Bode 稳定判据判定激光眼外科手术设备控制系统稳定。通过 MATLAB 仿真软件 margin() 函数计算幅值裕度为 4.8000 dB，相位裕度为 47.0231°，幅值穿越频率 $\omega_c = 1.0659$ rad/s，相位穿越频率 $\omega_g = 2.8284$ rad/s。

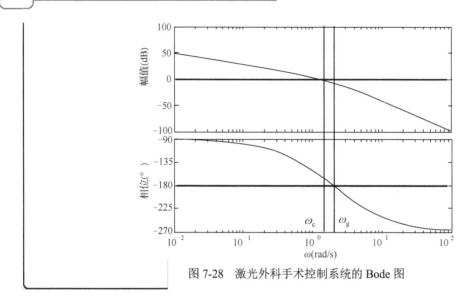

图 7-28　激光外科手术控制系统的 Bode 图

7.6　本章小结

系统的稳定性完全取决于系统本身的结构和参数，系统稳定的充分必要条件是系统特征根（系统极点）全部位于 s 平面的左半平面内。Routh 稳定判据和 Nyquist 稳定判据是最常用的稳定性判据。

（1）Routh 稳定判据根据系统特征方程系数构成的 Routh 计算表来判断与此特征方程相对应的开环、闭环系统或局部小闭环系统的稳定性。Routh 稳定判据是一种代数判据，作为时域分析的稳定性判据，该判据使用方便，但不足之处是不能定量地讨论系统相对稳定性。

（2）由复变函数理论的映射定量推证出来的 Nyquist 稳定判据，可以根据系统的开环频率特性来判别闭环系统的稳定性。Nyquist 稳定判据是频域分析中的稳定性判据，它用闭环系统的开环频率特性 $G(j\omega)H(j\omega)$ 的 Nyquist 曲线包围 $(-1, j0)$ 点的情况来判断闭环系统的稳定性。通过 Nyquist 图和 Bode 图之间的对应关系，推导出 Bode 稳定判据。Nyquis 稳定判据和 Bode 稳定判据不仅可以用来判定系统的稳定性，还可以定量地讨论系统的相对稳定性。

（3）为了保证系统能可靠稳定地工作，系统必须具有一定的稳定性储备，这就要求研究系统的相对稳定性。稳定性储备可以用相位裕度和幅值裕度来衡量，合理地设计系统的相位裕度和幅值裕度，可使系统具有足够的稳定性和合理的响应速度。

7.7　习题

7-1　思考以下问题：

（1）举例说明生活中的稳定性系统和不稳定性系统。

（2）一个系统稳定的充要条件是什么？

（3）在 Nyquist 图和 Bode 图上绘制并说明相位裕度和幅值裕度。

（4）绘制并说明 Nyquist 图与 Bode 图的对应关系。

7-2　根据 Routh 稳定判据判定以下系统的稳定性。

（1）　$G(s) = \dfrac{K(s+1)(s+2)}{s^2(s+3)(s+4)(s+5)}$，　（$K>1$）

（2）　$G(s) = \dfrac{0.2(s+2)}{s(s+0.5)(s+0.8)(s+3)}$

（3）　$G(s) = \dfrac{K(s+6)}{(s^2+2s+3)(s^2+4s+5)}$，　（$K>1$）

（4）　$G(s) = \dfrac{100}{s(s^2+8s+24)}$

7-3　设闭环系统的开环传递函数为 $G(s)$，试判断闭环系统的稳定性。

（1）　$G(s) = \dfrac{10(s+1)}{s(s-1)(s+5)}$

（2）　$G(s) = \dfrac{10}{s(s-1)(2s+3)}$

7-4　判断图 7-29 所示系统的稳定性。

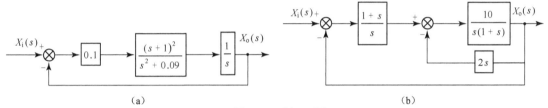

（a）　　　　　　　　　　　　　　　　　　　（b）

图 7-29　题 7-4 图

7-5　根据下列闭环系统的开环频率特性判断闭环系统的稳定性。

（1）　$G(j\omega)H(j\omega) = \dfrac{10}{(1+j\omega)(1+j2\omega)(1+j3\omega)}$

（2）　$G(j\omega)H(j\omega) = \dfrac{10}{j\omega(1+j\omega)(1+j10\omega)}$

（3）　$G(j\omega)H(j\omega) = \dfrac{10}{(j\omega)^2(1+j0.1\omega)(1+j0.2\omega)}$

7-6　绘制下列闭环系统的开环传递函数的 Nyquist 图和 Bode 图，并在图上表示相位裕量和幅值裕量。

（1）　$G(s)H(s) = \dfrac{20}{s(1+0.5s)(1+0.1s)}$

（2）　$G(s)H(s) = \dfrac{50(0.6s+1)}{s^2(4s+1)}$

（3）　$G(s)H(s) = \dfrac{(s+5)}{(s^2+2s+3)(s^2+4s+5)}$

（4）　$G(s)H(s) = \dfrac{10}{s(s^2+8s+24)}$

（5）　$G(s)H(s) = \dfrac{3s+12}{s^2(300s^2+600s+50)}$

第8章 系统的性能校正

在前面几章我们学习了控制系统的分析方法，即对于一个给定的系统，首先建立系统的数学模型，然后用时域法、频域法或者根轨迹的方法对系统的时域性能和频域性能进行分析，接着对系统的稳定性、快速性、准确性进行评价，这就是系统分析。在机械工程实践中，若给定系统的性能不能满足所要求的性能指标，就需要对系统的性能进行修正，在原有系统上增加必要的元件或环节，使整个系统的性能发生变化，以满足所有要求的各项性能指标。这一过程就是对系统的性能进行校正（Compensation）。

本章首先简单地介绍系统的时域性能指标和频域性能指标，然后介绍系统的校正方法，重点介绍串联校正中的相位超前校正（Phase Lead Compensation）、相位滞后校正（Phase Lag Compensation）、相位滞后—超前校正（Phase Lag-Lead Compensation）和 PID 校正（PID Adjustment）。

8.1 控制系统的性能指标及性能校正

8.1.1 控制系统的性能指标

经典控制理论中系统的性能指标包括时域性能指标和频域性能指标，时域性能指标包括瞬态性能指标和稳态性能指标，频域性能指标反映系统的频域特性。当时域性能无法求得时，可以先用频率动态实验方法求得该系统的频域动态性能，再由此推导出系统的时域动态性能。

1. 时域性能指标

1）瞬态性能指标

系统的瞬态性能指标一般在单位阶跃输入下，由二阶振荡系统响应的过渡过程给出。通常，采用以下 5 项性能指标：

（1）上升时间 t_r；

（2）峰值时间 t_p；

（3）调整时间 t_s；

（4）最大超调量 M_p；

（5）振荡次数 N。

2）稳态性能指标

控制系统的基本要求之一就是准确性，它是指过渡过程结束后，实践的输出与希望的输出之间的偏差，即稳态误差。因此，系统的稳态性能指标是指系统的稳态误差 e_{ss}。

2. 频域性能指标

频域性能通常采用以下指标：

（1）相位裕度 γ 和幅值裕度 K_g；

（2）零频幅值 $A(0)$；

（3）谐振频率 ω_r 和谐振峰值 M_r；

（4）截止频率 ω_b 和截止带宽 $0 \sim \omega_b$。

8.1.2　性能校正的概念

图 8-1 是几种形式的环形倒立摆。由于倒立摆本身具有高阶次、不稳定、多变量、非线性和强耦合等特性，所以许多研究控制理论的研究者一直将它视为典型的研究对象，不断从中挖掘出新的控制策略和控制方法。倒立摆是一个自然不稳定体，最终的控制目标是通过引入适当的控制方式，使倒立摆这样一个不稳定的被控对象，成为一个稳定的系统。本章就研究如何通过引入校正环节来改变原有系统的稳态性能和瞬态性能，以满足以上叙述的系统性能指标。

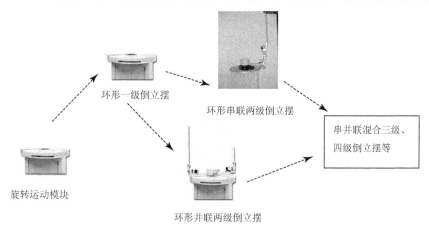

图 8-1　环形倒立摆

所谓系统性能校正（或称为补偿），就是指在系统中增加新的环节，以改善系统性能的方法。校正的实质就是通过引入校正环节的零点或极点，来改变整个系统的零点或极点分布，从而改变系统的频率特性或根轨迹的形状，使系统频率特性的低、中、高频段满足所希望的性能或使系统的根轨迹穿越所希望的闭环主导极点，使系统满足所希望的动、静态性能指标要求。

一般情况下，几个性能指标的要求往往是互相矛盾的。例如，减小系统的稳态误差往往会降低系统的相对稳定性，甚至导致系统不稳定。在这种情况下，就要考虑哪个性能要求是主要的，并首先加以满足；在另一些情况下就要采取折中的方案，并加上必要的校正，使两方面的性能要求都能得到适当满足。

8.1.3　性能校正的分类

根据校正环节 $G_c(s)$ 在系统中的联结方式，校正可分为串联校正、反馈校正和顺馈校正。

串联校正（Cascade Compensation）是指校正环节 $G_c(s)$ 与原传递函数方框图的前向通道部分 $G(s)$ 串联连接，如图 8-2 所示。为了减少功率消耗，串联校正环节一般都放在前向通道的前端，即低功率部分。

反馈校正（Feed-Back Compensation）是把校正环节 $G_c(s)$ 加到反馈回路上，如图 8-3 所示。由于信号是从高功率部分流向低功率部分，因此，反馈校正一般不再附加放大器。

顺（前）馈校正（Feed-Forward Compensation）是校正环节 $G_c(s)$ 与前向通道中某一个或几个环节并联，如图 8-4 所示。顺馈校正既可作为反馈控制系统的附加校正而组成复合控制系统，也可以单独用于开环控制。

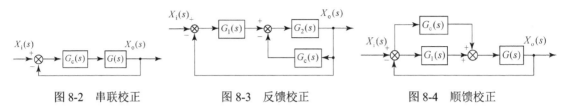

图 8-2　串联校正　　　　　图 8-3　反馈校正　　　　　图 8-4　顺馈校正

8.2　串联校正

串联校正按校正环节 $G_c(s)$ 的性质可分为：增益调整校正、相位超前校正、相位滞后校正和相位滞后—超前校正。下面详细叙述这四种校正方法、校正特性及校正装置。

8.2.1　增益调整校正

一个系统的开环增益为 K_1，假如其开环传递函数的 Bode 图如图 8-5 表示，幅值穿越频率为 ω_{c1}，相位裕度为 γ_1。由于相位裕度 γ_1 为正，所以系统是稳定的。如果系统的开环增益增加到 K_2，对数幅频特性将往上平移，而对数相频特性保持不变。由于幅值穿越频率由 ω_{c1} 增加到 ω_{c2}，相位裕度由 γ_1 减小为 γ_2，虽然相位裕度仍为正，但 $\gamma_2 < \gamma_1$，因此稳定性储备量减小；由于 $K_2 > K_1$，所以稳定精度提高，幅值穿越频率 ω_{c2} 较 ω_{c1} 增加，导致瞬态响应速度加快。再使系统的开环增益增加到 K_3，对数幅频特性继续往上平移，幅值穿越频率变为 ω_{c3}，相位裕度 γ_3 已经变为负值，显然系统失去了稳定性。由此可见，通过选择增益 K 的值，可以改变系统性能。

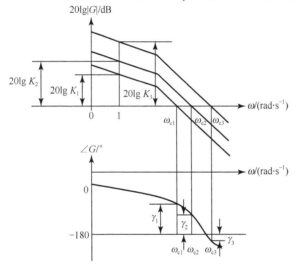

图 8-5　增益调节校正的 Bode 图

从以上分析可知，增益调整校正的实现比较简单。增加系统的开环增益可以减小系统的稳态误差，使系统的开环频率特性 $G_K(j\omega)$ 的幅值穿越频率 ω_c 变大，其结果是加大了系统的带宽 ω_b，提高了系统的响应速度，但同时系统的相对稳定性也随之下降。所以，仅仅调整增益难以同时满足系统的静态性能和动态性能，其校正作用是有限的。

8.2.2　相位超前校正

1．相位超前校正

由增益调整校正可知，增加系统的开环增益可以提高系统的响应速度，同时也减小了相位裕度，从而使系统的稳定性下降。所以，要预先在相位穿越频率的附近和比它还要高的频率范围内使相位提前一些，这样相位裕度增大了，再增加增益就不会损害稳定性。基于这一思想，为了既能提高系统的响应速度，又能保证系统的其他特性不变坏，就需对系统进行相位超前校正。

相位超前校正传递函数可以表示为

$$G_c(s) = \alpha \frac{(Ts+1)}{(\alpha Ts+1)} \tag{8-1}$$

式中，

$$\alpha < 1 \qquad T > 0$$

频率特性为

$$G_c(j\omega) = \alpha \frac{jT\omega+1}{j\alpha T\omega+1} \tag{8-2}$$

幅频特性为

$$|G_c(j\omega)| = \alpha \frac{\sqrt{1+(T\omega)^2}}{\sqrt{1+(\alpha T\omega)^2}}$$

相频特性为

$$\angle G_c(j\omega) = \phi = \arctan T\omega - \arctan \alpha T\omega > 0$$

相位超前校正环节由一个一阶微分环节和一个惯性环节组成，这两个典型环节的对数幅频特性渐近线均为直线，斜率分别为 $\pm 20\,\text{dB/dec}$，极点转角频率 $\omega_{r2} = 1/(\alpha T)$，零点转角频率 $\omega_{r1} = 1/T$。将这两个典型环节幅频特性和相频特性叠加起来就是相位超前校正的 Bode 图，如图 8-6 所示。由于具有正的相频特性，所以能起到相位超前的作用。令

$$\frac{\partial \angle G_c(j\omega)}{\partial \omega} = 0$$

可求出最大超前相位角 ϕ_m，即

$$\sin \phi_m = \frac{1-\alpha}{1+\alpha} \tag{8-3}$$

对应于 ϕ_m 的频率为

$$\omega_m = \frac{1}{\sqrt{\alpha}T}$$

显然

$$\lg \omega_m = \frac{1}{2}(\lg \frac{1}{\alpha T} + \lg \frac{1}{T})$$

在对数坐标图上，ω_m 在 $1/T$ 和 $1/(\alpha T)$ 这两个转角频率的中心点上。

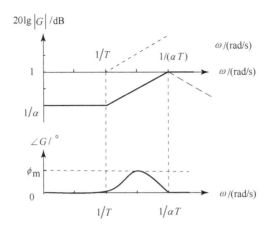

图 8-6　相位超前校正环节的 Bode 图

由此可见，ϕ_m 仅与 α 有关，α 值越小，输出相位超前越多，系统的开环增益随之下降。α 值越小，输出信号幅值衰减越严重，所以为了满足稳态精度要求，需要保持系统有一定的开环增益。相位超前校正环节的衰减损失必须用提高放大器的增益来补偿。

在选择 α 值时，还需要考虑系统的高频噪声。相位超前校正具有高通滤波器的特性，α 越小，对抑制系统高频噪声越不利。为了保持系统的信噪比，一般选用 α 不小于 0.07，通常选择 0.1。

相位超前校正的作用主要是产生正的相位角，补偿系统开环频率特性在幅值穿越频率 ω_c 处的相位滞后，以增加系统的相位裕度，从而提高系统的稳定性，改善系统的动态特性。

2. 相位超前校正装置

无源超前校正网络（Phase Lead Network）的实现如图 8-7 所示，其传递函数为

$$G_c(s) = \frac{U_o(s)}{U_i(s)} = \alpha \frac{(Ts+1)}{(\alpha Ts+1)} \tag{8-4}$$

式中，$\alpha = \dfrac{R_2}{R_1+R_2} < 1$，$T = R_1 C$。

有源超前校正网络的实现如图 8-8 所示，其传递函数为

$$G_c(s) = \frac{U_o(s)}{U_i(s)} = -K \frac{Ts+1}{T_1 s+1}$$

式中，$K = \dfrac{R_2+R_3}{R_1}$，$T_1 = R_4 C$，$T = (\dfrac{R_2 R_3}{R_2+R_3} + R_4)C$。

3. 采用 Bode 图进行相位超前校正

相位超前校正的基本原理是利用超前校正网络的相位超前特性去增大系统的相位裕度，改善系统的瞬态响应，因此在设计校正装置时应使最大的超前相位角尽可能出现在校正后系统的幅值穿越频率 ω_c 处。

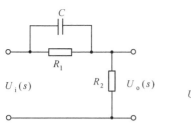

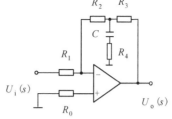

图 8-7　无源超前校正网络　　　　图 8-8　有源超前校正网络

【工程实例 8-1】 采用 Bode 图对自动引导小车进行相位超前校正

自动引导小车如图 8-9（a）所示，它的控制系统框图如图 8-9（b）所示，要求设计串联校正环节，使系统具有 $K=12$，$\gamma=40°$，$\omega_c \geqslant 4\,\text{rad/s}$。

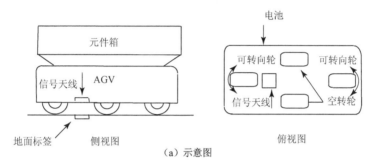

（a）示意图

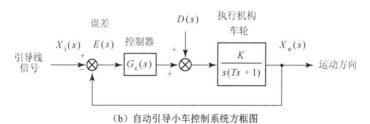

（b）自动引导小车控制系统方框图

图 8-9　自动引导小车

解：

（1）自动引导小车是Ⅰ型系统，执行机构和车轮系统的传递函数为

$$G_k(s) = \frac{K}{s(s+1)} \tag{8-5}$$

执行机构和车轮系统由一个比例环节、一个积分环节和一个惯性环节组成，转角频率 $\omega_T = 1\,\text{rad/s}$。当 $K=12$ 时，未校正系统的 Bode 曲线如图 8-10 中虚线 G_k 所示。由于 Bode 曲线自 $\omega_T = 1\,\text{rad/s}$ 开始以 $-40\,\text{dB/dec}$ 的斜率与零分贝线相交于 ω_{c_1}，故幅值穿越频率 ω_{c_1} 与增益 K 之间存在着如下关系：$20\lg 12 = 40\lg(\omega_{c_1}/1)$，可以计算出幅值穿越频率 $\omega_{c_1} = \sqrt{12}\,\text{rad/s} = 3.46\,\text{rad/s}$，于是未校正系统的相位裕度 $\gamma_o = 180° - 90° = \arctan\omega_{c_1} = 16.12° < 40°$，不满足设计要求，引入串联超前校正网络。

（2）所需相角超前量为 $\phi_o = 40° - 16.12° + 6.12° = 30°$。

（3）令 $\phi_m = 30°$，则 $\alpha = \dfrac{1 - \sin 30°}{1 + \sin 30°} = 0.334$。

（4）超前校正环节在 ω_m 处的增益为 $10 \lg(1 / 0.334) = 4.77 \text{ dB}$。

根据前面计算 ω_{c_1} 的原理，可以计算出未校正系统增益为 -4.77 dB 处的频率，即为校正后系统的幅值穿越频率 ω_{c_2}。由 $10 \lg(1 / 0.334) = 40 \lg \omega_{c_2} / \omega_{c_1}$，可得

$$\omega_{c_2} = \omega_{c_1} \sqrt[4]{3} = 4.55 \text{ rad/s} = \omega_m$$

（5）校正环节的零点转角频率 ω_{T1} 和极点转角频率 ω_{T2} 分别为

$$\omega_{T1} = 1 / T = \omega_m \sqrt{\alpha} = 2.63 \text{ rad/s}, \quad \omega_{T2} = 1 / (\alpha T) = \omega_m / \sqrt{\alpha} = 7.9 \text{ rad/s}$$

所以，校正装置的传递函数为

$$G_c(s) = \frac{s / 2.63 + 1}{s / 7.9 + 1}$$

校正环节的 Bode 图如图 8-10 中点画线 G_c 所示。

（6）经超前校正后，系统开环传递函数为

$$G(s) = G_c(s)G_o(s) = \frac{12(s / 2.63 + 1)}{s(s + 1)(s / 7.9 + 1)}$$

其幅值穿越频率为 $\omega_c = 4.55 \text{ rad/s} > 4 \text{ rad/s}$，相位裕度为

$$\gamma = 180° - 90° + \arctan 4.55/2.63 - \arctan 4.55 - \arctan 4.55/7.9 = 42.4° > 40°$$

均符合要求。系统的 Bode 图如图 8-10 中实线 G 所示。

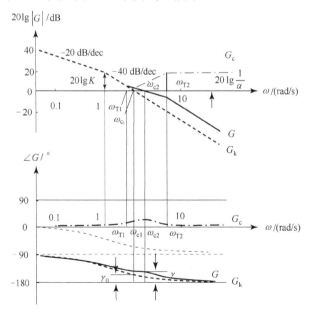

图 8-10　采用 Bode 图进行相位超前校正过程

【应用推广 8-1】　　设计相位超前校正环节的一般步骤

（1）根据给定的系统稳态性能指标，确定系统的开环增益 K。

（2）绘制当开环增益为 K 值时的系统 Bode 图，并计算相位裕度 $\gamma_\circ$。

（3）根据给定的相位裕度 γ，计算所需增加的相位超前量 $\phi_\circ = \gamma - \gamma_\circ - \varepsilon$，上式中 $\varepsilon = 5° \sim 20°$，这是考虑到加入相位超前校正装置会使 ω_c 右移，从而造成 $G(j\omega)$ 的相角滞后增加，为补偿这一因素的影响而留出的裕量。

（4）令超前校正装置最大超前角 $\phi_m = \phi_\circ$，并由 $\sin\phi_m = \dfrac{1-\alpha}{1+\alpha}$，计算 α。

（5）计算相位校正环节在 ω_m 处的增益 $10\lg\dfrac{1}{\alpha}$，并确定未校正系统 Bode 图上增益为 $-10\lg\dfrac{1}{\alpha}$ 处的频率，此频率即为校正后系统的幅值穿越频率 $\omega_c = \omega_m$。

（6）确定相位超前校正环节的转角频率，即有 $\omega_m = \dfrac{1}{T\sqrt{\alpha}}$，可得零点转角频率 $\omega_{T1} = \dfrac{1}{T} = \omega_m\sqrt{\alpha}$，极点转角频率 $\omega_{T2} = \dfrac{1}{\alpha T} = \dfrac{\omega_m}{\sqrt{\alpha}}$。为补偿超前校正网络衰减的开环增益，放大倍数需要再提高 $1/\alpha$ 倍，进而校正环节的传递函数为 $G_c(s) = \dfrac{s/\omega_{T1}+1}{s/\omega_{T2}+1}$

（7）画出系统校正后的 Bode 图，验算相角稳定裕度，如果不满足要求，则可增大 ε 从步骤（3）重新计算，直到满足要求。

（8）校验其他性能指标。

综上所述，串联相位超前校正环节增大了系统的相位裕度，增加了系统的幅值穿越频率 ω_c，加大了带宽 ω_b。这意味着提高了系统的相对稳定性，加快了系统的响应速度，使过渡过程得到显著改善。但由于系统的增益和型次都未变，所以稳态精度提高较小。

8.2.3　相位滞后校正

1. 相位滞后校正

系统的稳态误差取决于开环传递函数的型次和增益。为了减小稳态误差而又不影响稳定性和响应的快速性，只要加大低频段的增益即可，为此，采用相位滞后校正。

相位滞后校正传递函数为

$$G_c(s) = \frac{Ts+1}{\beta Ts+1} \tag{8-6}$$

式中，$\beta > 1$，$T > 0$。

频率特性为

$$G_c(j\omega) = \frac{1+jT\omega}{1+j\beta T\omega} \tag{8-7}$$

幅频特性为

$$|G_c(j\omega)| = \frac{\sqrt{1+(T\omega)^2}}{\sqrt{1+(\beta T\omega)^2}}$$

相频特性为

$$\angle G_c(j\omega) = \phi = \arctan T\omega - \arctan \beta T\omega < 0$$

相位滞后校正环节由一个一阶微分环节和一个惯性环节组成，极点转角频率 ω_{T1} 为 $1/\beta T$，零点转角频率 ω_{T2} 为 $1/T$，其 Bode 图如图 8-11 所示。由于 $\beta > 1$，所以相位滞后校正环节的输出信号的相位滞后于输入信号。与相位超前校正环节一样，相位滞后校正环节的最大滞后角度 ϕ_m 位于 $1/\beta T$ 与 $1/T$ 的几何直线频率 $\omega_m = 1/(T\sqrt{\beta})$ 处。

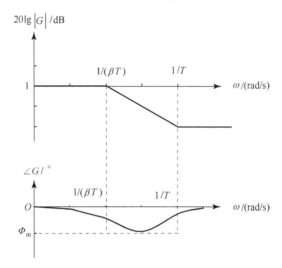

图 8-11 相位滞后校正环节的 Bode 图

相位滞后校正环节是一个低通滤波器，对于低频信号基本没有衰减作用，但能削弱高频信号，β 值越大，抑制噪声的能力越强。

相位滞后校正环节可以提高系统的低频增益，减小系统的稳态误差，基本保持系统的瞬态性能不变。同时，相位滞后校正环节的低通滤波特性使系统的高频响应的增益衰减，降低系统的幅值穿越频率 ω_c，提高系统的相位裕度 γ，改善系统的稳定性和某些瞬态性能。因此，相位滞后校正环节适用于系统的动态品质满意但稳态精度较差的场合，或者用于系统的稳态精度差且稳定性不好的地方。

2. 相位滞后校正装置

无源滞后校正网络（Phase Lag Network）的实现如图 8-12 所示，其传递函数为

$$G_c(s) = \frac{U_o(s)}{U_i(s)} = \frac{Ts+1}{\beta Ts+1} \tag{8-8}$$

式中，$\beta = \dfrac{R_1+R_2}{R_2} > 1$，$T = R_2 C$。

有源滞后校正网络的实现如图 8-13 所示，其传递函数为

$$G_c(s) = \frac{U_o(s)}{U_i(s)} = -K\frac{Ts+1}{\beta Ts+1}$$

式中，$K = \dfrac{R_2 + R_3}{R_1}$，$T = \dfrac{R_2 R_3}{R_2 + R_3}C$，$\beta = \dfrac{R_2 + R_3}{R_2} > 1$。

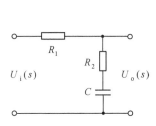
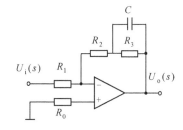

图 8-12　无源滞后校正网络　　　　图 8-13　有源滞后校正网络

3. 采用 Bode 图进行相位滞后校正

【工程实例 8-2】　采用 Bode 图对雕刻机的控制系统进行相位滞后校正

如图 8-14（a）所示的雕刻机，在 x 轴方向使用了两个驱动电机对雕刻针进行定位，x 轴位置控制系统框图如图 8-14（b）所示。采用 Bode 图对雕刻机的控制系统进行相位滞后校正，给定的稳态性能指标为：单位恒速输入时的稳态误差 $e_{ss} = 0.2\ \text{s}$；频域性能指标为：相位裕度 $\gamma \geqslant 40°$，增益裕度 $20\lg K_g \geqslant 10\ \text{dB}$。

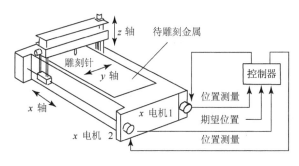

（a）雕刻机示意图

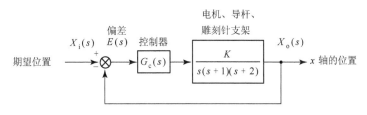

（b）x 轴位置控制系统框图

图 8-14　雕刻机 x 轴位置控制系统

解：

（1）根据给定系统的稳态性能指标，确定系统的开环增益 K。

雕刻机 x 轴位置控制系统是单位负反馈控制系统，x 轴方向的位置驱动部分的传递函数为

$$G_{\mathrm{k}}(s) = \frac{K/2}{s(s+1)(0.5s+1)} \qquad (8\text{-}9)$$

x 轴方向的位置驱动部分的传递函数是 I 型系统，根据第 4 章系统稳态误差分析可知，稳态偏差与稳态误差之间的关系为 $\varepsilon_{\mathrm{ss}} = e_{\mathrm{ss}}$，因此，单位恒速输入时系统的稳态偏差为

$$\varepsilon_{\mathrm{ss}} = 2/K$$

即

$$K = \frac{2}{\varepsilon_{\mathrm{ss}}} = 10\,\mathrm{s}^{-1}$$

（2）绘制未校正系统在 $K = 5\,\mathrm{s}^{-1}$ 的情况下系统的 Bode 图，并求出其相位裕度。

系统由一个比例环节、一个积分环节和两个惯性环节组成，转角频率 ω_{T} 分别为 1 和 2。系统的频率特性 $G_{\mathrm{K}}(\mathrm{j}\omega)$ 为

$$G_{\mathrm{K}}(\mathrm{j}\omega) = \frac{5}{\mathrm{j}\omega(1+\mathrm{j}\omega)(1+\mathrm{j}0.5\omega)}$$

在 $K=10\,\mathrm{s}^{-1}$ 的情况下，系统 G_{k} 的 Bode 图如图 8-15 虚线所示，未校正系统的相位裕度为 $-20°$，增益裕度为 $20\lg K_{\mathrm{g}} = -8\,\mathrm{dB}$，因此，系统是不稳定的。

（3）采用相位滞后校正，取已校正系统的相位裕度为 50°，对应于相位裕度为 50° 的频率大致为 $0.6\,\mathrm{s}^{-1}$，选已校正的系统的幅值穿越频率 ω_{c2} 为 $0.5\,\mathrm{s}^{-1}$。

（4）令未校正系统的 Bode 图在 ω_{c2} 处的增益等于 $20\lg\beta$，由此确定滞后环节的 β 值。

相位滞后校正环节的零点转角频率 $\omega_{\mathrm{T2}} = 1/T$ 应远低于已校正系统的相位穿越频率 ω_{c2}，选 $\omega_{\mathrm{c2}}/\omega_{\mathrm{T2}} = 5$，因此

$$\omega_{\mathrm{T2}} = \frac{\omega_{\mathrm{c2}}}{5} = \frac{0.5}{5}\,\mathrm{s}^{-1} = 0.1\,\mathrm{s}^{-1}$$

$$T = \frac{1}{\omega_{\mathrm{T2}}} = \frac{1}{0.1}\,\mathrm{s} = 10\,\mathrm{s}$$

在图 8-14 中，要使 $\omega = 0.5\,\mathrm{s}^{-1}$ 成为已校正的系统的相位穿越频率 ω_{c2}，就需要在该点将 $G(\mathrm{j}\omega)$ 的对数幅频特性移动 $-20\,\mathrm{dB}$，故在相位穿越频率上，相位滞后校正环节的对数幅频特性应为

$$20\lg\left|\frac{1+\mathrm{j}T\omega_{\mathrm{c}}}{1+\mathrm{j}\beta T\omega_{\mathrm{c}}}\right| = -20$$

当 $\beta T \geqslant 1$ 时，有

$$20\lg\left|\frac{1+\mathrm{j}T\omega_{\mathrm{c}}}{1+\mathrm{j}\beta T\omega_{\mathrm{c}}}\right| \approx -20\lg\beta$$

即

$$-20\lg\beta = -20\ \text{dB}$$

故

$$\beta = 10$$

（5）确定滞后校正环节的转角频率。即校正环节在此以 -20 dB 抵消 20 dB，应有 $\beta=10$ 。显然，极点转角频率 $\omega_{\text{T1}} = 1/(\beta T) = 0.01\ \text{s}^{-1}$ ，零点转角频率 $\omega_{\text{T2}} = 0.1\ \text{s}^{-1}$ 。

（6）校正环节的 Bode 图。

相位滞后校正环节的频率特性为

$$G_{\text{c}}(\text{j}\omega) = \frac{1+\text{j}T\omega}{1+\text{j}\beta T\omega} = \frac{1+\text{j}10\omega}{1+\text{j}100\omega}$$

$G_{\text{c}}(\text{j}\omega)$ 的频率特性的 Bode 图如图 8-15 中的点画线 G_{c} 所示。

（7）校验系统的性能指标。

已校正系统的开环传递函数为

$$G(s) = G_{\text{c}}(s)G_{\text{k}}(s) = \frac{5(10s+1)}{s(0.5s+1)(s+1)(100s+1)}$$

校正后的 $G(\text{j}\omega)$ 的 Bode 图如图 8-15 中实线 G 所示。图中相位裕度 $\gamma = 40°$ ，增益裕度 $20\lg K_{\text{g}} \approx 11\ \text{dB}$ 。系统的稳态性能指标及频域性能指标都达到了设计要求。但由于校正后开环系统的剪切频率从约 $2\ \text{s}^{-1}$ 降到 $0.5\ \text{s}^{-1}$ ，闭环系统的带宽也随之下降，所以，这种校正会使系统的响应速度降低。

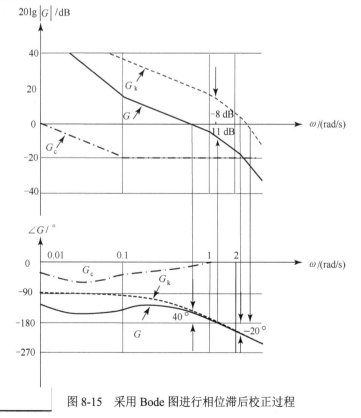

图 8-15　采用 Bode 图进行相位滞后校正过程

【应用推广 8-2】 设计相位滞后校正环节的一般步骤

（1）根据给定的系统稳定性能要求确定系统的开环增益 K。

（2）绘制未校正系统在已确定 K 下的系统 Bode 图，并求出相位裕度 γ_0。

（3）求出未校正 Bode 图上相位裕度为 $\gamma_2 = \gamma + \varepsilon$ 处的频率 ω_{c2}，其中 γ 是要求的相位裕度，而 $\varepsilon = 10° \sim 15°$ 则是为了补偿滞后校正环节在 ω_{c2} 处的滞后角度。ω_{c2} 是校正后系统的幅值穿越频率。

（4）令未校正系统 Bode 图在 ω_{c2} 处的增益等于 $20 \lg \beta$，由此确定滞后环节的 β 值。

（5）按下列关系式确定滞后校正环节的零点转角频率：$\omega_{T2} = \dfrac{1}{T} = \dfrac{\omega_{c2}}{4} \sim \dfrac{\omega_{c2}}{10}$，极点转角频率 $\omega_{T1} = \dfrac{1}{\beta T}$，进而校正环节的传递函数为 $G_c(s) = \dfrac{s/\omega_{T2} + 1}{s/\omega_{T1} + 1}$。

（6）画出校正后系统 Bode 图，验算相位裕度。

（7）校验其他性能指标，如果不满足要求，则重新选定 ω_{c2}。

【应用点评 8-1】 相位超前校正与滞后校正的比较

（1）相位超前校正是利用相位超前网络和相位超前特性，而相位滞后校正是利用相位滞后网络的高频幅值衰减特性。

（2）当采用无源校正网络时，相位超前校正要求有一定的附加增益，而相位滞后校正一般不需要附加增益。

（3）相位超前校正的系统带宽大于相位滞后校正的系统带宽。带宽越大，系统响应速度越高，但同时系统越易受噪声干扰的影响。因此，在对系统的快速性要求不高而抗高频干扰要求较高的情况下，一般不宜选用相位超前校正，可考虑采用相位滞后校正。

综上所述，单纯采用相位超前校正或相位滞后校正只能改善系统动态或稳态一个方面的性能，如果对校正后系统的稳态和动态性能都有较高要求时，最好采用相位滞后—超前校正。

8.2.4 相位滞后—超前校正

相位超前校正能提高系统的相对稳定性和响应快速性，但对稳态性能改善不大。相位滞后校正能提高系统的开环增益，显著改善系统的稳态性能，而不影响原有系统的动态性能。那么，采用相位滞后—超前校正环节，则可同时改善系统的动态性能和稳态性能。

1. 相位滞后—超前校正

相位滞后—超前校正传递函数为

$$G_c(s) = \frac{(T_1 s + 1)(T_2 s + 1)}{(\frac{T_1}{\beta} s + 1)(\beta T_2 s + 1)} \tag{8-10}$$

式中，$T_1 > 0$，$T_2 > 0$，$T_2 > T_1$，$\beta > 1$。

频率特性为

$$G_c(j\omega) = \frac{1 + jT_1\omega}{1 + j\dfrac{T_1}{\beta}\omega} \cdot \frac{1 + jT_2\omega}{1 + jT_2\beta\omega} \tag{8-11}$$

幅频特性为

$$\left| G_c(j\omega) \right| = \frac{\sqrt{1 + (T_1\omega)^2} \cdot \sqrt{1 + (T_2\omega)^2}}{\sqrt{1 + (\dfrac{T_1}{\beta}\omega)^2} \cdot \sqrt{1 + (\beta T_2\omega)^2}}$$

相频特性为

$$\angle G_c(j\omega) = \phi = \arctan T_1\omega + \arctan T_2\omega - \arctan \frac{T_1}{\beta}\omega - \arctan \beta T_2\omega$$

转角频率 ω_T 分别为 $\dfrac{1}{\beta T_2}$，$\dfrac{1}{T_2}$，$\dfrac{1}{T_1}$ 和 $\dfrac{\beta}{T_1}$，相位滞后－超前校正环节的频率特性的 Bode 图如图 8-16 所示。显然，相频特性首先是负值，然后是正值。也就是说，相位滞后－超前校正环节首先进行相位滞后校正，然后进行相位超前校正，且高频段和低频段均无衰减。利用校正环节中的相位超前部分改善系统的瞬态性能，利用校正环节的相位滞后部分提高系统的稳态精度。

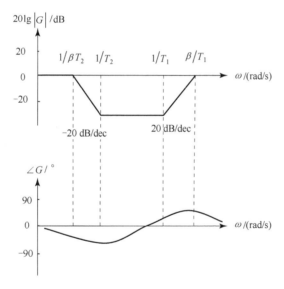

图 8-16　相位滞后－超前校正环节的 Bode 图

2. 相位滞后－超前校正装置

无源滞后－超前校正网络（Phase Lag–Lead Network）的实现如图 8-17 所示，其传递函数为

$$G_c(s) = \frac{(T_1 s + 1)(T_2 s + 1)}{(\dfrac{T_1}{\beta} s + 1)(\beta T_2 s + 1)} \tag{8-12}$$

式中，$T_1 / \beta + \beta T_2 = R_1C_1 + R_2C_2 + R_1C_2$，$T_1 = R_1C_1$，$T_2 = R_2C_2$，$T_2 > T_1$，$\beta > 1$。

有源滞后－超前校正网络的实现如图 8-18 所示，其传递函数

$$G_c(s) = -\frac{(T_1 s + 1)(T_2 s + 1)}{Ts}$$

式中，$T_1 = R_1 C_1$，$T_2 = R_2 C_2$，$T = R_1 C_2$。

上式可写成另一种形式

$$G_c(s) = -K_P(1 + \frac{1}{T_I s} + T_D s)$$

式中，$K_P = \dfrac{T_1 + T_2}{T}$，$T_I = T_1 + T_2$，$T_D = \dfrac{T_1 T_2}{T_1 + T_2}$。

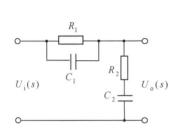
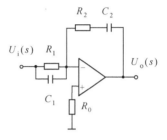

图 8-17　无源滞后－超前校正网络　　　图 8-18　有源滞后－超前校正网络

3. 采用 Bode 图进行相位滞后－超前校正

设计相位滞后－超前校正环节所用的方法，实际上是相位超前校正环节和相位滞后校正环节这两种方法的结合。

【工程实例 8-3】　采用 Bode 图对焊接机器人焊接头定位系统进行相位滞后－超前校正

现代汽车制造业广泛采用大型焊接机器人，要求焊接头在车身上快速而精确地向不同方向运动，焊接头定位控制系统如图 8-19 所示。采用 Bode 图对焊接头定位控制系统进行相位滞后－超前校正，设该系统的稳态性能指标为：单位恒速输入时的稳态误差 $e_{ss} = 0.1$；频域性能指标为：相位裕度 $\gamma \geqslant 50°$，增益裕度 $20\lg K_g \geqslant 10\,\mathrm{dB}$。

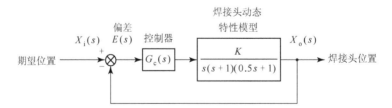

图 8-19　大型焊接机器人焊接头定位控制系统

解：

（1）根据给定系统的稳态性能指标，确定系统的开环增益 K。

焊接头动力学特性用传递函数描述为

$$G_k(s) = \frac{K}{s(s+1)(0.5s+1)} \tag{8-13}$$

　　焊接头定位控制系统开环传递函数是 I 型系统，根据第 4 章系统稳态误差分析可知，稳态偏差与稳态误差之间的关系是 $\varepsilon_{ss} = e_{ss}$，单位恒速输入时系统的稳态误差为

$$\varepsilon_{ss} = 1 / K$$

则

$$K = \frac{1}{e_{ss}} = 10$$

　　（2）绘制未校正系统在 $K=10$ 时系统 Bode 图，并求出其相位裕度。

　　系统由一个比例环节、一个积分环节和两个惯性环节组成，转角频率 ω_T 分别为 1 和 2。开环频率特性 $G_K(j\omega)$ 的 Bode 图如图 8-20 中点画线所示。

$$G_K(j\omega) = \frac{10}{j\omega(1 + j\omega)(1 + j0.5\omega)}$$

　　由图 8-20 可以看出，该系统的相位裕度约为 $-32°$，显然，系统是不稳定的。

　　（3）设相位滞后－超前校正环节的传递函数为

$$G_c(s) = \frac{(T_1 s + 1)(T_2 s + 1)}{(\frac{T_1}{\beta} s + 1)(\beta T_2 s + 1)}$$

式中，$T_1 > 0$，$T_2 > 0$，$T_2 > T_1$，$\beta > 1$。

　　相位滞后－超前校正环节由两个一阶微分环节、两个惯性环节组成，它们的转角频率分别为

$$\omega_{T1} = \frac{1}{\beta T_2}, \quad \omega_{T2} = \frac{1}{T_2}, \quad \omega_{T3} = \frac{1}{T_1}, \quad \omega_{T4} = \frac{\beta}{T_1}$$

　　（4）分别设计相位超前校正部分和相位滞后部分。

　　首先进行相位超前校正，使相频特性在 $\omega = 0.4 \ \text{s}^{-1}$ 以上超前。但若单纯采用超前校正，则低频段衰减太大；若附加增益 K_1，则幅值穿越频率右移，幅值穿越频率 ω_c 仍可能在相位穿越频率 ω_g 右边，系统仍然不稳定。因此，在此基础上再采用相位滞后校正，可使低频段有所衰减，因而有利于 ω_c 左移。

　　选未校正之前的相位穿越频率 $\omega_g = 1.5 \ \text{s}^{-1}$ 为新系统的幅值穿越频率，则取相位裕度 $\gamma = 40° + 10° = 50°$。选滞后部分的零点转角频率 ω_{T2} 远低于 $\omega = 1.5 \ \text{s}^{-1}$，即 $\omega_{T2} = \omega / 10 = 0.15 \ \text{s}^{-1}$，$T_2 = \frac{1}{\omega_{T2}} = \frac{1}{0.15} = 6.67 \ \text{s}$。选 $\beta = 10$，则极点转角频率为 $\omega_{T1} = \frac{1}{\beta T_2} = 0.015 \ \text{s}^{-1}$。因此，滞后部分的频率特性为

$$\frac{1 + jT_2\omega}{1 + j\beta T_2\omega} = \frac{1 + j6.67\omega}{1 + j66.7\omega}$$

　　由图 8-20 可知，当 $\omega = 1.5 \ \text{s}^{-1}$ 时，幅值 $\approx 13 \ \text{dB}$。因为这一点在校正后是幅值穿越频率，所以，校正环节在 $\omega = 1.5 \ \text{s}^{-1}$ 点上应产生 $-13 \ \text{dB}$ 增益。因此，在 Bode 图上过点 $(1.5 \ \text{s}^{-1}, -13 \ \text{dB})$ 绘出斜率为 $20 \ \text{dB/dec}$ 的斜线，它和零分贝线及 $-20 \ \text{dB}$ 线的交点就是超前部分的极点和零点

转角频率。如图 8-20 所示，超前部分的零点转角频率 $\omega_{T3} \approx 0.7\,\mathrm{s}^{-1}$ ，$T_1 = \dfrac{1}{\omega_{T3}} = \dfrac{1}{0.7}\,\mathrm{s}$ 。极点

转角频率为 $\omega_{T4} = \dfrac{\beta}{T_1} = 7\,\mathrm{s}^{-1}$ 。超前部分的频率特性为

$$\frac{1 + jT_1\omega}{1 + j\dfrac{T_1}{\beta}\omega} = \frac{1 + j\dfrac{1}{0.7}\omega}{1 + j\dfrac{1}{7}\omega} = \frac{1 + j1.43\omega}{1 + j0.143\omega}$$

由此，滞后－超前校正环节的频率特性为

$$G_c(j\omega) = \frac{1 + j6.67\omega}{1 + j66.7\omega} \cdot \frac{1 + j1.43\omega}{1 + j0.143\omega}$$

其特性曲线为图 8-20 中点画线。

已校正系统的开环传递函数为

$$G(s) = G_c(s)G_k(s) = \frac{10(6.67s+1)(1.43s+1)}{s(s+1)(0.5s+1)(66.7s+1)(0.143s+1)} \tag{8-14}$$

（5）校正后系统的对数频率特性。

校正后系统的对数幅频特性和对数相频特性如图 8-20 中实线所示。

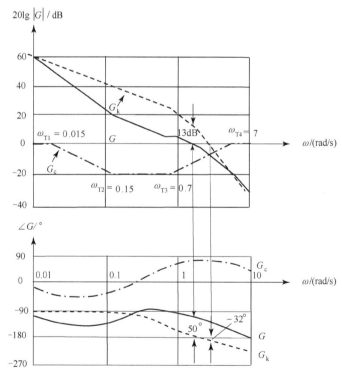

图 8-20　采用 Bode 图进行相位滞后－超前校正过程

【应用推广 8-3】　设计相位滞后—超前校正环节的一般步骤

（1）根据给定系统的稳态性能指标，确定系统的开环增益 K；

（2）绘制未校正系统在已确定 K 下的系统 Bode 图，并求出其相位裕度 γ_{o}；

（3）分别设计相位超前校正部分和相位滞后校正部分，并绘制相位滞后—超前校正环节的 Bode 图；

（4）绘制校正后系统的对数频率特性的 Bode 图，验证相位裕度；

（5）校验其他性能指标，如果不满足要求，则重新开始第（3）步。

8.3　PID 校正

在工程实际中，应用最广泛的控制器采用的是比例（Proportional）、积分（Integral）和微分（Derivative）控制，简称 PID 控制（PID Control），又称为 PID 调节（PID Adjustment）。PID 控制器问世至今已有近 70 年的历史，它以结构简单、稳定性好、工作可靠、调整方便而成为工业控制的主要技术之一。

8.3.1　PID 控制规律

所谓 PID 控制规律，就是一种对偏差 $\varepsilon(t)$ 进行比例、积分和微分变换的控制规律，即

$$m(t) = K_{\mathrm{p}}[\varepsilon(t) + \frac{1}{T_{\mathrm{i}}}\int_0^t \varepsilon(\tau)\mathrm{d}\tau + T_{\mathrm{d}}\frac{\mathrm{d}\varepsilon(t)}{\mathrm{d}t}] \tag{8-15}$$

式中，$K_{\mathrm{p}}\varepsilon(t)$ 为比例控制项，K_{p} 为比例系数；$\dfrac{1}{T_{\mathrm{i}}}\displaystyle\int_0^t \varepsilon(\tau)\mathrm{d}\tau$ 为积分控制项，T_{i} 为积分时间常数；

$T_{\mathrm{d}}\dfrac{\mathrm{d}\varepsilon(t)}{\mathrm{d}t}$ 为微分控制项，T_{d} 为微分时间常数。

PID 调节器的传递函数为

$$G_{\mathrm{c}}(s) = \frac{M(s)}{E(s)} = K_{\mathrm{p}}\left[1 + \frac{1}{T_{\mathrm{i}}s} + T_{\mathrm{d}}s\right] \tag{8-16}$$

PID 调节器控制系统框图如图 8-21 所示，PID 调节器与被控对象是串联关系，故 PID 调节器属于串联校正。

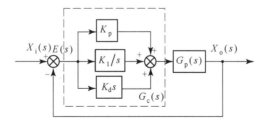

图 8-21　PID 调节器控制系统框图

从图 8-21 PID 调节器控制系统框图可以看出，比例控制项使 PID 调节器的输出与偏差信

号成比例关系，积分控制项使 PID 控制器的输出与偏差信号的积分成正比关系，微分控制项使 PID 控制器的输出与偏差信号的微分（即偏差的变化率）成正比关系。

对于一个自动控制系统，如果仅有比例控制项，进入稳态之后系统存在着稳态误差，为了消除稳态误差，在控制器中必须引入"积分项"。积分项对偏差的作用取决于时间的积分，随着时间的增加，积分项的作用会增大。这样，即便偏差很小，积分项也会随着时间的增加而加大，它推动控制器的输出增大，使稳态误差进一步减小，直到等于零。因此，比例+积分（PI）控制器，可以使系统在进入稳态后无稳态误差。

自动控制系统在克服稳态误差的调节过程中可能会出现振荡甚至失稳，这主要是由于存在较大惯性组件（环节）或滞后（Delay）组件，具有抑制误差的作用，其变化总是落后于误差的变化。解决的办法是使抑制误差的作用"超前"，即在误差接近零时，抑制误差的作用就应该是零。这就是说，在控制器中仅引入"比例"项往往是不够的，比例项的作用仅是放大误差的幅值，而目前需要增加的是"微分项"，它能预测误差变化的趋势，这样，具有比例+微分的控制器，就能够提前使抑制误差的控制作用等于零，甚至为负值，从而避免了被控量的严重超调。所以，对有较大惯性或滞后的被控对象，比例+微分（PD）控制器能改善系统在调节过程中的动态特性。

比例控制项与微分控制项和积分控制项的不同组合，分别构成 PD（比例微分）、PI（比例积分）和 PID（比例积分微分）三种调节器。

8.3.2　PD 调节器

1. PD 调节器简介

PD 调节器（PD Controller）的控制系统框图如图 8-22 所示。

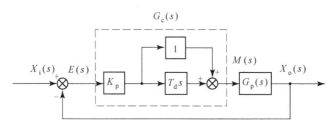

图 8-22　PD 调节器控制系统框图

其控制规律可表示为

$$m(t) = K_\mathrm{P}[\varepsilon(t) + T_\mathrm{d}\frac{\mathrm{d}\varepsilon(t)}{\mathrm{d}t}] \tag{8-17}$$

传递函数为

$$G_\mathrm{c}(s) = \frac{M(s)}{E(s)} = K_\mathrm{P}[1 + T_\mathrm{d}s] \tag{8-18}$$

当 $K_\mathrm{P} = 1$ 时，$G_\mathrm{c}(s)$ 的频率特性为

$$G_\mathrm{c}(\mathrm{j}\omega) = 1 + \mathrm{j}T_\mathrm{d}\omega \tag{8-19}$$

对应的 Bode 图如图 8-23 所示。显然，PD 校正是相位超前校正。

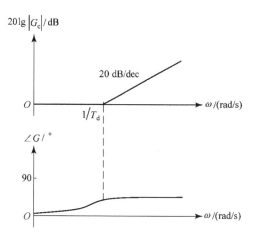

图 8-23　PD 调节器控制系统 Bode 图

PD 调节器的控制作用可用图 8-24 来说明。由图可见，未校正系统虽然稳定，但稳定裕度较小，当采用 PD 控制后，相位裕度增加，稳定性增强；幅值穿越频率 ω_c 增加，系统的快速性提高。所以，PD 控制提高了系统的动态性能，但高频增益上升，抗干扰能力减弱。

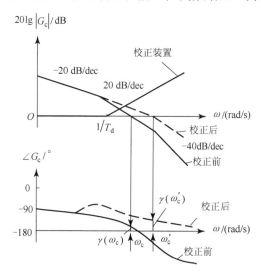

图 8-24　PD 调节器控制作用示意图

2．PD 校正环节

对于图 8-25 所示的有源网络，其传递函数为

$$G_c(s) = \frac{U_o(s)}{U_i(s)} = K_p(T_d s + 1) \qquad （8-20）$$

式中，$T_d = R_1 C_1$，$K_p = R_2 / R_1$。

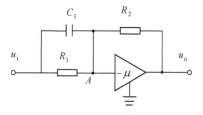

图 8-25　PD 校正环节

8.3.3 PI 调节器

1. PI 调节器简介

PI 调节器的控制框图如图 8-26 所示，其控制规律可表示为

$$m(t) = K_p\left[\varepsilon(t) + \frac{1}{T_i}\int_0^t \varepsilon(\tau)\mathrm{d}\tau\right] \tag{8-21}$$

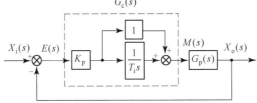

图 8-26　PI 调节器控制系统框图

传递函数为

$$G_c(s) = \frac{M(s)}{E(s)} = K_p\left[1 + \frac{1}{T_i s}\right] \tag{8-22}$$

$K_p = 1$ 时，$G_c(s)$ 的频率特性为

$$G_c(\mathrm{j}\omega) = \frac{1 + \mathrm{j}T_i\omega}{\mathrm{j}T_i\omega} \tag{8-23}$$

对应的 Bode 图如图 8-27 所示。显然，PI 校正是相位滞后校正。

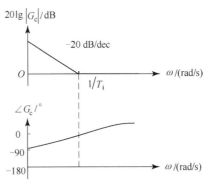

图 8-27　PI 调节器控制系统 Bode 图

PI 调节器的控制作用可用图 8-28 来说明。由图可见，加入 PI 控制后，系统从 0 型提高到 I 型，系统的稳态误差得以消除或减小，但相位裕度有所减小，稳态程度变差。因此，只有稳定裕度足够大时才能采用这种控制方式。

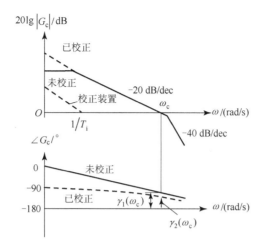

图 8-28 PI 调节器控制作用示意图

2. PI 校正环节

对于图 8-29 所示的有源网络，其传递函数为

$$G_c(s) = \frac{U_o(s)}{U_i(s)} = K_p(1 + \frac{1}{T_i s}) \tag{8-24}$$

式中，$T_i = R_2 C_2$，$K_p = R_2/R_1$。

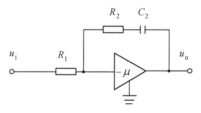

图 8-29 PI 校正环节

8.3.4 PID 调节器

1. PID 调节器简介

在 PID 调节器传递函数式（8-16）中，当 $K_p = 1$ 时，$G_c(s)$ 的频率特性为

$$G_c(j\omega) = 1 + \frac{1}{jT_i\omega} + jT_d\omega \tag{8-25}$$

当 $T_i > T_d$ 时，PID 调节器的 Bode 图如图 8-30 所示。PID 调节器在低频段内起到积分作用，改善系统的稳态性能；在高频段内起到微分作用，改善系统的动态性能。

PID 调节器的控制作用总结为以下几点：

（1）比例调节 K_p 直接决定着控制作用的强弱，加大 K_p 可以减小系统的稳态误差，提高系统的动态响应速度，但 K_p 过大会使动态质量变坏，引起被控制量振荡，甚至导致闭环系统的不稳定。

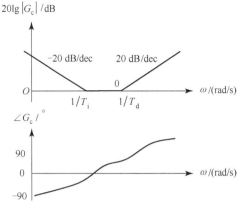

图 8-30　PID 调节器 Bode 图

（2）在比例调节的基础上加上积分调节可以消除系统的稳态误差，因为只要存在偏差，它的积分环节所产生的控制量总是用来消除稳态误差的，直到积分的值为零，控制作用才停止。但它将使系统的动态过程变慢，而且过强的积分作用使系统的超调量增大，从而使系统的稳定性变坏。

（3）微分调节的控制作用是跟偏差的变化速度有关的。微分控制能够预测偏差，产生超前的校正作用，它有助于减小超调，克服振荡，使系统趋于稳定，并能加快系统的响应速度，缩短调整时间，改善系统的动态性能。微分作用的不足之处是放大了噪声信号。

2．PID 校正环节

对于图 8-31 所示的有源网络，其传递函数为

$$G_c(s) = \frac{U_o(s)}{U_i(s)} = K_p(1 + \frac{1}{T_i s} + T_d s) \tag{8-26}$$

式中，$T_i = R_1 C_1 + R_2 C_2$，$T_d = \dfrac{R_1 C_1 R_2 C_2}{R_1 C_1 + R_2 C_2}$，$K_p = \dfrac{R_1 C_1 + R_2 C_2}{R_1 C_2}$。

图 8-31　PID 校正环节

【应用点评 8-2】　　PID 校正被广泛应用于工业控制中的原因

（1）对被控对象的模型要求低。对于那些数学模型不易精确求得、参数变化较大的被控对象，甚至在系统模型完全未知的情况下，PID 校正器也能对系统进行校正。

（2）校正方便。在 PID 校正器中，其比例、积分、微分的校正作用相互独立，最后以求和的形式出现。人们可以任意改变其中的某一校正规律，其参数整定方便，增强了使用灵活性。

（3）适应范围较广。采用一般的校正装置，当原系统参数变化时，系统性能将产生很大

的改变，而 PID 校正器的适应范围更广阔，当原系统参数在较大范围内变化时，仍有很好的校正效果。

8.4 反馈校正和顺馈校正

若校正环节与被控对象是并联关系，则其校正方法为并联校正，并联校正包含反馈校正和顺馈校正。

8.4.1 反馈校正

反馈校正是采用局部反馈包围系统前向通道中的一部分环节来修改开环特性的校正方法，其系统框图如图 8-32 所示。

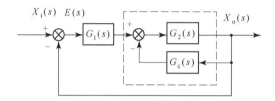

图 8-32 反馈校正系统框图

在图 8-32 中，被局部反馈包围部分（虚线框内）小闭环的传递函数为

$$G_2'(s) = \frac{G_2(s)}{1 + G_2(s)G_c(s)} \tag{8-27}$$

其频率特性为

$$G_2'(j\omega) = \frac{G_2(j\omega)}{1 + G_2(j\omega)G_c(j\omega)} \tag{8-28}$$

当反馈作用很小时，即在 $\left|G_2(j\omega)G_c(j\omega)\right| \ll 1$ 的频率范围内，有

$$G_2'(j\omega) \approx G_2(j\omega)$$

表明系统的性能与反馈无关，反馈校正不起作用。

当反馈作用很大时，即在 $\left|G_2(j\omega)G_c(j\omega)\right| \gg 1$ 的频率范围内，有

$$G_2'(j\omega) \approx \frac{1}{G_c(j\omega)}$$

表明系统的性能几乎与反馈包围的环节 $G_2(s)$ 无关，但取决于反馈环节 $G_c(s)$ 的倒数。下面用一些例子来说明反馈校正对系统结构和参数的影响。

1. 改变系统的型次

在图 8-32 中，若 $G_2(s) = K / s$，采用反馈校正环节 $G_c(s) = K_c$，则

$$G_2'(s) = \frac{\dfrac{1}{K_c}}{1 + \dfrac{s}{KK_c}}$$

采用反馈校正环节 $G_c(s) = K_c$，使局部积分环节变成惯性环节，从而降低了局部环节的型次。虽然这意味着降低反馈回路的稳态精度，但通过合理设计反馈校正环节 K_c，使系统具有更高的稳定性。

2. 改变系统时间常数

在图 8-32 中，$G_2(s)$ 为一阶惯性环节，即

$$G_2(s) = \frac{K}{1 + Ts}$$

反馈校正环节为

$$G_c(s) = K_c$$

则

$$G_2'(s) = \frac{\dfrac{K}{1 + KK_c}}{1 + s\dfrac{T}{1 + KK_c}}$$

局部反馈环节仍为一阶惯性环节，但时间常数由原来的 T 变为 $T / (1 + KK_c)$，通过合理设计反馈环节 K_c，使系统具有合理的响应速度。

3. 增大系统的阻尼比

在图 8-32 中，$G_2(s)$ 为二阶惯性环节

$$G_2(s) = \frac{\omega_n^2}{s(s + 2\xi\omega_n)}$$

反馈校正环节

$$G_c(s) = K_c s$$

则

$$G'(s) = \frac{\omega_n^2}{s^2 + (2\xi\omega_n + K_c\omega_n^2)s + \omega_n^2}$$

局部反馈环节仍为二阶振荡环节，但系统的阻尼比由原来的 2ξ 增加到 $(2\xi + K_c\omega_n)$，通过合理设计反馈环节的系数 K_c，使系统具有合理的阻尼系数，而又不影响系统的无阻尼自然频率。

【应用点评8-3】 比较串联校正与反馈校正

一般来说，串联校正比反馈校正简单、易于实现，而且可在频率特性曲线上分析校正

装置对系统性能的影响。反馈校正的最大特点是能抑制被反馈校正回路所包围部分的内部参数变化和外部干扰对系统性能的影响，因此对被包围的部分元件要求较低，而对反馈校正装置的精度要求则较高。

8.4.2　顺馈校正

顺馈校正的特点是不依靠偏差而直接测量干扰，在干扰引起误差之前就对它进行近似补偿，及时消除干扰的影响。因此，对系统进行顺馈补偿的前提是干扰可以测出。

一个单位负反馈系统如图 8-33 所示，输出为

$$X_o(s) = G_1(s)G_2(s)E(s) \tag{8-29}$$

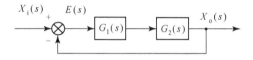

图 8-33　单位负反馈系统

若要使系统的偏差 $E(s) = 0$，就要使 $X_i(s) = X_o(s)$。如果可在系统中加入顺馈校正环节 $G_c(s)$，如图 8-34 所示，则系统的输出为

$$X_o(s) = X_{o1}(s) + X_{o2}(s) = G_1(s)G_2(s)E(s) + G_c(s)G_2(s)X_i(s) \tag{8-30}$$

式（8-30）表示顺馈补偿为开环补偿，相当于系统通过 $G_c(s)G_2(s)$ 增加了一个输出 X_{o2}，以补偿原来的误差。图 8-34 所示系统的等效闭环传递函数为

$$G(s) = \frac{X_o(s)}{X_i(s)} = \frac{G_1(s)G_2(s) + G_c(s)G_2(s)}{1 + G_1(s)G_2(s)} \tag{8-31}$$

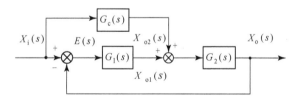

图 8-34　顺馈校正

当 $G_c(s) = 1/G_2(s)$ 时，$X_o(s) = X_i(s)$，$E(s) = 0$，系统是无差的。这是由于 $G_c(s)$ 的存在，相当于对系统另外输入了一个信号 $X_i(s)/G_2(s)$，这个信号产生的动态误差与原系统输入作用下产生的误差相互抵消，从而达到消除误差的目的。与其他校正方式相比，顺馈校正是一种主动的而不是被动的补偿，它是在闭环产生误差之前就以开环方式进行补偿的。

8.5　本章小结

为了改善控制系统的性能，常常需要在系统中加入校正环节，使其满足给定的性能要求，这一过程称为系统的性能校正。根据校正环节在系统中的连接方式划分，有串联校正和并联校正。并联校正又分为反馈校正和顺馈校正。根据校正装置的构成元件划分，有无源校正和有源

校正。根据校正环节的特性划分，有相位超前校正、相位滞后校正和相位滞后－超前校正。

串联校正是应用最广泛的校正方法，它设计简单，易于实现，利用在闭环系统的前向通道上加入合适的校正装置，并按频域性能指标改善系统频率曲线的形状，来达到并满足控制系统对性能指标的要求。串联校正装置常置于系统前向通道的能量较低端，以减小功率损耗。一般多采用有源校正网络。

相位超前校正利用校正环节的相位超前来补偿原系统的相位滞后，以增大校正后系统的相位裕度，也使得系统幅值穿越频率增大，提高了系统响应快速性。相位滞后校正则利用校正环节的高频幅值衰减特性，使系统的幅值穿越频率下降，提高系统的相位裕度。或者通过提高系统的低频幅值，以减小系统的稳态误差，并基本保持原系统动态性能不变。相位滞后－超前校正利用校正环节的超前部分改善系统的动态性能，同时利用其滞后部分提高系统的稳态精度。当对校正后的稳态和动态性能都有较高要求时，应考虑采用滞后－超前校正。

PID 调节属于串联校正。PD 调节器可以有效改善系统的瞬态性能，但对稳态性能的改善却很有限；而 PI 调节器可以在维持原有系统的瞬态性能的同时，有效地提高系统的稳态性能。因此，将它们结合起来，同时集中了比例、积分、微分三种基本控制规律优点的 PID 调节器，在工程上得到了广泛的应用。

反馈校正也是一种常见的校正方法。它可以在一定程度上改变或抵消被反馈包围环节的参数波动对系统性能的影响，但一般情况，它要比串联校正复杂。顺馈校正是一种利用扰动或输入进行补偿以提高系统性能的方法，尤其重要的是，将其与反馈控制结合起来并组成复杂控制，将进一步改善系统的性能。

8.6　习题

8-1　思考以下问题：

（1）　在系统校正中，常用的性能指标有哪些？

（2）　试绘制串联校正、反馈校正和前馈校正传递函数框图。

（3）　通过绘制相位超前校正、相位滞后校正和相位滞后－超前校正的 Bode 图，说明相位超前校正、相位滞后校正和相位滞后－超前校正的调节原理。

（4）　试写出 PID 调节器的传递函数，并说明各组成部分对系统的调节原理。

8-2　如图 8-35 所示系统，$G_c(s) = \tau s + 1$ 为串联校正装置，当系统具有最佳阻尼比（系统闭环阻尼比为 $\xi = \sqrt{2}/2$）时，τ 应如何选取？

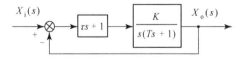

图 8-35　习题 8-2 图

8-3　如图 8-36 所示，其中 *ABC* 是未加校正环节前系统的 Bode 图，*GHKL* 是加入某种串联校正环节后系统的 Bode 图，试说明它是哪种串联校正方法，写出校正环节的传递函数，并说明它对系统性能的影响。

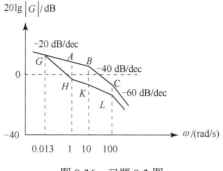

图 8-36　习题 8-3 图

8-4　如图 8-37 所示，其中 *ABCD* 是未校正系统的 Bode 图，*ABEFL* 是加入某种串联校正环节后系统的 Bode 图，试说明它是哪种串联校正方法，写出校正环节的传递函数，并指出系统哪些性能得到改善。

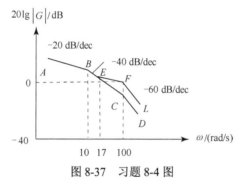

图 8-37　习题 8-4 图

8-5　如图 8-38 所示，其中 *ABCD* 是未校正系统的 Bode 图，*ABFG* 是加入某种串联校正环节后系统的 Bode 图，试说明它是哪种串联校正方法；写出校正环节的传递函数，并指出该校正方法的优点。

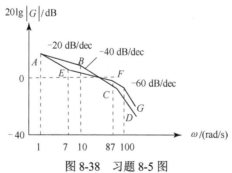

图 8-38　习题 8-5 图

8-6　如图 8-39 所示的系统，分别用调整增益、相位滞后校正和相位超前校正，使系统具有 52° 的相位裕度。

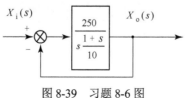

图 8-39　习题 8-6 图

第9章 离散控制系统的分析和校正

在前面的章节中，所讨论系统的一个共同点是：系统中各个变量都是时间 t 的连续函数。这种在时间上连续、幅值上也连续的信号称为连续信号或模拟信号，相应的系统称为连续控制系统（Continuous Control Systems）。但近年来，由于脉冲技术、数字式元部件、数字计算机，特别是微处理器的蓬勃发展，计算机作为信号处理的工具和作为控制器在控制系统中的应用不断扩大。这种用计算机控制的系统就是一类离散控制系统（Discrete Control Systems）。我们处在一个信息化的时代，而信息化的核心是数字化，故研究离散系统的控制理论与方法有着重要的现实意义。

离散系统与连续系统相比，既有本质上的不同，又有分析研究方面的相似性。利用 Z 变换法研究离散系统，可以把连续系统中的许多概念和方法推广应用于离散系统。

本章首先概括地讨论连续信号转换为离散信号（Discrete Signal）和离散信号又恢复为连续信号的问题，建立信号采样的数学模型，并介绍信号采样应遵循的定理；然后介绍研究离散控制系统的数学基础——Z 变换理论和脉冲传递函数，并在此基础上引入离散控制系统的稳定性分析和稳态误差的求取；最后，简要地介绍线性离散控制系统的设计与校正。

9.1 概述

近数十年来，集成电路技术、自动化技术、核能技术、航天技术和信息技术的发展都是相互依赖、相互促进的，但每一项技术的进步都离不开计算机的参与。计算机参与的自动控制系统被称为计算机控制系统（Computer Control Systems）。由于计算机所使用的量都是数字量，所以计算机控制系统又称为数字控制系统，是一种典型的离散系统。与连续系统显著不同的是，离散系统中的一处或数处的信号不是连续的模拟信号，而是在时间上离散的脉冲序列（Pulse Sequence）或数码，称为离散信号。离散信号通常是按照一定的时间间隔对连续的模拟信号进行采样而得到的，故又称为采样信号（Sample Signal），相应的离散系统又称为采样系统（Sampled systems）。离散系统和连续系统的不同之处可从下面的工程实例中体会。

【工程实例9-1】　工程中的离散系统

离散系统在实际中应用十分广泛。图 9-1（a）是某数控机床的数字控制系统的操作面板，图 9-1（b）是一个位置数字控制系统的示意图。

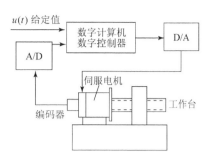

（a）数控系统操作面板　　　　　（b）位置数字控制系统示意图

图 9-1　数字控制系统

在图 9-1（b）所示的位置数字控制系统中，指令输入 $u(t)$ 由键盘编程或 U 盘输入计算机。工作台的实际位置由丝杠前端的旋转编码器测得，并由模数转换器（A/D）转换成数字量，再反馈到计算机，与给定的位置数字量进行比较，从而得出位置偏差信号。计算机实现 PID 算法，把偏差电压转换成所需的控制信号，该控制信号经数模转换器（D/A）将数字量转变成直流电压然后再输出到伺服电机中去控制丝杠的运动，将工作台的位置控制在要求的范围内。

由于在离散系统中存在着脉冲或离散的数字信号及信号的变换过程，因此，在研究这种系统时，虽在一定程度上可以借鉴在连续系统中应用的一些成熟的方法，但它仍然有自身的特殊性。例如，如果仍沿用连续系统中的拉氏变换方法来建立系统各个环节的传递函数，则在运算过程中会出现复变量 s 的超越函数。为克服该问题，需要引入 Z 变换、Z 传递函数来分析离散系统。因此，必须对离散系统进行单独讨论。

【应用推广 9-1】　数字控制系统的特点

数字控制系统与连续系统一样，也是闭环的反馈控制系统，这一点可由图 9-1（b）看出。所不同的是，计算机的输入和输出都是二进制编码的数字信号，这些数字信号在时间和幅值上都是离散的，而系统中被控对象或测量元件的输入和输出都是连续信号。目前绝大多数控制系统都是由计算机或微控制等控制的数字控制系统。

9.2　信号的采样与保持

在离散控制系统中不仅有模拟部件（包括测量元件、执行元件和被控对象），还有控制器中的脉冲部件。而模拟元件的输入和输出是连续信号，脉冲元件的输入和输出为脉冲序列。为了使这两种信号在系统中能相互传递，在连续信号和脉冲序列之间要用采样器，在脉冲序列和连续信号之间要用保持器，以实现两种信号的转换。

9.2.1　信号的采样

采样过程就是按照一定的时间间隔对连续信号进行采样，并将其变换为时间上离散的脉冲序列的过程。把连续信号变换为脉冲序列的装置称为采样器（Sampler），又叫采样开关（Sampling Switch），可以用一个周期性闭合的开关来表示，其采样周期为 T，每次闭合的时

间为 τ ，如图 9-2 所示。在实际应用中，采样开关多为电子开关，闭合时间极短，通常为毫秒到微秒级。τ 远小于采样周期 T ，也远小于系统连续部分的最大时间常数。为了简化系统的分析，可近似地认为 τ 趋于零。

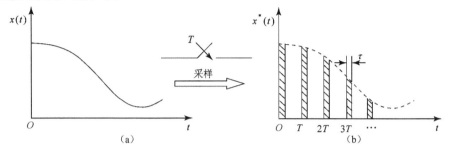

图 9-2 信号的采样

采样后，理想的脉冲序列可以用它所包含的所有单个脉冲之和来表示，即 $x^*(t) = x_0 + x_1 + x_2 + \cdots + x_n + \cdots$ 。其中，x_n（$n = 0, 1, 2, \cdots$）为 $t = nT$ 时刻的单个脉冲，而每一个单个脉冲都可以表示成两个函数的乘积，即

$$x_n(t) = x(nT)\delta(t - nT) \tag{9-1}$$

式中，$\delta(t - nT)$ 是发生在 $t = nT$ 时刻的具有单位强度的理想脉冲，即

$$\delta(t - nT) = \begin{cases} \infty & (t = nT) \\ 0 & (t \neq nT) \end{cases}$$

$$\int_{-\infty}^{\infty} \delta(t - nT)\mathrm{d}t = 1$$

理想脉冲的宽度为零，幅值为无穷大。这纯属数学上的假设，实际上是不存在的，也无法用图形表示，而只有它的面积或强度才有意义。在式（9-1）中，$\delta(t - nT)$ 的强度总是 1，它的作用仅在于指出脉冲出现的时刻 $t = nT$ ，而脉冲的强度则由采样时刻的函数值 $x(nT)$ 来确定。于是，采样信号可以用下式来表示：

$$x^*(t) = \sum_{n=-\infty}^{\infty} x(nT)\delta(t - nT) \tag{9-2}$$

当采样开关的闭合时间 $\tau \to 0$ 时，采样器就可以用一个理想采样开关来代替，故从物理意义上讲，采样过程可以看成一个脉冲调制过程。这里，采样开关起着脉冲发生器的作用，通过它将连续信号 $x(t)$ 调制成脉冲序列 $x^*(t)$ 。图 9-3 是采样过程的图解，图 9-3（a）与图 9-3（b）相乘等于图 9-3（c）。

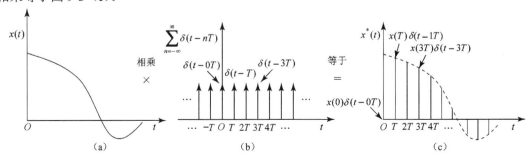

图 9-3 采样过程图解

9.2.2　采样定理

离散系统的采样周期显然没有下限的限制，因为采样周期 T 越小，离散系统越接近于连续系统。但是，若采样周期 T 太大，采样点很少时，在两个采样点之间很可能丢失信号中的重要信息，因此要根据信号所包含的频率成分合理地选择 T。采样定理，或称为香农采样定理（Shannon Sampling Theorem），给出了选择采样周期的基本原则。下面先看采样信号的拉氏变换。

令 $\delta_T(t)$ 表示等间隔单位脉冲序列，即

$$\delta_T(t) = \sum_{n=-\infty}^{\infty} \delta(t-nT)$$

则式（9-2）可表示为

$$x^*(t) = x(t) \cdot \delta_T(t) = x(t) \cdot \sum_{n=-\infty}^{\infty} \delta(t-nT) = \sum_{n=-\infty}^{\infty} x(nT)\delta(t-nT)$$

在实际系统中，当 $t<0$ 时，通常 $x(t)=0$，即当 $n<0$ 时，$x(nT)=0$，所以上式可改写为

$$x^*(t) = \sum_{n=0}^{\infty} x(nT)\delta(t-nT)$$

则采样开关调制以后的离散序列 $x^*(t)$ 的拉氏变换为

$$X^*(s) = L\left[x^*(t)\right] = L\left[\sum_{n=0}^{\infty} x(nT)\delta(t-nT)\right] = \int_0^{\infty} \left[\sum_{n=0}^{\infty} x(nT)\delta(t-nT)\right] e^{-st} dt$$

$$= \sum_{n=0}^{\infty} x(nT)\int_0^{\infty} \delta(t-nT)e^{-st} dt = \sum_{n=0}^{\infty} x(nT)e^{-nTs} \tag{9-3}$$

可以看出，式（9-3）将 $X^*(s)$ 与采样值函数 $x(nT)$ 联系起来了。

在设计离散系统时，采样定理是必须遵守的一条准则，因为它指明了从采样信号中不失真复现原连续信号所必需的采样周期（或采样频率）。

采样定理：对一个具有有限频谱（$-\omega_{max} < \omega < \omega_{max}$）的连续信号进行采样，当采样频率 $\omega_s \geqslant 2\omega_{max}$ 时，采样函数能无失真地恢复到原来的连续信号，其中 ω_{max} 为连续信号频谱 $|X(j\omega)|$ 中的最大角频率。

采样定理可以通过理想采样过程推出。

首先，求取理想脉冲序列 $\delta_T(t)$ 的傅里叶级数。因为 $\delta_T(t)$ 是一个以 T 为周期的函数，可以展开为傅里叶级数（Fourier Series），其复数形式为

$$\delta_T(t) = \sum_{n=-\infty}^{\infty} A_k e^{jn\omega_s t} \tag{9-4}$$

式中，$A_k = \dfrac{1}{T}\displaystyle\int_{-T/2}^{T/2} \delta(t)e^{-jn\omega_s t} dt = \dfrac{1}{T}$ 为傅里叶系数；$\omega_s = 2\pi f_s = \dfrac{2\pi}{T}$ 为采样角频率。

将式（9-4）代入式（9-2）中，有

$$x^*(t) = x(t)\delta_T(t) = \frac{1}{T}\sum_{n=-\infty}^{\infty} x(t)e^{jn\omega_s t}$$

故 $x^*(t)$ 的拉氏变换为

$$X^*(s) = \frac{1}{T} \sum_{n=-\infty}^{\infty} X(s + jn\omega_s)$$

令 $s = j\omega$，则可得采样信号的傅里叶变换为

$$X^*(j\omega) = \frac{1}{T} \sum_{n=-\infty}^{\infty} X\left[j(\omega + n\omega_s)\right]$$

上式反映了采样后的离散信号频谱与连续信号频谱之间的关系。通常，连续函数 $x(t)$ 的频带宽度有限，其最大截止频率为 ω_{max}，$X(j\omega)$ 为一孤立的频谱，如图 9-4（a）所示。采样之后，离散序列 $x^*(t)$ 的频谱是无限多个频谱的周期重复，其幅值为 $|X(j\omega)|$ 的 $1/T$，采样频率为 ω_s，$n=0$ 时的 $\frac{1}{T} X(j\omega)$ 为主频谱。为了使 $n=0$ 那一项的原信号频谱不发生畸变，必须使采样频率 ω_s 足够高，使位于各频带的频谱彼此间互不重叠。

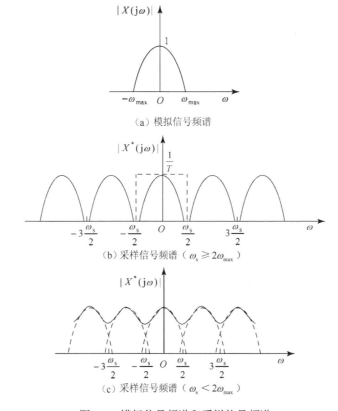

图 9-4　模拟信号频谱和采样信号频谱

根据采样频率 ω_s 的大小，$X^*(j\omega)$ 可能有两种情况：一种是 $\omega_s \geqslant 2\omega_{max}$，采样信号的频谱不会发生重叠，如图 9-4（b）所示；另一种是 $\omega_s < 2\omega_{max}$ 的情况下，采样信号的频谱发生重叠，如图 9-4（c）所示。

由图 9-4 可见，相邻部分两频谱互不重叠的条件是

$$\omega_s \geqslant 2\omega_{max} \tag{9-5}$$

式（9-5）说明采样频率应大于或等于信号所含最高频率的两倍，才有可能通过理想的低通滤波器（如图 9-4（b）中虚线所示），将原信号完整地提取出来。

采样定理的物理意义是，对最高频率的正弦信号应在一个周期内至少应采样两次（正负值各采样一次）。香农采样定理是选择采样周期的一个重要依据。

【应用点评 9-1】　工程中的滤波器

在工程实践中，不存在理想滤波器，故只能用接近理想滤波器性能的低通滤波器来近似代替，以有效地去除采样频率及其谐波频率附近的高频分量。零阶保持器是常用的低通滤波器之一。

9.2.3　保持器

用于把数字信号转换为连续信号的装置称为保持器。保持器的类型有多种，在工程实践中，普遍采用的是零阶保持器（Zero-order Holder）。零阶保持器的作用就是把采样时刻的值恒定不变地保持到下一个采样时刻，即零阶保持器的数学表达式为

$$x(nT + \Delta t) = x(nT), \quad 0 \leqslant \Delta t < T$$

上式表明：零阶保持过程是由于理想脉冲 $x(nT)\delta(t - nT)$ 的作用。如果给零阶保持器输入一个理想单位脉冲 $\delta(t)$，则其脉冲过渡函数 $g_h(t)$ 是幅值为 1、持续时间为 T 的矩形脉冲，并可分解为两个单位阶跃函数的和 $g_h(t) = 1(t) - 1(t - T)$。

对脉冲过渡函数 $g_h(t)$ 进行拉氏变换，可得零阶保持器的传递函数为

$$G_h(s) = \frac{1}{s} - \frac{e^{-Ts}}{s} = \frac{1 - e^{-Ts}}{s}$$

【应用点评 9-2】　计算机中的信号保持器

计算机的 D/A 转换器、输出寄存器和解码网络起到了信号保持的作用，因而它们就是计算机控制系统中的信号保持器。

既然离散系统存在着与连续系统不同的采样、保持过程，那么如何研究线性离散系统？类似于在线性连续系统中采用拉氏变换的方法进行分析，在离散系统中需要引入 Z 变换的概念和相关知识。

9.3　Z 变换与 Z 逆变换

在离散系统中，用差分方程来描述系统的动态行为，应用 Z 变换（Z-Transform）可以使差分方程变成代数方程，从而使离散系统的分析大为简化，其作用和拉氏变换在连续系统中的作用相同。

9.3.1　Z 变换的定义

1. Z 变换的定义式

由式（9-3）可见，采样函数经过拉氏变换后得到的是 s 的超越方程，变量 s 在指数位置

上，使数学分析很不方便，故引入由复数 z 平面定义的一个复变量 z ，令 $z = \mathrm{e}^{Ts}$ ，即得到 Z 变换式为

$$Z[x(t)] = Z[x^*(t)] = L[x^*(t)] = \sum_{n=0}^{\infty} x(nT)z^{-n} = X(z) \tag{9-6}$$

式中，T 为采样周期；z 是在附属平面上定义的一个复变量，通常称为 Z 变换算子。式（9-6）被定义为采样函数 $x^*(t)$ 的 Z 变换，记为 $X(z)$ 。

2．Z 变换方法

求 Z 变换的方法有多种，下面介绍常用的级数求和法和部分分式法。

1）级数求和法

级数求和法是直接根据 Z 变换的定义，将式（9-6）写成展开式的形式，即

$$X(z) = \sum_{n=0}^{\infty} x(nT)z^{-n} = x(0) + x(T)z^{-1} + x(2T)z^{-2} + \cdots + x(nT)z^{-n} + \cdots \tag{9-7}$$

式（9-7）是离散时间函数 $x^*(t)$ 的一种无穷级数表达形式。显然，根据给定的理想采样开关的输入连续信号 $x(t)$ 或其输出采样信号 $x^*(t)$ ，以及采样周期 T ，由式（9-7）立即可得 Z 变换的级数展开式。时间函数或级数可以是任何函数，但是只有当 $X(z)$ 表达式的无穷级数收敛时，它才可表示为封闭形式。通常，对于常用函数 Z 变换的级数形式，都可以写出其闭合形式。下面通过典型信号的 Z 变换式来说明如何应用级数求和法计算 Z 变换。

【例题 9-1】 **用级数求和法求阶跃函数的 Z 变换**

求单位阶跃函数 $1(t)$ 的 Z 变换。

解：

因为 $1(t)$ 在任何采样时刻的值均为 1，故 $x(nT) = 1(nT) = 1$ （$n = 0, 1, 2, \cdots$），将其代入式（9-7），得

$$X(z) = \sum_{n=0}^{\infty} 1 \cdot z^{-n} = 1 \cdot z^0 + 1 \cdot z^{-1} + 1 \cdot z^{-2} + \cdots + 1 \cdot z^{-n} + \cdots$$

当上式的级数收敛时，可将上式写成闭合形式：$X(z) = \dfrac{1}{1 - z^{-1}} = \dfrac{z}{z-1}, \left| z^{-1} \right| < 1$ 。

【例题 9-2】 **用级数求和法求理想脉冲序列的 Z 变换**

求理想的单位脉冲序列 $x(t) = \delta_{\mathrm{T}}(t)$ 的 Z 变换。

解：

由于 $L\left[\delta(t - nT) \right] = \mathrm{e}^{-nTs}$ ，所以 $X(z) = Z\left[\displaystyle\sum_{n=0}^{\infty} \delta(t - nT) \right] = \displaystyle\sum_{n=0}^{\infty} z^{-n} = \dfrac{z}{z-1}, \left| z^{-1} \right| < 1$ 。

【例题 9-3】 **用级数求和法求指数函数的 Z 变换**

求 $x(t) = e^{-at}$ 的 Z 变换。

解：

$$Z\left[e^{-at}\right] = \sum_{n=0}^{\infty} e^{-anT} z^{-n} = 1 + e^{-aT} z^{-1} + e^{-2aT} z^{-2} + \cdots$$

当上式的级数收敛时，可将上式写成闭合形式：$Z\left[e^{-at}\right] = \dfrac{z}{z - e^{-aT}}$，$e^{-aT} z^{-1} < 1$，即 $z > e^{-aT}$。

2）部分分式法

当用部分分式求 Z 变换时，先求出已知连续时间函数 $x(t)$ 的拉氏变换 $X(s)$，然后将有理分式函数 $X(s)$ 分解成部分分式之和的形式，使每一部分分式对应简单的时间函数，其相应的 Z 变换是已知的，于是可方便地求出 $X(s)$ 对应的 Z 变换 $X(z)$。

【例题 9-4】 **用部分分式法求 Z 变换**

设连续函数 $x(t)$ 的拉氏变换为 $X(s) = \dfrac{a}{s(s+a)}$，试求其 Z 变换。

解：

因为 $X(s) = \dfrac{a}{s(s+a)} = \dfrac{1}{s} - \dfrac{1}{s+a}$，由例题 9-1 和例题 9-3 可知：

$$X(z) = \frac{1}{1 - z^{-1}} - \frac{1}{1 - e^{-aT} z^{-1}} = \frac{(1 - e^{-aT}) z^{-1}}{(1 - z^{-1})(1 - e^{-aT} z^{-1})} = \frac{z(1 - e^{-aT})}{(z-1)(z - e^{-aT})}$$

表 9-1 中列出了一些常见函数及其相应的拉氏变换和 Z 变换。利用此表可以根据给定的函数或其拉氏变换式直接查出其对应的 Z 变换。

表 9-1　常用函数的 Z 变换表

序　号	$x(t)$ 或 $x(k)$	$X(s)$	$X(z)$
1	$\delta(t)$	1	1
2	$\delta(t - kT)$	e^{-kTs}	z^{-k}
3	$1(t)$	$\dfrac{1}{s}$	$\dfrac{z}{z-1}$
4	t	$\dfrac{1}{s^2}$	$\dfrac{Tz}{(z-1)^2}$
5	$\dfrac{t^2}{2!}$	$\dfrac{1}{s^3}$	$\dfrac{T^2 z(z+1)}{2!(z-1)^3}$
6	$\dfrac{t^3}{3!}$	$\dfrac{1}{s^4}$	$\dfrac{T^3 z(z^2 + 4z + 1)}{3!(z-1)^4}$
7	e^{-at}	$\dfrac{1}{s+a}$	$\dfrac{z}{z - e^{-aT}}$
8	$e^{-at} - e^{-bt}$	$\dfrac{b-a}{(s+a)(s+b)}$	$\dfrac{1}{b-a}\left(\dfrac{z}{z - e^{-aT}} - \dfrac{z}{z - e^{-bT}}\right)$
9	$1 - e^{-at}$	$\dfrac{a}{s(s+a)}$	$\dfrac{1}{a} \dfrac{z(1 - e^{-aT})}{(z-1)(z - e^{-aT})}$

序 号	$x(t)$ 或 $x(k)$	$X(s)$	$X(z)$
10	$t - \dfrac{1-e^{-at}}{a}$	$\dfrac{a}{s^2(s+a)}$	$\dfrac{1}{a}\left[\dfrac{Tz}{(z-1)^2} - \dfrac{z(1-e^{-aT})}{a(z-1)(z-e^{-aT})}\right]$
11	te^{-at}	$\dfrac{1}{(s+a)^2}$	$\dfrac{Tze^{-aT}}{(z-e^{-aT})^2}$
12	$\sin \omega t$	$\dfrac{\omega}{s^2+\omega^2}$	$\dfrac{z\sin \omega T}{z^2 - 2z\cos \omega T + 1}$
13	$\cos \omega t$	$\dfrac{s}{s^2+\omega^2}$	$\dfrac{z(z-\cos \omega T)}{z^2 - 2z\cos \omega T + 1}$
14	$e^{-at}\sin \omega t$	$\dfrac{\omega}{(s+a)^2+\omega^2}$	$\dfrac{ze^{-aT}\sin \omega T}{z^2 - 2ze^{-aT}\cos \omega T + e^{-2aT}}$
15	$e^{-at}\cos \omega t$	$\dfrac{s+a}{(s+a)^2+\omega^2}$	$\dfrac{z^2 - ze^{-aT}\cos \omega T}{z^2 - 2ze^{-aT}\cos \omega T + e^{-2aT}}$
16	$a^{t/T}$	$\dfrac{1}{s-(1/T)\ln a}$	$\dfrac{z}{z-a}$

9.3.2　Z 变换的性质

与拉氏变换一样，在 Z 变换中有一些基本定理，可以使 Z 变换变得简单和方便，其内容在许多方面与拉氏变换的基本定理有相似之处。

1. 线性定理

设函数

$$Z[x_1(t)] = X_1(z)，\quad Z[x_2(t)] = X_2(z)$$

则

$$Z[ax_1(t) + bx_2(t)] = aX_1(z) + bX_2(z) \tag{9-8}$$

该性质的表达式（9-8）由式（9-6）不难证明。

2. 延迟定理

设 $Z[x(t)] = X(z)$，且 $t < 0$ 时，$x(t) = 0$，则

$$Z[x(t-mT)] = z^{-m}X(z)$$

证明：根据 Z 变换的定义，有

$$Z[x(t-mT)] = \sum_{n=0}^{\infty} x(nT - mT)z^{-n} = z^{-m}\sum_{n=0}^{\infty} x(nT - mT)z^{-(n-m)}$$

令 $n-m=k$，则

$$Z[x(t-mT)] = z^{-m}\sum_{k=-m}^{\infty} x(kT)z^{-k} = z^{-m}\sum_{k=0}^{\infty} x(kT)z^{-k} = z^{-m}X(z) \quad (k<0, \quad x(kT)=0)$$

该定理表明，t 域中的采样信号 $x^*(t)$ 时间上延迟 m 步，则对应于在 z 域中 $x^*(t)$ 的 Z 变换 $X(z)$ 乘以 m 步时滞因子 z^{-m}。由此可见，算子 z^{-m} 的物理意义是把采样信号延时 m 个采样周期，z^{-1} 代表滞后环节。

【例题 9-5】　延迟定理的应用

求被延迟一个采样周期 T 的单位阶跃函数的 Z 变换。

解：

应用延迟定理，有

$$Z\left[1(t-T)\right] = z^{-1} \cdot Z[1(t)] = z^{-1} \cdot \frac{z}{z-1} = \frac{1}{z-1}$$

3. 超前定理

设 $Z\left[x(t)\right] = X(z)$，则

$$Z\left[x(t+mT)\right] = z^m\left[X(z) - \sum_{k=0}^{m-1} x(kT)z^{-k}\right]$$

证明：根据 Z 变换的定义，有

$$Z\left[x(t+mT)\right] = \sum_{n=0}^{\infty} x(nT+mT)z^{-n} = z^m \sum_{n=0}^{\infty} x(nT+mT)z^{-(n+m)}$$

令 $n+m=k$，则

$$Z\left[x(t+mT)\right] = z^m \sum_{k=m}^{\infty} x(kT)z^{-k} = z^m\left[\sum_{k=0}^{\infty} x(kT)z^{-k} - \sum_{k=0}^{m-1} x(kT)z^{-k}\right]$$

$$= z^m\left[X(z) - \sum_{k=0}^{m-1} x(kT)z^{-k}\right]$$

特别地，当 $m=1$ 时，有

$$Z\left[x(t+T)\right] = zX(z) - zx(0)$$

若 $x(0) = x(T) = \cdots = x\left[(n-1)T\right] = 0$，则

$$Z\left[x(t+mT)\right] = z^m X(z)$$

4. 复数位移定理

若函数 $x(t)$ 是可拉氏变换的，其 Z 变换为 $X(z)$，则有

$$Z\left[e^{\mp at}x(t)\right] = X(ze^{\pm aT})$$

式中，a 是常数。

证明：由 Z 变换定义，有

$$Z\left[e^{\mp at}x(t)\right] = \sum_{n=0}^{\infty} e^{\mp anT}x(nT)z^{-n} = \sum_{n=0}^{\infty} x(nT)(ze^{\pm aT})^{-n}$$

令 $z_1 = ze^{\pm aT}$，则有

$$Z\left[e^{\mp at}x(t)\right] = \sum_{n=0}^{\infty} x(nT)z_1^{-n} = X(ze^{\pm aT})$$

复数位移定理是仿照拉氏变换的复数位移定理导出的，其含义是函数 $x^*(t)$ 乘以指数序列 $e^{\mp anT}$

的 Z 变换，等于在 $x^*(t)$ 的 Z 变换表达式 $X(z)$ 中以 $ze^{\pm aT}$ 取代原算子 z。

【例题 9-6】　复数位移定理的应用

试用复数位移定理计算函数 $e^{-at}\cos\omega t$ 的 Z 变换。

解：

令 $x(t) = \cos\omega t$，由表 9-1 可知，$X(z) = \dfrac{z(z - \cos\omega T)}{z^2 - 2z\cos\omega T + 1}$。

根据复数位移定理，有

$$Z\left[\cos\omega t \cdot e^{-at}\right] = X(ze^{aT}) = \frac{(ze^{aT})\left[(ze^{aT}) - \cos\omega T\right]}{(ze^{aT})^2 - 2(ze^{aT})\cos\omega T + 1}$$

$$= \frac{z^2 - ze^{-aT}\cos\omega T}{z^2 - 2ze^{-aT}\cos\omega T + e^{-2aT}}$$

5. 复微分定理

设 $Z[x(t)] = X(z)$，则

$$Z\left[tx(t)\right] = -Tz\frac{\mathrm{d}}{\mathrm{d}z}X(z)$$

证明：因为

$$X(z) = \sum_{n=0}^{\infty} x(nT)z^{-n}$$

将上式两边对 z 求导数得

$$\frac{\mathrm{d}}{\mathrm{d}z}X(z) = \frac{\mathrm{d}}{\mathrm{d}z}\sum_{n=0}^{\infty} x(nT)z^{-n}$$

交换导数与和式次序

$$\frac{\mathrm{d}}{\mathrm{d}z}X(z) = \sum_{n=0}^{\infty} x(nT)\frac{\mathrm{d}}{\mathrm{d}z}z^{-n} = \sum_{n=0}^{\infty} x(nT)\cdot(-n)\cdot z^{-n-1}$$

$$= \frac{-z^{-1}}{T}\sum_{n=0}^{\infty}[nT\cdot x(nT)]z^{-n} = \frac{-z^{-1}}{T}Z[tx(t)]$$

所以

$$Z\left[tx(t)\right] = -Tz\frac{\mathrm{d}}{\mathrm{d}z}X(z)$$

6. 初值定理

设 $Z[x(t)] = X(z)$，则

$$x(0) = \lim_{z\to\infty} X(z)$$

证明：

$$X(z) = \sum_{n=0}^{\infty} x(nT)z^{-n} = x(0) + x(T)z^{-1} + x(2T)z^{-2} + \cdots$$

显然，当 $z \to \infty$ 时，$X(z) = x(0)$。

7. 终值定理

设 $Z[x(t)] = X(z)$，且 $(z-1)X(z)$ 的全部极点位于单位圆内，则

$$x(\infty) = \lim_{z \to 1}[(z-1)X(z)]$$

证明略。

为了方便查阅，表 9-2 列出了 Z 变换常用的主要运算定理。

表 9-2　Z 变换常用的主要运算定理

1	线性定理	$Z[ax_1(t) \pm bx_2(t)] = aX_1(z) \pm bX_2(z)$
2	延迟定理	$Z[x(t-mT)] = z^{-m}X(z)$
3	超前定理	$Z[x(t+mT)] = z^m\left[X(z) - \sum_{k=0}^{m-1}x(kT)z^{-k}\right]$
4	复数位移定理	$Z\left[\mathrm{e}^{\mp at}x(t)\right] = X(z\,\mathrm{e}^{\pm aT})$
5	复微分定理	$Z[tx(t)] = -Tz\dfrac{\mathrm{d}}{\mathrm{d}z}X(z)$
6	初值定理	$x(0) = \lim_{z \to \infty} X(z)$
7	终值定理	$x(\infty) = \lim_{z \to 1}[(z-1)X(z)]$

9.3.3　Z 逆变换

Z 逆变换（Inverse Z-Transform）是将函数 $X(z)$ 变换为离散时间函数 $x^*(t)$，即通过 Z 逆变换得到的是在各采样时刻 0，T，$2T$，$3T$，…上连续时间函数的函数值 $x(nT)$（$n = 0, 1, 2, \cdots$），而在非采样时刻上不能得到有关连续时间函数的信息。常用的 Z 逆变换方法有幂级数法、部分分式展开法和反演积分法（Inversion Integral Method）（又称为留数法）。在此，只介绍常用的幂级数法和部分分式展开法。

1. 幂级数法

将 $X(z)$ 展开成 z^{-1} 的无穷级数，即

$$X(z) = \sum_{n=0}^{\infty} x(nT)z^{-n} = x(0) + x(T)z^{-1} + x(2T)z^{-2} + x(3T)z^{-3} + \cdots + x(nT)z^{-n} + \cdots$$

则 $x(0)$，$x(T)$，$x(2T)$，…，$x(nT)$，…的值可通过对照方法确定。如果 $X(z)$ 是有理分式，则可用长除法求取无穷级数的展开式，且需要将 $X(z)$ 的分子和分母多项式都按 z^{-1} 的升幂级数排列。

【例题 9-7】　幂级数法在 Z 逆变换法中的应用

求 $X(z) = \dfrac{0.5z}{(z-1)(z-0.5)}$ 的 Z 逆变换。

解：

将 $X(z) = \dfrac{0.5z}{(z-1)(z-0.5)}$ 的分子和分母的多项式写成 z^{-1} 的升幂形式，即

$$X(z) = \frac{0.5z}{z^2 - 1.5z + 0.5} = \frac{0.5z^{-1}}{1 - 1.5z^{-1} + 0.5z^{-2}}$$

利用长除法，得

$$X(z) = 0.5z^{-1} + 0.75z^{-2} + 0.875z^{-3} + \cdots$$

所以

$$x^*(t) = 0.5\delta(t - T) + 0.75\delta(t - 2T) + 0.875\delta(t - 3T) + \cdots$$

注意：幂级数法只能得到离散的时间序列，而得不到 $x^*(t)$ 的解析式。当 $X(z)$ 的分子、分母的项数较多时，用幂级数法求 Z 逆变换比较麻烦，但是使用计算机求解则比较方便。

2. 部分分式展开法

Z 变换函数 $X(z)$ 可用部分分式展开的方法将其变成分式和的形式，然后通过 Z 变换表找出展开式中每一项所对应的时间函数 $x(t)$，并将其转变为采样信号 $x^*(t)$。

在进行部分分式展开时，Z 变换和拉氏变换稍有不同。参照 Z 变换表可以看到，所有 Z 变换函数 $X(z)$ 在其分子上都有因子 z。因此，可以先把 $X(z)$ 除以 z，并将 $X(z)/z$ 展开成部分分式，然后将所得结果的每一项都乘以 z，即得 $X(z)$ 的部分分式展开式。下面按照 $X(z)$ 的特征方程有无重根两种情况举例说明。

1）特征方程无重根

设 $X(z)$ 只有单极点，则

$$\frac{X(z)}{z} = \sum_{i=1}^{n} \frac{A_i}{z - z_i}$$

式中，z_i 是 $X(z)/z$ 的第 i 个极点，A_i 是对应于 z_i 的留数，即 $A_i = \left[(z - z_i) \cdot \frac{X(z)}{z}\right]\bigg|_{z=z_i}$。

由 $X(z)/z$ 求出 $X(z)$ 的表达式为

$$X(z) = \sum_{i=1}^{n} \frac{A_i z}{z - z_i}$$

然后逐项查 Z 变换表，求出与每一项 $A_i z/(z - z_i)$ 对应的时间函数 $x_i(t)$，并转变成采样函数 $x_i^*(t)$，最后将这些采样函数相加，便可求得 $X(z)$ 的 Z 逆变换 $x^*(t)$，即

$$x^*(t) = \sum_{k=0}^{\infty} \sum_{i=1}^{n} Z^{-1}\left[\frac{A_i z}{z - z_i}\right] \cdot \delta(t - kT)$$

【例题 9-8】 **部分分式展开法在 Z 逆变换中的应用（无重根情况）**

求 $X(z) = \dfrac{(1 - e^{-aT})z}{(z - 1)(z - e^{-aT})}$ 的 Z 逆变换。

解：

$$\frac{X(z)}{z} = \frac{1 - e^{-aT}}{(z - 1)(z - e^{-aT})} = \frac{1}{z - 1} - \frac{1}{z - e^{-aT}}$$

$$X(z) = \frac{z}{z-1} - \frac{z}{z - \mathrm{e}^{-aT}}$$

查 Z 变换表表 9-1，得

$$x(t) = 1(t) - \mathrm{e}^{-at}$$

所以

$$x^*(t) = Z^{-1}\left[X(z)\right] = \sum_{n=0}^{\infty} (1 - \mathrm{e}^{-at}) \cdot \delta(t - nT)$$

2）特征方程有重根

若 $X(z)$ 中含有重极点，则

$$X(z) = \sum_{i=1}^{n} \frac{A_i z}{z - z_i} + \sum_{j=1}^{q} \frac{B_j z}{(z - z_m)^j}$$

式中，z_i 是 $\dfrac{X(z)}{z}$ 的单极点；A_i 是相应于 z_i 的留数；z_m 是 $\dfrac{X(z)}{z}$ 的重极点；q 是阶次，对应的留数 B_j 为

$$B_j = \frac{1}{(q-j)!}\left[\frac{\mathrm{d}^{q-j}}{\mathrm{d}z^{q-j}}(z - z_m)^q \frac{X(z)}{z}\right]\Bigg|_{z=z_m}$$

【例题 9-9】　　**部分分式展开法在 Z 逆反变换中的应用（有重根情况）**

已知采样周期为 $T=1\mathrm{s}$ 的系统输出的 Z 变换 $X(z) = \dfrac{-3z^2 + z}{z^2 - 2z + 1}$，求其 Z 逆变换。

解：

$X(z)$ 的特征方程式为

$$z^2 - 2z + 1 = 0$$

解特征方程，得 $z_1 = z_2 = 1$ 为两重根，设

$$\frac{X(z)}{z} = \frac{A_1}{(z-1)^2} + \frac{A_2}{z-1}$$

则

$$A_1 = (z-1)^2 \frac{X(z)}{z}\Bigg|_{z=1} = (z-1)^2 \frac{(-3z^2 + z)}{z(z-1)^2}\Bigg|_{z=1} = -2$$

$$A_2 = \frac{\mathrm{d}}{\mathrm{d}z}\left[(z-1)^2 \frac{X(z)}{z}\right]\Bigg|_{z=1} = \frac{\mathrm{d}}{\mathrm{d}z}\left[-3z + 1\right]\Bigg|_{z=1} = -3$$

所以

$$\frac{X(z)}{z} = -\frac{2}{(z-1)^2} - \frac{3}{z-1}$$

故

$$X(z) = -\frac{2z}{(z-1)^2} - \frac{3z}{z-1}$$

查表得

$$x(t) = -2t - 3 \cdot 1(t)$$

所以，采样函数为

$$x^*(t) = \sum_{n=0}^{\infty} [-2nT - 3 \cdot 1(nT)]\delta(t - nT)$$

离散控制系统的数学模型

离散控制系统的分析方法在许多方面与连续时间系统的分析方法有着平行的相似性。下面首先介绍一下离散控制系统的数学模型。

离散控制系统的数学模型描述的是在离散的时间点上（即采样时刻），输出离散时间信号与输入离散时间信号之间的关系。类似于连续系统的数学模型，离散控制系统的数学模型有差分方程、脉冲传递函数和离散状态空间三种表达式。本节只介绍差分方程和脉冲传递函数的相关知识。

9.4.1 线性常系数差分方程

在线性连续时间系统中，一般用 $x_i(t)$ 表示系统的输入量，$x_o(t)$ 表示系统的输出量；而在线性离散时间系统中，将 t 变成 kT，相应的离散时间输入量和输出量可分别写为 $x_i^*(t)$（或 $x_i(kT)$、$x_i(k)$）和 $x_o^*(t)$（或 $x_o(kT)$、$x_o(k)$）。对于线性定常离散系统，k 时刻的输出值为 $x_o(k)$。由于变量 k 是离散的整型变量，所以对于这类信号，系统就很难用时间的微商来描述，而是用线性常系数差分方程（Linear constant-coefficient Difference Equations）来反映其输入输出间的运算关系。常系数差分方程的一般形式为

$$x_o(k) + a_1 x_o(k-1) + a_2 x_o(k-2) + \cdots + a_n x_o(k-n)$$
$$= b_0 x_i(k) + b_1 x_i(k-1) + b_2 x_i(k-2) + \cdots + b_m x_i(k-m) \tag{9-9}$$

式中，$n \geqslant m$，n 为差分方程的阶数；$b_0, b_1, \cdots, b_m$ 和 $a_1, a_2, \cdots, a_n$ 为常数。$x_i(k)$ 和 $x_o(k)$ 分别表示系统的输入和输出的脉冲序列或数值序列。如果输入信号在 $k=0$ 时加入，那么 $x_o(-1), x_o(-2), \cdots, x_o(-k)$ 就代表系统的初始条件。

所以从式（9-9）即可看出，离散系统在任意采样时刻的输出值 $x_o(k)$，不仅与这一时刻的输入值 $x_i(k)$ 有关，而且与过去时刻输入值 $x_i(k-1), x_i(k-2), \cdots, x_i(k-m)$ 及输出值 $x_o(k-1), x_o(k-2), \cdots, x_o(k=n)$ 有关。

下面用例子说明如何由微分方程和 Z 变换导出差分方程。

【例题 9-10】 利用微分方程导出差分方程

将微分方程 $m \dfrac{\mathrm{d}^2 x}{\mathrm{d}t^2} + c \dfrac{\mathrm{d}x}{\mathrm{d}t} + bx = 0$ 化为差分方程。

解：

用差分代替微分，根据前向差分的定义，一阶前向差分为

$$\Delta x(k) = x(k+1) - x(k)$$

二阶前向差分为

$$\Delta^2 x(k) = \Delta[\Delta x(k)] = \Delta[x(k+1) - x(k)] = \Delta x(k+1) - \Delta x(k)$$
$$= \{x(k+2) - x(k+1)\} - \{x(k+1) - x(k)\}$$
$$= x(k+2) - 2x(k+1) + x(k)$$

可得

$$\frac{\mathrm{d}^2 x}{\mathrm{d}t^2} \approx \frac{\Delta^2 x(k)}{T^2} = \frac{x(k+2) - 2x(k+1) + x(k)}{T^2}$$

$$\frac{\mathrm{d}x}{\mathrm{d}t} \approx \frac{\Delta x(k)}{T} = \frac{x(k+1) - x(k)}{T}$$

$$x(t) \approx x(k)$$

将以上三式代入微分方程，得到所求的二阶差分方程为

$$\alpha x(k+2) + \beta x(k+1) + \gamma x(k) = 0$$

式中，$\alpha = m$，$\beta = cT - 2m$，$\gamma = m - cT + bT^2$。

此例表明，微分方程可以近似为差分方程，只要采样周期 T 足够小。

⌐【例题 9-11】　**由 Z 变换函数求差分方程**

已知离散系统输出的 Z 变换函数为 $X_{\mathrm{o}}(z) = \dfrac{1 + z^{-1} + 2z^{-2}}{2 + 3z^{-1} + 5z^{-2} + 4z^{-3}} X_{\mathrm{i}}(z)$，求系统的差分方程。

解：

根据 $X_{\mathrm{o}}(z)$ 的表达式，有

$$(2 + 3z^{-1} + 5z^{-2} + 4z^{-3}) X_{\mathrm{o}}(z) = (1 + z^{-1} + 2z^{-2}) X_{\mathrm{i}}(z)$$

对上式两边取 Z 逆变换，并根据延迟定理，得系统的差分方程为

$$2x_{\mathrm{o}}(k) + 3x_{\mathrm{o}}(k-1) + 5x_{\mathrm{o}}(k-2) + 4x_{\mathrm{o}}(k-3) = x_{\mathrm{i}}(k) + x_{\mathrm{i}}(k-1) + 2x_{\mathrm{i}}(k-2)$$

9.4.2　差分方程的解

常系数差分方程的求解方法有经典法、迭代法和 Z 变换法。这里仅介绍常用的 Z 变换法。类似于连续系统的拉氏变换，利用 Z 变换可将线性常系数差分方程变换为 z 变量的代数方程来运算，这就简化了离散控制系统的分析和综合问题。下面以一个具体的例题来说明。

⌐【例题 9-12】　**利用 Z 变换求解差分方程的解**

解差分方程 $x(k+2) + 3x(k+1) + 2x(k) = 0$，已知边界条件为 $x(0) = 0, x(1) = 1$。

解：

对差分方程中每一项进行 Z 变换，并根据超前定理，得

$$Z[x(k+2)] = z^2 X(z) - z^2 x(0) - zx(1)$$
$$Z[x(k+1)] = zX(z) - zx(0)$$
$$Z[x(k)] = X(z)$$

把每一项的 Z 变换代入差分方程，得

$$z^2 X(z) - z^2 x(0) - zx(1) + 3zX(z) - 3zx(0) + 2X(z) = 0$$

整理后，得到

$$(z^2 + 3z + 2)X(z) = x(0)z^2 + [x(1) + 3x(0)]z$$

代入初始条件，得

$$(z^2 + 3z + 2)X(z) = z$$

即

$$X(z) = \frac{z}{(z^2 + 3z + 2)} = \frac{z}{z+1} - \frac{z}{z+2}$$

进行 Z 逆变换，有

$$x(k) = (-1)^k - (-2)^k$$

【应用推广 9-2】 求解差分方程的步骤

（1）应用 Z 变换的实域位移定理（即延迟定理和超前定理），将时域的差分方程化为 z 域的代数方程，同时引入初始条件；

（2）求 z 域代数方程的解，得 $X(z)$；

（3）将 z 域代数方程的解经 Z 逆变换求得差分方程的时域解。

差分方程的解，可以提供线性定常离散系统在给定输入序列作用下的输出序列响应特性，但不便于研究系统参数变化对离散控制系统性能的影响。因此，需要研究线性定常离散系统的另一种数学模型——脉冲传递函数。

9.4.3 脉冲传递函数

如果把 Z 变换的作用仅仅理解为求解线性常系数差分方程，显然是不够的。Z 变换更重要的意义在于导出线性离散系统的脉冲传递函数，而脉冲传递函数是分析和设计线性离散系统的重要工具。

1. 脉冲传递函数的定义

在线性连续系统中，当初始条件为零时，系统输出量的拉氏变换与输入量的拉氏变换之比定义为传递函数。对于线性离散系统，脉冲传递函数的定义与线性连续系统传递函数的定义基本上是类似的。

设开环离散系统如图 9-5 所示。假设系统的初始条件为零，输入信号为 $x_i(t)$，采样后 $x_i^*(t)$ 的 Z 变换函数为 $X_i(z)$，系统连续部分的输出为 $x_o(t)$，采样后 $x_o^*(t)$ 的 Z 变换函数为 $X_o(z)$。

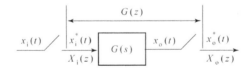

图 9-5 开环离散系统

对式（9-9）两边进行 Z 变换，得

$$(1 + a_1 z^{-1} + a_2 z^{-2} + \cdots + a_n z^{-n})X_o(z) = (b_0 + b_1 z^{-1} + b_2 z^{-2} + \cdots + b_m z^{-m})X_i(z)$$

在零初始条件下，线性离散系统输出信号的 Z 变换 $X_o(z)$ 与输入采样信号的 Z 变换 $X_i(z)$ 之比，定义为脉冲传递函数或 Z 传递函数，并用 $G(z)$ 表示，即

$$G(z) = \frac{X_o(z)}{X_i(z)} = \frac{b_0 + b_1 z^{-1} + b_2 z^{-2} + \cdots + b_m z^{-m}}{1 + a_1 z^{-1} + a_2 z^{-2} + \cdots + a_n z^{-n}} \tag{9-10}$$

所谓零初始条件，是指当 $t < 0$ 时，输入脉冲序列的各采样值 $x_i(-T), x_i(-2T), \cdots$ 以及输出脉冲序列的各采样值 $x_o(-T), x_o(-2T), \cdots$ 都是零。

由式（9-10）求得线性离散系统的输出采样信号为

$$x_o^*(t) = Z^{-1}[X_o(z)] = Z^{-1}[G(z)X_i(z)]$$

实际上，对大多数实际系统来说，其输出往往是连续信号 $x_o(t)$，而不是采样信号 $x_o^*(t)$，如图 9-6 所示。此时，可以在系统输出端虚设一个理想采样开关，如图 9-6 中虚线所示，它与输入采样开关同步工作，并具有相同的采样周期。如果系统的实际输出 $x_o(t)$ 比较平滑，且采样频率较高，则可用 $x_o^*(t)$ 近似描述 $x_o(t)$。必须指出，虚设的采样开关是不存在的，它只表明脉冲传递函数所能描述的，只是输出连续函数 $x_o(t)$ 在采样时刻上的离散值 $x_o^*(t)$。

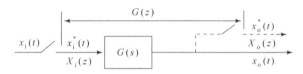

图 9-6　实际开环离散系统

【应用点评 9-3】　脉冲传递函数的工程应用

　　类似于连续系统的传递函数，脉冲传递函数仅与系统的结构、参数有关，而与输入、输出信号无关，它反映了系统的固有特性。因此在实际的工程应用中，都是基于脉冲传递函数来定量分析系统的性能。

此外，还需要指出的是，由于差分方程只能反映采样时刻的状况，因此由脉冲传递函数求得的是输出量的采样值 $x_o^*(t)$。而实际系统通常输出的是连续量，因而由脉冲传递函数得出的仅是近似结果，这是应用脉冲传递函数和 Z 变换来分析、计算离散系统的不足之处。但若选择的采样频率足够高，实际输出的 $x_o(t)$ 比较平滑，则用 $x_o^*(t)$ 来近似描述 $x_o(t)$ 也不至于引起太大的误差。

【例题 9-13】　由脉冲传递函数求系统响应

　　已知 $G(z) = \dfrac{z(z+1)}{\left(z - \dfrac{2}{5}\right)\left(z + \dfrac{1}{2}\right)}$，求系统的单位脉冲响应及单位阶跃响应。

解：

（1）当 $x_i = \delta(t)$ 时，$X_i(z) = 1$，则

$$X_o(z) = G(z) \cdot X_i(z) = \frac{z(z+1)}{\left(z - \dfrac{2}{5}\right)\left(z + \dfrac{1}{2}\right)} = \frac{\dfrac{14}{9}z}{z - \dfrac{2}{5}} - \frac{\dfrac{5}{9}z}{z + \dfrac{1}{2}}$$

系统的单位脉冲响应为 $\qquad x_o(k) = \dfrac{14}{9}\left(\dfrac{2}{5}\right)^k - \dfrac{5}{9}\left(-\dfrac{1}{2}\right)^k$

（2）当 $x_i = 1(t)$ 时， $X_i(z) = \dfrac{z}{z-1}$ ，则

$$X_o(z) = G(z) \cdot X_i(z) = \frac{z(z+1)}{\left(z-\dfrac{2}{5}\right)\left(z+\dfrac{1}{2}\right)} \cdot \frac{z}{z-1} = \frac{\dfrac{20}{9}z}{z-1} - \frac{\dfrac{28}{27}z}{z-\dfrac{2}{5}} - \frac{\dfrac{5}{27}z}{z+\dfrac{1}{2}}$$

所以，系统的单位阶跃响应为 $\qquad x_o(k) = \dfrac{20}{9} - \dfrac{28}{27}\left(\dfrac{2}{5}\right)^k - \dfrac{5}{27}\left(-\dfrac{1}{2}\right)^k$

2. 脉冲传递函数的基本求法

脉冲传递函数通常有两种求法：一种是由差分方程求取脉冲传递函数；另一种就是由传递函数 $G(s)$ 求取脉冲传递函数。下面以两个典型的计算机控制系统为例，分别介绍脉冲传递函数这两种基本的求法。

1）由差分方程求取脉冲传递函数

若已知离散部件的差分方程，则通过 Z 变换，即可求得脉冲传递函数。

【例题 9-14】 **计算机控制系统**

工业应用方面的计算机控制，主要是工业生产中的过程控制。从最早出现直到目前仍被广泛利用的计算机控制系统，是直接数字控制系统，即 DDC（Direct Digital Control）系统。工业计算机控制系统是应用计算机参与控制并借助一些辅助部件与被控对象相联系，以获得一定控制目的而构成的系统。被控对象的范围很广，包括各行各业的生产过程、机械装置、交通工具、机器人、实验装置、仪器仪表等。控制目的可以是使被控对象的状态或运动过程达到某种要求，也可以是达到某种最优化目标。图 9-7（a）是一个适合中小型生产过程特点的小型计算机控制系统，包括智能仪表、转换器、计算机、组态软件和打印机等部分，运行平台是交互式的图形用户界面，具有数据实时采集处理、历史数据存储和浏览、报警显示和对复杂工业对象的远程控制等功能，内嵌的 OPC 服务器便于对系统进行远程访问和控制。作为离散系统的代表，典型计算机控制系统原理图如图 9-7（b）所示。由图 9-7（b）可见，计算机控制系统由工作于离散状态下的计算机（数字控制器） $G_c(s)$ ，工作于连续状态下的被控对象 $G_0(s)$ 和测量元件 $H(s)$ 组成。在每个采样周期中，计算机先对连续信号进行采样编码（即 A/D 转换），然后按控制律进行数码运算，将计算结果通过 D/A 转换器转换成连续信号控制被控对象，最后通过分析系统的性能判断是否达到生产预期目的。

（a）小型计算机控制系统

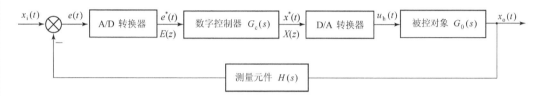

（b）计算机控制系统典型原理图

图 9-7　计算机控制系统

设图中数字控制器的差分方程为

$$x(kT) = x(kT - T) + Te(kT - T)$$

试求该控制器的脉冲传递函数。

解：

对差分方程进行 Z 变换，有

$$X(z) = z^{-1}X(z) + Tz^{-1}E(z)$$

从而，得

$$X(z) = \frac{Tz^{-1}}{1 - z^{-1}}E(z) = \frac{T}{z - 1}E(z)$$

由脉冲传递函数的定义即可求得控制器的脉冲传递函数为

$$D(z) = \frac{X(z)}{E(z)} = \frac{T}{z - 1} = \frac{Tz^{-1}}{1 - z^{-1}}$$

2）由传递函数求取脉冲传递函数

若已知连续部分的传递函数，则可通过部分分式展开法求得连续部分的脉冲传递函数。

【例题 9-15】　　**求自动恒温控制系统的脉冲传递函数**

由单片机控制的自动恒温控制系统是一个典型的计算机控制系统，其系统框图如图 9-8 所示，其控制器采用的是 PID 控制，由单片机来完成，被控对象是恒温箱。恒温箱的传递函数为 $G_0(s) = \dfrac{K}{T_0 s + 1}$。求如图 9-8 所示的系统连续部分的脉冲传递函数 $G(z)$。

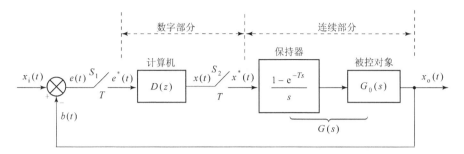

图 9-8　自动恒温控制系统框图

解：————————————————————————————————

由图 9-8 可见，连续部分的传递函数为

$$G(s) = \frac{1 - e^{-Ts}}{s} G_0(s) = \frac{K(1 - e^{-Ts})}{s(T_0 s + 1)}$$

$$G(z) = Z[G(s)] = Z\left[\frac{K(1 - e^{-Ts})}{s(T_0 s + 1)}\right]$$

由 Z 变换的线性定理和延迟定理，可得

$$G(z) = Z\left[\frac{K}{s(T_0 s + 1)}\right] - z^{-1} Z\left[\frac{K}{s(T_0 s + 1)}\right]$$

$$= (1 - z^{-1}) Z\left[\frac{K}{s(T_0 s + 1)}\right] = \frac{z - 1}{z} Z\left[\frac{K}{s(T_0 s + 1)}\right] \qquad (9\text{-}11)$$

由于

$$Z\left[\frac{1}{s(T_0 s + 1)}\right] = Z\left[\frac{1}{T_0} \frac{1}{s(s + \frac{1}{T_0})}\right] = Z\left[\frac{1}{s} - \frac{1}{s + \frac{1}{T_0}}\right] = \frac{z(1 - e^{-\frac{T}{T_0}})}{(z - 1)(z - e^{-\frac{T}{T_0}})} \qquad (9\text{-}12)$$

故将式（9-12）代入式（9-11）中，有

$$G(z) = \frac{K(1 - e^{-\frac{T}{T_0}})}{z - e^{-\frac{T}{T_0}}}$$

【应用推广 9-3】　求含零阶保持器的连续部分 $G(s)$ 的脉冲传递函数的步骤

　　首先将含有零阶保持器的连续部分的传递函数 $G(s)$ 写成 $G(s) = (1 - e^{-Ts}) G_0(s)$，然后利用部分分式展开法求出 $G_0(s)$ 的 Z 变换 $Z[G_0(s)]$，最后写出连续部分的脉冲传递函数为 $G(z) = (1 - z^{-1}) Z[G_0(s)]$。

【应用点评9-4】　**工程中计算机控制系统的分析步骤**

　　在实际的计算机控制系统的应用中，通常包含离散和连续两种类型的部件。在分析系统时，工程人员常常是先将连续部分离散化，然后利用离散系统的分析方法去分析计算机控制系统的性能。

3. 串联环节的脉冲传递函数

　　在求脉冲传递函数时，要特别注意由于采样开关位置的不同而导致结果完全不同。这一点跟连续系统中传递函数的求法有明显差别，图 9-9（a）和图 9-9（b）为两个开环系统，两者的差别是图 9-9（b）中在 $G_1(s)$ 和 $G_2(s)$ 之间增加了一个采样开关。下面分别求取它们的脉冲传递函数。

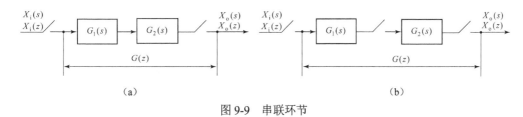

图 9-9　串联环节

　　在图 9-9（a）中，有

$$X_o(s)/X_i(s) = G_1(s)G_2(s)$$

$$X_o(z)/X_i(z) = Z[G_1(s)G_2(s)] = Z[G(s)] \overset{\text{或写成}}{=} G_1G_2(z)$$

式中，采用符号 $G_1G_2(z)$ 来表示两个串联环节之间无采样开关的脉冲传递函数，即两个传递函数相乘后再求 Z 变换。该结论可推广到无采样开关隔离的 n 个环节串联的情况中。

　　在图 9-9（b）中，两个串联环节之间采用了开关。因为脉冲传递函数总是从采样点到采样点之间来计算的，两个环节的脉冲传递函数分别为 $G_1(z)$ 及 $G_2(z)$，两个环节串联后总的脉冲传递函数为两个单独的脉冲传递函数的乘积，即

$$G(z) = X_o(z)/X_i(z) = G_1(z)G_2(z)$$

显然

$$G_1G_2(z) \neq G_1(z) \cdot G_2(z)$$

　　可见，只有在采样开关分隔的两个环节串联时，其脉冲传递函数才等于两个环节的脉冲传递函数之积。该结论也可推广到有采样开关隔离的 n 个环节串联的情况。

【例题 9-16】　**串联环节的脉冲传递函数的求取**

　　设开环离散系统如图 9-9（a）、（b）所示，其中 $G_1(s) = 1/s$，$G_2(s) = a/(s+a)$，输入信号 $x_i(t) = 1(t)$，试求系统（a）和（b）的脉冲传递函数 $G(z)$ 和输出的 Z 变换 $X_o(z)$。

解：

　　查表 9-1 可知，输入 $x_i(t) = 1(t)$ 的 Z 变换为

$$X_i(z) = \frac{z}{z-1}$$

对于图 9-9（a）所示的系统，有

$$G_1(s)G_2(s) = \frac{a}{s(s+a)}$$

$$G(z) = G_1G_2(z) = Z\left[\frac{a}{s(s+a)}\right] = \frac{z(1-\mathrm{e}^{-aT})}{(z-1)(z-\mathrm{e}^{-aT})}$$

$$X_\mathrm{o}(z) = G(z)X_\mathrm{i}(z) = \frac{z^2(1-\mathrm{e}^{-aT})}{(z-1)^2(z-\mathrm{e}^{-aT})}$$

对于图 9-9（b）所示的系统，有

$$G_1(z) = Z\left[\frac{1}{s}\right] = \frac{z}{z-1}$$

$$G_2(z) = Z\left[\frac{a}{s+a}\right] = \frac{az}{z-\mathrm{e}^{-aT}}$$

因此

$$G(z) = G_1(z)G_2(z) = \frac{az^2}{(z-1)(z-\mathrm{e}^{-aT})}$$

$$X_\mathrm{o}(z) = G(z)X_\mathrm{i}(z) = \frac{az^3}{(z-1)^2(z-\mathrm{e}^{-aT})}$$

显然，在串联环节之间有无同步采样开关隔离，其总的脉冲传递函数和输出 Z 变换是不同的。但是，不同之处仅表现在其零点的不同，极点仍然一样，这也是离散系统特有的现象。

4. 并联环节的脉冲传递函数

对于并联环节，其总的传递函数为各并联环节的脉冲传递函数之和。对于图 9-10 所示的两种情况，其脉冲传递函数均为

$$G(z) = G_1(z) + G_2(z) = Z[G_1(s)] + Z[G_2(s)]$$

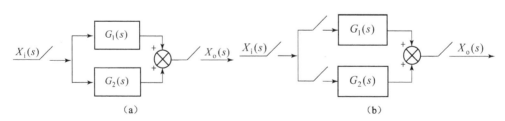

图 9-10　并联环节

5. 闭环系统的脉冲传递函数

闭环系统中，采样开关的不同设置，同样影响其脉冲传递函数。图 9-11 给出了两种基本的闭环形式。

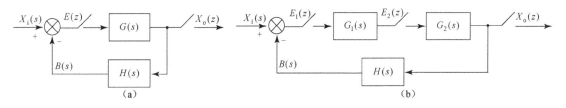

图 9-11 闭环系统

对于图 9-11（a）所示的情况，有

$$\Phi(z) = \frac{X_o(z)}{X_i(z)} = \frac{G(z)}{1+GH(z)} \tag{9-13}$$

式中， $GH(z) = Z[G(s)H(s)]$ 。

证明： $E(z) = Z[X_i(s) - B(s)] = X_i(z) - B(z) \tag{9-14}$

$$B(z) = GH(z) \cdot E(z) \tag{9-15}$$

将式（9-15）代入式（9-14），则

$$E(z) = X_i(z) - GH(z) \cdot E(z)$$

$$E(z) = \frac{X_i(z)}{1+GH(z)}$$

又因为 $X_o(z) = E(z) \cdot G(z)$

故

$$X_o(z) = \frac{G(z)X_i(z)}{1+GH(z)} \tag{9-16}$$

由式（9-16）可得闭环脉冲传递函数式（9-13）。

同样可以证明，对于图 9-11（b）所示的情况，有

$$\Phi(z) = \frac{X_o(z)}{X_i(z)} = \frac{G_1(z)G_2(z)}{1+G_1(z)G_2H(z)}$$

【例题 9-17】 **闭环系统脉冲传递函数的求取**

已知采样控制系统如图 9-12 所示，试求系统的闭环脉冲传递函数。

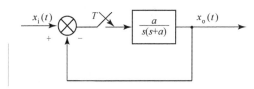

图 9-12 某闭环系统

解：

系统的开环脉冲传递函数为

$$G(z) = Z\left[\frac{a}{s(s+a)}\right] = \frac{z(1-e^{-aT})}{z^2 - (1+e^{-aT})z + e^{-aT}}$$

其反馈环节为单位 1，所以闭环脉冲传递函数为

$$\Phi(z)=\frac{X_o(z)}{X_i(z)}=\frac{G(z)}{1+GH(z)}=\frac{G(z)}{1+G(z)}=\frac{\dfrac{z(1-\mathrm{e}^{-aT})}{z^2-(1+\mathrm{e}^{-aT})z+\mathrm{e}^{-aT}}}{1+\dfrac{z(1-\mathrm{e}^{-aT})}{z^2-(1+\mathrm{e}^{-aT})z+\mathrm{e}^{-aT}}}=\frac{z(1-\mathrm{e}^{-aT})}{z^2-2\mathrm{e}^{-aT}z+\mathrm{e}^{-aT}}$$

【例题 9-18】 　自动恒温控制系统闭环脉冲传递函数的求取

在图 9-8 所示的由单片机控制的自动恒温控制系统中，若 PID 控制器的传递函数为 $D(s)=K_p+K_i\dfrac{1}{s}+K_d s$，试求其闭环系统的脉冲传递函数。

解：

对 $D(s)$ 进行 Z 变换，则有

$$D(z)=K_p+K_i\frac{Tz}{z-1}+K_d\frac{z-1}{Tz}$$

由于控制器和连续部分之间有采样器，所以闭环脉冲传递函数为

$$\Phi(z)=\frac{X_o(z)}{X_i(z)}=\frac{D(z)G(z)}{1+D(z)G(z)}=\frac{\left(K_p+K_i\dfrac{Tz}{z-1}+K_d\dfrac{z-1}{Tz}\right)\dfrac{K(1-\mathrm{e}^{-\frac{T}{T_0}})}{z-\mathrm{e}^{-\frac{T}{T_0}}}}{1+\left(K_p+K_i\dfrac{Tz}{z-1}+K_d\dfrac{z-1}{Tz}\right)\dfrac{K(1-\mathrm{e}^{-\frac{T}{T_0}})}{z-\mathrm{e}^{-\frac{T}{T_0}}}}$$

$$=\frac{K\left(K_p+K_i\dfrac{Tz}{z-1}+K_d\dfrac{z-1}{Tz}\right)(1-\mathrm{e}^{-\frac{T}{T_0}})}{z-\mathrm{e}^{-\frac{T}{T_0}}+K\left(K_p+K_i\dfrac{Tz}{z-1}+K_d\dfrac{z-1}{Tz}\right)(1-\mathrm{e}^{-\frac{T}{T_0}})}$$

为了方便查阅，表 9-3 列出了一些典型的闭环离散系统的框图及相应的输出象函数。

由表 9-3 可知：

（1）如果输入信号与第一环节相关联的中间无采样开关，则应利用输入信号拉氏变换与相关联环节传递函数乘积的 Z 变换，这时无法定义闭环系统的脉冲传递函数，而只能求输出信号的 Z 变换，这一点是和连续系统不同的。

（2）如果环节与环节相关联的中间无采样开关，则应利用相关联环节传递函数乘积的 Z 变换。

（3）在求闭环系统的脉冲传递函数时应注意采样开关设置的不同位置，如果输出是模拟信号，为了求系统的脉冲传递函数，可在输出端加一个虚拟的采样开关。

表 9-3 典型闭环离散系统框图及其输出量 $X_o(z)$

序 号	系 统 框 图	$X_0(z)$
1		$X_o(z) = \dfrac{G(z)X_i(z)}{1+GH(z)}$
2		$X_o(z) = \dfrac{G(z)X_i(z)}{1+G(z)H(z)}$
3		$X_o(z) = \dfrac{X_iG(z)}{1+HG(z)}$
4		$X_o(z) = \dfrac{G_2(z)X_iG_1(z)}{1+G_1G_2H(z)}$
5		$X_o(z) = \dfrac{G_1(z)G_2(z)X_i(z)}{1+G_1(z)G_2H(z)}$

9.5 离散控制系统的性能分析

和连续系统一样,在建立了系统的数学模型后,首要关注的问题是系统的稳定性。稳定性是系统的结构属性之一,也是系统能正常运作的基本保证。通过下面无人驾驶飞机的实例,可充分体现在控制中稳定性分析的重要性。

【工程实例 9-2】　**无人驾驶飞机**

目前许多商用无人驾驶飞机已经具备很高的精准度。图 9-13 所示的是日本雅马哈公司推出的雅马哈 RMAXG1 无人直升机。该无人直升机配备了先进的 YACSG 系统,采用了高精度的 GPS 卫星导航系统来随时检测自身所处的方位、高度和速度,并迅速通过计算机进行控制,从而能准确地到达任何地方。又例如,有一种非常先进的远程遥控轻型飞机,翼展5 米,最多可携带 50 千克负重,由卫星定位系统引导,可以随心所欲地攻击固定目标。

图 9-13　雅马哈 RMAXG1 无人直升机

　　无人驾驶飞机是一个由计算机控制的典型的离散控制系统。显然，如何保证该系统的稳定性和在稳定的前提下是否能达到希望的动态特性是首要关注的问题之一。那么，应该如何分析系统的稳定性？是否能用类似于连续系统的稳定性分析方法来分析离散系统的稳定性呢？

9.5.1　离散控制系统的稳定性分析

　　回忆在连续系统中，对线性定常系统，通常用 s 域（s 平面）研究系统稳定性等问题。只要闭环特征根位于 s 平面的左半开平面内，则系统就是稳定的。而在离散系统中，在拉氏变换的基础上引入了 Z 变换，因而只要弄清 s 域和 z 域的映射关系，就能在 z 域内研究离散系统的稳定性。为此，本节首先从 s 域和 z 域的映射关系开始研究，然后再介绍线性离散系统稳定的条件和稳定判据。

1. s 平面与 z 平面的映射关系

　　在 Z 变换定义中，$z = e^{Ts}$ 给出了 s 域到 z 域的关系。s 平面上任意一点可以表示为 $s = \sigma + j\omega$，将 s 的坐标代入上式，即可求得该点在 z 平面上的映射为

$$z = e^{(\sigma + j\omega)T} = e^{\sigma T} \cdot e^{j\omega T}$$

于是，s 域到 z 域的基本映射关系式为

$$\begin{cases} |z| = e^{\sigma T} \\ \angle z = \omega T \end{cases} \tag{9-17}$$

　　由式（9-17）可见，当 $\sigma = 0$ 时 $|z| = 1$，即 s 平面的虚轴在 z 平面上的映射曲线是以坐标原点为圆心的单位圆（以下简称单位圆）；当 $\sigma < 0$ 时 $|z| < 1$，即 s 平面虚轴的左半开平面在 z 平面上的映象为以原点为圆心的单位圆的内部区域；当 $\sigma > 0$ 时 $|z| > 1$，即 s 平面的右半开平面映射到 z 平面的单位圆外。从上述 s 平面与 z 平面的映射关系可知：在 z 平面中，单位圆内是稳定区域；单位圆外是不稳定区域；而单位圆的圆周是临界稳定的标定。s 平面和 z 平面间的对应关系如表 9-4 和图 9-14（a）、（b）所示。

表 9-4　s 平面和 z 平面间的对应关系

$\sigma = \mathrm{Re}[s]$	s 平　面	z 平　面
$\sigma = 0$	$s = j\omega$，虚轴，临界稳定	$|z| = e^{\sigma T} = 1$，在单位圆上
$\sigma > 0$	s 右半开平面，不稳定域	$|z| = e^{\sigma T} > 1$，在单位圆外
$\sigma < 0$	s 左半开平面，稳定域	$|z| = e^{\sigma T} < 1$，在单位圆内

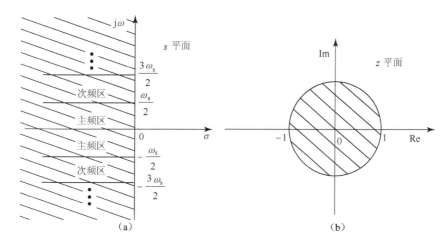

图 9-14　$z - \omega_s$ 的周期特性

由式（9-17）的第二个式子可看出，在离散系统中，z 是采样角频率 ω_s $(\omega_s = \frac{2\pi}{T})$ 的周期函数。对于 s 平面上 σ 不变，而角频率 ω 从 $-\infty$ 到 $+\infty$ 变化的点，映射到 z 平面后，z 的模值不变，只是相角发生周期性变化。以 s 平面上的虚轴为例，其实部 $\sigma = 0$，映射到 z 平面上是 $|z| = e^{\sigma T} = 1$ 的单位圆。当 s 平面上的一点沿虚轴从 ω 为 $-\infty$ 移动到 $+\infty$ 时，对应复变量 z 的辐角 $\angle z$ 也从 $-\infty$ 变到 $+\infty$。实际上，z 平面上的相应点是沿着单位圆逆时针重复了无穷多圈。因为当 s 平面上的一点沿虚轴从 $-\omega_s/2$ 移到 $+\omega_s/2$ 时，z 平面的相应点则从 $-\pi$ 变化到 $+\pi$，沿单位圆逆时针转了一圈，其对应关系如图 9-14 所示。当 s 平面上的点沿虚轴从 $-3\omega_s/2$ 到 $-\omega_s/2$，以及从 $\omega_s/2$ 移动到 $3\omega_s/2$ 时，z 平面上的相应点都会沿单位圆逆时针转一圈，以此类推。

s 平面的左半平面上平行于虚轴的直线映射到 z 平面上是单位圆内的一些同心圆，当 ω 从 $-\infty$ 变到 $+\infty$ 时，$\angle z$ 具有相同的周期性。因此，可以把 s 平面左半平面分割成为无穷多个带宽为 $j\omega_s$ 的频区，$-\omega_s/2$ 移到 $+\omega_s/2$ 的频区称为主频区，其他频区称为次频区。

【应用点评 9-5】　实际系统的工作区

　　在实际系统中，由于带宽有限，截止频率远比采样频率 f_s 低，系统不可能工作在其他频区，因此需要讨论的主要是主频区。

2．离散控制系统稳定的充要条件

设典型离散控制系统的结构图如图 9-11（a）所示，其闭环脉冲传递函数为

$$\Phi(z) = \frac{G(z)}{1 + GH(z)}$$

系统的特征方程为

$$1 + GH(z) = 0 \tag{9-18}$$

设系统的特征根或闭环脉冲传递函数的极点为 $z_1, z_2, z_3, \cdots, z_n$，根据连续系统稳定的充要条件和 s 平面与 z 平面的映射关系，可得到线性离散系统稳定的充要条件，即线性离散系统的全部特征根 z_i $(i = 1, 2, \cdots, n)$（即闭环脉冲传递函数的极点）都分布在 z 平面上以原点为圆心的单

位圆内，也就是要求全部特征根的模均小于 1，即 $|z_i| < 1 (i = 1, 2, \cdots, n)$。

如果在上述特征根中，有一个根位于单位圆外，则系统不稳定；如果有特征根位于单位圆周上，则系统临界稳定。

【应用点评 9-6】　实际系统的临界稳定情况

在现实的工程系统中，不存在临界稳定的情况。若出现离散系统的某个闭环极点位于单位圆上，则在经典的控制论中，系统仍然属于不稳定的范畴。

【例题 9-19】　磁盘驱动读取系统的稳定性

对于图 5-23 所示的磁盘驱动读取系统，当磁盘旋转时，每读一组存储数据，磁头都会提取位置偏差信息。由于磁盘匀速运动，因此磁头以恒定的时间间隔逐次读取格式信息。通常，偏差信号的采样介于 100 μs~1 ms 之间。设磁盘驱动采样读取系统结构图如图 9-15 所示，其中 $D(z)$ 为数字控制器，$G_0(s) = \dfrac{1 - e^{-Ts}}{s}$ 为零阶保持器，$G_p(s) = \dfrac{5}{s(s + 20)}$ 为被控对象。

现在数字控制器采用比例控制器，采样周期为 $T = 1\,\text{ms}$，要使系统稳定工作，求比例控制器比例系数的控制范围。

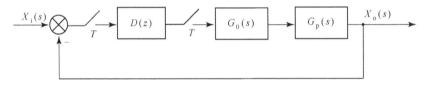

图 9-15　磁盘驱动读取系统结构图

解：

首先，确定 $G(s)$ 为

$$G(s) = G_0(s)G_p(s) = \frac{1 - e^{-Ts}}{s} \frac{5}{s(s + 20)}$$

由于极点 $s = -20$ 对系统的响应影响很小，所以为了运算方便，$G_p(s)$ 近似为 $0.25/s$。

被控对象的脉冲传递函数为

$$G(z) = Z\left[\frac{1 - e^{-Ts}}{s} \times \frac{0.25}{s}\right] = 0.25 \times (1 - z^{-1})Z\left[\frac{1}{s^2}\right] = \frac{0.25T}{z - 1} = \frac{0.25 \times 0.001}{z - 1}$$

控制器 $D(z) = K$，系统的开环脉冲传递函数为

$$D(z)G(z) = \frac{K(0.25 \times 10^{-3})}{z - 1}$$

系统的闭环脉冲传递函数为

$$\Phi(z) = \frac{D(z)G(z)}{1 + D(z)G(z)} = \frac{K(0.25 \times 10^{-3})}{z - 1 + K(0.25 \times 10^{-3})}$$

特征方程为 $\qquad\qquad z - 1 + K(0.25 \times 10^{-3}) = 0$

特征根为 $\qquad\qquad z = 1 - K(0.25 \times 10^{-3})$

要使系统稳定 $|z| < 1$，则有 $0 < K < 8000$。

3. 离散控制系统的稳定判据

判断线性离散系统的稳定性，实质上是判断系统的特征根或闭环极点是否全在 z 平面的单位圆内。常用的判断方法有两种。

1）直接求特征方程的根

当线性离散系统的阶数较低时，可直接求出系统的特征根，并加以判断。

【例题 9-20】　**利用特征值判断离散系统稳定性**

设离散系统如图 9-11（a）所示，其中 $G(s)=10/s(s+1)$，$H(s)=1$，$T=1\mathrm{s}$。试分析该系统的稳定性。

解：

由已知的 $G(s)$ 可求出开环脉冲传递函数为

$$G(z)=\frac{10(1-\mathrm{e}^{-1})z}{(z-1)(z-\mathrm{e}^{-1})}$$

根据式（9-18），闭环特征方程为

$$1+G(z)=1+\frac{10(1-\mathrm{e}^{-1})z}{(z-1)(z-\mathrm{e}^{-1})}=0$$

即

$$z^2+4.952z+0.368=0$$

解出特征方程的根为

$$z_1=-0.076，\quad z_2=-4.876$$

因为 $|z_2|>1$，所以离散系统不稳定。

需要说明的是，例题 9-20 是一个典型的二阶系统，在无采样器时二阶系统总是稳定的，但引入采样器后，二阶系统却变得不稳定了。

【应用点评 9-7】　**采样器对稳定性的影响**

在实际的工程系统应用中，应注意采样器的引入对系统稳定性的影响。一般情况下，采样器的引入会降低系统的稳定程度，这一点可从例题 9-20 看出。如果提高采样频率（缩短采样周期），或者降低开环增益，离散系统的稳定性将得到改善。

直接通过求特征方程的根来判定稳定性的方法直观、易理解。然而当系统的阶数较高时，很难直接解出特征根。因而，直接通过求特征方程的根来判定稳定性的方法是不方便的，一般只用于低阶系统的稳定性判别或用于稳定性的证明。所以，人们还是希望有间接的稳定判据可供利用，这对于研究离散控制系统的结构、参数、采样周期等对稳定性的影响也是必要的。下面介绍另一种比较实用的判断稳定性的方法——Routh（劳斯）判据。

2）Routh 判据

回忆在线性连续系统中，可通过 Routh 判据判别系统的稳定性，即通过系统特征方程的系数及其符号来判别系统特征方程的根是否在左半 s 平面内。在离散系统中，需要判断系统特征方程的根是否在 z 平面的单位圆内。为了能将 Routh 判据用于线性离散系统的稳定性判别，

需对 z 平面再次进行从 z 域到 w 域的线性变换，使 z 平面中单位圆区域映射为 w 平面的左半平面，这种新的变换，称为双线性变换，或称为 w 变换。

如果令

$$z = \frac{w+1}{w-1} \tag{9-19}$$

则 w 变换表达式为

$$w = \frac{z-1}{z+1} \tag{9-20}$$

通过上述式（9-19）的变换，可将 z 平面的单位圆内部映射成 w 平面的左半平面。

证明：设

$$z = x + \mathrm{j}y$$
$$w = u + \mathrm{j}v \tag{9-21}$$

将式（9-21）代入式（9-19），得

$$w = \frac{z-1}{z+1} = \frac{x+\mathrm{j}y-1}{x+\mathrm{j}y+1} = \frac{(x^2+y^2)-1}{(x+1)^2+y^2} + \mathrm{j}\frac{2y}{(x+1)^2+y^2} = u + \mathrm{j}v$$

即

$$u = \frac{(x^2+y^2)-1}{(x+1)^2+y^2}, \quad v = \frac{2y}{(x+1)^2+y^2}$$

从而可以看出：①当 z 平面上的单位圆 $|z| = x^2 + y^2 = 1$ 时，对应于 w 平面中的虚轴，则 $u = 0$，即 z 平面上的单位圆映射成 w 平面的虚轴。②当 z 平面上的单位圆 $|z| = x^2 + y^2 < 1$ 时，对应于 w 平面中虚轴的左半部，则 $u < 0$，即 z 平面上的单位圆映射成 w 平面的左半平面。③当 z 平面上的单位圆 $|z| = x^2 + y^2 > 1$ 时，对应于 w 平面中虚轴的右半部，则 $u > 0$，即 z 平面上的单位圆映射成 w 平面的右半平面。

s 平面、z 平面和 w 平面的映射关系如图 9-16 所示。

综上所述，将式（9-19）代入离散控制系统的特征方程，进行 w 变换后，即可在 w 平面中利用 Routh 稳定判据判断离散控制系统的稳定性，并相应地称其为 w 域中的 Routh 稳定判据。

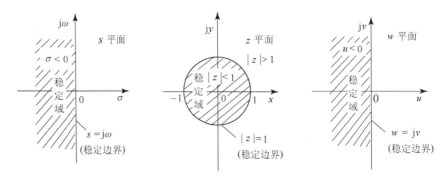

图 9-16　s 平面、z 平面和 w 平面的映射关系

【例题 9-21】 **利用 Routh 判据判断离散系统稳定性**

已知一离散控制系统的脉冲传递函数为

$$\Phi(z) = \frac{z^2 + 4z + 3}{z^3 + 2z^2 - 0.5z - 1}$$

试判断其稳定性。

解：

由 $\Phi(z)$ 知，系统的特征方程为

$$z^3 + 2z^2 - 0.5z - 1 = 0$$

将 $z = \dfrac{1+w}{1-w}$ 代入特征方程，有

$$\left(\frac{1+w}{1-w}\right)^3 + 2\left(\frac{1+w}{1-w}\right)^2 - 0.5\left(\frac{1+w}{1-w}\right) - 1 = 0$$

化简得

$$0.5w^3 + 1.5w^2 - 8.5w - 1.5 = 0$$

因为上式的各项系数不同号，不满足系统稳定的必要条件，所以系统不稳定。列 Routh 表，以了解不稳定的根的数目

w^3	0.5	-8.5	0
w^2	1.5	-1.5	
w	-8	0	
w^0	-1.5		

因表中首列变号一次，可知系统有一个特征根在 z 平面的单位圆之外，因此系统不稳定。

应当指出，在利用 Routh 判据判断线性离散系统稳定性时，双线性变换可以是式（9-19）的形式，也可以是 $z = \dfrac{1+w}{1-w}$，z 平面的单位圆内仍对应于 w 平面虚轴的左半平面。采用双线性变换后，凡是适合于线性连续系统分析稳定性的方法，均可以推广应用于线性离散系统，包括频域分析法、根轨迹法。

从上面的分析可看出，只要有前面的关于线性系统稳定性的概念，加上 Z 变换的数学方法，线性离散系统的稳定性问题也就迎刃而解了。

9.5.2　离散控制系统的稳态误差分析

稳态误差是系统稳态性能的重要指标。同连续系统一样，对于离散控制系统，也可采用采样时刻的稳态误差来评价系统控制精度。这里仅讨论单位反馈系统在输入信号作用时，系统在采样瞬时的稳态误差。设单位反馈采样控制系统如图 9-17 所示，系统在输入信号作用下误差的 Z 变换为

$$E(z) = \frac{X_i(z)}{1 + G(z)}$$

式中，$E(z)$ 为采样误差信号 $e^*(t)$ 的 Z 变换；$X_i(z)$ 为输入采样信号 $x_i^*(t)$ 的 Z 变换。

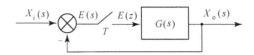

图 9-17　单位反馈采样控制系统

若闭环系统稳定，利用终值定理，不难求出在输入信号作用下离散控制系统在采样瞬时的稳态误差终值，即

$$e_{ss} = e(\infty) = \lim_{k \to \infty} e(k) = \lim_{z \to 1}(z-1)E(z) = \lim_{z \to 1}(z-1)\frac{X_i(z)}{1+G(z)} \quad （9\text{-}22）$$

由此可见，离散控制系统的稳定误差与连续控制系统的类似，不但与输入信号 $x_i(t)$ 的形式和幅值有关，还与系统开环脉冲传递函数 $G(z)$ 的结构参数有关，此外还与采样周期 T 有关。式（9-22）只是计算单位反馈误差采样离散系统的基本公式，当开环脉冲传递函数 $G(z)$ 比较复杂时，计算 $e(\infty)$ 仍有一定的计算量，因此希望把线性定常连续系统中系统型别及静态误差系数的概念推广到离散控制系统，以简化稳态误差的计算过程，这方面的知识请参考相关参考书。

由于 z 平面上 $z=1$ 的极点与 s 平面上 $s=0$ 的极点相对应，因此离散控制系统可以按其开环脉冲传递函数 $G(z)$ 中含有 0，1，2，…个 $z=1$ 的极点，而将系统分为 0 型，Ⅰ 型，Ⅱ 型，…系统。但应注意，与连续系统不同，在离散控制系统中，有差系统的稳态误差还与采样周期的大小有关，缩短采样周期将会减小稳态误差。

9.5.3　离散控制系统的动态响应分析

在线性连续系统中，闭环极点及零点在 s 平面的分布对反馈系统的瞬态响应起着决定性的作用。与此类似，闭环离散控制系统的瞬态响应与闭环脉冲传递函数极点、零点在 z 平面上的分布也密切相关。设闭环离散控制系统的脉冲传递函数为

$$G(z) = \frac{X_o(z)}{X_i(z)} = \frac{N(z)}{D(z)} = \frac{b_0 z^m + b_1 z^{m-1} + \cdots + b_{m-1} z + b_m}{a_0 z^n + a_1 z^{n-1} + \cdots + a_{n-1} z + a_n} \quad (m \le n)$$

式中，$N(z)$、$D(z)$ 分别为分子、分母多项式。

设闭环脉冲传递函数的极点为 p_i（$i = 1, 2, \cdots, n$），为了简化问题，假设没有相重极点。当输入信号 $x_i(t)$ 为单位阶跃信号时，系统输出信号的 Z 变换为

$$
\begin{aligned}
X_o(z) &= \frac{z}{z-1} \cdot \frac{N(z)}{D(z)} \\
&= \frac{z}{z-1} \frac{b_0 z^m + b_1 z^{m-1} + \cdots + b_{m-1} z + b_m}{a_0 (z-p_1)(z-p_2)\cdots(z-p_n)} \\
&= A_0 \frac{z}{z-1} + \sum_{i=1}^{n} \frac{A_i z}{z-p_i}
\end{aligned}
$$

式中，$A_0 = \left[\dfrac{N(z)}{D(z)} \right]_{z=1} = G(1)$，$A_i = \dfrac{(z - p_i)N(z)}{(z-1)D(z)} \bigg|_{z=p_i}$，则

$$x_o(k) = A_0 1^k + \sum_{i=1}^{n} A_i p_i^{\,k} \qquad (9\text{-}23)$$

式（9-23）第一项为系统输出离散信号的稳态分量；第二项为输出离散信号的瞬态响应分量，是由系统的固有特性所决定的，其取决于系统闭环脉冲传递函数极点、零点在 z 平面上的分布位置。

z 平面上不同位置的闭环极点对应的瞬态响应分量如图 9-18 所示。由图可见，闭环脉冲传递函数的极点在 z 平面上的位置决定了相应瞬态分量的性质和特点，也就决定了输出瞬态响应的性质和特征。

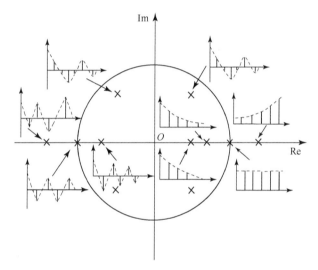

图 9-18　各种闭环极点对应的瞬态响应分量

（1）只要闭环极点在 z 平面的单位圆内，离散控制系统就是稳定的，其对应的瞬态响应分量总是衰减的，极点越靠近 z 平面坐标原点，衰减速度就越快。不过，当极点为正时，对应为指数衰减；当极点为负或为共轭复数时，对应为振荡衰减。

（2）为了使离散控制系统具有较好的动态性能，希望它的主导极点分布在 z 平面单位圆的右半圆内，而且离原点不要太远，与实轴的夹角要适中。

（3）至于系统的零点，虽然不影响系统的稳定性，但影响系统的动态性能，因为其影响动态响应的系数 A_i。零点对系统动态性能影响的具体分析，在此不进行详细的论述。

（4）在离散系统中，动态性能的分析在采样瞬时有效，有些系统尽管在采样时刻的性能很好，但采样时刻之间的纹波可能仍然很大，特别是在采样周期较大时。若进一步研究采样时刻之间系统的性能，则需要采用广义 Z 变换的知识。关于离散系统和连续系统在研究方法和主要结论方面的对照参见表 9-5。

另外，可用 Z 变换分析线性定常系统的动态性能，通常用时域法、根轨迹法和频域法。其中，时域法最简单，通过输出 $x_o(z)$ 或 $x_o^*(t)$ 即可看出超调量、峰值时间和调节时间，这方

面知识可参考相关参考书。

表 9-5　离散系统和连续系统在研究方法和主要结论方面的对照

对 照 方 面	连 续 系 统	离 散 系 统
时间变量	连续量 $x(t)$	离散量 $x(kT)$
函数式	$x(t)$ （任意时刻均成立）	$x^*(t) = x^*(kT)$ （只在采样时刻成立）
数学工具	拉氏变换	Z 变换
数学模型	微分方程 传递函数 系统框图	差分方程 脉冲传递函数 系统框图
输出量	与结构、参数、输入量有关	除与结构、参数、输入量有关外，还与采样开关 个数、位置、采样周期有关
稳定边界	s 平面的虚轴	z 平面的单位圆
稳定充要条件	特征根均在 s 平面左侧	特征根均在 z 平面单位圆内
系统型别	所含积分 $(1/s)$ 环节的个数	所含 $[1/(z-1)]$ 环节的个数
系统动态性能	特征根在 s 平面左侧离虚轴（稳定边界） 越远，动态性能越好	特征根在单位圆内，离原点越近（离稳定边界越 远），动态性能越好

9.6　离散控制系统的校正与设计

　　系统的校正与设计是系统分析的逆问题。连续系统的校正与设计包括确定校正环节 $G_c(s)$，使系统达到一定的性能指标，而校正环节 $G_c(s)$ 是由有源或者无源网络实现的。离散控制系统的校正与设计是设计一个数字控制器 $D(z)$，使系统达到一定的性能指标。例如，性能指标可以是在一些典型控制信号作用下，要使系统在采样时刻无稳态误差、过渡过程在最少几个采样周期内结束等。数字控制器的功能是由计算机通过执行程序完成的，不是通过硬件实现的。

　　线性离散系统的设计方法，主要有模拟化设计和离散化设计两种。模拟化设计法是把控制系统按照模拟化的方式进行分析，求出数字部分的等效连续环节，然后按照连续系统理论设计校正装置，再将该校正装置数字化。离散化设计法又称为直接数字设计法，是把控制系统按照离散化（数字化）进行分析，求出系统的脉冲传递函数，然后按照离散系统理论设计数字控制器。由于直接数字设计方法比较简便，可以实现比较复杂的控制，因此更具有一般性。

9.6.1　数字控制器 $D(z)$ 的脉冲传递函数

　　设离散系统框图如图 9-19 所示。图 9-19 中，数字控制器（或数字校正装置）的脉冲传递函数 $D(z)$ 将输入的脉冲序列 $e^*(t)$ 进行旨在满足系统性能指标要求的处理后，输出新的脉冲序列 $m^*(t)$。如果数字控制器对脉冲序列的运算是线性的，那么也可以确定一个联系输入脉冲序列 $e^*(t)$ 与输出脉冲序列 $m^*(t)$ 的脉冲传递函数 $D(z)$。当确定数字控制器的脉冲传递函数 $D(z)$ 时，假设其前后两个采样开关的动作是同步的。

　　在图 9-19 所示的线性离散系统中，设反馈测量装置的传递函数 $H(s)=1$，保持器与被控对象的传递函数 $G(s)$ 的 Z 变换为 $G(z)$，由图 9-19 可以求出系统的闭环脉冲传递函数为

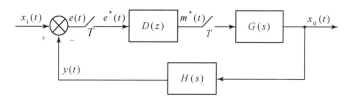

图 9-19　离散系统框图

$$\Phi(z) = \frac{X_o(z)}{X_i(z)} = \frac{D(z)G(z)}{1 + D(z)G(z)} \tag{9-24}$$

以及误差脉冲传递函数为

$$\Phi_e(z) = \frac{E(z)}{X_i(z)} = \frac{1}{1 + D(z)G(z)} \tag{9-25}$$

式中，$E(z)$ 为 $e(t)$ 的 Z 变换。由式（9-24）和式（9-25）可以分别求出数字控制器的脉冲传递函数为

$$D(z) = \frac{1}{G(z)} \cdot \frac{\Phi(z)}{1 - \Phi(z)} \tag{9-26}$$

或者

$$D(z) = \frac{1 - \Phi_e(z)}{G(z)\Phi_e(z)} \tag{9-27}$$

显然

$$\Phi_e(z) = 1 - \Phi(z) \tag{9-28}$$

　　从式（9-26）或式（9-27）可以看出，离散控制系统的校正问题是：根据对离散系统性能指标的要求，确定闭环脉冲传递函数 $\Phi(z)$ 或误差脉冲传递函数 $\Phi_e(z)$，然后利用式（9-26）或式（9-27）确定数字控制器的脉冲函数 $D(z)$，并加以实现。换句话说，根据离散控制系统连续部分的脉冲传递函数 $G(z)$ 及系统的闭环脉冲传递函数 $\Phi(z)$，便可确定 $D(z)$。这里对系统控制性能的要求，由其闭环传递函数 $\Phi(z)$ 来反映。

9.6.2　最少拍系统的设计与校正

　　在离散（数字）控制/采样过程中，通常称一个采样周期为一拍（One Beat）。所谓最少拍系统，是指在典型控制信号作用下，能以有限拍结束响应过程，并且在采样时刻上无稳态误差的离散系统。

　　最少拍系统的设计，是针对典型输入作用进行的。当典型输入信号分别为单位阶跃信号、单位速度信号和单位加速度信号时，其 Z 变换分别如下：

　　对于单位阶跃信号，$x_i(t) = 1(t)$，其 Z 变换为

$$X_i(z) = \frac{1}{1 - z^{-1}} \tag{9-29}$$

　　对于单位速度信号，$x_i(t) = t$，其 Z 变换为

$$X_i(z) = \frac{Tz^{-1}}{(1-z^{-1})^2} \tag{9-30}$$

对于单位加速度信号，$x_i(t) = \frac{1}{2}t^2$，其 Z 变换为

$$X_i(z) = \frac{T^2 z^{-1}(1+z^{-1})}{2(1-z^{-1})^3} \tag{9-31}$$

式中，T 为采样周期。

由式（9-29）、式（9-30）和式（9-31）可归纳出典型控制信号 Z 变换的一般形式为

$$X_i(z) = \frac{A(z)}{(1-z^{-1})^\nu} \tag{9-32}$$

式中，$A(z)$ 是不含 $(1-z^{-1})$ 因子的 z^{-1} 多项式。例如，当 $x_i(t) = 1(t)$ 时，有 $\nu = 1$，$A(z) = 1$；当 $x_i(t) = t$ 时，有 $\nu = 2$，$A(z) = Tz^{-1}$；当 $x_i(t) = t^2/2$ 时，有 $\nu = 3$，$A(z) = T^2[z^{-1} + (z^{-1})^2]/2$。

最少拍系统的设计原则是：若系统广义被控对象 $G(z)$ 无延迟且在 z 平面单位圆上及单位圆外无零、极点，要求选择闭环脉冲传递函数 $\Phi(z)$，使系统在典型输入控制信号作用下，经最少采样周期后能使输出序列在各采样时刻的稳态误差为零，达到完全跟踪的目的，从而确定所需数字控制器的脉冲传递函数 $D(z)$。

根据设计原则，需要求出 $e(\infty)$ 的表达式。由式（9-25）和式（9-32）知，误差信号 $e(t)$ 的 Z 变换为

$$E(z) = \Phi_e(z)X_i(z) = \frac{\Phi_e(z)A(z)}{(1-z^{-1})^\nu} \tag{9-33}$$

由 Z 变换定义，式（9-33）可写为

$$E(z) = \sum_{n=0}^{\infty} e(nT)z^{-n} = e(0) + e(T)z^{-1} + e(2T)z^{-2} + \cdots$$

最少拍系统要求上式自 k 开始，当 $k \geq n$ 时，有 $e(kT) = e[(k+1)T] = e[(k+2)T] = \cdots = 0$，此时系统的动态过程在 $t = kT$ 时结束，其调节时间 $t_s = kT$。

根据 Z 变换的终值定理，离散控制系统的稳态误差为

$$e(\infty) = \lim_{z \to 1}(1-z^{-1})E(z) = \lim_{z \to 1}(1-z^{-1})\frac{A(z)}{(1-z^{-1})^\nu}\Phi_e(z)$$

上式表明，使 $e(\infty)$ 为零的条件是 $\Phi_e(z)$ 中包含 $(1-z^{-1})^\nu$ 的因子，即

$$\Phi_e(z) = (1-z^{-1})^\nu W(z) \tag{9-34}$$

式中，$W(z)$ 为不含 $(1-z^{-1})$ 因子的多项式。

为了使求出的 $D(z)$ 简单，阶数最低，可取 $W(z) = 1$，则由式（9-28），得

$$\Phi(z) = 1 - (1-z^{-1})^\nu \tag{9-35}$$

其实，取 $W(z) = 1$ 的意义是使 $\Phi(z)$ 的全部极点均位于 z 平面的原点。

下面讨论最少拍系统在不同典型控制信号作用下，数字控制器脉冲传递函数 $D(z)$ 的确定方法。

1．单位阶跃控制信号

由于当 $x_i(t)=1(t)$ 时，有 $v=1$ ， $A(z)=1$ ，故由式（9-28）和式（9-34）可得

$$\Phi_e(z)=1-z^{-1}, \quad \Phi(z)=z^{-1}$$

于是，根据式（9-26）求出

$$D(z)=\frac{z^{-1}}{(1-z^{-1})G(z)}$$

由式（9-33）知

$$E(z)=\frac{\Phi_e(z)A(z)}{(1-z^{-1})^v}=1$$

表明 $e(0)=1$ ， $e(T)=e(2T)=\cdots=0$ 。可见，最少拍系统经过一拍便可完全跟踪控制信号 $x_i(t)=1(t)$ ，如图 9-20（a）所示。这样的离散系统称为一拍系统，其 $t_s=T$ 。

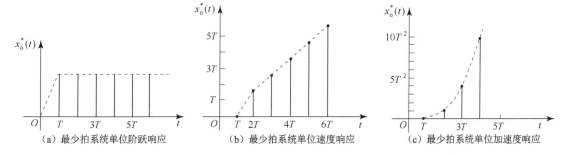

图 9-20　各种典型控制信号作用下的最少拍系统响应序列图

2．单位速度控制信号

由于 $x_i(t)=t$ 时，有 $v=2$ ， $A(z)=Tz^{-1}$ ，故由式（9-28）和式（9-34）可得

$$\Phi_e(z)=(1-z^{-1})^v W(z)=(1-z^{-1})^2, \quad \Phi(z)=1-\Phi_e(z)=2z^{-1}-z^{-2}$$

于是

$$D(z)=\frac{\Phi(z)}{G(z)\Phi_e(z)}=\frac{z^{-1}(2-z^{-1})}{(1-z^{-1})^2 G(z)}$$

且有

$$E(z)=\frac{\Phi_e(z)A(z)}{(1-z^{-1})^v}=Tz^{-1}$$

表明 $e(0)=0$ ， $e(T)=T$ ， $e(2T)=e(3T)=\cdots=0$ 。可见，最少拍系统经过二拍便可完全跟踪控制信号 $x_i(t)=t$ ，如图 9-20（b）所示。这样的离散系统称为二拍系统，其调节时间 $t_s=2T$ 。

图 9-20（b）所示的单位速度响应序列，可按照前面的方法求得，即

$$X_o(z)=\Phi(z)X_i(z)=(2z^{-1}-z^{-2})\frac{Tz^{-1}}{(1-z^{-1})^2}=2Tz^{-2}+3Tz^{-3}+\cdots+nTz^{-n}+\cdots$$

基于 Z 变换定义，可得到最少拍系统在单位速度控制信号作用下的输出序列 $x_o(nT)$ 为 $x_o(0)=0$ ， $x_o(T)=0$ ， $x_o(2T)=2T$ ， $x_o(3T)=3T$ ，…， $x_o(nT)=nT\cdots$ 。

3. 单位加速度控制信号

由于当 $x_i(t) = t^2/2$ 时，有 $\nu = 3$，$A(z) = \dfrac{1}{2}T^2z^{-1}(1+z^{-1})$，故可得闭环脉冲传递函数为

$$\Phi_e(z) = (1-z^{-1})^3, \quad \Phi(z) = 3z^{-1} - 3z^{-2} + z^{-3}$$

因此，数字控制器脉冲传递函数为

$$D(z) = \frac{z^{-1}(3 - 3z^{-1} + z^{-2})}{(1-z^{-1})^3 G(z)}$$

误差脉冲序列及输出脉冲序列 Z 变换分别为

$$E(z) = A(z) = \frac{1}{2}T^2z^{-1} + \frac{1}{2}T^2z^{-2}$$

$$X_o(z) = \Phi(z)X_i(z) = \frac{3}{2}T^2z^{-2} + \frac{9}{2}T^2z^{-3} + \cdots + \frac{n^2}{2}T^2z^{-n} + \cdots$$

于是有

$$e(0) = 0, \quad e(T) = \frac{1}{2}T^2, \quad e(2T) = \frac{1}{2}T^2, \quad e(3T) = e(4T) = \cdots = 0$$

$$x_o(0) = x_o(T) = 0, \quad x_o(2T) = 1.5T^2, \quad x_o(3T) = 4.5T^2, \cdots$$

可见，最少拍系统经过三拍便可完全跟踪控制信号 $x_i(t) = t^2/2$。根据 $x_o(nT)$ 的数值，可以绘出最少拍系统的单位加速度响应序列，如图 9-20（c）所示。这样的离散系统称为三拍系统，其调节时间为 $t_s = 3T$。

从图 9-20 中可以看出，具有式（9-35）所示的闭环脉冲传递函数的最少拍系统，响应单位阶跃输入、单位速度输入及单位加速度输入的过渡过程 $x_o^*(t)$ 分别在一拍、两拍及三拍内结束，并且均无稳态误差。各种典型输入作用下最少拍系统的设计结果列于表 9-6 中。

表 9-6 最少拍系统的设计结果

典 型 输 入		闭环脉冲传递函数		数字控制器脉冲传递函数 $D(z)$	调节时间 t_s
$x_i(t)$	$X_i(z)$	$\Phi_e(z)$	$\Phi(z) = 1 - \Phi_e(z)$		
$1(t)$	$\dfrac{1}{1-z^{-1}}$	$1-z^{-1}$	z^{-1}	$\dfrac{z^{-1}}{(1-z^{-1})G(z)}$	T
t	$\dfrac{Tz^{-1}}{(1-z^{-1})^2}$	$(1-z^{-1})^2$	$2z^{-1} - z^{-2}$	$\dfrac{z^{-1}(2-z^{-1})}{(1-z^{-1})^2 G(z)}$	$2T$
$\dfrac{1}{2}t^2$	$\dfrac{T^2z^{-1}(1+z^{-1})}{2(1-z^{-1})^3}$	$(1-z^{-1})^3$	$3z^{-1} - 3z^{-2} + z^{-3}$	$\dfrac{z^{-1}(3-3z^{-1}+z^{-2})}{(1-z^{-1})^3 G(z)}$	$3T$

应当指出，最少拍系统的调节时间只与所选择的闭环脉冲传递函数 $\Phi(z)$ 的形式有关，而与典型控制信号的形式无关。例如，针对单位速度控制信号设计的最少拍系统，可选择

$$\Phi(z) = 2z^{-1} - z^{-2}$$

而不论在何种控制信号作用下，系统均有二拍的调节时间。具体论证如下。

当 $x_i(t) = 1(t)$ 时，相应的 Z 变换函数为

$$X_i(z) = \frac{1}{1-z^{-1}} = 1 + z^{-1} + z^{-2} + z^{-3} + \cdots$$

系统输出 Z 变换函数为

$$X_o(z) = \Phi(z) X_i(z) = \frac{2z^{-1} - z^{-2}}{1 - z^{-1}} = 0 + 2z^{-1} + z^{-2} + z^{-3} + \cdots$$

当 $x_i(t) = t$ 时，有

$$X_i(z) = \frac{Tz^{-1}}{(1 - z^{-1})^2} = 0 + Tz^{-1} + 2Tz^{-2} + 3Tz^{-3} + 4Tz^{-4} + \cdots$$

$$X_o(z) = \frac{Tz^{-1}(2z^{-1} - z^{-2})}{(1 - z^{-1})^2} = 0 + 0 + 2Tz^{-2} + 3Tz^{-3} + 4Tz^{-4} + \cdots$$

当 $x_i(t) = t^2/2$ 时，有

$$X_i(z) = \frac{T^2 z^{-1}(1 + z^{-1})}{2(1 - z^{-1})^3} = 0 + 0.5T^2 z^{-1} + 2T^2 z^{-2} + 4.5T^2 z^{-3} + 8T^2 z^{-4} + \cdots$$

$$X_o(z) = \frac{T^2 z^{-1}(1 + z^{-1})(2z^{-1} - z^{-2})}{2(1 - z^{-1})^3} = 0 + 0 + T^2 z^{-2} + 3.5T^2 z^{-3} + 7T^2 z^{-4} + \cdots$$

比较各种典型控制信号下的 $X_i(z)$ 与 $X_o(z)$ 可以发现，它们都仅在前二拍出现差异，从第三拍起误差保持为恒值，因此均为二拍系统，$t_s = 2T$。在各种典型控制信号作用下，最少拍系统的输出响应序列如图 9-21 所示。

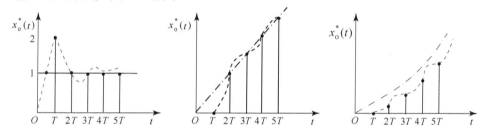

图 9-21　二拍系统对典型输入的响应序列

由图 9-21 可以看出：

（1）从快速性而言，按单位速度控制信号设计的最少拍系统，在各种典型控制信号作用下，其动态过程均为二拍。

（2）从准确性而言，二拍后系统对单位阶跃控制信号和单位速度控制信号，在采样时刻均无稳态误差，但对单位加速度控制信号，采样时刻上的稳态误差为常量 T^2。

（3）从动态性能而言，系统对速度控制信号下的响应性能较好，这是因为系统本身就是针对此而设计的，但系统对单位阶跃输入响应性能较差，有 100% 的超调量，故按某种典型输入设计的最少拍系统，适应性较差。

（4）从平稳性而言，在各种典型输入作用下系统进入稳态以后，在非采样时刻一般均存在纹波（Ripple），从而增加系统的机械磨损。这是因为上述最少拍系统只能保证在采样点无稳态误差，而在采样点之间系统的输出可能会出现波动，因而这种系统称为有纹波系统。通过适当增加瞬态响应时间，可以实现有限拍无纹波采样系统的设计。

综上所述，当线性离散系统的典型输入信号的形式确定后，便可由式（9-35）选取相应的最少拍系统的闭环脉冲传递函数，再由式（9-26）求得确保线性离散系统成为最少拍系统的数字控制器的脉冲传递函数 $D(z)$。

【例题 9-22】　**最少拍系统数字控制器设计**

设单位负反馈线性定常离散系统的连续部分和零阶保持器的传递函数分别为

$$G_0(s) = \frac{10}{s(s+1)}, \quad G_h(s) = \frac{1-e^{-Ts}}{s}$$

其中，采样周期 $T = 1\,s$。若要求系统在单位斜坡输入时实现最少拍控制，则试求数字控制器脉冲传递函数 $D(z)$。

解：

系统开环传递函数

$$G(s) = G_0(s)G_h(s) = \frac{10(1-e^{-Ts})}{s^2(s+1)}$$

由于

$$Z\left[\frac{1}{s^2(s+1)}\right] = \frac{Tz}{(z-1)^2} - \frac{(1-e^{-T})z}{(z-1)(z-e^{-T})}$$

故有

$$G(z) = 10(1-z^{-1})\left[\frac{Tz}{(z-1)^2} - \frac{(1-e^{-T})z}{(z-1)(z-e^{-T})}\right] = \frac{3.68z^{-1}(1+0.717z^{-1})}{(1-z^{-1})(1-0.368z^{-1})}$$

根据 $x_i(t) = t$，最少拍系统应具有的闭环脉冲传递函数和误差脉冲传递函数为

$$\Phi(z) = 2z^{-1}(1-0.5z^{-1}), \quad \Phi_e(z) = (1-z^{-1})^2$$

由式（9-26）可见，$\Phi_e(z)$ 的零点 $z = 1$ 正好可以补偿 $G(z)$ 在单位圆上的极点 $z = 1$；$\Phi(z)$ 已包含 $G(z)$ 的传递函数延迟 z^{-1}。因此，上述 $\Phi(z)$ 和 $\Phi_e(z)$ 满足对消 $G(z)$ 中的传递延迟 z^{-1} 及补偿 $G(z)$ 在单位圆上极点 z^{-1} 的限制性要求，故按式（9-26）算出的 $D(z)$，可以确保给定系统成为在 $x_i(t) = t$ 作用下的最少拍系统。根据给定的 $G(z)$ 和算出的 $\Phi(z)$ 及 $\Phi_e(z)$，求得

$$D(z) = \frac{\Phi(z)}{G(z)\Phi_e(z)} = \frac{0.543(1-0.368z^{-1})(1-0.5z^{-1})}{(1-z^{-1})(1+0.717z^{-1})}$$

【例题 9-23】　**磁盘驱动读取系统数字控制器的设计**

对于图 9-15 所示的磁盘驱动读取系统，要求设计数字控制器 $D(z)$，使图 9-15 所示的系统具有满意的动态响应性能。

解：

广义对象脉冲传递函数为

$$G(z) = Z\left[\frac{1-e^{-Ts}}{s} \cdot \frac{5}{s(s+20)}\right] = (1-z^{-1})Z\left[\frac{5}{s^2(s+20)}\right]$$

$$= (1-z^{-1})Z\left[\frac{0.25}{s^2} - \frac{0.0125}{s} + \frac{0.0125}{s+20}\right] = (1-z^{-1})Z\left[\frac{0.25Tz}{(z-1)^2} - \frac{0.0125z}{z-1} + \frac{0.0125z}{z-e^{-20T}}\right]$$

因为 $T = 0.001\,s$，$z - e^{-20T} = z - 0.98$，所以

$$G(z) = \frac{5 \times 10^{-6}}{(z-1)(z-0.98)}$$

为了快速读取磁盘信息，要求系统在单位阶跃输入下为一拍系统，查表 9-6 知，应有

$$\Phi(z) = z^{-1}, \quad \Phi_e(z) = 1 - z^{-1}$$

故由

$$D(z) = \frac{1-\Phi_e(z)}{G(z)\Phi_e(z)} = \frac{\Phi(z)}{G(z)\Phi_e(z)}$$

求得数字控制器

$$D(z) = 2\times10^5(z-0.98)$$

9.7　本章小结

由于计算机的迅速发展，离散控制系统应用十分广泛。本章介绍了线性离散控制系统的分析与设计方法，其主要内容如下：

（1）实现数字控制首先必须将连续信号变为离散信号，这就是采样。采样过程可视为一种脉冲调制过程。为能无失真地恢复连续信号，采样频率的选定应符合采样定理。

（2）理想滤波器能将采样后的离散信号无失真地恢复为连续信号，但实际上不存在理想滤波器，常用的是零阶保持器。

（3）离散信号的拉氏变换包含超越函数，采用 Z 变换能将其有理化。

（4）差分方程和脉冲传递函数都是离散系统的数学模型，Z 变换是研究离散系统有力的工具，基于 Z 变换而建立的脉冲传递函数，可以很方便地在 z 域中对离散系统进行分析，而不必求解高阶差分方程，因而脉冲传递函数比差分方程应用得更为广泛。

（5）离散控制系统稳定的充要条件是其闭环特征根全部位于 z 平面上以原点为圆心的单位圆内。通过双线性变换，把 z 变量转化为 w 变量后，就可以应用连续系统中所用的 Routh 稳定判据判别离散控制系统的稳定性。

（6）计算连续系统稳态误差的方法可以推广应用于进行 Z 变换之后的离散控制系统。离散控制系统的瞬态响应与闭环极点在 z 平面的分布有着密切的关系。为了使离散系统获得满意的暂态响应，闭环极点最好分布在单位圆内的右半平面，并尽量靠近 z 平面的坐标原点。

（7）离散控制系统基本的设计方法是最少拍系统设计方法。所谓最少拍系统，是指在典型输入信号的作用下，经过最少采样周期，系统的采样误差信号减小到零的采样系统。

9.8　习题

9-1　思考以下问题：

（1）线性定常连续系统稳定的条件为闭环极点均位于 s 平面的左半平面，而线性定常采样系统稳定的条件为闭环极点均在 z 平面的单位圆内。这是否意味着采样系统的稳定条件较连续系统稳定条件苛刻？

（2）采样和保持的原理是什么？零阶保持器的传递函数是什么？

（3）拉氏变换与 Z 变换有什么联系？

（4）脉冲传递函数的求取方法是什么？是否采样系统都能求得脉冲传递函数？

9-2 试求下列函数的 Z 变换。

（1）$x(t) = 1 - e^{-at}$ 　　　　　　　（2）$x(t) = te^{at}$

（3）$x(t) = t^2$ 　　　　　　　　　　（4）$x(t) = e^{-at} \sin \omega t$

9-3 求下列拉氏变换所对应的 Z 变换。

（1）$X(s) = \dfrac{a}{s(s+a)}$ 　　　　　　（2）$X(s) = \dfrac{s+3}{(s+1)(s+2)}$

9-4 试用部分分式法求下列函数的 Z 变换。

（1）$X(z) = \dfrac{10z}{(z-1)(z-2)}$ 　　　（2）$X(z) = \dfrac{-3 + z^{-1}}{1 - 2z^{-1} + z^{-2}}$

9-5 试确定下列函数的终值。

（1）$X(z) = \dfrac{Tz^{-1}}{(1 - z^{-1})^2}$ 　　　　（2）$X(z) = \dfrac{z^2}{(z-0.8)(z-0.1)}$

9-6 已知采样系统如图 9-22 所示，试确定系统的脉冲传递函数或输出信号的 Z 变换。

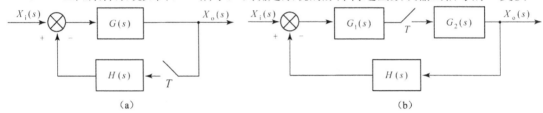

图 9-22 题 9-6 图

9-7 设有单位反馈误差采样的离散系统，连续部分传递函数为 $G(s) = \dfrac{1}{s^2(s+5)}$，输入 $x_i(t) = 1(t)$，采样周期为 $T = 1\,\text{s}$。试求：

（1）输出 Z 变换 $X_o(z)$；（2）采样瞬时的输出响应 $x_o^*(t)$；（3）输出响应的终值 $x_o(\infty)$。

9-8 试判断下列系统的稳定性：

（1）已知闭环离散系统的特征方程为 $D(z) = (z+1)(z+0.5)(z+2) = 0$；

（2）已知闭环离散系统的特征方程为 $D(z) = z^4 + 0.2z^3 + z^2 + 0.36z + 0.8 = 0$。

9-9 试求出如图 9-23 所示系统的单位阶跃响应 $x_o(nT)$。

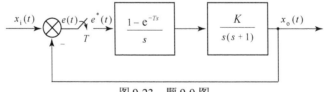

图 9-23 题 9-9 图

9-10 已知采样控制系统的框图如图 9-24 所示，其中 $G_o(s) = \dfrac{4}{s(s+1)}$，$T = 1\,\text{s}$，试求 $x_i(t) = 1(t)$ 时最少拍系统数字校正装置的脉冲传递函数 $D(z)$，并求输出 $x_o(kT)$。

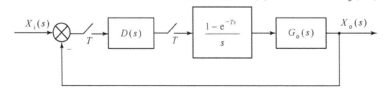

图 9-24 题 9-10 图

第10章 机械工程控制系统的计算机仿真与辅助设计

10.1 MATLAB 仿真软件简介

MATLAB 是一个包含众多过程计算、仿真功能及工具的庞大系统，是目前世界上应用最广泛的仿真计算软件之一。MATLAB 软件和工具箱（TOOLBOX）以及 Simulink 仿真工具，为自动控制系统的计算与仿真提供了强有力的支持。

本章主要介绍 MATLAB 的基础知识、基本命令、MATLAB 的常用工具箱及 MATLAB 的常用功能，然后通过工程实例讲解 MATLAB 在机械工程控制基础中的应用。

10.1.1 MATLAB 系统构成

MATLAB 系统由 MATLAB 开发环境、数学函数库、语言、图形处理系统、应用程序接口和工具箱构成。

1. MATLAB 开发环境

MATLAB 开发环境是一套方便用户使用 MATLAB 函数和文件的工具集，其中许多工具是图形化用户接口。它是一个集成化的工作空间，可以让用户输入/输出（I/O）数据，并提供了.m 文件编辑调试器、MATLAB 工作空间和在线帮助文档。

2. MATLAB 数学函数库

MATLAB 数学函数库包括了从加减、正余弦等基本运算到矩阵求逆、快速傅里叶变换等大量的复杂的计算算法。

3. MATLAB 语言

MATLAB 语言是一种高级的基于矩阵/数组的语言，有程序流程控制、函数、数据结构、输入/输出和面向对象编程等特色。用户既可以用它来编写简单的程序，也可以用它来编写庞大复杂的应用程序。

4. MATLAB 图形处理系统

图形处理系统使得 MATLAB 能方便地图形化显示向量和矩阵，而且能对图形添加标注和打印。它包括强有力的二维图形函数、三维图形函数、图像处理和动画显示等函数。

5．MATLAB 应用程序接口

MATLAB 应用程序接口（API）是一个使 MATLAB 语言能与 C 等其他高级编程语言进行交互的函数库。该函数库的函数通过调用动态链接库（DLL）实现与 MATLAB 文件的数据交换，其主要功能包括在 MATLAB 中调用 C 程序，以及在 MATLAB 与其他应用程序间建立客户/服务器关系。

6．MATLAB 工具箱

MATLAB 拥有一个专用的家族产品，用于解决不同领域的问题，称为工具箱（TOOLBOX）。工具箱用于 MATLAB 的计算和绘图，通常是.m 文件和高级 MATLAB 语言的集合，以使用户可以方便地修改函数和源代码，或增加新的函数。用户还可以很方便地结合使用不同的工具箱中的技术来设计针对某个问题的用户解决方案。

10.1.2　MATLAB 桌面操作环境

MATLAB 为用户提供了全新的桌面操作环境，了解并熟悉这些桌面操作环境是使用 MATLAB 的基础。下面介绍 MATLAB 的启动和退出、主菜单及功能、命令窗口、工作空间、文件管理和帮助管理等。

1．MATLAB 启动和退出

以 Windows 操作系统为例，进入 Windows 后，选择"开始"→"程序"→"MATLAB"，便可进入 MATLAB 窗口；如果安装时选择在桌面上生成快捷方式，也可以单击快捷方式直接启动。

在启动 MATLAB，命令编辑器显示帮助信息后，将显示符号"｜"。符号"｜"表示 MATLAB 已准备好，正等待用户输入命令，这时就可以在提示符"｜"后面输入命令。按下回车键后，MATLAB 就执行所输入的命令，并在命令后面给出计算结果。如果在输入命令后再以分号结束，则不会显示结果。

退出 MATLAB 系统的方式有两种，即

（1）在文件菜单（File）中选择"Exit"或"Quit"；

（2）用鼠标单击窗口右上角的关闭图标。

2．MATLAB 主菜单及功能

打开 MATLAB 主窗口后，即弹出其主菜单栏，主菜单栏各菜单项及其下拉菜单的功能如下所述。

1）File 主菜单项

单击 File 主菜单项或同时按下"Alt+F"组合键，弹出 File 下拉菜单。其中，带下画线的字母表示快捷键，即单击该字母也可执行相应的功能。

（1）New：用于建立新的.m 文件、图形、建模和图形用户界面。

（2）Open：用于打开 MATLAB 的.m 文件、.fig 文件、.mat 文件、.mdl 文件、.cdr 文件等，也可通过快捷键"Ctrl+O"来实现此项操作。

（3）Close Command Window：关闭命令窗口。

（4）Import Data：用于从其他文件导入数据，单击后弹出对话框，选择导入文件的路径和位置。

（5）Save Workspace As：用于把工作空间的数据存放到相应的路径文件中。

（6）Set Path：用于设置工作路径。

（7）Preferences：用于设置命令窗口的属性。

（8）Page Setup：用于页面设置。

（9）Print：用于设置打印属性。

（10）Print Selection：用于对选择的文件数据进行打印设置。

（11）Exit MATLAB：退出 MATLAB 桌面操作环境。

2）Edit 主菜单项

单击 Edit 主菜单项或同时按下"Alt+E"组合键，弹出下拉菜单。

（1）Undo：用于撤销上一步操作，也可通过快捷键"Ctrl+Z"来实现此项操作。

（2）Redo：用于重新执行上一步操作，也可通过快捷键"Ctrl+Y"来实现此项操作。

（3）Cut：用于剪切选中的对象，也可通过快捷键"Ctrl+X"来实现此项操作。

（4）Copy：用于复制选中的对象，也可通过快捷键"Ctrl+C"来实现此项操作。

（5）Paste：用于粘贴剪切板上的内容，也可通过快捷键"Ctrl+V"来实现此项操作。

（6）Paste Special：用于特定内容的粘贴。

（7）Select All：用于全部选择。

（8）Delete：用于删除所选的对象。

（9）Find：用于查找所需选择的对象。

（10）Find Files：用于查找所需文件。

（11）Clear Command Window：用于清除命令窗口区的对象。

（12）Clear Command History：用于清除命令窗口区的历史记录。

（13）Clear Workspace：用于清除工作区的对象。

3）Debug 主菜单项

单击 Debug 主菜单项或同时按下"Alt+B"组合键，弹出下拉菜单。

（1）Open M-Files When Debugging：用于调试时打开.m文件。

（2）Step：用于单步调试程序，也可通过快捷键"F10"来实现此项操作。

（3）Step In：用于单步调试进入子程序函数，也可通过快捷键"F11"来实现此项操作。

（4）Step Out：用于单步调试从子函数跳出，也可通过快捷键"Shift+F11"来实现此项操作。

（5）Continue：程序执行到下一断点，也可通过快捷键"F5"来实现此项操作。

（6）Clear Breakpoints in All Files：清除所有打开文件中的断点。

（7）Stop if Errors/Warnings：在程序出错或报警处停止往下执行。

（8）Exit Debug Mode：退出调试模式。

4）Desktop 主菜单项

单击 Desktop 主菜单项或同时按下"Alt+D"组合键，弹出下拉菜单。

（1）Undoke Command Window：将命令窗口变为全屏显示，并设为当前活动窗口。

（2）Desktop Layout：单击该项后，弹出子菜单，用于工作区的设置。其设置选项包括系统默认设置项（Default）、单独命令窗口项（Command Window Only）、命令历史窗口和命令窗口项（History and Command Window）、全部标签项显示（All Tabbed）。

（3）Save Layout：保存工作区设置。

（4）Organize Layouts：管理保存的工作区设置。

（5）Command Window：命令窗口项，选择该项，屏幕上便会显示相应窗口。

（6）Command History：命令历史窗口项，选择该项，屏幕上便会显示相应窗口。

（7）Current Directory：当前路径窗口项，选择该项，屏幕上便会显示相应窗口。

（8）Workspace：工作窗口项，选择该项，屏幕上便会显示相应窗口。

（9）Help：帮助窗口项，选择该项，屏幕上便会显示相应窗口。

（10）Profiler：轮廓图窗口项，选择该项，屏幕上便会显示相应窗口。

（11）Toolbar：显示或隐藏工具栏选项。

（12）Shortcuts Toolbar：显示或隐藏快捷方式选项。

（13）Titles：显示或隐藏标题栏选项。

5）Windows 主菜单项

单击 Windows 主菜单项或同时按下"Alt+W"组合键，弹出下拉菜单。

（1）Close All Documents：关闭所有文档。

（2）Command Window：选定命令窗口为当前活动窗口，也可以通过快捷键"Ctrl+0"来实现此项操作。

（3）Command History：选定历史窗口为当前活动窗口，也可以通过快捷键"Ctrl+1"来实现此项操作。

（4）Current Directory：选定当前路径窗口为当前活动窗口，也可以通过快捷键"Ctrl+2"来实现此项操作。

（5）Workspace：选定工作空间窗口为当前活动窗口，也可以通过快捷键"Ctrl+3"来实现此项操作。

6）Help 主菜单项

单击 Help 主菜单项或同时按下"Alt+H"组合键，弹出下拉菜单。

（1）Full Product Family Help：显示所有 MATLAB 产品的帮助信息。

（2）MATLAB Help：启动 MATLAB 帮助。

（3）Using The Desktop：启动 Desktop 的帮助。

（4）Using The Command Window：启动命令窗口的帮助。

（5）Demos：调用 MATLAB 所提供的范例程序。

（6）About MATLAB：显示有关 MATLAB 的信息。

3. MATLAB 命令窗口

MATLAB 的命令窗口用于 MATLAB 命令的交互操作，它具有两大主要功能：

（1）提供用户输入命令的操作平台，用户通过该窗口输入命令和数据；

（2）提供命令执行结果的显示平台，该窗口显示命令执行的结果。

计算机安装好 MATLAB 之后，双击 MATLAB 图标，就可以进入命令窗口，此时意味着系统处于准备接受命令的状态，可以在命令窗口直接输入命令语句。

MATLAB 语句形式为：≫ 变量=表达式。

通过等号将表达式的值赋予变量。当按回车键时，该语句被执行。语句执行之后，窗口自动显示出语句执行的结果。如果希望结果不被显示，则只要在语句之后加上一个分号即可。此时尽管结果没有显示，但它依然被赋值并在 MATLAB 工作空间中分配了内存。

使用方向键和控制键可以编辑、修改已输入的命令，"↑"用于回调上一个命令，"↓"回调下一个命令。使用"more off"表示不允许分页，"more on"表示允许分页，"more (n)"表示指定每页输出的行数。回车前进一行，空格键显示下一页，"q"用于结束当前显示。

4．MATLAB 工作空间

MATLAB 的工作空间包含了一组可以在命令窗口中调整（调用）的参数，who、whos、clear 是几个常用的工作空间操作的命令，其各自功能描述如下：

（1）who：显示当前工作空间中所有变量的一个简单列表。

（2）whos：列出变量的大小、数据格式等详细信息。

（3）clear：清除工作空间中所有的变量。

（4）clear 变量名：清除指定的变量。

1）保存工作空间变量

将变量列表 variables 所列出的变量保存到磁盘文件 filename 中，variables 所表示的变量列表中不能用逗号，各个不同的变量之间只能用空格来分隔。当未列出 variable 时，表示将当前工作空间中所有变量都保存到磁盘文件中。默认的磁盘文件扩展名为".mat"，可以使用"-"定义不同的存储格式（ASCII、V4 等）。

2）将变量调入工作空间

将以前用 save 命令保存的变量 variables 从磁盘文件中调入 MATLAB 工作空间。用 load 命令调入的变量，其名称为用 save 命令保存时的名称，取值也一样。在 variables 所表示的变量列表中，不能用逗号，各个不同的变量之间只能用空格来分隔。当未列出 variables 时，表示将磁盘文件中的所有变量都调入工作空间。

3）退出工作空间

使用 quit 或 exit 命令退出工作空间。

5．MATLAB 文件管理

MATLAB 提供了一组文件管理命令，包括文件名、显示或删除文件、显示或改变当前目录等。

6．MATLAB 帮助管理

MATLAB 的所有函数都是以逻辑群组方式进行组织的，而 MATLAB 的目录结构就是以这些群组方式来编排的，几个常用的帮助如下：

（1）helpwin：帮助窗口。

（2）helpdesk：帮助桌面，浏览器模式。

（3）lookfor：返回包含指定关键词的项。

（4）demo：打开示例窗口。

10.1.3　MATLAB 程序设计

1．MATLAB 程序类型

MATLAB 程序类型包括三种：一是在命令窗口下执行的脚本.m 文件；二是可以存取的

MATLAB 文件，即程序.m 文件；三是函数（Function）文件。脚本.m 文件和程序文件中的变量都将保存在工作区中，在这一点与函数文件是截然不同的。

1）脚本.m 文件

脚本.m 文件也称为命令文件，它在命令窗口中输入并执行。它没有输入参数，也不返回输出参数，只是一些命令行的组合。脚本.m 文件可对工作空间中的变量进行操作，也可生成新的变量。脚本.m 文件运行结束后，脚本.m 文件产生的变量仍将保留在工作空间中，直到关闭 MATLAB 或用相关命令删除。

2）程序文件

程序文件以.m 格式进行存取，包含一连串的 MATLAB 指令和必要的注解。它需要在工作空间中创建并获取变量，也就是说，处理的数据为命令窗口中的数据，没有输入参数，也不会返回参数。程序运行时，只需在工作空间中输入其名称即可。

在 MATLAB 命令窗口中，选定"File"菜单"New"选项中的"m-file"即可建立.m 文件。也可选定"Edit"菜单建立.m 文件，再选定"Save"选项保存文件。

选定 MATLAB 命令窗口中的"Edit"菜单，可利用键盘对.m 文件进行全屏幕编辑。.m 文件以 ASCII 编码形式存储，在命令窗口中直接输入文件名就可执行.m 文件。

3）函数文件

函数文件接收输入参数后执行运算并输出结果。函数文件具有如下标准的基本结构。

函数定义行（关键字 function）。

Function[outl,out2,．．．]=filename（inl,in2,…）

输入和输出（返回）的参数个数分别由 nargin 和 nargout 两个 MATLAB 保留的输入变量和输出变量给出。

函数体语句：除在 function 语句中直接引用的输入变量和输出变量以外，函数体内使用的所有变量都是局部变量，即在该函数返回之后，这些变量会自动地在 MATLAB 的工作空间中清除。如果希望这些中间变量成为在整个程序中都起作用的变量，则可以将它们设置为全局变量。

2．MATLAB 程序流程控制

MATLAB 程序有顺序、分支、循环等程序结构以及子程序结构。

1）顺序程序结构

顺序程序结构的程序从程序的首行开始，逐行顺序往下执行，直到程序最后一行。大多数简单的 MATLAB 程序都采用这种程序结构。

2）分支程序结构

分支程序结构的程序根据执行条件满足与否，确定执行方向。在 MATLAB 中，通过 if-else-end 结构、while 结构、switch-case-otherwise 结构来实现。

3）循环程序结构

循环程序结构包括一个循环变量，循环变量从初始值开始计数，每循环一次就执行一次循环体内的语句，执行后，循环变量以一定的规律变化，然后再执行循环体内语句，直到循环变量达到终值为止。

常用的循环有 while 循环和 for 循环。while 循环和 for 循环的区别在于：while 循环结构的循环体被执行的次数是不确定的，而 for 循环结构的循环体被执行的次数是确定的。

10.2　机械工程控制系统时域特性仿真

在 MATLAB 中，可以用脉冲响应函数 impulse、阶跃响应函数 step 和对于任意输入的时间响应函数 lsim，对线性连续系统的时间响应进行仿真。同时，可以根据系统的单位阶跃响应求出系统的上升时间、峰值时间、最大超调量和调整时间。下面以桥式起重机货物摆动特性为例进行机械工程控制系统时域特性仿真。

10.2.1　桥式起重机坐标系统

建立准确、实用的起重机系统动力学模型是设计高性能控制器的基础。对起重机动力学特性和操作环境不确定性的准确分析，是获取最优控制性能的一个重要前提。本节在分析了现有桥式起重机动力学模型特点的基础上，根据 Lagrange-Euler 运动方程，建立桥式起重机非线性动力学模型，在一定条件下，进一步对非线性模型进行线性化处理，并对起重机动力学特性进行分析。

桥式起重机小车和桥通过钢丝绳移动货物，钢丝绳是挠性机械环节。小车和桥的频繁起停引起货物摆动，货物在随着悬挂点运动的同时做空间摆运动，而且摆长不断变化。据此建立惯性笛卡儿坐标系 $\{x_0, y_0, z_0\}$ 和非惯性球坐标系 $\{e_\theta, e_\phi, e_l\}$。惯性笛卡儿坐标系的坐标原点取在桥的一端，非惯性球坐标系的坐标原点取在起升钢丝绳的悬挂点处，并且随着小车移动，桥式起重机结构示意图及坐标系如图 10-1 所示。

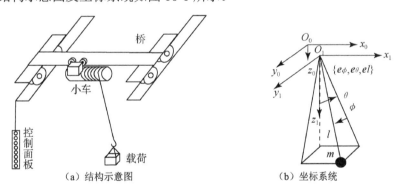

（a）结构示意图　　　　　　　　　（b）坐标系统

图 10-1　桥式起重机结构示意图及坐标系

货物悬挂点在惯性笛卡儿坐标系中的位置是 (x, y, z)；货物在非惯性球坐标系中的位置用三个广义坐标 (l, θ, ϕ) 表示，l 表示起升钢丝绳的长度，ϕ 表示起升钢丝绳与 $O_1 x_1 z_1$ 平面的夹角，θ 表示起升钢丝绳在 $O_1 x_1 z_1$ 平面投影与过货物悬挂点铅垂线的夹角。系统有五个变量，小车运动速度 $\dot{x}$，或加速度 $\ddot{x}$；桥移动速度 $\dot{y}$，或加速度 $\ddot{y}$；货物提升速度 $\dot{l}$，或提升加速度 $\ddot{l}$；货物摆动角度 θ 和 ϕ。这五个变量描述了三大运行机构的运动和货物摆动。

10.2.2 桥式起重机线性化模型

根据起重机工作情况，给出如下假设和要求：①将钢丝绳的质量集中在吊钩处；②钢丝绳刚度足够大，其长度变化可忽略不计；③忽略空气阻力。

根据 Lagrange-Euler 运动方程，建立起重机非线性动力学模型，在小摆角的情况下，在平衡位置 $\theta_e=0$、$\phi_e=0$ 附近，忽略提升速度的变化，将非线性模型式（10-1）～（10-4）进行线性化处理。

$$M_1\ddot{x} + b_x\dot{x} - mg\theta = F_x \tag{10-1}$$

$$M_2\ddot{y} + b_y\dot{y} - mg\phi = F_y \tag{10-2}$$

$$l\ddot{\theta} + 2\dot{l}\dot{\theta} + g\theta = -\ddot{x} \tag{10-3}$$

$$l\ddot{\phi} + 2\dot{l}\dot{\phi} + g\phi = -\ddot{y} \tag{10-4}$$

式中，M_1、M_2、m 分别为小车、桥和货物的质量；b_x、b_y 分别为小车、桥的等效阻尼系数；F_x、F_y 分别为作用于小车、桥的驱动力；x 为小车的位移；y 为桥的位移；g 为重力加速度。

从式（10-1）～（10-4）可以看出，起重机可归结为含有刚性模态的柔性系统，三大运行机构的运动是刚体运动，钢丝绳是一个柔性体，小车、桥的加减速运动使货物摆动，货物摆动线性化模型是关于摆角 $\theta(t)$、$\phi(t)$ 的二阶振荡环节，起升运动使系统成为弱阻尼系统，摆动的频率与钢丝绳长度有关，摆动的幅值可以通过小车、桥的加速度加以控制，在起重机动力学参数已知的情况下，用线性化模型可以求出运动状态的解析解。桥式起重机运动由小车、桥的运动和起升运动组合而成，它使小车和桥的运动驱动货物悬挂点在水平面内移动，这两个运动的方向相互垂直。从线性化模型式（10-1）～（10-4）以及仿真结果可以看出，这两个方向的运动可以实现解耦，因此，本节只研究在提升货物的同时只有小车的水平移动，从而将空间摆运动简化为平面摆运动。

10.2.3 桥式起重机货物摆动传递函数

桥式起重机货物摆动表现为小阻尼二阶振荡特性，可以归结为小阻尼二阶振荡系统。从起重机小车 t 和桥的驱动加速度到货物摆动角度 $\theta(t)$、$\phi(t)$ 的传递函数分别为

$$G(s) = \frac{-\dfrac{1}{l}}{s^2 + 2\xi\omega_n s + \omega_n^2} \tag{10-5}$$

式中，ω_n 为货物摆动的自然频率，$\omega_n = \dfrac{g}{l}$；ξ 为货物摆动的阻尼比，$\xi = \dfrac{\dot{l}}{\sqrt{gl}}$。

10.2.4 桥式起重机货物摆动传递函数频率特性仿真

经过实地考察获知桥式起重机的绳长变化范围为 8～17 m，仿真参数如下。

工况 1：仿真参数为 l=9.8 m，$\dot{l}=0$ m/s，即 $\omega_n=1\,\text{rad/s}$，$\xi=0.1$，对小车的运行进行规划，要求加速运行 2 s，加速度 $\ddot{x}=1\,\text{m/s}^2$。货物摆动情况如图 10-2（a）所示。

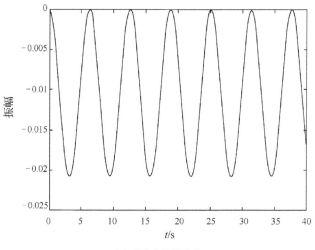

（a）货物的阶跃响应

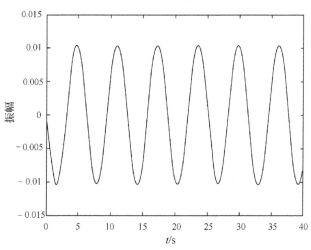

（b）货物的脉冲响应

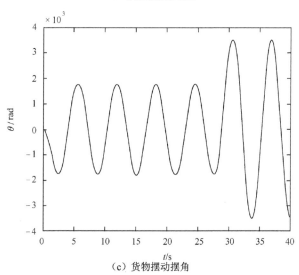

（c）货物摆动摆角

图 10-2　货物摆动角度

工况 2：仿真参数为 l=9.8 m，$\dot{l}=0$ m/s，即 $\omega_n=1\,\text{rad/s}$，$\xi=0$，对小车的运行进行规划，要求小车以最大加速度在瞬间加速，模拟脉冲加速运动。货物摆动情况如图 10-2（b）所示。

工况 3：仿真参数为 l=9.8 m，$\dot{l}=0$ m/s，即 $\omega_n=1\,\text{rad/s}$，$\xi=0$，对小车的运行进行规划，要求加速运行 2 s，加速度 $\ddot{x}=1$ m/s^2，匀速运行 21 s，减速运行 2 s，加速度 $\ddot{x}=-1$ m/s^2。货物摆动情况如图 10-2（c）所示。

从图 10-2 可以看出，阶跃响应函数 step 和单位脉冲函数 impulse 虽然简便，但由于输入命令不能变化，所以很难满足工程要求；lsim 函数比较灵活，可以根据需要修改输入命令，同时，应用 plot 绘图可以设置图线的线型、粗细、坐标变量等，以增强图线的可读性。

10.2.5　MATLAB 源程序

```
function oscillation=f()
% 参数赋值
wn=1;
kesi=0;
a=1;
l=9.8;
u1=a/l;
h=0.01;
t4=40;
t1=2;
t2=28;
t3=30;
t4=40;
tt1=0:h:t1;
tt2=0:h:t2;
tt3=0:h:t3;
tt4=0:h:t4;
m=length(tt4);
%传递函数
numG=[-1*u1/l];%传递函数分子
denG=[1 2*kesi*wn wn*wn];%传递函数分母
G=tf(numG,denG);%传递函数
%工况 1
step(G,tt1);%阶跃响应
%工况 2
figure;
impulse(G,tt1);
%工况 3
for i=1:1:m;%输入命令赋值
    t=i*h;
    if t<t1
        u(i)=u1;
    else if t<t2;
            u(i)=0;
        else if t<t3;
                u(i)=-u1;
            else u(i)=0;
            end
        end
    end
end
```

```
[sita,ttt]=lsim(G,u,tt4)%货物摆角
%绘制货物摆动角度曲线，设置图线，坐标等
figure;
h=plot(ttt,sita);%绘制货物摆角
grid on;
xlabel('t/s');
ylabel(' θ/rad');
title('payload response');
set(h,'LineWidth',2);
%fixplot();
h=[get(gca,'Xlabel') get(gca,'Ylabel') get(gca,'Title') get(gca,'Zlabel')];
set(h,'Fontsize',18);
set(gca,'fontname','Times New Roman','fontsize',18);
```

10.3　机械工程控制系统频率特性仿真

　　Nyquist 图和 Bode 图是系统频率响应特性的两种重要的图形表示形式，也是对系统进行频率特性分析的重要方法。手工绘制的 Nyquist 图和 Bode 图不准确，并且绘制过程烦琐，而 MATLAB 提供了绘制系统频率特性极坐标图的 Nyquist 函数和绘制对数坐标图的 Bode 函数。通过这些函数，不仅可以得到系统的频率特性图，而且还可以得到系统的幅频特性、相频特性、实频特性和虚频特性，从而可以通过计算机得到系统的频域特征量。本节将以桥式起重机系统为例分析系统频率特性，介绍用 MATLAB 绘制 Nyquist 图和 Bode 图，以及求取系统频域特征量的方法。

10.3.1　桥式起重机机构运动传递函数

　　从起重机小车和桥的驱动力到货物摆动角度 $\theta(t)$、$\varphi(t)$ 的传递函数分别为

$$G_\theta(s)=\frac{\Theta(s)}{F_x(s)}=\frac{-s^2}{M_1ls^4+b_xls^3+(M_1+m)gs^2+b_xgs} \tag{10-6}$$

$$G_\varphi(s)=\frac{\Phi(s)}{F_x(s)}=\frac{-s^2}{M_2ls^4+b_yls^3+(M_2+m)gs^2+b_ygs} \tag{10-7}$$

10.3.2　桥式起重机机构运动传递函数频率特性仿真

　　系统参数同 10.2.4 节，经过实地考察获知桥式起重机的绳长变化范围为 8～17 m。仿真参数为 M_1=5000 kg，m=20000 kg，b_x=0.1N/(m/s^2)，l=10 m，绘制桥式起重机从驱动力到货物摆动角度传递函数的 Nyquist 曲线和 Bode 曲线，如图 10-5、图 10-6 所示。

　　谐振峰值、零频值、谐振频率仿真计算结果分别为

```
Mr=-82.2256
M0=-107.7656
Wr=2.1544
```

　　从图 10-3 可以看出，桥式起重机 Nyquist 曲线是用 plot 函数绘制的，可以设置图线的线型、粗细、坐标变量等，以增强图线的可读性。Bode 曲线是用 bode 函数自动生成的，无法修改以上参数。

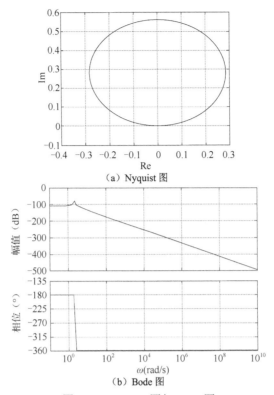

（a）Nyquist 图

（b）Bode 图

图 10-3　Nyquist 图与 Bode 图

10.3.3　MATLAB 源程序

```
function y=f()
numG=[-1,0,0];    %桥式起重机的传递函数分子
denG=[50000,1,25000*9.8,0.98,0]; %桥式起重机的传递函数分母
[re,im]=nyquist(numG,denG);%求实频特性和虚频特性
figure;
h=plot(re,im);%绘制桥式起重机传递函数的 Nyquist 曲线
grid;
xlabel('Re');
ylabel('Im');
%桥式起重机传递函数的 Nyquist 曲线
title('Nyquist');
set(h,'LineWidth',2);
%fixplot();
h=[get(gca,'Xlabel') get(gca,'Ylabel') get(gca,'Title') get(gca,'Zlabel')];
set(h,'Fontsize',18);
w=logspace(-1,10,100);
[Gm,Pm,w]=bode(numG,denG,w);%求幅频特性和相频特性
[Mr,k]=max(Gm);%求谐振峰值和谐振频率
Mr=20*log10(Mr);
Wr=w(k);  %求谐振频率
M0=20*log10(Gm(1))%求零频幅值
figure;%绘制桥式起重机传递函数的 Bode 曲线
```

```
bode(numG,denG,w);grid;
title(' Bode ');
Mr %谐振峰值
M0 %零频值
Wr %谐振频率
```

10.4　机械工程控制系统根轨迹仿真

根轨迹法是分析和设计线性定常系统的常用图解方法，因应用方便与直观性强等特点而在工程实践中获得了广泛的应用。根据 5.2 节给出的绘制根轨迹的基本法则，往往只能画出根轨迹草图。而利用计算机 MATLAB 软件，则可以方便、准确地绘制出系统的根轨迹，并可求出根轨迹上任意一点所对应的特征参数，为分析系统的性能提供了必要的数据。本节先介绍几个绘制根轨迹常用的 MATLAB 函数，再以几个实例为例来介绍利用 MATLAB 绘制系统根轨迹的过程。

10.4.1　绘制根轨迹的相关 MATLAB 函数

绘制根轨迹有如下常用的 MATLAB 命令。

1．绘制系统的开环零、极点图

函数及调用格式：

[p, z]= pzmap (num, den); [p,z]= pzmap (sys);

功能说明：pzmap()函数可以计算出 SISO 系统的零、极点，当不带输出变量调用函数时，pzmap()函数可直接在复平面内标出传递函数的零、极点图，其中极点用"×"表示，零点用"○"表示，p 为极点列向量，z 为零点列向量。

2．绘制系统的根轨迹图

函数及调用格式：

[r, k]= rlocus(num, den); [r, k]= rlocus(num, den, k);

功能说明：rlocus()函数可计算 SISO 开环模型的根轨迹，其特征方程式为$1+k \times num(s)/den(s)=0$，k 为增益的矢量，r 表示根位置矩阵。即绘制系统的$180°$根轨迹图，还可利用指定的增益 K 来绘制系统的根轨迹。当不带返回变量调用该函数时，rlocus()函数可直接绘制系统的根轨迹图。绘制系统的 $0°$ 根轨迹图时，只需将分子多项式取负即可。

3．计算给定一组特征根的根轨迹增益 K

函数及调用格式：

[K, poles]= rlocfind(num, den); [K, poles]= rlocfind(num, den, P);

功能说明：rlocfind()函数可计算出与根轨迹上任一闭环极点相对应的根轨迹增益。可在根轨迹图上显示十字光标，选择其中一点，其对应的增益由 K 记录下来，而与增益 K 相对应的所有闭环极点记录在 poles 中。可指定期望的闭环极点向量 P。

4．令实轴和虚轴比例尺相同

函数及调用格式：

```
axis equal;
```

功能说明：此函数可使根轨迹图的实轴与虚轴具有相同的比例尺，这样，根轨迹就可以保持原有的角度，不产生角度畸变。

在绘制根轨迹图时，首先输入系统的开环传递函数，开环传递函数可以是有理分式形式，也可以是零、极点形式，然后用上述命令即可画出负反馈系统的根轨迹图。在根轨迹曲线绘制好以后，当鼠标单击根轨迹曲线上任何一点时，将会自动给出该指定点的坐标以及对应的开环增益，这样便有利于直接从根轨迹曲线求取分离点的坐标以及使闭环系统稳定的开环增益范围。下面就以电磁驱动水压伺服机构等系统为例来看看上述命令的用法。

10.4.2　电磁驱动水压伺服机构及其线性化模型

图 10-4 是一种电磁驱动的水压伺服机构（Electrohydraulic Servomechanism，EHSM）的结构示意图。该系统的组成包括电磁线圈构成的驱动器、存储有高压液体的导管中的滑动轴、导管中用以控制液体流动的阀门、将压力传送给负载的具有活塞驱动压力泵的主导管以及对称的液体回流管等。滑动轴所受到的驱动力的大小与电磁绕组中的电流成正比。当滑动轴移动时，阀门打开使高压液体流过主导管，而流动的液体又迫使活塞向滑动轴移动方向相反的方向移动。当系统重新达到平衡后，活塞将在某个位置停下来。因此，可以利用电磁绕组的输入电压控制压力泵活塞的位置。这里假设被控活塞的位置可以测量得到，将它作为反馈信号可以构成完整的反馈闭环系统。

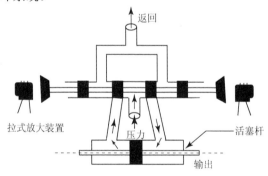

图 10-4　电磁驱动水压伺服机构的结构示意图

R. N. Clark 仔细研究了图 10-4 所示的电磁驱动伺服机构的动态模型，并建立了整个系统的线性化模型。对具体的建模过程感兴趣的读者可以参考具体文献，本书不再赘述。为了得到该系统的线性化模型，输入

```
load ltiexamples
```

该命令将 MATLAB 中所有线性时不变（LTI）演示示例的系统对象载入工作空间。为了观察本例中的模型，输入

```
Gservo
Zero/pole/gain from input "Voltage" to output "Ram position":
```

```
                   40000000
     ------------------------------
     s (s+250) (s^2 + 40s + 9e004)
```

可见，电磁驱动水压伺服机构的线性化模型可以表示成

$$G(s) = \frac{4 \times 10^7}{s(s+250)(s^2+40s+9\times100^4)} \qquad (10\text{-}8)$$

10.4.3　电磁驱动水压伺服机构的根轨迹仿真

通过编写并运行 MATLAB 程序，可以得到如图 10-5 所示的根轨迹图。

MATLAB 源程序如下：

```
G=tf(4*10^7,[conv([1,250],[1,40,9*100^4]),0]);
rlocus(G);
hold on;                          %绘制系统根轨迹
%系统的等效开环传递函数，分子系数数组采用因子相乘形式
v=[-1000 1000 -35000 35000];
axis(v);                          %设置 X 和 Y 轴的范围
xlabel('Re')                      %设置 X 轴的标题
ylabel('Im')                      %设置 Y 轴的标题
title('Root locus of the system');  %设置根轨迹的标题
```

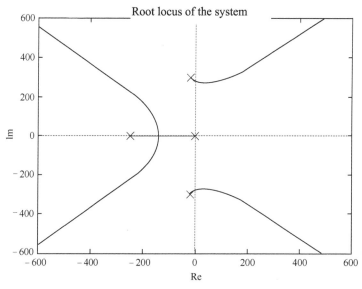

图 10-5　电磁驱动水压伺服机构的根轨迹图

10.4.4　磁盘驱动读取系统的根轨迹仿真

磁盘驱动读取系统的模型可参见 5.4.3 节中的工程实例 5-4。利用 MATLAB 软件包画出的系统靠近虚轴的根轨迹图如图 10-6（a）所示，系统远离虚轴的根轨迹图如图 10-6（b）所示。同时，为了验证 5.4.3 节中工程实例 5-4 所设计的系统性能，利用 MATLAB 所绘出的系统的单位阶跃响应曲线和单位阶跃扰动响应曲线，分别如图 10-6（c）、（d）所示。

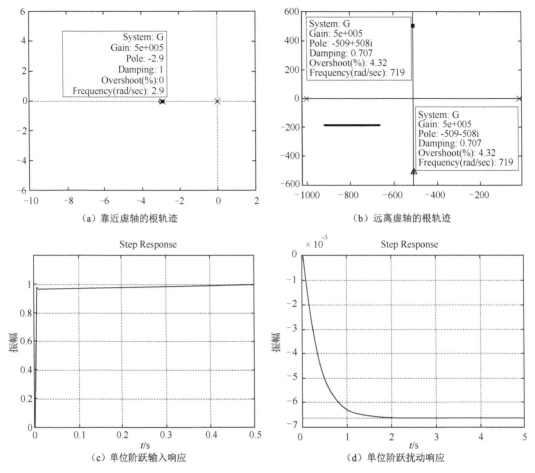

图 10-6　磁盘驱动读取系统的根轨迹与时间响应

MATLAB 源程序如下：

```
K1=30; K3=10; G=zpk([-K1/K3],[0 -20 -1000],1);   %K3 为变参数时的等效开环传递函数
figure; rlocus(G); hold on;                      %绘制原点近端系统根轨迹
K=50000*K3; rlocus(G, K); axis([-10 2 -6 6])
figure; rlocus(G); hold on;                      %绘制原点远端系统根轨迹
K=50000*K3; rlocus(G, K);axis([-1020 -10 -600 600])
Gc=tf([K3 K1],[0,1]);
G1=tf([5000],[1 1000]);
G2=zpk([],[0, -20],10);
Gc1=series(Gc,G1); G=series(Gc1,G2);
sys=feedback(G, 1);                              %输入端的闭环传递函数
sysn=-feedback(G2,Gc1);                          %扰动端的闭环传递函数
figure; t=0:0.005:0.5; step(sys, t); grid        %系统的单位阶跃输入响应
figure; t=0:0.005:5; step(sys, t); grid          %系统的单位阶跃扰动响应
```

10.4.5　未来超音速喷气式客机的根轨迹仿真

未来超音速客机自动飞行控制系统的模型可参见 5.4.3 节中的工程实例 5-5。运行 MATLAB 程序，可以得到系统的根轨迹图如图 10-7（a）所示；当 $K_1 = 0.02$，中重量巡航时，

确定使 $\xi_0 = 0.707$ 的 K_2 值的情况,如图 10-7(b)所示;当 $K_1 = 0.2$, $K_2 = 71500$,轻重量降落时,确定闭环系统阻尼比 ξ_0 的情况,如图 10-7(c)所示;还可以得到中重量巡航时的时间响应曲线,如图 10-7(d)所示;以及轻重量降落时的时间响应曲线,如图 10-7(e)所示。

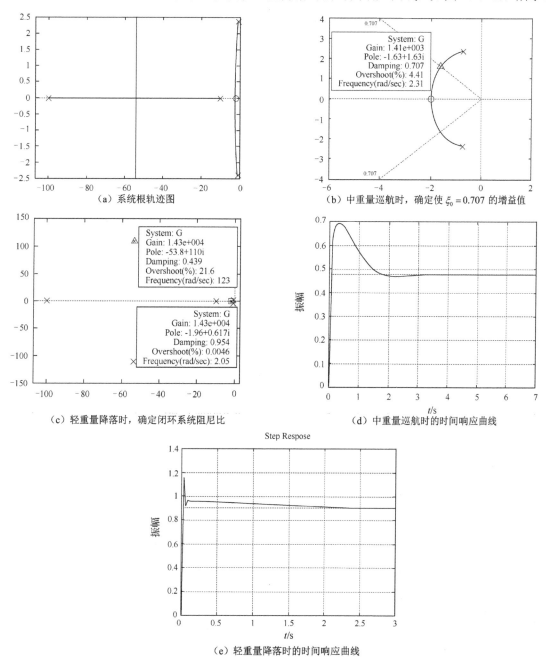

(a)系统根轨迹图

(b)中重量巡航时,确定使 $\xi_0 = 0.707$ 的增益值

(c)轻重量降落时,确定闭环系统阻尼比

(d)中重量巡航时的时间响应曲线

(e)轻重量降落时的时间响应曲线

图 10-7　未来超音速客机自动飞行控制系统的根轨迹与时间响应

MATLAB 中输入相应的程序如下:

```
%建立等效开环传递函数模型
G=zpk([-2 -2],[-10 -100 -0.75+i*2.38 -0.75-i*2.38],1);  z=0.707;
```

```
%绘制相应系统的根轨迹
figure (1)
   rlocus(G);
figure (2)
   rlocus(G); sgrid(z,'new');   hold on;       %取阻尼比为 0.707
   axis([-6 2 -5 5]);   K=1430;                %最佳阻尼比对应的根轨迹增益
   rlocus(G, K);
figure (3)
   rlocus(G);  hold on;
   K=14300;  rlocus(G, K);                     % K=14300 时, 系统的闭环特征根
%中重量巡航时的时间响应
K1=0.02;   K2=71500;   wn=2.5;   kos=0.3;
num1= [K2 4* K2 4* K2];   den1= [1 110 1000];
num2= [K1];               den2= [1 2*wn*kos wn^2];
[numc, denc]= series(num1, den1, num2, den2);
[num, den]= cloop(numc, denc);   roots(den); %系统闭环传递函数与闭环极点
sys= tf(num, den);            t=0:0.001:7;
figure (4)
   step(sys, t);              grid on;
% 轻重量降落时的时间响应
K1=0.2;    K2=71500;   wn=2.5;   kos=0.3;
num1= [K2 4* K2 4* K2];   den1= [1 110 1000];
num2= [K1];               den2= [1 2*wn*kos wn^2];
[numc, denc]= series(num1, den1, num2, den2);
[num, den]= cloop(numc, denc);   roots(den); %系统闭环传递函数与闭环极点
sys= tf(num, den);            t=0:0.001:3;
figure (5)
   step(sys, t);              grid on;
```

10.5 机械工程控制系统稳定性仿真

在 MATLAB 中，根据系统 Nyquist 图和 Bode 图可以判断系统是否稳定。另外，在 MATLAB 中还提供了直接求解系统幅值裕度和相位裕度的函数。通过这些函数，可以直接分析系统是否稳定以及系统的相对稳定性。下面以集中供热系统 PID 控制系统为例进行系统稳定性分析。

10.5.1 集中供热系统的数学模型

为了节约能源和减少环境污染，北方许多地区采用集中供热系统进行供热采暖。集中供热系统由热源、管网、热力站、热用户组成，图 10-8 是典型的流量可调节供热系统的工作原理图。

换热机组内热水温度的分布是沿程和时间的函数，具有大滞后和大时间常数的特点，其动态特性较复杂，需用偏微分方程描述，其列写和求解比较麻烦。因此，在实际工程中常用一些经验公式来描述其动态特性。换热机组供给用户的热水温度对来自热电厂高温高压蒸汽流量的传递函数为

$$G_p(s) = \frac{Y(s)}{U(s)} = \frac{Ke^{-\tau s}}{(T_1 s + 1)(T_2 s + 1)} \qquad (10\text{-}9)$$

式中，K 为换热机组的静态增益；τ 为滞后时间；T_1、T_2 为换热机组的时间常数；$U(s)$ 为来自热电厂高温高压蒸汽流量的拉氏变换；$Y(s)$ 为换热机组供给用户热水温度的拉氏变换。

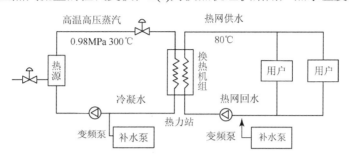

图 10-8 集中供热系统工作原理图

由于集中供热网控制系统是一个复杂的过程控制系统，具有大惯性、大滞后和慢时变等特点，这种特性可能引起供热系统的不稳定。下面分别设计常规 PID 控制器，控制换热机组的供水温度。

10.5.2 典型 PID 控制器

针对换热机组式（10-9），设计典型 PID 控制器，其传递函数为

$$G_C(s) = K_P(1 + \frac{1}{T_I s} + T_D s) \qquad (10\text{-}10)$$

式中，K_P 为 PID 控制器的比例系数；T_D 为 PID 控制器的微分时间常数；T_I 为 PID 控制器的积分时间常数。

K_P、T_D、T_I 的值采用 Z–N 法进行整定，即

$$\begin{cases} K_P = \dfrac{1.2K}{T\tau} \\ T_I = 2\tau \\ T_D = 0.5\tau \end{cases} \qquad (10\text{-}11)$$

在 PID 控制器的控制下系统框图如图 10-9 所示，$G_c(s)$ 为 PID 控制器的传递函数，$G_p(s)$ 为换热机组的传递函数，$D(s)$ 为外界干扰。

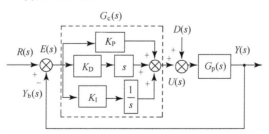

图 10-9 在 PID 控制器控制下系统框图

10.5.3 基于 Nyquist 稳定判据设计 PID 控制器

换热机组的数学模型式（10-9）可进一步化为

$$G_P(s) = \frac{Y(s)}{U(s)} = \frac{e^{-\tau s}}{As^2 + Bs + C} \tag{10-12}$$

式中，A 为参数，$A = \dfrac{T_1 T_2}{K}$；B 为参数，$B = \dfrac{T_1 + T_2}{K}$；C 为参数，$C = \dfrac{1}{K}$。

设 PID 控制器传递函数为

$$G_c(s) = K_C \frac{As^2 + Bs + C}{s} \tag{10-13}$$

式中，K_C 为控制器 $G_c(s)$ 的比例系数。

闭环系统开环传递函数为

$$G_c(s)G_P(s) = \frac{K_C e^{-\tau s}}{s} \tag{10-14}$$

这里设计 PID 控制器主要是为了保证闭环系统具有足够的稳定性和较好的抗外界干扰能力，因此，需要对系统的频率特性进行分析。

将 $s = j\omega$ 代入式（10-12），被控对象的频率特性为

$$G_p(j\omega) = \frac{Y(j\omega)}{U(j\omega)} = \frac{e^{-j\omega\tau}}{-A\omega^2 + jB\omega + C} \tag{10-15}$$

将 $s = j\omega$ 代入式（10-14），闭环系统开环传递函数的频率特性为

$$G_c(j\omega)G_P(j\omega) = \frac{K_C e^{-j\omega\tau}}{j\omega} \tag{10-16}$$

闭环系统的开环传递函数 $G_c(s)G_p(s)$ 的 Nyquist 曲线如图 10-10 所示。当 $\omega \to 0$ 时，闭环系统开环传递函数 $G_c(s)G_p(s)$ 的 Nyquist 曲线的渐近线 $\sigma = -K_C$，只要合理设计 PID 控制器 $G_c(s)$ 的比例系数 K_C，使 $G_c(s)G_p(s)$ 的 Nyquist 曲线不包围（-1,j0）点，根据 Nyquist 稳定判据判断闭环系统稳定。

闭环系统开环传递函数的频率特性式（10-16）进一步化为

$$G_c(j\omega)G_P(j\omega) = \frac{K_C(-\sin\omega\tau - j\cos\omega\tau)}{\omega} \tag{10-17}$$

令式（10-17）的虚部为零，求得 $\omega\tau = \dfrac{\pi}{2}$，代入式（10-17），求得闭环系统开环传递函数的频率特性的实部 $u(\omega)$ 为

$$u(\omega) = -\frac{2K_C\tau}{\pi} \tag{10-18}$$

根据 Nyquist 稳定判据，当实部 $u(\omega) > -1$ 时，闭环系统的开环传递函数 $G_c(s)G_p(s)$ 的 Nyquist 曲线不包围（-1,j0）点，闭环系统稳定，进一步推导闭环系统稳定的条件是

$$0 < K_C < \frac{\pi}{2\tau} \tag{10-19}$$

工程中为了获得一定的抗干扰能力，要求系统具有合理的稳定性储备，一般取相位稳定性储备 $\gamma = \frac{\pi}{6} \sim \frac{\pi}{3}$。令幅频特性为

$$\left| G_c(j\omega)G_P(j\omega) \right| = 1 \tag{10-20}$$

求得幅值穿越频率 $\omega_c = K_C$，代入相频特性

$$\angle G_c(j\omega)G_P(j\omega) = -K_C\tau \tag{10-21}$$

为了保证相位稳定性储备为 γ，相频特性 $\angle G_c(j\omega)G_P(j\omega) > -\pi + \gamma$，求出相位裕度为 γ 时的比例系数 K_C 为

$$K_C < \frac{\pi - \gamma}{\tau} \tag{10-22}$$

即确定了 PID 控制器比例系数 K_C 的范围。在 PID 控制器控制下，闭环系统传递函数为

$$G_B(s) = \frac{K_C e^{-\tau s}}{s + K_C e^{-\tau s}} \tag{10-23}$$

10.5.4　集中供热系统的控制过程仿真

对 1.5MW 的换热机组进行阶跃响应试验，可获得换热机组在高温高压蒸汽流量 $u(t)$（kg/h）的阶跃输入作用下，热水温度 $y(t)$（℃）的变化规律。

取换热机组参数：静态增益 K=39.13℃/(kg/s)，时间常数 T_1=185s，时间常数 T_2=46.25s，滞后时间 τ=85s，控制热水温度 $y(t)$ 为 80℃，则换热机组的传递函数为

$$G_p(s) = \frac{Y(s)}{U(s)} = \frac{39.13e^{-85s}}{(185s+1)(46.25s+1)} \tag{10-24}$$

式（10-24）进一步化为

$$G_p(s) = \frac{e^{-85s}}{218.66s^2 + 5.91s + 0.025} \tag{10-25}$$

首先根据式（10-13）设计 PID 控制器的参数：比例系数 K_P=0.0033，积分时间常数 T_I=160，微分时间常数 T_D=40，为了保证相位裕度 $\gamma = \frac{\pi}{3}$，根据式（10-22）计算控制器比例系数 K_C=0.0062，根据式（10-13）设计 PID 控制器 $G_c(s)$。

集中供热系统的 Nyquist 图和 Bode 图如图 10-10（a）、图 10-10（b）所示，显然 Nyquist 包围（-1, j0）点，Bode 图幅值穿越频率大于相位穿越频率，系统是非最小相位系统；在 PID 控制器作用下,集中供热系统闭环系统的开环传递函数的 Nyquist 图和 Bode 图如图 10-10(c)、图 10-10（d）所示，Nyquist 不包围（-1, j0）点，Bode 图幅值穿越频率小于相位穿越频率，闭环系统稳定，而且有一定的稳定性储备。

通过求解系统特征方程，也得到系统的特征根，从特征根的分布情况可以判定系统是否稳定，但不能判定一个系统的相对稳定性。MATLAB 提供的 margin 函数，可以求出系统的

幅值裕度、相位裕度、幅值穿越频率和相位穿越频率，可以用于判定系统相对稳定性。

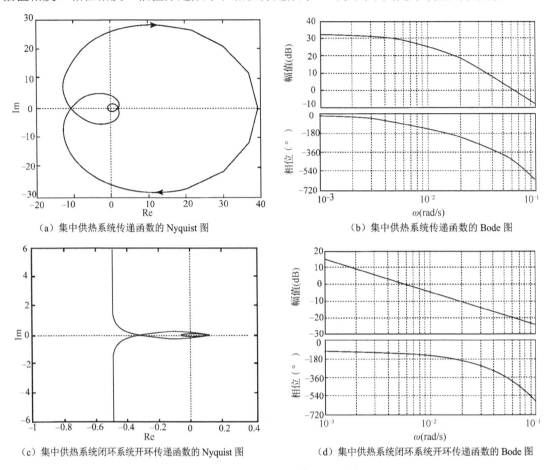

（a）集中供热系统传递函数的 Nyquist 图　　　　　　（b）集中供热系统传递函数的 Bode 图

（c）集中供热系统闭环系统开环传递函数的 Nyquist 图　　　（d）集中供热系统闭环系统开环传递函数的 Bode 图

图 10-10　Nyquist 图与 Bode 图

10.5.5　MATLAB 源程序

```
function y=f()
figure;
nyquist(G1,w);%绘制集中供暖系统传递函数的 Nyquist 图
title(' Nyquist');
figure;%绘制集中供暖系统传递函数的 Bode 图
bode(G1,w);
grid;
title(' Bode ');
[mag,phase,w]=bode(G1,w);
[K1 gama1 Wg1 Wc1]=margin(mag,phase,w);%集中供暖系统传递函数的幅值裕度，相位裕度，
                                        相位穿越频率，幅值穿越频率
parameter1=[20*log10(K1) gama1 Wg1 Wc1]
G2=1/170*tf(1,[1,0],'inputdelay',85);%集中供暖系统闭环系统的开环传递函数
figure;
nyquist(G2,w);%绘制集中供暖系统闭环系统开环传递函数的 Nyquist 图
title(' Nyquist ');
```

```
figure;%绘制集中供暖系统闭环系统开环传递函数的 Bode 图
bode(G2,w);
grid;
title(' Bode ');
[mag,phase,w]=bode(G2,w);
[K2 gama2 Wg2 Wc2]=margin(mag,phase,w);%集中供暖系统闭环系统开环传递函数的幅值裕
```
度，相位裕度，相位穿越频率，幅值穿越频率

10.6　机械工程控制系统性能校正仿真

本节基于 Nyquist 稳定判据设计 PI 控制器，使系统具有合理的稳定性储备，获得一定的抗干扰能力。下面以热处理炉的 PI 控制系统为例说明控制系统性能校正仿真研究。

10.6.1　热处理炉的数学模型

在机械工业的生产过程中，热处理是必不可少的一个工艺环节，而对于热处理炉的温度控制是决定热处理质量的关键技术之一。高温箱式电阻炉的结构如图 10-11（b）所示，它由炉体和电热元件构成。炉体主要包括炉门、炉壳和炉衬等部分，炉衬由轻质耐火砖和保温材料组成，炉体形成加热空间，起到放置工件和保持加热温度场的作用；电热元件是炉子的发热体，通常布置在炉膛两侧壁和炉底板下方，使电能转化为热能，起到加热工件的作用。

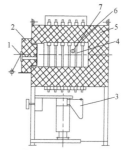

（a）高温箱式电阻炉　　　　（b）高温箱式电阻炉结构示意图
1—观察孔，2—炉门，3—变压器，4—炭硅棒，5—炉衬，6—炉壳，7—热电偶孔

图 10-11　高温箱式电阻炉

热处理炉是一个具有热容量的对象，当系统通电以后，炉丝的温度逐渐升高，通过炉壁热传导和热辐射使炉膛内温度也逐渐升高，热处理炉具有一定的热容量滞后。另外，用热电偶测量温度时，信号传输也具有一定的纯滞后，而其他环节可视为比例环节。热处理炉的温度曲线通常呈现 S 形变化，对于阶跃响应曲线呈现 S 形变化的对象，可以归结为具有纯滞后的一阶惯性系统，其传递函数一般可描述为

$$G_{\mathrm{p}}(s) = \frac{Y(s)}{U(s)} = \frac{K\mathrm{e}^{-\tau s}}{Ts+1} \tag{10-26}$$

式中，K 为热处理炉的静态增益，T 为热处理炉的时间常数，τ 为热处理炉的纯滞后时间，$Y(s)$ 为炉膛内温度的拉氏变换，即系统响应的拉氏变换，$U(s)$ 为一个控制周期内应该导通的交流电的周波个数的拉氏变换，即控制器输出的拉氏变换。

在实际加热过程中，不同材料和批次的工件的装入量和加热温度不同，另外被加热工件

的热传导率不同，而且会随着温度的变化而变化，这使热处理炉的模型参数具有不确定性，因此，热处理电阻炉具有变参数、惯性、纯滞后的特点，使其温度控制容易产生波动，控制精度难以保证。为此，设计常规 PID 控制器用于箱式高温电阻炉的温度控制。

10.6.2 典型 PID 控制器

对于热处理电阻炉式（10-26），引入 PID 控制器加以控制，其传递函数为

$$G_c(s) = K_P(1 + \frac{1}{T_I s} + T_D s) \qquad (10\text{-}27)$$

式中，K_P 为 PID 控制器的比例系数，T_D 为 PID 控制器的微分时间常数，T_I 为 PID 控制器的积分时间常数。

K_P、T_D、T_I 的值采用 Z–N 法进行整定，即

$$\begin{cases} K_P = \dfrac{1.2K}{T\tau} \\ T_I = 2\tau \\ T_D = 0.5\tau \end{cases} \qquad (10\text{-}28)$$

在 PID 控制器的控制下，系统的结构如图 10-12 所示，$G_c(s)$ 为 PID 控制器的传递函数，$G_p(s)$ 为热处理炉的传递函数，$D(s)$ 为外界干扰。

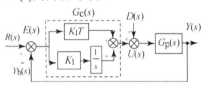

图 10-12　在 PID 控制器控制下系统框图

10.6.3 基于 Nyquist 稳定判据设计 PI 控制器

对于纯滞后一阶惯性系统引入 PI 控制器，实现输出单位负反馈控制，PI 控制器的传递函数为

$$G_c(s) = \frac{K_I(Ts + 1)}{s} \qquad (10\text{-}29)$$

式中，$K_I T$ 为比例增益；K_I 为积分增益。

闭环系统的开环传递函数为

$$G_c(s)G_p(s) = \frac{KK_I e^{-\tau s}}{s} \qquad (10\text{-}30)$$

这里设计 PI 控制器主要是为了保证闭环系统具有足够的稳定性和较好的抗外界干扰能力，因此，需要对系统的频率特性进行分析。

将 $s = j\omega$ 代入式（10-26），被控对象的频率特性为

$$G_p(j\omega) = \frac{Y(j\omega)}{U(j\omega)} = \frac{Ke^{-j\omega\tau}}{j\omega T + 1} \qquad (10\text{-}31)$$

将 $s = j\omega$ 代入式（10-30），闭环系统开环传递函数的频率特性为

$$G_c(j\omega)G_p(j\omega) = \frac{KK_I e^{-j\omega\tau}}{j\omega} \tag{10-32}$$

闭环系统的开环传递函数 $G_c(s)G_p(s)$ 的 Nyquist 图如图 7-13 所示，当 $\omega \to 0$ 时，$G_c(s)G_p(s)$ 的 Nyquist 曲线的渐近线是 $\sigma = -KK_I$，只要合理设计 PI 控制器的积分增益 K_I，使闭环系统开环传递函数 $G_c(s)G_p(s)$ 的 Nyquist 曲线不包围（-1,j0）点，根据 Nyquist 稳定判据判断闭环系统稳定。

闭环系统开环传递函数的频率特性式（10-32）进一步化为

$$G_c(j\omega)G_p(j\omega) = \frac{KK_I(-\sin\omega\tau - j\cos\omega\tau)}{\omega} \tag{10-33}$$

令式（10-33）的虚部为零，求得 $\omega\tau = \dfrac{\pi}{2}$，代入式（10-33），求得闭环系统开环传递函数的频率特性的实部 $u(\omega)$ 为

$$u(\omega) = -\frac{2KK_I\tau}{\pi} \tag{10-34}$$

根据 Nyquist 稳定判据，当实部 $u(\omega) > -1$ 时，闭环系统开环传递函数 $G_c(s)G_p(s)$ 的 Nyquist 曲线不包围（-1,j0）点，闭环系统稳定，进一步推导闭环系统稳定的条件是

$$0 < K_I < \frac{\pi}{2K\tau} \tag{10-35}$$

在工程中为了获得一定的抗干扰能力，要求系统具有合理的稳定性储备，一般取相位稳定性储备 $\gamma = \dfrac{\pi}{6} \sim \dfrac{\pi}{3}$。令幅频特性

$$\left| G_c(j\omega)G_p(j\omega) \right| = 1 \tag{10-36}$$

求得幅值穿越频率 $\omega_c = KK_I$，代入相频特性

$$\angle G_c(j\omega)G_p(j\omega) = -KK_I\tau \tag{10-37}$$

为了保证相位稳定性储备为 γ，相频特性 $\angle G_c(j\omega)G_p(j\omega) > -\pi + \gamma$，求出相位稳定裕度为 γ 时的积分增益 K_I 为

$$K_I < \frac{\pi - \gamma}{K\tau} \tag{10-38}$$

式（10-38）确定了 PI 控制器的比例增益和积分增益的范围。

在 PI 控制器控制下，闭环系统传递函数为

$$G_B(s) = \frac{KK_I e^{-\tau s}}{s + KK_I e^{-\tau s}} \tag{10-39}$$

10.6.4　热处理炉的控制过程仿真

选择 RX3-45-12 高温箱式电阻炉的参数：额定功率为 45 kW，额定温度为 1250℃，三相 380V 电源，空炉升温时间 2.5 h，最大载重量为 200 kg。选择高温箱式电阻炉的典型参数：

热处理炉的静态增益 $K=4$，时间常数 $T=1\,h$，纯滞后时间 $\tau=0.4\,h$，控制热处理炉的温度从 0 ℃升到 1000℃，热处理工件的重量为 200 kg。热处理炉的传递函数为

$$G_p(s)=\frac{Y(s)}{U(s)}=\frac{4e^{-0.4s}}{s+1} \tag{10-40}$$

根据式（10-28）设计 PID 控制器的参数：比例系数 $K_P=0.75$，积分时间常数 $T_I=1.25$，微分时间常数 $T_D=0.2$，为了保证相位裕度 $\gamma=\dfrac{\pi}{3}$，根据式（10-38）确定积分增益 $K_I=0.3124$，根据式（10-29）设计 PI 控制器 $G_c(s)$。

热处理炉的 Nyquist 图和 Bode 图如图 10-13（a）、图 10-13（b）所示，热处理炉 PI 闭环控制系统的开环传递函数的 Nyquist 图和 Bode 图如图 10-13（c）、图 10-13（d）所示，在 PI 控制器作用下，Bode 图幅值穿越频率小于相位穿越频率，使系统具有一定的稳定性储备。

10.6.5 MATLAB 源程序

```
function y=f()
w=0:0.1:10    % 设定仿真频率范围
G2=4*tf(1,[1,1],'inputdelay',0.4);    %热处理炉的传递函数
figure;
nyquist(G2,w);%绘制热处理炉传递函数的 Nyquist 曲线
title(' Nyquist ');
figure;%绘制热处理炉传递函数的 Bode 曲线
bode(G2,w);
grid;
%热处理炉传递函数的 Bode 曲线
title(' Bode');
G1=0.3124*tf(1,[1,0],'inputdelay',0.4);    %热处理炉闭环系统的开环传递函数
figure;
nyquist(G1,w);%绘制热处理炉闭环系统开环传递函数的 Nyquist 曲线
title(' Nyquist ');
figure;%绘制热处理炉闭环系统开环传递函数的 Bode 曲线
bode(G1,w);
grid;
title(' Bode');
```

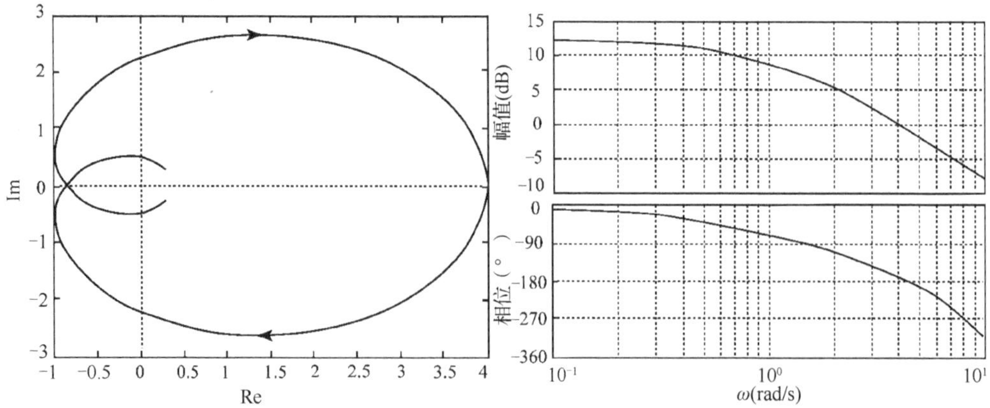

（a）热处理炉传递函数的 Nyquist 图　　　　（b）热处理炉传递函数的 Bode 图

图 10-13　Nyquist 图与 Bode 图

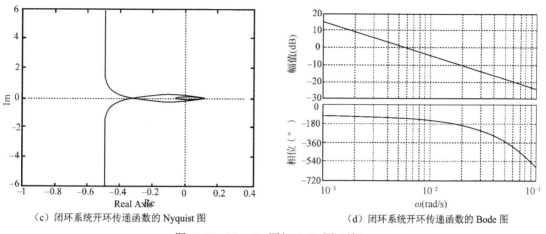

（c）闭环系统开环传递函数的 Nyquist 图　　　　　　（d）闭环系统开环传递函数的 Bode 图

图 10-13　Nyquist 图与 Bode 图（续）

参 考 文 献

[1] 钱学森，宋健. 工程控制论（上册）. 北京：科学出版社，1980.

[2] 杨叔子，杨克冲，等. 机械工程控制基础. 5 版. 武汉：华中科技大学出版社，2005.

[3] 陈康宁. 机械工程控制基础. 西安：西安交通大学出版社，1997.

[4] 孔祥东，王益群. 控制工程基础. 北京：机械工业出版社，2008.

[5] 董景新，赵长德，等. 控制工程基础. 北京：清华大学出版社，2003.

[6] 王显正等. 控制理论基础. 北京：中国科学出版社，2000.

[7] Katsuhiko Ogata. 现代控制工程. 4 版. 卢伯英，于海勋，译. 北京：电子工业出版社，2007.

[8] Katsuhiko Ogata. 现代控制工程（第四版）（影印版）. 北京：清华大学出版社，2006.

[9] Richard C Dorf，Robert H Bishop. 现代控制系统（第九版）（影印版）. 北京：科学出版社，2002.

[10] Richard C Dorf，Robert H Bishop. 现代控制系统. 10 版. 赵千川，冯梅，译. 北京：清华大学出版社，2008.

[11] 朱守新，邢英杰，韩连英. 机械工程控制基础. 北京：清华大学出版社，2008.

[12] 蒋丽. 机械工程控制基础. 北京：中国电力出版社，2005.

[13] 王积伟，吴振顺. 控制工程基础. 北京：高等教育出版社，2001.

[14] 杨克冲，司徒忠. 机电工程控制基础. 武汉：华中理工大学出版社，1997.

[15] Jerry H Ginsberg. Mechanical and Structural Theory and Applications. New York：John Wiley &Sons Inc，2001.

[16] Katsuhiko Ogata. System Dynamics. 4th. ed. New Jersey：Pearson Education，Inc. 2004.

[17] 宋志安，徐瑞银. 机械工程控制基础——MATLAB 工程应用. 北京：国防工业出版社，2008.

[18] John J D'Azzo，Constantine H Houpis. Linear Control System Analysis with MATALB. 5th. ed. New York：Marcel Dekker Inc，2003.

[19] 胡寿松. 自动控制原理. 5 版. 北京：科技出版社，2007.

[20] 孔凡才. 自动控制原理与系统. 2 版. 北京：机械工业出版社，1999.

[21] 孙虎章. 自动控制原理（修订版）. 北京：中央广播电视大学出版社，1994.

[22] 李益华. 自动控制原理. 长沙：湖南大学出版社，2004.

[23] 厉玉鸣，马召坤，王晶. 自动控制原理. 北京：化学工业出版社，2005.

[24] 黄家英. 自动控制原理（上册）. 北京：高等教育出版社，2003.

[25] 王彬. 自动控制原理. 北京：北京邮电大学出版社，2002.

[26] 董明晓，梅雪松. 时滞滤波理论及其工程应用，北京：科学出版社，2008.